JN441030

4차 산업혁명과 **개정판**

스마트 기술의 이해

고민정 지음

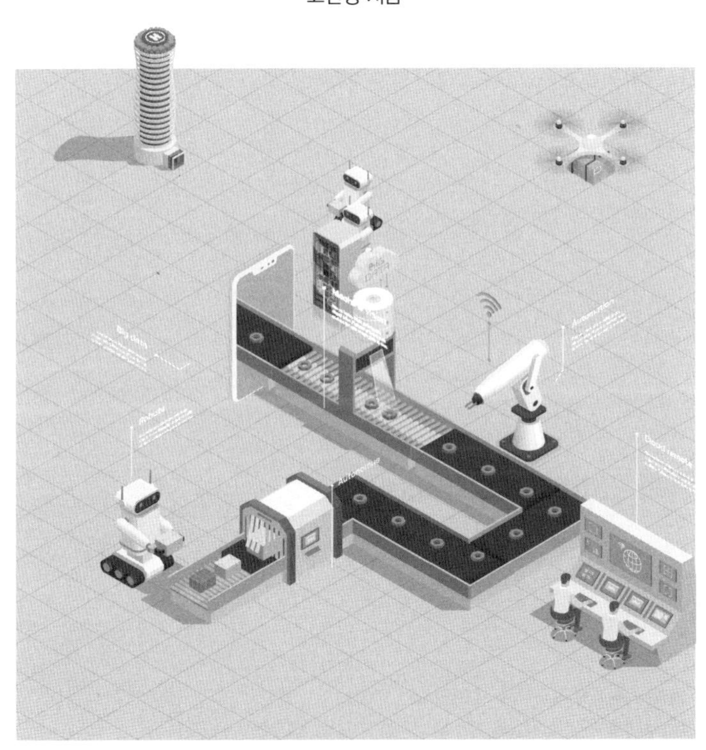

배움터

저자소개

고민정

동국대학교전산원 교수, 서강대학교 경영학박사(MIS전공)와 동국대학교 컴퓨터공학박사(DB전공)를 취득하였고, 동국대전산원 입학팀장과 해외과정 학부장을 역임하였다. 현재 경영학전공 학과장으로, 스마트 기술을 바탕으로 한 의사결정을 조직운영에 활용하고 있다. 4차 산업혁명 시대의 스마트 기술이 소비자 행동에 미치는 영향력을 연구하여, 2018년부터 연속으로 Marquia Who's Who 인명사전에 등재되고 있다. 현재, 경찰청 과학수사 자문위원(법과학), 국제 e-비즈니스학회 상임이사, NCS 개발 · 개선 WG 심의의원, 국가기술자격 전문위원으로 활동하고 있다. 주요 저서로 『슬기로운 생활을 위한 의사결정지원시스템론』(2021), 『따라하면서 배우는 웹 프로그래밍』(2020), 『4차 산업혁명과 스마트 기술의 이해』(2018), 『빅데이터 활용과 광고 사례 기반의 소비자 행동론』(2017, 공저, 우수학술도서선정), 『유비쿼터스의 이해』(2012, 공저), 『인터넷 프로그래밍 기초』(2008), 『U시대의 인터넷 윤리』(2006, 공저, 우수학술도서선정), 『전자상거래 시스템 운영 및 관리』(2003), 『향이 있는 자바스크립트』(2001) 등 총 14권이 있다.

4차 산업혁명과 스마트 기술의 이해

초판발행 2018년 7월 18일
제2판2쇄 2023년 2월 27일

지은이 고민정
펴낸이 김민수
펴낸곳 (도서출판)배움터 / **주소** 경기도 파주시 광인사길 143
출판사 등록일 2005년 1월 31일 / **신고번호** 제406-4060000251002005000003호
대표전화 (031)955-7990 / **팩스** (031)955-0768

책임편집 신성민 / **편집** 이종무, 김민보, 유제훈 / **디자인** 유준범, 표혜린
마케팅 최복락, 심수경, 차종필, 백수정, 송성환, 최태웅, 명하나, 김민정
인쇄 성광인쇄(주) / **제본** 일진제책사

ISBN 978-89-89383-97-0 93000
정가 20,000원

머리말

코로나 바이러스로 인하여 모든 일상이 재해석되는 현실을 마주하고 있다. 바이러스를 극복하는 다양한 방법론들이 제시되고 있는데, 이 모든 문제해결의 시작과 끝을 기술, 일명 테크가 감당해내고 있다. 4차 산업혁명의 새로운 기술들은 코로나 바이러스로 인해서 자연스럽게 일상으로 파고들었고, 대부분 사람들의 기술에 대한 태도는 이전보다 훨씬 적극적이다.

현재는 이전의 IT에 대한 새로운 정의와 새로운 스마트 기술의 활용 범위에 대한 다양한 스토리텔링을 요구하고 있다. 하나, 이는 4차 산업혁명 기술들이 시공간을 초월하고, 사람들만이 할 수 있는 초지능성을 기반으로 구현되기 때문에 구체적인 솔루션을 찾아내는 것은 쉽지 않다. 이를 해결하기 위해서는 기술을 활용하는 현장, 학교, 그리고 사람들에 대한 실질적인 고민과 통찰이 필요하다. 시대적인 요구를 학생들에게 전달해야 하는 교수님들은 나름의 방식으로 4차 산업혁명을 이해하고 설명하지만, 강의마다 개인적 자료들을 덧붙여 한 학기를 채우면서 올바른 방향에 대해서는 언제나 의구심을 품고 있다. 현실은 융합으로 다양한 시너지를 내야 하는데, 학문적인 접근은 언제나 분리된 엄함으로 학문 간의 경계를 명확히 하고 있기 때문이다. 이러한 학문적 현실이 융합의 실마리를 찾아내지 못하는 근본적인 원인이라는 생각에 연구자로서 조금은 해결책을 마련하고자 집필을 시작하게 되었다.

이 책은 이전의 기술과 새로운 기술의 영역을 분류하고, 새로운 기술을 이해하기 위한 기초 기술을 설명하고 융합하는 과정으로 구성되어 있다. 우선, 제1부는 4차 산업혁명과 스마트 기술의 개요로 4차 산업혁명과 스마트 기술의 정의와 국·내외 동향 등으로 구성되어 있다. 제2부는 4차 산업혁명 관련 스마트 기술의 기초로서 디바이스 관련 기술, 네트워크 관련 기술, 상황인식 관련 기술, 생체인식 관련 기술 등으로 구성되어 있다. 제3부 4차 산업혁명 관련 스마트 기술의 응용에서는 커넥티드 홈, 제품·서비스 융합, 웨어러블 컴퓨팅, 빅데이터 활용 등으로 구성된다. 마지막 제4부 4차 산업혁명과 스마트 기술의 영향력에서는 개인, 산업, 사회 속에서 이들의 영향력을 살펴보는 내용으로 구성되어 있다. 이러한 노력은 기술은 더 이상 독립된 개체로서만이 아니라 일상에 스며들어서 개인, 사회, 산업에서 중요 역할을 한다는 부분을 이해해야하는 방향성에서 비롯되었다.

4차 산업혁명 기반의 스마트 기술이 융합학문으로서 확고한 카테고리를 형성하기 위하여 새로운 통찰을 제공하고, 강의하는 교수님들의 문제해결에 조그마한 실마리가 되기를 간절하게 희망한다. 마지막으로 살아있는 책을 완성하기 위하여 도움을 주신 많은 교수님들과 (도서출판)배움터의 편집부 및 관계자 여러분께 감사드린다.

2021년 5월

고민정

차례

Part

01

4차 산업혁명과 스마트 기술의 개요

Chapter 01

4차 산업혁명과 스마트 기술이란

1.1 4차 산업혁명의 개요

(1) 4차 산업혁명이란?

4차 산업혁명이라는 용어는 2016년 1월 20일 스위스 다보스에서 열린 세계경제포럼(WEF, World Economic Forum)에서 처음 사용되었다. 세계경제포럼은 전 세계 기업인, 정치인, 경제학자 등 전문가 2,000여명이 당면한 과제의 해법을 논의하는 자리인데, 이 포럼은 창립 이래 최초로 과학기술 분야가 주요 의제로 선택되었다. 여기에서 제4차 산업혁명은 3차 산업혁명을 기반으로 한 디지털과 바이오산업, 물리학 등의 경계를 융합하는 기술혁명이라고 정의하였다. 세계경제포럼 회장 클라우스 슈밥(Klaus Schwab)에 의하면, 4차 산업혁명은 디지털혁명인 3차 산업혁명에 기반을 두고 있으며, 디지털(Digital), 물리적(Physical), 생물학적인(Biological) 기존 영역의 경계가 희미해지면서 영역들이 융합되는(Fusion) 기술적인 혁명이라고 설명하였다. 그리고 3차 산업혁명과 4차 산업혁명을 변화의 속도(Velocity), 변화의 범위(Scope), 시스템의 영향(System Impact) 측면에서 비교하면 커다란 차이가 존재하다고 분석하였다.

4차 산업혁명의 흐름은 제조 산업 전반의 패러다임을 변화시키고 있는데, 이는 산업 전반의 생산이나 관리 등 시스템에 커다란 변화를 의미한다. 독일의 인더스트리4.0(Industry4.0)이 대표적인 사례이다. 인더스트리4.0은 2011년부터 독일에서 민·관·학이 제조업 혁신을 목표로 내건 슬로건이었고, 이러한 흐름이 2016년 4차 산업혁명의 변화를 만들어낸 원천이 되었다. 예를 들면, 제조 기업이 소프트웨어 회사로 변신하거나 소프트웨어 기업이 제조업에 뛰어드는 새로운 변화가 4차 산업혁명의 핵심이다. 전통적인 미국의 제조업체인 GE(General Electronic)는 2020년까지 소프트웨어 기업이 될 것을 선언하였고, 동시에 제품판매가 아니라 비포 서비스(Before Service), 즉 제품의 데이터를 분석하고 관리하는 서비스로 전체 매출의 75%를 내고 있다. 다른 사례로는 소프트웨어 회사인 애플과 구글이 자동차 산업에서 자동차를 제작하는 경우를 들 수 있다.

4차 산업혁명은 3차 산업혁명을 기반으로 하기에 4차 산업혁명을 이해하기 위해서 먼저 산업혁명의 역사적 흐름을 살펴야 한다.

[그림 1-1] 산업혁명의 변천사

산업혁명은 18세기에 처음 시작된 1차 산업혁명(증기기관), 2차 산업혁명(전기), 3차 산업혁명(정보통신)으로 전개되었다. 이 흐름은 경제와 산업전반의 생산성 혁명으로 변화의 속도가 상대적으로 느렸기 때문에 민간이 주도하고 공공분야에서 차후 지원하는 형태로 진행되어서 산업혁명으로 일어나는 충격을 해소하는 데 커다란 문제는 없었다. 하지만 4차 산업혁명은 단순한 생산성 혁명 정도가 아니라 기존 산업 생태계의 근본적 체질과 경제 패러다임 자체를 변화시킬 수 있기 때문에 이전보다 신속하게 공공분야의 대응과 선제적 지원이 더욱 시급한 상황이다.

〈표 1-1〉 산업혁명 간의 비교

	1차 산업혁명 (18세기)	2차 산업혁명 (19~20세기 초)	3차 산업혁명 (20세기 후반)	4차 산업혁명 (2015~ 현재)
혁신 구분	기계 혁명 (오프라인)	대량생산 혁명 (오프라인)	정보 혁명 (온라인)	융합·가상 혁명 (온·오프라인)
혁신의 원천	증기의 동력화	전력, 노동분업	전자기기, ICT	ICT와 융합
생산 방식	생산 기계화 (양적 확대)	대량 생산 (질적 확산)	부분 자동화 (플랫폼)	시뮬레이션 기반 자동화
생산 통제	사람	사람	사람, 솔루션	인공지능
커뮤니케이션	책, 신문	전화, TV	인터넷	IoT

① 1차 산업혁명

18세기 증기기관 기반의 기계화 혁명으로 1784년 최초의 기계식 방직기 사용과 수력 증기기관을 활용하여 철도 및 면사방적기 같은 기계적 혁명이 1차 산업혁명이다. 여기서 기반이 된 증기기관은 영국의 섬유공업이 거대한 산업화를 이루는 계기가 되었으며, 동시에 수력발전, 증기기관, 기계의 발전을 통하여 산업의 생산성을 크게 향상시킨 혁명이란 점이 중요하다.

[그림 1-2] 오스트리아 최초의 증기 기관차

1차 산업혁명 시대의 커뮤니케이션 방식은 책이나 신문 등이고, 생산을 기계화하고 사람의 노동력에 의한 생산과정 통제가 이루어진 시대였다. 1차 산업혁명의 결과는 증기기관과 같은 기계 발명으로 대량 운송시스템 구축이 가능해졌다는 데 의미가 있다.

② 2차 산업혁명

19세기에서 20세기 초 전기에너지 기반의 대량생산 혁명으로, 전기 동력을 이용하여 생산력을 급격히 향상시켰다. 1870년대부터 시작된 2차 산업혁명은 1차 산업혁명이후에 공장에 전력이 공급되고, 컨베이어벨트를 이용하는데, 이를 통해서 전기와 조립라인 및 분업이 가능해져서 대량생산이 가능해졌다. 자동차 회사 포드의 T형 포드는 자동차 제작에 조립설비와 전기를 활용하여 대량생산 체계를 구축한다는 점에서 커다란 성공을 이룬 사례이다.

[그림 1-3] 포드사가 도입한 컨베이어벨트 시스템

2차 산업혁명의 혁신 근원은 전력과 노동 분업이었고, 커뮤니케이션 방식으로는 전화, TV 등의 매체가 있었으며, 이는 대량생산에서 사람의 노동력을 통제하는 방법의 시작이 되었다.

③ 3차 산업혁명

20세기 후반에 컴퓨터와 인터넷 기반의 지식정보혁명이 일어나고, 이는 전자공학과 IT를 이용한 자동화를 이루는 3차 산업혁명을 유발하였다. 이는 인터넷을 기반으로 하는 스마트 혁명으로 미국이 주도하는 글로벌 IT 기업들이 세계적으로 시장을 점유하는 계기가 되었다.

[그림 1-4] 컴퓨터와 로봇 시스템을 중심으로 운영되는 테슬라 자동차 조립 공장

3차 산업혁명은 컴퓨터 제어의 자동화로서 컴퓨터를 이용한 생산자동화를 통하여 대량생산의 형태가 진화되는 정보기술 시대이다. 이를 위하여 업무용 메인프레임과 개인용 컴퓨터를 기반으로 전자기기, ICT 등 혁명이 일어난다. 이 시대의 커뮤니케이션 방식은 인터넷이나 소셜미디어(Social Network Service) 등을 사용하고, 부분적으로 자동화된 생산방식으로 사람과 패키지화된 솔루션인 생산과정을 통제하는 정보시스템들을 탄생시켰다.

④ 4차 산업혁명

2015년 이후부터 사물인터넷(IoT), 인공지능 기반의 초지능 혁명으로 3차 산업혁명의 주춧돌인 정보통신기술의 발달이 4차 산업혁명의 필요조건이다. 4차 산업혁명의 핵심 키워드는 융합(Convergence)과 초연결(Hyper Connectivity)이고, 이는 정보통신기술의 발달로 가능해졌다. 즉 세계적인 소통이 가능해지고 개별적으로 발달한 각종 기술의 원활한 융합이 가능해서 사람, 사물, 공간을 초 연결(Hyper Connectivity), 초 지능화(Hyper Intelligence)하여 산업구조 및 시스템 혁신을 이루었다. 정보통신기술과 제조업, 바이오산업 등 다양한 산업 분야에서 이뤄지는 연결과 융합은 새로운 부가가치를 창출한다. 지능형 기계와 정교한 네트워크를 가진 스마트 공장이 대표적인 결과물이다.

4차 산업혁명 시대는 ICT(Information & Communication Technology)와 제조업의 융합이 혁신

의 원천이며, 사물인터넷이나 서비스 간 인터넷이 커뮤니케이션 방식이다. 시뮬레이션을 통한 자동생산 방식을 이용하고, 빅데이터를 기반으로 한 인공지능으로 생산 과정을 통제한다.

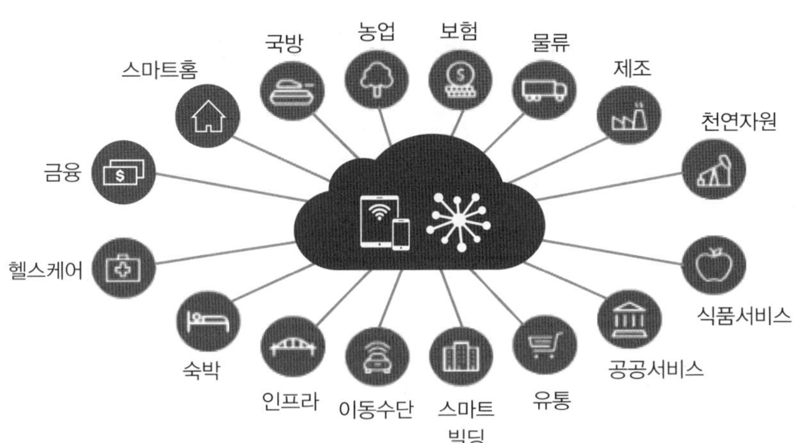

출처: 4차 산업혁명의 Tipping Points & Technologies, 딜로이트 안진회계법인 발표자료(2017.03)

[그림 1-5] 4차 산업혁명의 핵심 트렌드

특히 4차 산업혁명을 주도하는 기술들은 선도국 기준의 기술격차를 의미하기도 하는데, 지능형 로봇 5년, 사물인터넷 4.2년, 빅데이터 3.7년 등 격차가 점점 줄어들고 있다. 이를 위해서 관련 산업육성을 구체적이고, 체계적인 정부 차원의 정책적 지원이 필수 요소이다. 4차 산업혁명의 핵심 트렌드는 공공분야에서 정책 및 제도적 지원뿐 아니라 인프라 구축, 전문 인력 양성, 국제협력 지원 등 다양한 분야에서의 대응전략 마련을 요구하고 있는 상황이다.

(2) 4차 산업혁명의 특징

4차 산업혁명 시대는 기존의 대형컴퓨터 시대, 개인용 컴퓨터 시대를 거쳐서 다음과 같은 IT 기반 기술을 바탕으로 형성된다. 대형 컴퓨터의 시대는 인간과 컴퓨터의 관계에서 한 대의 거대한 컴퓨터에 여러 명의 사람들이 공동으로 사용하던 시대이고, 개인용 컴퓨터 시대에는 사람과 컴퓨터가 일대일로 동등한 업무가 가능해졌다. 유비쿼터스(Ubiquitous) 시대로 오면서 한 사람이 소유하는 컴퓨터를 비롯한 IT 기기의 수가 많아짐으로써 사람의 업무를 지원하는 컴퓨터들이 사람이 인지하지 않은 상태에서 유기적인 관계를 가져야 하는 필요성이 대두되었다.

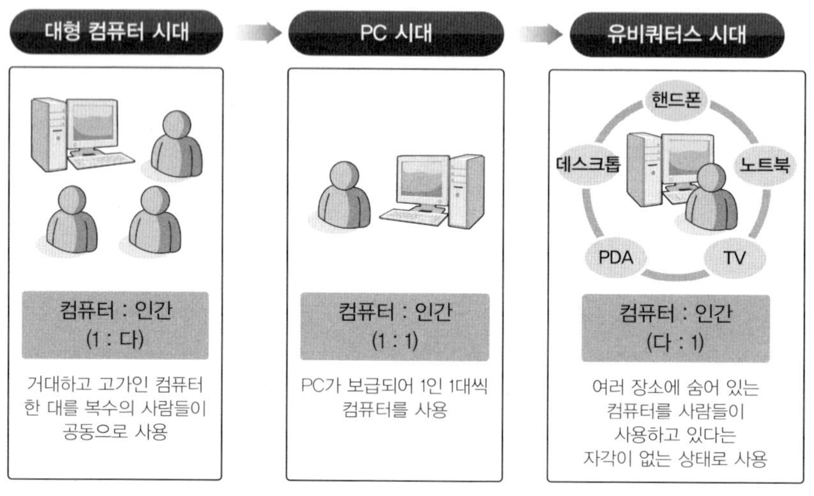

[그림 1-6] 컴퓨터의 진화단계

컴퓨터 진화는 우선 정보화 단계에서 실제 물리적 공간을 극복하는 패러다임으로 변화한 후, 분리된 물리적 사물들을 지능적으로 연결하는 유비쿼터스 단계에 이른다. 여기서는 일상적인 사물에 제 역할에 맞는 컴퓨터를 넣어 사물끼리의 통신이 가능하게 되고, 현실 공간과 가상공간 사이의 경계가 무의미해짐으로써 휴대폰, PDA, 입는 컴퓨터 등의 등장으로 현실과 가상의 거리가 좁혀진다.

4차 산업혁명의 특징은 초연결성, 초지능성, 예측 가능성 등을 들 수 있다. 사람과 사물, 사물과 사물이 인터넷 통신망으로 연결하는 초연결성, 막대한 데이터를 분석하여 일정한 패턴 파악하는 초지능성, 분석 결과를 토대로 인간의 행동을 예상하는 예측 가능성 등이다. 이러한 과정을 통하여 새로운 가치를 창출해 내는 것이 바로 4차 산업혁명의 특징이다. 이들의 바탕에는 인터넷, 인공지능, 클라우드, 하드웨어와 소프트웨어의 융합 등의 기술적인 요소들이 있다.

① 초연결성

제4차 산업혁명의 초연결성은 기존 인터넷을 통하여 사람 간의 연결에서 정보의 공유 방식과 대상의 경계가 사라지는 것을 의미한다. 인터넷과 연결된 사물 수의 급격한 증가와 M2M(Machine to Machine) 시장 규모 성장에 대한 전망은 초연결성이 4차 산업혁명에서 가장 중요한 특성임을 나타낸다.

초연결(Hyper Connection)이란 사물인터넷(IOT, Internet of Things,), 만물인터넷(IOE, Internet of Everything)을 매개체로 하여 인간 대 인간, 인간 대 사물, 사물 대 사물 간의 연결성을 기하급수적으로 확대하는 것을 의미한다. 초연결 사회에서는 모든 개체 간에 상호 유기적인 소통이 가능해지며, ICT기술 발달로 제조, 유통, 의료, 교육 등 다양한 산업에서 지능적이고 혁신적인 서비스 제공이 가능하다. 초연결 사회가 가져올 변화는 단지 기존의 인터넷과 모바일 발전이 아니라, 사회적 관점에서 큰 변화를 의미한다.

② 초지능화

초지능화(Hyper Intelligence)는 인공지능과 빅데이터의 연계·융합으로 기술 및 산업구조가 초지능화되는 것을 의미한다. 인간 이세돌과 인공지능 컴퓨터 알파고(Alphago)의 바둑 대결은 초지능화 사회의 시작을 알리는 계기가 되었다. 많은 사람들이 인공지능과 미래사회 변화에 대해 관심을 갖기 시작한 초지능화 사회에서는 장치가 가지고 있는 정보만을 활용하는 게 아니라 주위의 여러 기기들과 정보공유로 더 합리적인 결정을 내리게 되었다. 예로서 스마트빌딩으로 건물에 자동화 시스템을 도입해 스스로 사람의 존재 유무를 판단하고, 건물 내 사물들의 전원을 제어하거나 수십 년 경력의 전문의의 MRI 사진 판독 기술을 인공지능 기계학습을 적용하여 전문의를 능가하는 속도와 정확성을 입증한 사례도 있다. 이베이(eBay)도 디지털 기술인 소프트웨어 알고리즘으로 익명의 판매자와 구매자를 연결하고 소비자의 불안감 해소 및 신뢰감 획득을 위한 전문지식과 융합하였다.

기술발전 속도와 시장 성장 규모는 초지능화가 제4차 산업혁명 시대의 중요한 특성이라는 점을 시사하고 있고, 인공지능 시장은 2015년 2억 달러 수준에서 2024년 111억 달러 수준으로 급성장할 것이다. 그리고 인공지능이 탑재된 스마트 머신의 시장 규모는 2024년 412억 달러 규모가 될 것이며, 산업시장에서도 딥러닝(Deep Learning) 등 기계

학습과 빅데이터에 기반한 인공지능과 관련된 시장이 급성장할 것으로 전망된다.

③ 스마트 서비스 세상

4차 산업혁명이 등장하기 시작하던 초기에 제조업 중심의 혁신관점이 독일 인더스트리4.0이고, 이들의 기반이 4차 산업혁명의 기술과 연결되어 있다. 디지털 기술의 후발주자로서 위기의식을 가진 독일이 제조업의 강점을 바탕으로 디지털 요소기술을 적용한 것이다. 인더스트리4.0에는 CPS(Cyber Physical System)라는 융합된 디지털 기술을 기초로 한다. 구성 요소는 사물인터넷(IoT, Internet of Things)이고, 시간과 장소에 관계없이 제조현장의 물리적인 대상인 기계설비나 공구들이 서로 연결되어 디지털 정보의 제공, 전달, 수집, 교환을 가능하게 한다. 대표적으로 CPS를 기반으로 한 스마트 팩토리(Smart Factory) 구축을 들 수 있다.

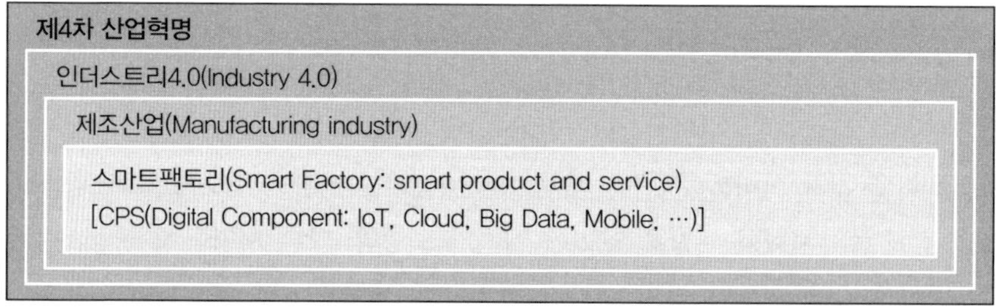

[그림 1-7] 4차 산업혁명과 인더스트리4.0의 관계

인더스트리4.0을 단순한 제조의 관점뿐만 아니라 서비스의 관점에서도 접근해야 한다. 독일은 인더스트리4.0을 통해 자신들이 강점을 보유한 제조업에 디지털 기술을 적극 적용하였고, 의료, 운송, 에너지 등 서비스 부문 전반에서 디지털 경제로 이행을 위해 스마트 서비스 세상(Smart Service World)이라는 보다 폭넓은 계획을 추진하고 있다.

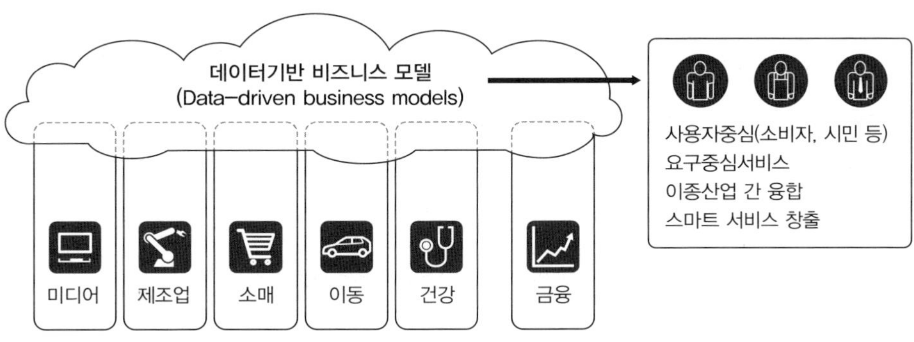

출처 : acatech(2014.3). "SMART SERVICE WELT."

[그림 1-8] 스마트 서비스 세상

스마트 서비스 세상의 가장 중요 요소는 디지털기반 시설(Digital Infrastructure)이고, 스마트 공간, 스마트 제품, 스마트 데이터, 스마트 서비스 등이 있다. 우선 스마트 공간은 스마트하고 인터넷 연결이 가능 개체, 장치 및 기계 등이 서로 연결되는 스마트 환경으로 기술적인 인프라에 의존한다. 그리고, 스마트 제품은 생산기계와 같이 제조 및 사용내역을 인식하고 자율적으로 행동 할 수 있으며, 이러한 정보들은 네트워크 기반의 물리적 플랫폼을 형성하기 위해 기술 인프라 계층을 통해 서로 연결된다. 소프트웨어 정의 플랫폼에서는 네트워크화된 물리적인 플랫폼에서 생성된 데이터는 통합되고 처리된다. 새로운 서비스의 체계적인 개발과 데이터는 최종적으로 서비스 플랫폼 수준에서 분류되어 스마트 서비스가 제공된다. 공급자는 이러한 서비스 플랫폼을 통해 서로 연결되어 디지털 생태계를 형성하는 것이 스마트 서비스 세상이다.

제4차 산업혁명에는 공통적으로 디지털 인프라와 요소기술이 활용되고 있다. 현재 디지털 인프라와 디지털 요소기술들은 과거 단순히 효율성의 향상을 이루고 고객의 기대를 높이는 ICT가 보유하던 제한적 영향력에서 벗어나 있다. 우선 디지털 인프라와 요소기술은 과거의 ICT와 비교하여 기업이 보다 이용하기 쉽고 낮은 비용으로 도입할 수 있도록 다양한 산업군의 요구사항을 적용한다. 이를 위하여 성과를 강화할 수 있도록 발전된 플랫폼 기반의 디지털 기술과 이러한 플랫폼에 의존하는 혁신을 가속하는 디지털 기술이 발전하고 있다. 또한 최신의 디지털 인프라 및 요소기술을 활용하여 새로운 접근방식으로 기존 프로세스를 변화시키거나 기존의 물리적 분야(Physical World)에서 디지털 인프라 및 요소기술을 결합 및 적용하여 운영비용 절감한다. 그 결과, 사업의 민첩성과 유연성 증가하고, 신규 수익 모델 도출 등의 가치 창출이 이루어지고 있다. 즉, 최신 디지털 인프라 및 요소기술을 경쟁의 핵심적인 도구로써 이들이 가지고 있는 다양한 기능들을 창조적으로 이용하고 가치를 창조하여 지속적인 경쟁력을 유지하는 기업들이 등장하고 있다.

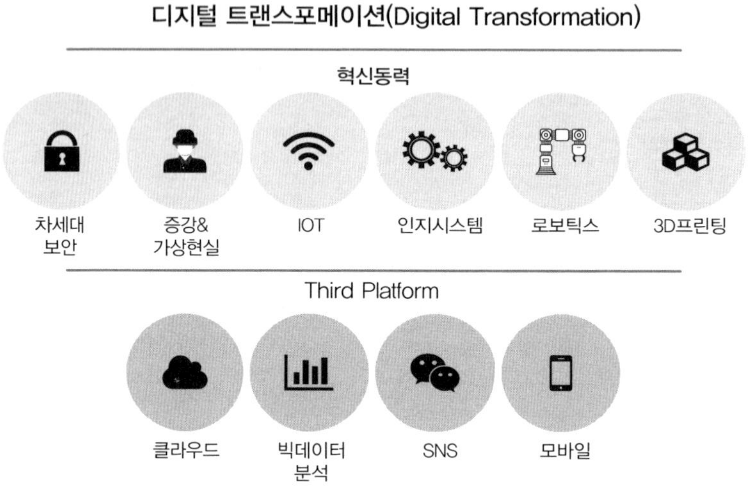

출처 : IT4IT(2016)

[그림 1-9] 디지털 트랜스포메이션

디지털 인프라 및 요소기술이 지속적으로 발전하면 농업, 어업 등을 비롯한 1차 산업, 2차 산업인 제조업, 3차 산업인 서비스업의 경계가 분명하지 않을 수 있다. 하지만 모든 산업은 존재하여 국가 및 산업이 처한 상황에 따라 그 비중만이 변화할 것으로 예상된다. 이러한 변화가 디지털 트랜스포메이션(Digital Transformation)이고, 이미 서비스 산업의 다양한 분야에서 진행되고 있다. 이는 디지털 기술을 활용하여 기존 서비스 사업의 프로세스는 물론 기존 서비스 산업의 가치사슬 변화를 이끌어낸다. 특히 디지털트랜스포메이션은 빅데이터, 모바일, 클라우드 및 소셜미디어 등 디지털 기술을 활용하여 운영 효율성과 경쟁력을 높이는 프로세스의 변화와 이를 바탕으로 하는 비즈니스 모델의 최적화 및 재구성을 가능하게 만든다. 디지털 트랜스포메이션은 기업이 새로운 비즈니스 모델, 제품 및 서비스를 창출하기 위해 디지털 역량을 활용함으로써 고객 및 시장 파괴적인 변화에 적응하거나 이를 추진하는 지속적인 프로세스로 정의한다.

서비스 산업에는 유통업, 운송업, 숙박 및 음식점업, 부동산 및 임대업, 금융 및 보험업, 보건업 및 사회복지, 예술, 스포츠 및 여가관련 서비스업 등의 다양한 분야가 존재하는데, 여기에 디지털 기술을 사용하여 가치를 창출하는 새롭고 구체적인 접근방식은 다양하다. 예를 들어, 숙박업에 에어비엔비(Airbnb), 운송업에 우버(Uber) 등과 같이 최신 디지털 기술을 바탕으로 기존 데이터를 활용하여 웹이나 모바일로 비즈니스를 수행하는 기업이 대표적인 디지털 트랜스포메이션의 사례이다. 또한 효율적으로 활용되지 못하고 있는 기존 오프라인의 자산들을 온라인 플랫폼으로 매개하여 탐색과 거래비용을 감소시켜 주는 O2O(Online to Offline) 비즈니스 모델도 서비스 산업에 있어 대표적인 새로운 접근방식이다.

(3) 4차 산업혁명의 혁신기술

세계경제포럼은 4차 산업혁명을 주도하는 혁신기술로 인공지능, 메카트로닉스, 사물인터넷(IoT), 3D 프린팅, 나노기술, 바이오기술, 신소재 기술, 에너지저장기술, 퀀텀 컴퓨팅 등을 들었다. 현 세계경제포럼 회장인 클라우스 슈밥(Klaus Martin Schwab)은 그의 저서 『제4차 산업혁명』에서 주요 혁신기술들을 물리학 기술, 디지털 기술, 바이오 기술이라는 세 가지 관점에서 분류하였다. 여기서 물리학적 기술에는 무인 운송수단, 3D 프린팅, 로봇 공학 등이 있다. 그리고 디지털 기술에서는 사물인터넷(IoT), 빅데이터 등이 있고, 생물학적 기술에서는 유전 공학 등이 있다.

① 물리학 기술

무인운송수단, 3D프린팅, 로봇공학, 그래핀(Graphene) 등의 기술에 ICT 기술을 접목하여 혁신적인 제품들을 창출한다. 센서와 인공지능의 발달로 자율 체계화된 모든 기계의 능력이 빠른 속도로 발전하였고, 3D 프린팅은 디지털 설계도를 기반으로 3차원 물체를 적층(Additive)하는 방식으로, 여러 산업에서 광범위하게 활용하였다. 또한 로봇은 센서의 발달로 주변 환경에 대한 이해도가 높아지고 그에 맞춰 다양한 업무 수행이 가능하고, 재생가능, 세척가능, 형상기억합금, 압전 세라믹 등 기존에 없던 스마트소재가 등장하였다.

② 디지털 기술

사물인터넷, 블록체인 시스템은 디지털 기술의 핵심기술로서 사물인터넷은 다양한 플랫폼을 기반으로 사물, 즉 제품, 서비스, 장소 등과 인간을 연결하는 새로운 패러다임을 창출한다. 그리고 사물인터넷을 통해 AI, 드론, 로봇 등도 함께 발전될 것이고, 블록체인(Block Chain)은 특정 사용자가 시스템을 통제할 수 없어 안전하고 투명한 거래를 위한 기술로 부각되고 있다. 또한 비트코인(Bitcoin)은 블록체인 기술을 이용한 디지털화폐이고, 이를 이용한 금융 거래를 하고 있으며, 향후 보험금 청구, 투표 등 코드화가 가능한 모든 거래가 블록체인 시스템을 통해 가능할 것이다.

③ 바이오 기술

유전학, 합성생물학, 유전자 편집 등의 바이오기술은 기술적으로 빠르게 발전하고 있으나, 법이나 규제 그리고 윤리적인 문제를 야기하고 있다. 유전학 기술은 과거 인간게놈 프로젝트 완성에 10년이 넘는 시간과 27억 달러가 소요되었으나, 현재는 몇 시간과 약 1,000억 달러의 비용이 소요될 만큼 비약적으로 발전하고 있다. 합성생물학은 DNA 데이터로 유기체를 제작할 수 있어 우리의 삶과 직결되는 심장병, 암 등 난치병 치료를 위한 의학 분야에 직접적인 영향을 미친다. 또한 유전자 편집 기술이 바이오 데이터와 결합되면 신약, 신종 작물, 바이오 에너지 개발 등이 가능하다. 이외에 제4차 산업혁명과 관련한 주요 기술로 사물인터넷, 사이버물리시스템(CPS), 빅데이터, 인공지능 등이 있다.

1.2 스마트 기술의 개요

(1) 스마트 기술의 탄생 배경

스마트 기술은 정보통신(ICT) 산업과 미디어 산업이 급격하게 기술이 발전되고, 이용자 수요가 고도화되어 이에 대응하는 글로벌 기업 전략들의 융합결과이다. 즉 기술 발전, 수요 확산, 기업 성장이 강하게 연결되어 있는 구조 결합을 의미한다. 스마트 기술은 기술 진화의 연속 과정에서 나타난 결과물이 아니라 강력한 소비자의 니즈와 새로운 산업 발전, 시장 창출, 경쟁질서 와해라는 기업 전략이 반영된 결과로 이해해야 한다.

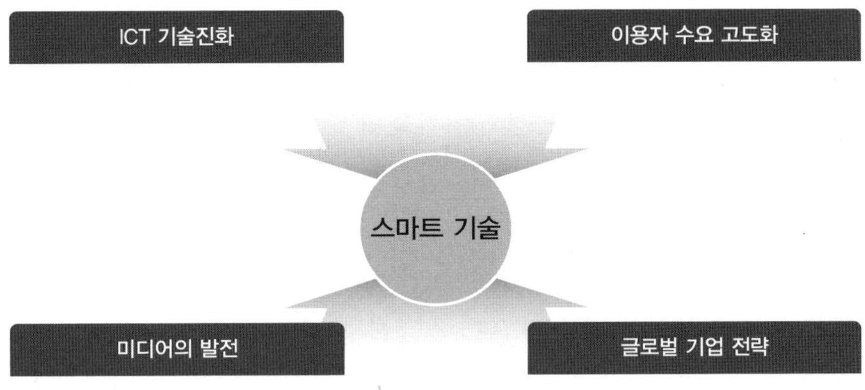

[그림 1-10] 스마트 기술의 등장 배경

스마트 기술은 기술적 진화가 강한 등장 배경이고, 정보통신에서 생태계 전반의 기술 혁신과 발전이 스마트 기술의 직접적인 원인이다. 이는 제3세대 이동통신, 와이브로, 광인터넷 시대를 거쳐 제4세대 이동통신, 미래 인터넷, 사물지능통신 등 유무선 네트워크 시대를 지나 영상이나 빅데이터와 같은 대용량 데이터를 수용할 수 있는 차세대 네트워크 등장으로 실현되었다. 즉 초고속·광대역화라는 강력한 기반 인프라로 새로운 스마트 기술 발전을 유도할 수 있었고, 플랫폼이 개방형·지능형으로 변경되어 가장 큰 동력이 되었다. 기존 휴대폰의 폐쇄적인 모바일 운영체제는 이전보다 이용자가 편리하고 능동적인 참여를 가능하게 하고, 다양하고 특화된 서비스를 지원할 수 있는 지능화된 플랫폼 제공이라는 변화를 가능하게 하였다.

① ICT 기술의 진화

기존 휴대폰이 단말기 중심의 생태계가 애플의 iOS와 구글의 안드로이드로 인하여 플랫폼이 중심적 역할을 수행하고 있다. 단말기에서 플랫폼으로 변화는 하드웨어 중심에서 하드웨어와 소프트웨어를 결합하는 산업구조로 변화시키고, 소비자 지향적 비즈니스 모델을 탄생시켰는데, 이는 스마트 기술의 발전과 성장에 가장 큰 원인이 되었다. 단말기 분야의 기술 진화와 혁신은 스마트 기술 시장을 확산시켰고, 플랫폼과 단말 부문에서 소프트웨어 역할을 강조하면서 사용자 경험을 바탕으로 UX(User eXperience) 기반의 인터페이스, 인간의 오감 인식하는 인식기반(Cogno) 기술이 성장하였고, 이는 이용자의 편리와 즐거움을 동시에 제공하여 스마트 기술의 활용성을 강화시키고 있다.

② 미디어의 발전

아몰레드(AMOLED)의 선명한 고화질 디스플레이와 다양한 단말 환경을 제공할 수 있는 플렉서블 디스플레이(Flexible Display)는 스마트 기술 영역을 영상이나 융합 부문으로 크게 확장시켰다. 미디어 부문의 빠른 발전은 스마트 기술의 직접적인 탄생 배경이면서 스마트 기술의 등장은 미디어 부문의 산업을 성장시키는 계기가 되었다. 즉 미디어 부문과 스마트 IT는 상호 보완적 관계로 함께 성장을 하고 있다.

스마트 기술과 함께 애플리케이션과 콘텐츠를 구매하고 판매할 수 있는 앱 마켓(App Market)은 이용자의 자발적 참여를 가능하게 하고, 무선통신 환경에서 인터넷과 미디어 소비가 활성화되는 계기가 되었다. 예를 들어 유튜브는 동일한 영상 미디어 매체를 보다 빠른 속도로 고품질 무선 이용이 가능하고, 무선 네트워크 기반 미디어 서비스의 보편화는 스마트 기술의 발전을 촉진하였다.

스마트 기술의 발전에 웹 기술의 발전에 중요한 역할을 하는데, 기존 인터넷 검색, 홈페이지 제공 중심의 단순 웹 기술이 블로그, 소셜미디어, 트위터, UCC, 소셜커머스 등의 대화형 웹으로 발전하였다. 이는 인터넷 매체가 정보 전달 중심에서 이용자의 정보 생산과 공유, 정보 유통이 강화되는 계기가 되었고, 스마트 기술의 활성화로 연결되고 있다.

③ 이용자 수요의 고도화

이전에는 IT가 제공하는 편익을 이용자가 수동적으로 이용하였고, 이용자는 주체보다는 객체로서 서비스의 이용 대상이었다. 스마트 기술의 등장은 이용자들이 IT 산업에서 능동적·자발적 참여로 선택권을 확대하고, 이를 지원하기 위하여 기업은 가상공간을 마련하여 이용자의 참여와 소통을 주된 서비스 모델로 변화를 의미한다. 콘텐츠 활용과 유통에서 이용자의 참여가 제공되는 서비스로서 이용자의 역할이 IT의 수동적 소비를 넘어 동시에 공급자가 되는 프로슈머(Prosumer)로 확장되고 있다. 이는 스마트 기술의 강력한 소비자 참여형 매체 수단과 맞물리면서 상호 발전이 동시에 가능하게 되었다.

매체 사이의 장벽이 존재하지 않고 자연스럽고 원활하게 콘텐츠를 연동하거나, 단일 콘텐츠를 별도의 전환 없이 다양한 매체에서 이용할 수 있는 서비스에 대한 소비자의 니즈가 스마트 기술의 등장과 발전에 중요한 영향을 미치게 되었다. 스마트 스크린은 하나의 콘텐츠를 다양한 매체에서 이용할 수 있는 기능(One-Source Multi-Use)의 소비자의 높은 기대 수준으로 표현되어 스마트폰, 스마트 패드, 스마트 TV, 스마트 자동차의 등장과 발전을 주도하고 있다.

④ 글로벌 기업전략

스마트 기술의 등장은 글로벌 거대 IT 기업의 새로운 성장전략과 2,000년대 초반 이후 IT 산업은 매출과 수익에서 정체 현상을 보였다. 이는 기술 발전 중심의 IT 산업이 한계였고, 새로운 수익 원천을 창출하는 데 제약이 반영된 결과이다. 기존 IT 기업들은 치열한 경쟁을 하는데, 애플·구글 등을 비롯하여 일부 혁신적인 IT 기업은 새로운 블루오션을 창출하기 위해 기업의 자원과 역량을 집중하기 시작하였다.

특히 애플은 기존 IT 산업을 하드웨어 중심에서 플랫폼을 중심으로 하드웨어와 소프트웨어를 결합하는 전략으로 아이폰이라는 스마트폰 시장을 새롭게 정의하고, 이용자 편의성을 극대화하는 서비스를 제공하였다. 구글은 다양한 부가 서비스 개발이나 인수합병(M&A)을 통하여 애플리케이션 중심의 비즈니스 모델을 추구하여 기존 경쟁질서나 비즈니스 모델보다는 시장을 와해하여 새로운 블루오션을 찾는 성장전략으로 스마트 IT 등장과 확산의 원동력이 되었다. 글로벌 IT 기업전략은 융합을 통해 기존 산업의 생산성과 효율성을 강화시키면서 소비자나 기업에게 제공하는 편익을 크게 증진시키는 발전적 순환 구조를 형성시키고 있다.

(2) 스마트 기술의 특징

기술 측면의 IT의 스마트화만 의미하지 않고, 콘텐츠 지향적 서비스를 제공하고, 지능화와 융합을 추구한다. 그리고 이용자를 중심으로 유연성을 가지며, 소셜 매체화나 개방형 추구 등의 복합적 특징을 지니고 있다.

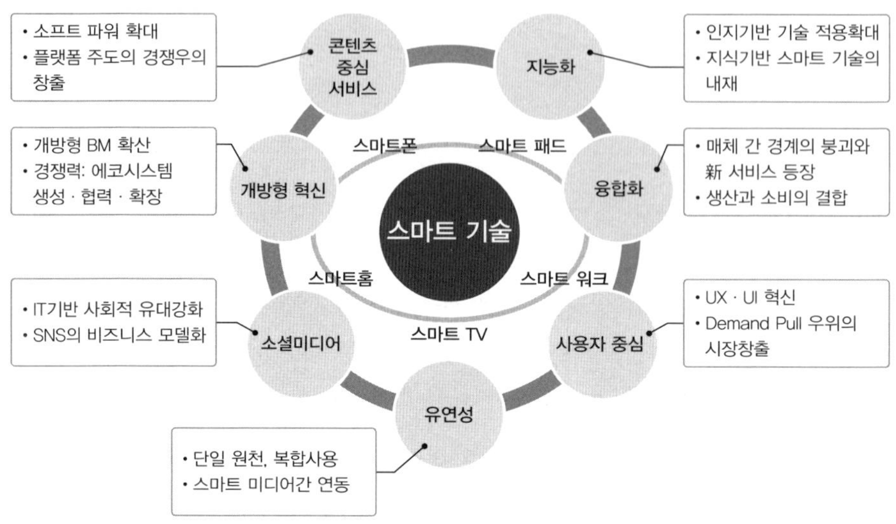

[그림 1-11] 스마트 기술의 특징

① 콘텐츠 중심 서비스

소비자 니즈와 기업경쟁력 원천이 하드웨어 중심에서 소프트웨어의 비중이 확대되는 방향으로 전환함에 따라 발생하는 특징이다. 즉 플랫폼이나 콘텐츠, 애플리케이션과 같은 소프트파워가 중요하고, 생태계의 주도권이 단말기에서 플랫폼으로 변화하고 있다. 이로 인하여 기업의 경쟁우위를 창출하는 핵심 요인이 플랫폼에서 영향력을 강화하는 것이다. 따라서 스마트 기술에서는 보다 많은 이용자가 활용할 수 있는 개방형 플랫폼을 기반으로 콘텐츠를 최적으로 제공하기 위한 서비스를 하는 것이 핵심요인이다.

② 지능화

인지기반 기술은 패턴 인식, 오감 인식, 추론 기능, 사고 기능을 강화하는 방향으로 진화하고, 임베디드 소프트웨어나 컴퓨팅을 통해 스마트폰을 비롯하여 스마트 자동차나 스마트 로봇, 스마트 헬스에서 활용되고 있다. 특히 사물지능통신이 본격화되면 스마트 기술 기기의 지능화 기능과 결합하여 이용자의 편리성과 유용성을 크게 강화할 것이다.

③ 융합화

IT는 기술과 기술, 산업과 산업, 매체와 매체의 경계를 허물고, 이를 통해 새로운 기술과 서비스, 산업, 매체를 창출하는 것이 융합 지향의 특징이다. 생태계 내부에서 네트워크, 플랫폼, 단말, 콘텐츠가 큰 틀에서 융합과 통합을 지향하고, IT 산업과 기존 산업의 융합을 통해 기존 산업을 보다 효율적이고 생산적인 산업으로 변화시키는 방향으로 전개되고 있다. 스마트 기술은 생산과 소비의 영역이 분리되지 않고 상호 결합한다. 스마트 기술의 소비자가 이용자와 생산자가 동시에 될 수 있으며, 스마트 기술을 제공하는 기업이 생산자와 소비자의 역할을 함께 추구한다. 이를 통해 보다 소비자의 경험을 반영하고, 소비자 편의를 극대화하는 소비자 중심의 서비스를 제공하게 된다.

④ 사용자 중심

스마트 기술은 서비스 개발에서부터 전달에 이르는 모든 과정에서 이용자를 최우선으로 한다. 이는 이용자 지향적 마케팅이 아니라 이용자의 니즈에 기반하며, 이용자의 경험을 최우선적으로 반영한다. 이를 통하여 이용 환경에서 편의를 강화하고, 불편함을 경감 또는 제거하는 방향으로 서비스를 개발하고 전달한다. 이를 통해 소비자를 중심으로 하는 수요 지향(Demand Pull)을 추구하는데, 이는 기존 기술 중심의 공급자적 시각과 반대된다.

⑤ 유연성

스마트 기술이 지향하는 핵심으로 클라우드 서비스를 활용하여 단일 콘텐츠를 다양한 단말이나 매체에서 동시에 활용할 수 있거나 멀티스크린이라는 미디어 간 연동을 통해 단일 콘텐츠를 시간과 장소에 구애 없이 다양한 단말 환경에서 이용함을 의미한다. 이를 통해 이용자의 콘텐츠 활용성이 크게 높아지며, 콘텐츠 제공기업은 다양한 비즈니스 모델을 창출하거나 부가 서비스를 개발할 수 있게 된다.

⑥ 소셜미디어

개인 중심의 매체 성격이 강한 IT는 소셜 미디어로 매체 범위가 확대되는데, 스마트 기술을 통해 트위터, 페이스북 등의 소셜미디어가 유·무선 공간에서 매체의 제약 없이 사용되어 일반인의 참여와 공유, 소통의 장을 크게 강화하고, 사회 구성원 간의 사회적 유대와 결속을 높이고 있다. 스마트 기술을 통한 소셜미디어의 강화는 소셜 게임, 소셜 커머스와 같은 다양한 비즈니스 모델을 창출하고, 기업과 소비자의 직접 대화 채널을 확대하여 기존 홍보와 커뮤니케이션을 크게 대체하고 있는 수단으로 활용되고 있다.

⑦ 개방형 혁신

스마트 기술은 생태계에 커다란 반향과 변화를 창출하는데, 네트워크 제공기업이나 단말 제조 기업이 핵심이 되는 기존 폐쇄형 구조에서 벗어나 경쟁의 근원적 원천이 플랫폼을 기반으로 네트워크, 단말, 애플리케이션, 콘텐츠가 상호 보완과 상승작용을 일으키는 개방형 혁신 구조로 변화하고 있다.

(3) 디지털 기술 시대와 스마트 기술을 비교

디지털 기술 시대는 1990년대 이후에서 2000년대 중반이고, 스마트폰이 등장한 2000년대 후반 이후는 스마트 기술 시대라고 한다. 스마트 기술의 본격적인 시작은 2007년 스마트폰의 등장이 계기가 되었다. 특히 단말 제조우위의 기존 IT 시대에서 고도화된 네트워크–단말–플랫폼–콘텐츠의 에코 시스템 역량이 기술 발전을 바탕으로 스마트 기술 시대를 열게 되었다.

디지털 기술 시대가 IT의 보급과 확산 중심이라면 스마트 기술 시대는 IT를 일반인부터 기업·산업·공공 영역에서 보다 똑똑하게 활용하는 것에 중점을 둔 시대이다. 디지털 기술 시대가 IT의 양적 확대가 목표였다. 스마트 기술 시대는 양적으로 확대된 IT의 질적 활용 수준을 높여 생산성·효율성·편의성·유희성·혁신성을 강화하는 것이 핵심이다. 스마트 기술을 바탕으로 인간·사회·기업·공공 등 모든 영역에서 스마트화 되는 움직임은 일시적 유행을 넘어 라이프와 생산양식의 대혁신을 촉진하는 새로운 주류 패러다임으로 부상하고 있다.

디지털 기술 시대의 기존 IT와 스마트 기술을 비교하면, 우선 기존 IT에서 스마트 기술로의 전개는 네트워크–플랫폼–콘텐츠–단말의 생태계 전반의 급격한 기술 진화가 바탕이 된다. 인텔리전트 컴퓨팅 기술, 이용자 친화적 UI/UX(User Interface/User eXperience) 기술, 차세대 네트워크 기술, 차세대 플랫폼 기술, 차세대 디스플레이 기술 등의 발전적 전개는 스마트 기술의 지속적 발전하고 있다.

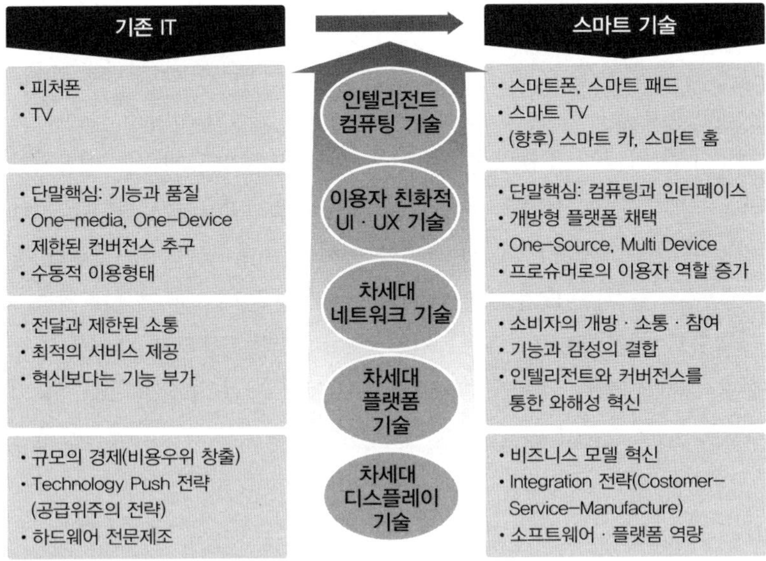

[그림 1-12] 기존 IT에서 스마트 기술로의 전개

① 핵심기기

인텔리전트 컴퓨팅 기술로의 변화로 기존 IT가 음성통화와 간단한 무선 인터넷을 제공하는 피처폰이나 높은 영상 화질을 추구하는 TV가 핵심매체라면 스마트 기술에서는 핵심 단말기기의 역할과 범위가 크게 확장된다. 즉 스마트 기술은 이용자의 참여와 편의를 극대화한 스마트폰과 스마트 패드, 스마트 TV가 주를 이루어 향후 스마트 카, 지능화된 스마트 홈으로 그 영역이 확대될 것이며, 스마트 스크린을 통해 상호연동이 보편화될 것이다.

② 특징

기존 IT의 특징이 단말의 기능과 품질에 우선하고, 콘텐츠의 상호연동성 제약으로 융합이 부분적으로 일어나고, 이용자의 역할이 수동적이었다. 반면, 스마트 기술은 소프트웨어 부문이 강화된 컴퓨팅과 사용자 편의성이 보다 향상된 인터페이스가 단말의 핵심이다. 그리고 개방형 플랫폼을 이용하여 다양한 단말과 산업이 융합되고, 동일한 콘텐츠를 다양한 단말 환경에 동일하게 이용한다. 이를 통하여 생산이 유기적으로 연결되는 프로슈머로서 이용자의 역할이 강화될 것이다.

③ 핵심가치

기존 IT와 스마트 기술은 핵심가치에서 커다란 차이가 있다. 기존 IT가 양방향보다는 일방향의 전달을 지향하기 때문에 정보 소통에 제한적이고, 최적의 서비스 제공에 초점을 맞추어 혁신보다는 기능과 품질을 중시하였다. 반면에 스마트 기술은 이용자가 참여·공유·소통의 주체가 되고, 서비스 뿐 아니라 감성과의 결합을 중요시하는 인간 중심(Human Centric)의 IT를 추구하며, 지능과 융합을 통해 새로운 서비스와 시장을 창출하는 혁신을 추구한다. 즉 기존 IT가 기능 중심의 서비스를 통해 이용자에게 기능과 품질 편익을 우선적으로 제공했다면, 스마트 기술은 소비자와 소통하고 감성과 기능을 결합하며 융합을 통해 다양한 경험을 제공함으로써 보다 인간 중심적이고 지능적인 서비스의 편익 제공을 지향하고 있다.

④ 기업 경쟁 우위

기존 IT는 규모의 경제를 통해 비용우위를 창출하고, 공급자 중심의 전략을 가지는데, 이는 단말을 중심으로 하드웨어 전문 제조 역량 강화에 역점을 두었다. 반면에 스마트 기술은 혁신적 서비스와 비즈니스 모델 개발, 생태계의 내부와 외부에서 소비자·서비스·제조업체가 상호 융합과 보완 및 협력하는 통합전략으로 플랫폼 중심의 생태계를 주도하는 소프트웨어 기반 전략을 통해 기업의 경쟁우위를 창출하고자 한다. 즉 기존 IT가 규모와 범위의 경제를 바탕으로 소비자에게 보다 나은 품질의 제품을 보다 저렴하게 제공하는 것이었다. 하지만 스마트 기술은 소비자의 니즈와 경험을 바탕으로 참여와 개방, 소통을 통해 특화된 서비스에 반영하고 하드웨어와 소프트웨어를 결합하는 생태계 통합 전략을 추구하는 것이 핵심이다.

기존 IT가 스마트 기술로 진화와 전개되는 주된 원인은 기술적 측면에서 지능형 컴퓨팅 기술, 이용자 친화적 인터페이스, 차세대 네트워크 기술, 차세대 플랫폼 기술, 차세대 디스플레이 기술 등이 있다. 즉 콘텐츠, 플랫폼, 네트워크, 단말로 구성되는 IT 생태계 전반의 급격한 기술혁신이 스마트 기술의 등장과 발전의 원천이 되고 있다. 다시 말하면, 기존 IT가 단말의 기능과 품질, 최적의 서비스 제공, 규모의 경제, 공급 위주 전략, 하드웨어 전문 제조가 핵심 경쟁 요소인 반면에 스마트 기술은 단말의 컴퓨팅 기능과 이용자 친화적 인터페이스, 개방형 플랫폼을 통한 이용자의 프로슈머 참여, 기능과 감성의 결합, 비즈니스 모델 혁신, 소프트웨어 역량이 경쟁의 원천이 되고 있다.

(4) 스마트 기술의 발전 방향

스마트 기술은 인프라 역할을 수행하는 유무선 네트워크 기술과 차세대 미디어 서비스를 제공하는 멀티미디어 방송기술이 핵심이며, 이를 기반으로 스마트 홈, 스마트 헬스, 스마트 자동차, 스마트 로봇의 다양한 애플리케이션과 서비스가 제공될 것이다.

스마트 기술이 3차원, 오감형 실감 미디어의 대용량·고화질·품질 데이터를 제공하는 방향으로 진화하고, 일반인과 기업의 빅데이터 수요가 급증함에 따라 이를 적절하게 제공하기 위한 발전 방향을 가지고 있다. 이를 위하여 유무선 네트워크와 멀티미디어 방송기술 분야에서 급격한 기술 발전이 이루어질 것이다. 결국 스마트 기술은 대용량, 멀티미디어, 3D·4D 콘텐츠를 초고속으로 제공할 수 있는 방향으로 전개되고 있으며, 이를 통해 이용자 참여, 양방향, 맞춤형, 고품질 실감형 서비스가 강화될 것이다.

① 유선 네트워크

대규모 이용자가 밀집한 장소에서도 순간적인 데이터 폭증이 발생하지 않을 정도의 초고속, 고품질을 보장하는 테라급 유선 네트워크로 진화될 것이다. 현재의 광인터넷으로 전개가 강화되고, 향후 기가 인터넷을 통해 실감형·체형의 3D·4D의 멀티미디어 전송 서비스와 미래 인터넷 서비스가 제공될 것이다.

② 무선 네트워크

무선 분야에서는 현재의 모바일 브로드밴드를 제공하는 와이브로와 LTE 서비스가 진화하여 2012년 이후에는 본격적인 제4세대 이동통신인 IMT-Advanced 기술이 제공되고 있고, 향후 무선 분야의 기술 발전은 다른 네트워크 분야보다 상대적으로 급격하게 전개되어 300km/h 이상의 이동 상황에서도 실감 미디어 서비스를 이용할 수 있도록 기가급 무선통신 기술이 개발될 것으로 보인다.

③ 미디어

멀티미디어 방송 기술을 기반으로 하는 미디어 분야는 실감 미디어를 제공하기 위한 핵심기술 개발이 촉진될 것이다. 현재 IPTV는 양방향 미디어의 IPTV 2.0으로 진화하여 방송과 통신의 융합이 보다 촉진되고, 스마트 TV를 통해 스마트 스크린과 유연한 콘텐츠 이동성이 부각되며 3DTV, UHDTV를 기반으로 고품질·고화질의 체감형 영상 서비스가 강화될 전망이다.

연습문제 EXERCISE

※ 다음 빈칸에 알맞은 말을 넣으시오.

01 ( )을 3차 산업혁명을 기반으로 한 디지털과 바이오산업, 물리학 등의 경계를 융합하는 기술혁명이라고 설명한다.

02 ( ), ( ), ( ) 기존 영역의 경계가 사라지면서, 융합되는(fusion) 기술적인 혁명이라고 4차 산업혁명을 정의한다.

03 ( ), ( ), ( ) 산업혁명에서의 충격은 결국 경제와 산업 전반의 생산성 혁명으로 변화의 속도가 상대적으로 느렸기 때문에 민간이 주도하고 공공분야에서 차후 지원하는 형국으로 진행되어도 큰 문제는 없었다.

04 ICT와 ( ) 융합이 혁신의 원천이며, 사물인터넷이나 서비스 간 인터넷이 커뮤니케이션 방식이다. 시뮬레이션을 통한 자동생산 방식을 이용한다. 빅데이터를 기반으로 한 인공지능으로 생산 과정을 통제한다.

05 4차 산업혁명의 혁신기술은 세계경제포럼 회장인 클라우스 슈밥(Klaus Martin Schwab)은 ( ), ( ), ( )이라는 세 가지 관점에서 분류하였다.

06 ( )이란 사물인터넷(IoT), 만물인터넷(IOE)을 매개체로 하여 인간 대 인간, 인간 대 사물, 사물 대 사물 간의 연결성을 기하급수적으로 확대하는 것을 의미한다.

07 스마트 서비스 세상의 가장 중요한 요소는 ( )이고, 스마트 공간, 스마트 제품, 스마트 데이터, 스마트 서비스를 총괄하는 개념이다.

08 ( )는 인공지능과 빅데이터의 연계 · 융합으로 기술 및 산업구조가 초지능화되는 것을 의미한다.

09 스마트 기술의 특징은 기술 측면의 IT의 스마트화만 의미하지 않고, ( )를 제공하고, ( )와 ( )을 추구한다. 그리고 이용자를 중심으로 ( )을 가지며, 소셜 매체화나 개방형 추구 등의 복합적 특징을 지니고 있다.

10 (　　　　　)은 빅데이터, 모바일, 클라우드 및 소셜 등 디지털 기술을 활용하여 운영 효율성과 경쟁력을 높이는 프로세스의 변화와 이를 바탕으로 하는 비즈니스 모델의 최적화 및 재구성(재구축)을 가능하게 만들어 준다.

11 소비자를 중심으로 하는 (　　　　　)을 추구하는데, 이는 기존 기술 중심의 공급자적 시각과 반대된다.

12 스마트 기술은 이용자가 참여 · 공유 · 소통의 주체가 되고, 서비스뿐 아니라 감성과의 결합을 중요시하는 (　　　　　)의 IT를 추구하며, 지능과 융합을 통해 새로운 서비스와 시장을 창출하는 혁신을 추구한다.

13 스마트 기술은 대용량, 멀티미디어, 3D/4D 콘텐츠를 초고속으로 제공할 수 있는 방향으로 전개되고 있으며, 이를 통해 이용자 참여, (　　　　　), 맞춤형, 고품질 (　　　　　) 서비스가 강화될 것이다.

14 단말기 분야의 기술 진화와 혁신은 스마트 기술 시장을 확산시켰고, 플랫폼과 단말 부문에서 소프트웨어 역할을 강조하면서 사용자 경험을 바탕으로 (　　　　　) 기반의 인터페이스, 인간의 오감 인식하는 (　　　　　) 기술이 성장하였고, 이는 이용자의 편리와 즐거움을 동시에 제공하여 스마트 IT의 활용성을 강화시키고 있다.

15 기업은 가상공간을 마련하여 이용자의 참여와 소통을 주된 서비스 모델로 변화를 의미한다. 콘텐츠 활용과 유통에서 이용자의 참여가 제공되는 서비스로서 이용자의 역할이 IT의 수동적 소비를 넘어 동시에 공급자가 되는 (　　　　　)로 확장되고 있다.

16 (　　　　　)에서는 현재의 모바일 브로드밴드를 제공하는 와이브로와 LTE 서비스가 진화하여 2012년 이후에는 본격적인 제4세대 이동통신인 IMT-Advanced 기술이 제공될 것이다.

※ 다음 내용이 맞는지(T) 혹은 그렇지 않은지(F) 판별하시오.

01 3차 산업혁명과 4차 산업혁명을 변화의 속도(velocity), 변화의 범위(scope), 시스템의 영향(system impact) 측면에서 비교하면서 커다란 차이가 존재하다. (　)

02 4차 산업 혁명의 물결은 제조 산업 전반의 패러다임을 뒤흔들고 있다. 4차 산업 혁명은 산업 전반의 생산 · 관리 등 시스템에 커다란 변화를 일으키고 있으며, 독일의 "Industry 3.0"이 대표적이다. (　)

03 2015년 이후부터 사물인터넷(IoT), 인공지능 기반의 만물 초 지능 혁명으로 3차 산업혁명의 주춧돌인 정보통신기술의 발달이 4차 산업혁명의 필요충분조건이다. ( )

04 스마트 기술은 정보통신(ICT) 산업과 미디어 산업이 급격하게 기술이 발전되고, 이용자 수요의 고도화되어 이에 대응하는 글로벌 기업들의 발 빠른 전략이 결합된 결과이다. ( )

05 기존 IT가 음성통화와 간단한 무선 인터넷을 제공하는 피처폰이나 높은 영상 화질을 추구하는 TV가 핵심 매체였다면, 스마트 기술에서는 핵심 단말기기의 역할과 범위가 크게 축소될 것이다. ( )

06 디지털 트랜스포메이션은 빅데이터, 모바일, 클라우드 및 소셜 등 디지털 기술을 활용하여 운영 효율성과 경쟁력을 높이는 프로세스의 변화와 이를 바탕으로 하는 비즈니스 모델의 최적화 및 재구성을 불가능하게 만든다. ( )

07 제4차 산업혁명과 관련한 주요 기술로 사물인터넷, 사이버물리시스템(CPS), 빅데이터, 인공지능 등이 있다. ( )

08 기존 휴대폰이 단말기 중심의 생태계가 애플의 iOS와 구글의 안드로이드로 인하여 플랫폼이 중심적 역할을 수행하고 있다. 단말기에서 플랫폼으로 변화는 하드웨어 중심에서 하드웨어와 소프트웨어를 결합하는 산업구조로 변화시키고, 소비자 지향적 비즈니스 모델을 탄생시켰는데, 이는 스마트 IT의 발전과 성장에 가장 큰 원인이 되었다. ( )

09 인텔리전트 컴퓨팅 기술로의 변화로 기존 IT가 음성통화와 간단한 무선 인터넷을 제공하는 피처폰이나 높은 영상 화질을 추구하는 TV가 핵심매체라면 스마트 기술에서는 핵심 단말기기의 역할과 범위가 크게 축소된다. ( )

※ 다음 내용에 대해서 간략히 서술하시오.

01 3차 산업혁명과 4차 산업혁명의 차이를 기술하시오.

02 4차 혁명의 특징을 서술하시오.

03 스마트 기술의 특징을 간략히 서술하시오.

04 디지털 IT와 스마트 기술을 비교하시오.

05 스마트 기술을 기업의 경쟁 우위 관점에서 설명하시오.

※ 다음 주제에 대해서 토론하시오.

01 향후 스마트 기술의 발전성에 대해서 토의하시오.

02 4차 산업혁명이 미디어의 융합에 미칠 영향에 대해서 토의하시오.

Chapter 02

스마트 기술의 국내외 동향

2.1 주요국 스마트 기술의 동향

세계는 지금 스마트 기술을 중심으로 산업 간의 융합 시너지를 창출하고, 그 결과로 이루어진 생산성과 효율성이 국가의 경쟁력을 결정하고 있다. 이는 스마트 기술을 기반으로 산업 간의 융합을 강조하고 이를 통한 가능성을 확대하려는 노력이 중요한 시점이다. 대표적으로 미국, 독일, 일본, 중국 등의 4차 산업혁명에 대한 대응방향은 다소 차이가 있으나, 자국의 기술과 산업 강점에 기초하여 산업구조를 고도화하려는 목적성은 유사하다. 먼저 미국은 민간 주도로 산업용 사물인터넷 등을 활용하여 초연결 제조생태계 구축하고 있다. 독일은 중견 혹은 중소기업을 대상으로 ICT 융합에 기초하여 공장 내외 요소를 유기적으로 연결하여 공급 망과 공정을 지능화하고 최적화시켜서 스마트 공장 확산 등의 실용성이 강조된 정책을 추진하고 있다. 일본은 4차 산업혁명에 대한 대응을 경기침체 등의 경제현안을 해결하고, 제조혁신 기회로 활용하고 있다. 마지막으로 중국은 질적 성장 중심의 제조 강국으로 변모하기 위해 연구개발과 품질개선 등에 집중하고 있다.

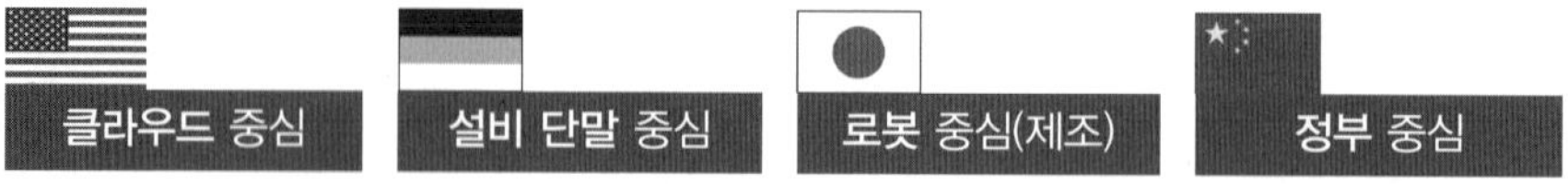

클라우드 중심	설비 단말 중심	로봇 중심(제조)	정부 중심

구분	 (미국)	 (독일)	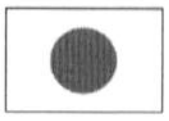 (일본)	 (중국)
주요 정책	AMP* 2.0	인더스트리 4.0	4차 산업혁명 선도전략	중국제조 2025
특징	기술 · 자금 보유한 민간 주도	중견 · 중소기업 혁신참여 유도	산업구조 재편 기회로 활용	제조업의 질적 성장 계기 기대
핵심 기술	공통: 산업용 사물인터넷 등			
	빅데이터, 인공지능	자동화 설비 · 솔루션	산업용 로봇	범용 정보통신기술
추진 주체	민간 주도	민 · 관 공동	민 · 관 공동	정부 주도

*주: AMP(Advanced Manufacturing Partnership)는 미국 정부가 제조업 경쟁력 강화를 위해 구축한 민 · 관 · 학 파트너십

[그림 2-1] 주요국의 4차 산업혁명 대응 현황 비교

미국은 클라우드 중심으로 4차 산업혁명 시대를 준비하고 있는데, 대표적으로 IIC(Industrial Internet Consortium), NITRD(The Networking and Information Technology Research and Development), NNMI(National Network for Manufacturing Innovation) 등의 기관을 중심으로 빅데이터와 ICT 혁신에 집중하고 있다.

독일은 설비 단말 중심 전략으로 인더스트리4.0 워킹그룹, 지멘스, 보쉬, SAP 등을 중심으로 인더스트리4.0 플랫폼을 구축하고, CPS(Cyber Physical System) 중심의 8개 기술을 추진하고 있다.

[그림 2-2] 독일의 8가지 중점 사업

일본은 제조업에서 로봇 중심 대응 전략을 세우고, 이를 위하여 재흥전략 2015와 로봇기술, Society 5.0을 세분 계획으로 진행하고 있다.

중국은 정부 중심으로 Created in China, 중국제도 2025, 자주창신(自主創新) 정책 등을 세워서 4차 산업혁명 시대를 대비하고 있다.

(1) 미국

미국은 국가경쟁력 강화와 삶의 질 향상을 위해 스마트 기술개발에 집중적으로 투자하고, 정부는 스마트 기술의 발전을 위한 기술개발 방향을 제시하고 대학과 기업을 중심으로 투자에 적극적이다. 미국 PCAST(President's Council of Advisors Science and Technology)는 선진 제조기술 필요성에 대한 보고서를 지난 2011년 6월에 발표하고, 발표된 "Report to the president on ensuring American leadership in advanced manufacturing"에 기반을 두고 오바마 정부는 AMP(Advanced Manufacturing Partnership) 프로그램을 추진하였다. 이는 연구개발 투자, 인프라 확충, 제조 산업 플레이어 간의 협력 등을 토대로 제조산업 전반의 활성화 및 변화를 도모하기 위함이다.

미국의 스마트 기술은 Smart America Challenge 테스트베드를 중심으로 준비되고 있는데, 이는 CPS를 중심으로 에너지, 스마트공장, 기술, 재해대응시스템 등 8개 분야가 연동하여 작동하도록 설계되어 있다.

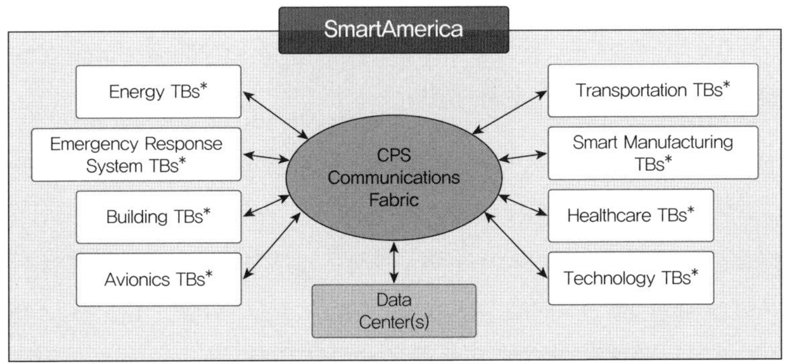

[그림 2-3] 미국의 스마트 기술 전략

미국은 BCG(Boston Consulting Group) 그룹 중심으로 독일의 인더스트리4.0의 요소를 9개로 재정립하고 이들을 융합하려 노력하고 있다. 이들의 구성요소는 다음과 같다.

[그림 2-4] 미국의 4차 산업혁명 대응 전략

① IT 융합과 실감 미디어

2000년 이후에 NBIC(National Board Inspection Code) 전략을 중심으로 IT 융합을 이루는데, 이를 위한 기반으로 나노(Nano), 바이오(Bio), 정보통신(Info), 실감 인터페이스(Cogno)의 4개 핵심기술을 중점적으로 추진한다. 그리고 차세대 융합기술의 선점과 삶의 질 개선, 인간의 수행 능력 향상을 목표로 연구개발에 집중투자하고, 2006년 이후에는 국가경쟁력 강화 계획(American Competitiveness Initiatives)을 위하여 융합 분야를 중심으로 연구개발 확대 및 기술혁신 촉진, 세제혜택 강화하였다.

미국은 실감 미디어 산업을 수출전략 산업으로 육성하기 위해 정부, 기업, 민간의 기술투자를 강화하고 있으며, 이를 위해 ARPA(Advanced Research Projects Agency)는 3D 입체 영상 및 그래픽 디스플레이 기술 개발을 국책 연구과제로 선정하였다. 이를 위하여 매년 실감 미디어 분야에 대한 R&D 투자를 확대하고, NASA, MIT, 워싱턴 대, 카네기멜론 대 등에서는 3D 실감 다중매체 개발에 연구를 집중하고 있다.

② 지능형 로봇과 u-헬스

미래 인터넷 분야에서는 국가과학재단(NSF)이 NeTS(Networking Technologies and System)라는 연구 사업으로 미래 인터넷 연구를 적극 지원하고, 대표적인 미래 인터넷 테스트베드 프로젝트로 GENI(Global Environment for Networking Innovation)를 추진 중에 있다.

지능형 로봇과 헬스 분야에서는 카네기멜론 대학이 국립로봇공학센터(National Robotics Engineering Center)와 현장 로봇공학센터(Field Robotics Center)를 설립하여 의료, 서비스, 국방 분야의 로봇에 대한 연구개발에 집중하고 있다. 한편 NASA, HP, MIT 등에서는 스마트폰이나 착용형 컴퓨터(Wearable Computer) 통신이 가능한 원격 건강진단 프로그램 개발에 주력하고 있다.

미국은 정부와 민간이 연계하여 제조 산업과 관련된 다양한 이슈들을 해결하고, 효과적인 제조업 연구기반을 설립하기 위해 NNMI(the National Network for Manufacturing Innovation)를 구축하였다. NNMI는 제조업 혁신을 위하여 각 연구기관의 네트워크를 구축하고, 제조업 혁신과 상업화 촉진을 위하여 자원 활용, 효과적 협력체계 구축, 공동투자 등의 전략을 최대한 활용하고 있다. NNMI는 R&D 기술개발 수준과 제조공정 수준을 기술성숙도와 제조성숙도로 평가하여 4~7단계에 위치한 분야를 타깃으로 운영하고 있다. 2015년 9월에는 미국 국가과학재단(NSF)과 미국 반도체산업협회(SIA)가 공동으로 IT 혁신에 관한 내용을 담은 보고서 "Rebooting the IT Revolution"을 발표하고, 미국의 과학, 공학 등 모든 분야의 기초연구와 교육을 지원하는 국가과학재단이 전면에 나서서 미국 정부와 산업계의 IT 혁신 리더십 확보 필요성을 강조하였다.

③ 개방 데이터

미국 정부는 2011년 12월 데이터닷거브(Data.gov)에 수십만 개 데이터를 다양한 형태로 제공하기 시작했고, 2012년 3월에는 디지털정부전략(Digital Government Strategy)을 발표했다. 월드와이드웹(World Wide Web) 개발자인 팀버너스 리(Tim Berners-Lee)는 데이터 품질과 재이용성을 평가하기 위해서 연결 데이터의 파이브스타 모델(Five stars of linked data)을 제시하고, 이를 기준으로 개방 데이터 공개를 위한 점진적인 모델을 제시하였다.

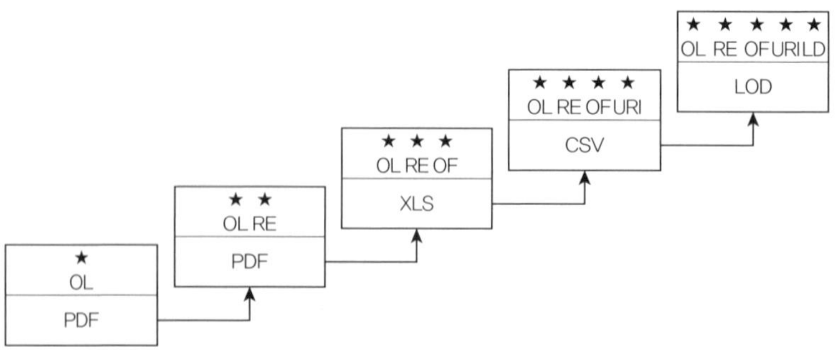

[그림 2-5] 연결 데이터의 파이브스타 모델

미국의 개방 데이터 개방정책은 정부에서 발생하는 모든 데이터를 기계판독이 가능한 형태로 민간에 개방하도록 의무화하는 행정명령을 발표하고, 공개되는 데이터는 기계판독이 가능해야 하며, 비독점적이고 사용상에 어떠한 제약도 없는 오픈 포맷을 사용하도록 권고한다.

(2) 중국

스마트 기술의 후발국 주자인 중국은 선진국과의 격차를 줄이고 새로운 미래 유망 분야에서 선두에 나서기 위하여 정부중심의 원천기술과 상용화에 집중적인 투자를 하고 있다. 더욱이 차세대 이동통신과 슈퍼컴퓨팅 등 하드웨어를 비롯하여 대만과 협력하여 글로벌 경쟁력을 확대하기 위해 노력하고 있다.

중국 정부는 2015년 5월 국무원을 통해 정부차원의 국가전략 "중국 제조 2025"를 발표하는데, 이는 미국, 독일 그리고 일본 등의 제4차 산업혁명 정책에 대응하는 중국만의 전략적인 결정이다. 이는 2016년에서 2020년 간 중국의 13차 5개년 계획의 제조업 산업정책에 해당한다. 그리고 향후 중국의 제조업 육성전략의 핵심이 될 것으로 예상한 결정이다. 실제 중국은 향후 30년까지의 발전방향을 3단계로 구분하고 있으며, 2015년 발표된 중국 제조 2025 전략은 1단계에 해당하는 2015년부터 2025년까지의 계획을 구체적으로 포함하고 있다.

2020년의 중국의 목표는 공업화 토대를 마련하고, 제조대국 지위를 굳히며, 제조업 관련 정보화 제공에 있다. 2025년 목표는 제조업 및 혁신능력 강화, 생산성 제고, 공업화와 정보화 융합에 있다. 또한 중국 제조 2025는 모든 제조 산업 분야의 혁신역량의 제고, 품질의 제고, IT와 제조업의 융합, 녹색성장 등 총 4개의 공통된 과제를 제시하였다. 더불어 4개 핵심과제의 성공적인 달성 여부를 판단하기 위하여 중국 제조 2025는 각각의 과제에 정량적인 지표와 목표 수준을 설정하고 있다.

① IT 융합과 실감 미디어

중국은 현재의 글로벌 IT 생산기지에서 차세대 융합 분야의 연구개발의 허브로 확대하여 발전을 추진하고 있고, 동시에 IT 인프라를 스스로 혁신하여 독립적 신융합 분야의 산업화를 위한 발전전략에 초점을 두고 있다. 또한 국가 발전 개혁위원회의 IT 기술 추진전략을 통해 2020년까지 16개 전문 연구개발 프로젝트와 IT, 바이오, 융합 분야 등 8대 분야 기술에 대한 대규모 투자를 집중할 예정이며, 기술개발 투자 규모는 매년 GDP의 2.5% 이상을 목표로 하고 있다.

중국 리커창 총리는 2015년 3월 인터넷 발전 전략을 담은 "인터넷플러스" 정책을 발표를 시작으로 7월 중국 국무원이 구체적인 내용과 발전목표를 담은 정책을 제시하였다. 여기에는 인터넷, ICT 기술과 경제·사회 각 분야의 융합, 이를 통한 신성장동력 창출, 인터넷 경제와 실물경제의 융합 발전체제 등을 제시하였다. 그리고 모바일 인터넷, 클라우드 컴퓨팅, 빅데이터, IoT 등의 기술과 제조업의 결합, 전자상거래, 핀테크, 산업 인터넷 등을 통해 세계 시장을 개척하고 있다.

차세대 스마트 기술을 선점하기 위하여 중국 국가과학기술부는 3D 산업을 차세대 기술 분야로 설정하고 연구개발 투자 우선순위 부여를 통한 효율적인 전략을 추구하고 있다. 또한 중국 정부는 전자정보 산업 발전기금 프로젝트를 통해 3D 관련 R&D에 대한 자금 지원을 확대하고 있다. 3D 입체TV 시스템, 3D CAD 소프트웨어, 가상 3D 영상 처리 시스템 기술 등을 중점적으로 개발하고 있다.

② 차세대 이동통신

중국이 스마트 기술을 위해 주력하고 있는 분야가 바로 차세대 이동통신이고, 독자적인 기술개발로 글로벌 시장진출을 위해 차세대 이동통신 분야를 전략분야로 선정하고 있다. 이는 2006년에서 2020년까지 중장기 발전계획을 통해 이를 실행하고, 2010년 말까지 70억 위안, 약 1조 2,655억 원의 차세대 이동통신 개발을 위한 연구개발 자금을 집행하였다.

중국 정부는 국가 차원의 핵심전략 외에도 시 차원의 정책적인 투자, ICT 관련 기업에 대한 정책적 지원, ICT 관련 국제행사 등을 추진하고 있다. 2009년 중국 우시 지역을 시작으로 IoT 시범도시, 산업 단지 등을 전국에 형성하고, 이를 토대로 국내·외 ICT 관련기업이 해당 도시에 입주하도록 지원하였다. 우시 Sensing China의 중심 도시 선정, 충칭시 난옌, 중국 국가 사물인터넷 산업시범기지 설립, 항저우, 상하이 등 5개 도시를 전자상거래 시범도시 선정하였다. 중국은 시 정부의 적극적인 연구개발 투자 정책으로 2008년 이래 8년 연속 최고 혁신 도시 1위를 유지하고 있다.

중국의 ICT, 로봇, 웨어러블, 우주·항공, 바이오 등 미래 혁신산업을 중심으로 중국 경제성장의 주축으로 성장하고 있고, 시는 적극적인 연구개발 투자 외에도 지적재산권 관리 지원, 연구 인프라, 인재육성 및 도입 등의 활발한 정책을 추진 중이다.

2014년에는 중국 정부가 중심이 되어 세계 인터넷 컨퍼런스(WIC)를 주최하였고, 행사에는 중국 기업뿐만 아니라 글로벌 ICT 기업이 많이 참여하였다. 특히 IoT 분야에 대한 중국 정부의 지원 방향, 글로벌 기업의 IoT 사업 중국 진출 전략 등이 발표되고 있으며, 중국 기업 및 글로벌 기업 모두 중국 IoT 시장의 성장에 크게 주목한다.

중국 정부는 텐센트, 바이두, 알리바바 등 자국 ICT 기업과의 견고한 협력체계를 구축하고 이를 바탕으로 다양한 ICT 정책 발굴 및 중국의 ICT 산업경쟁력을 강화하고 있다. 실제 중국 내 민간 기업은 중국 정부에 다양한 정책 제안을 지속적으로 수행하여, 이를 토대로 다양한 중국의 ICT 정책을 발굴하여 추진한다. 이는 제4차 산업혁명의 주요 ICT 기술이라 할 수 있는 IoT, 빅데이터, 인공지능, 클라우드 등 다양한 분야가 중국 정부 및 민간기업의 주도하에 연구개발 중이다.

③ 개방 데이터

중국 정보화 기반은 국제수준 대비 뒤떨어져 있으며, 빅데이터 발전을 위한 IT 서비스, 소프트웨어 등의 지원도 부족하다. 2011년 중국의 IT 투자가 GDP에 차지하는 비중은 1.3% 정도이며, 중국의 IT 투자 중 대부분인 90%가 통신서비스와 하드웨어 설비에 투자되고 IT 서비스, 소프트웨어, 데이터 센터 등에 대한 투자는 제한적이다.

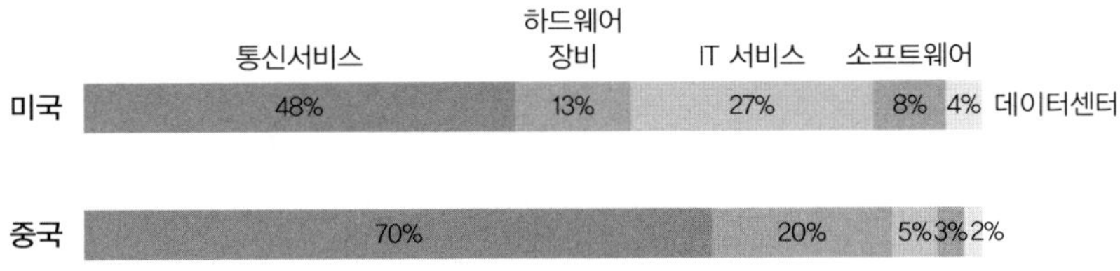

[그림 2-6] 중국과 미국의 IT 투자구성 비교

중국 500대 기업 중 40% 기업의 데이터센터의 데이터 증가율이 2012년에 30%를 넘어서 데이터양이 빠르게 증가하고 있다. 국가발전개혁위원 등 8개 부문이 공동 작성한 브로드밴드 중국 전략에서 중국 브로드밴드 이용자 수를 2015년 2.5억 명으로 예상하면서 원격저장, 비구조화 데이터 분석 측면에서의 클라우드 컴퓨팅 응용기술이 빅데이터 산업발전의 핵심 기술로 인식되었다.

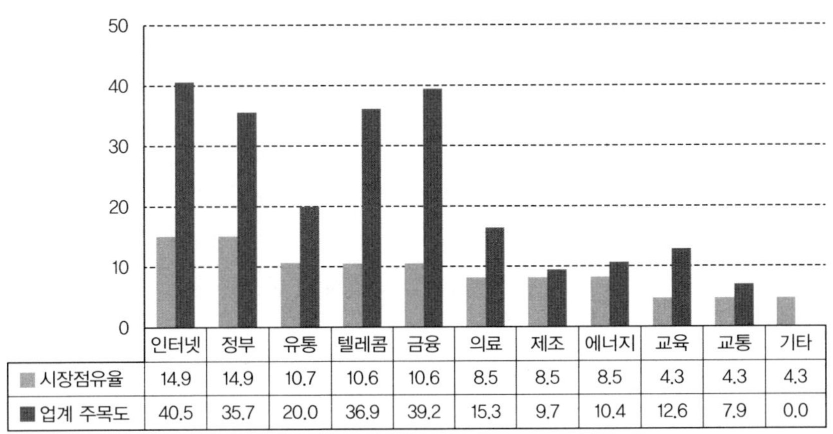

	인터넷	정부	유통	텔레콤	금융	의료	제조	에너지	교육	교통	기타
시장점유율	14.9	14.9	10.7	10.6	10.6	8.5	8.5	8.5	4.3	4.3	4.3
업계 주목도	40.5	35.7	20.0	36.9	39.2	15.3	9.7	10.4	12.6	7.9	0.0

[그림 2-7] 중국의 업종별 빅데이터 시장규모

중국 빅데이터 시작은 인터넷, 전력, 통신 분야에서 대기업 주도로 확산되고 있으며, 개방 데이터 지표 순위에서 보듯이 중앙정부의 빅데이터 산업 발전계획이 부재한 상황에서 정부 관련 빅데이터 사업은 주로 지방정부 중심으로 추진될 것으로 보인다. 정부 부분의 데이터 관리 수준이 비교적 낮기 때문에 데이터 공개와 공유를 중심으로 발전하고, 대규모 응용은 쉽지 않을 것이다.

(3) 유럽

스마트 기술의 글로벌 기술 주도를 위해 FP7과 같은 대규모 연구개발 프로젝트를 통해 지역 내 대학, 기업, 민간의 통합적 연구협력을 강화하고 있고, 차세대 IT 시장 선점과 인간 문제해결 분야에 기술개발 투자를 확대하고 있다.

유럽은 독일의 주도하에 독일의 하이테크 전략을 추진하는데, 2006년 독일 정부는 기술 혁신을 가져올 수 있는 다양한 정책을 지원하고 이를 추진하기 위한 목적이다. 최초의 하이테크 전략은 세부기술 분야의 시장 가능성에 초점을 두고 있고, 2010년에는 하이테크 전략이 "하이테크 전략 2020"으로 변경되었다. 이는 처음과 다르게 미래를 위한 솔루션과 그 실현에 관련한 사회적 요구에 초점을 맞추어 추진되었다.

2011년 독일 자국 내에 인더스트리4.0 개념이 소개되면서 2012년 결정된 하이테크 전략 2020에 인더스트리4.0이 새롭게 포함되었고, 가장 최근인 2014년에 새로운 고기술 전략혁신이 발표되었다.

독일 정부는 제4차 산업혁명을 인더스트리4.0으로 표현하고 있으며, 이는 자원 조달부터 기업이 소비자에게 제품을 공급하는 일련의 모든 과정을 포함한다. 특히 독일의 경우 제조업 비중이 28%인데, 이는 세계에서 두 번째로 높고, 독일 제조업의 혁신이 가져올 부가가치는 상당하다. 인더스트리4.0은 3차 산업혁명의 연장선에 있으며, CPS 기술을 기반으로 혁신이 이루어질 것으로 전망된다.

① IT 융합과 실감 미디어

IT 융합기술 개발 전략은 CTEKS(Converging Technologies for the European Knowledge Society) 융합기술 개발전략, 정보통신을 통한 유럽의 미래전략(Shaping Europe Future thought ICT),

제7차 FP(Framework Program 7)를 중심으로 추진되고 있다.

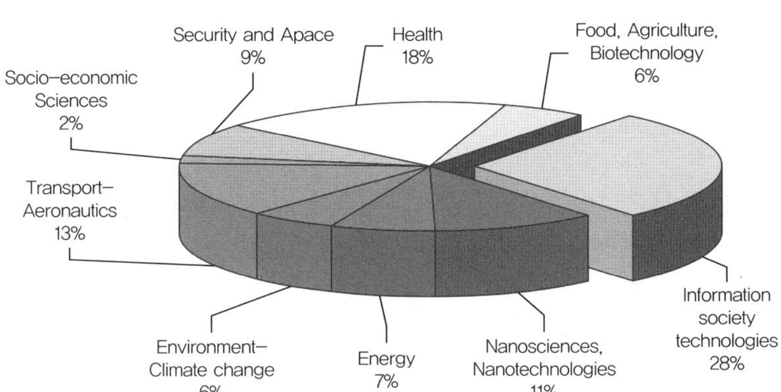

[그림 2-8] 유럽의 FP(Framework Program 7)

CTEKS 프로그램은 융합기술 투자를 통한 과학기술 연구 장려, 산업경쟁력 강화, 사회 요구 충족을 추구하고 있다. 정보통신을 통한 유럽의 미래 전략 프로그램은 경제사회 전반에 걸쳐 정보통신과 융합을 강조한다. 제7차 FP 프로그램은 IT, BT, 교통, 에너지 등의 융합 부문을 중심으로 2007년부터 2013년까지 총 727억 6,000만 유로의 R&D 투자를 집행하고 있다.

기술 선점을 위하여 FP7을 통한 홀로 그래픽 모바일과 디지털 실감형 디스플레이 기술 개발에 주력하고 있다. 네덜란드의 필립스(Philips)는 9시점 3D 디스플레이를 상용화하였고, 3D 미디어 클러스터(3D Media Cluster)를 구성하여 다양한 EU 프로젝트를 통해 3D 영상 관련 연구를 추진하고 있다.

② 미래 인터넷과 지능형 로봇

유비쿼터스와 신뢰성을 보장하는 네트워크 및 서비스 인프라 프로그램(Pervasive and Trusted Network and Service Infrastructures)을 통해 미래 인터넷 인프라, 네트워크, 서비스 분야에 연구 초점을 맞춘 대규모 FP7 프로젝트 추진과 FIRE(Future Internet Research and Experimentation)를 통해 미래 인터넷 테스트베드 구축 프로젝트를 전략적으로 실행하고 있다.

지능형 로봇을 위해 유럽 로봇공학 플랫폼(EUROP, European Robotics Platform) 프로그램을 추진하고 있는데, 이 프로그램의 일환으로 이탈리아의 SSSA에서는 재활로봇, 고령자 지원 기술, 의료로봇 등의 활발한 연구를 집중적으로 수행하고 있다.

③ 개방 데이터

유럽에서는 2010년 5월 EC가 내놓은 유럽 디지털 아젠다 정책의 일환으로 데이터 개방 전략이 채택되어 유럽이 데이터 단일 포털(open-data.europa.ed)이 개설되었다. 공공기관이 데이터를 제공할 경우에 이용조건의 투명성 보장, 차별 금지, 예외적인 상황을 제외한 독점계약 금지 등의 의무가 부여되면, 2013년 4월 거의 무료에 가까운 데이터 제공비용이 권유되었다. 특히, 영국은 이미 연결 데이터 형태로 8천여 개의 데이터 세트를 제공하고 있고, 이후에 의료, 교육, 세금, 고용, 기상, 지리정보 등으로 순차적인 공개 계획을 발표하였다.

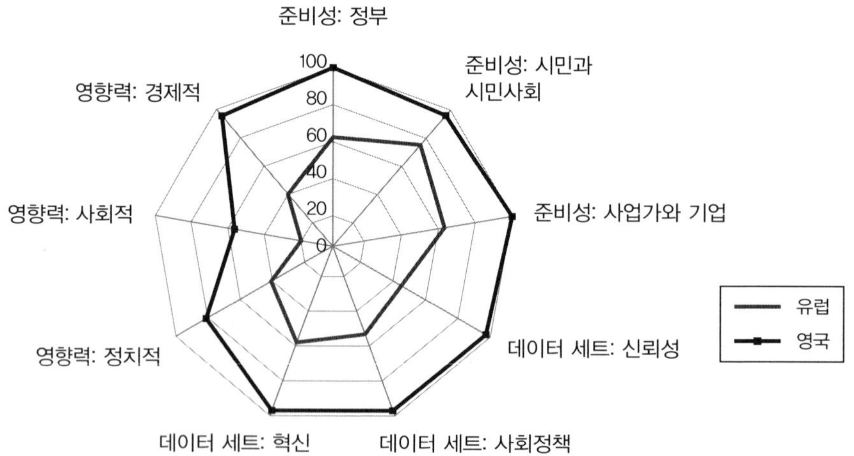

[그림 2-9] 영국과 유럽의 개방 데이터 원칙

월드와이드웹 재단과 개방 데이터 연구소는 2013년 G8 정상회담에서 영국이 서명한 완전 개방 데이터(Open by default) 원칙을 설정하였다. 그러나 이 원칙이 탈세나 부패 척결을 위해 마련된 기업의 수익 소유권 등록부 같은 중요한 데이터 세트에는 적용되지 못할 수도 있다는 우려가 시민단체에 의해 제기되고 있다.

유럽은 사용자가 편리하게 이용하고 쉽게 찾을 수 있도록 개방하여야 한다는 원칙을 가지고 적어도 5단계 모델의 3단계 수준을 만족해야 한다는 정책을 확산시키고 있다.

영국의 지방정부들이 개방 데이터 정책에 있어서 가장 선두적인 영국 중앙정부와 달리 초기에는 공공 데이터 개방과 활용에 소극적이었다. 하나 지방정부 연합 차원에서 관심을 높이고 대응방안을 제시하면서 지방정부들도 공공 데이터 개방과 활용으로 인한 다양한 편익에 관심을 보이고 있다.

(4) 일본

일본은 미래사회 이슈를 우선적으로 해결하여 산업경쟁력 강화를 위해 정부가 중심이 되어 IT 융합, 3D, 로봇 분야를 중심으로 스마트 기술 개발에 집중 투자하고 있다. 이를 위해 신산업 창조전략, 이노베이션 25(Innovation 25), UNS II(Ubiquitous Network Society) 전략을 통해 IT 융합 연구개발을 적극 추진하고 있다.

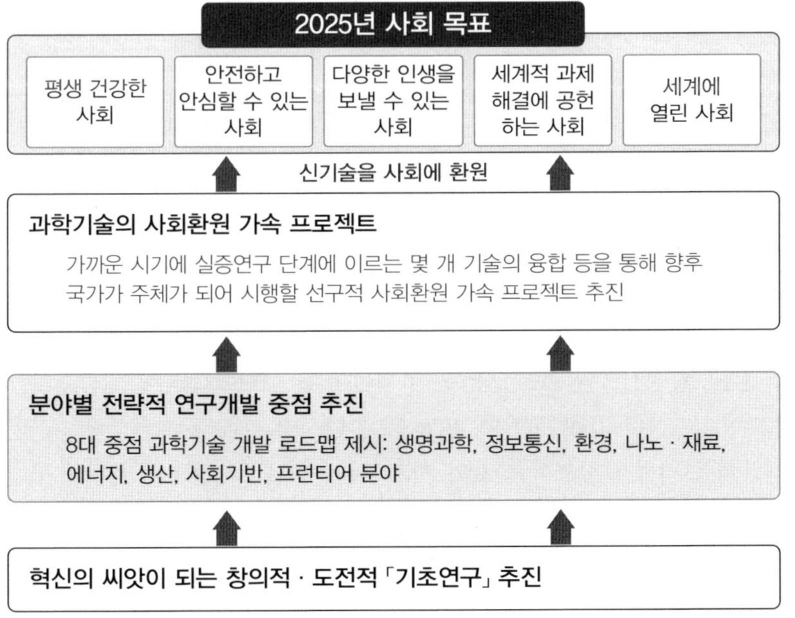

[그림 2-10] 일본의 기술혁신 전략

일본은 IT 인프라의 적극적인 활용을 통해 세계 최고 수준의 IT 활용 국가로 발돋움하고, 이를 새로운 경제성장 엔진으로 자리매김하기 위하여 정부차원의 "세계 최첨단 IT 국가 창조선언" 전략을 발표하였다. 2013년 6월 최초로 발표된 세계 최첨단 IT 국가 창조선언은 매년 개정되어 가장 최근인 2015년 6월 2차 개정안까지 발표된 상태이고, 2015년 2차 개정안에 따르면 일본은 세계 최첨단 IT 국가 창조선언을 통해 일본 사회의 이상적인 4개 사회상을 제시하고 있다. 여기서 제4차 산업혁명에 관한 정부의 대응 전략이 서서히 언급되어 실제 2014년까지 발표된 선언문에 따르면 빅데이터 등의 ICT 기술에 대한 언급은 포함되어 있으나, 제4차 산업혁명의 주요 골자인 제조업, 자동차, 기계 분야에 대한 IoT 기술은 불포함되었다.

① IT 융합과 실감 미디어

일본의 신산업 창조전략은 IT, BT, NT 등 신기술 간 융합 혁신을 통해 7대 신 성장 산업에 대한 집중 육성을 목표로 추진하고 있다. 여기에는 연료전지, 정보 가전, 로봇, 콘텐츠, 환경, 에너지, 비즈니스 지원 등이 해당된다. 2025년의 Innovation 25는 풍요롭고 혁신을 주도하는 일본 사회를 구현하기 위하여 건강·노동·생활·자원·환경과 에너지 분야에 대한 목표를 설정하고, 이를 달성하기 위한 기술 전략과 기술 로드맵을 토대로 IT 기반 융합기술 개발을 추진하고 있다. UNS II 전략은 일본의 산업경쟁력 강화를 목표로 IT 네트워크 고도화와 이를 통한 융합기술 개발전략을 추진하고 있다.

일본은 2006년도부터 UCT(Universal Communication Technology) 기술개발 전략을 추진하고 있다. 이 전략은 총무성이 주관하여 2020년 실용화를 목표로 음식 냄새 및 상품 촉감을 느낄 수 있는 공감각 입체 TV기술 개발을 추진하고, 미래 산업 원동력 차원에서 고도입체 동화상 통신, 풀 3D 복원, 홀로그램 등 차세대 실감 미디어 산업에 집중투자하고 있다. 그리고 NHK, NTT, 산요(SANYO), ATR 등은 다시점 카메라, 시차장벽 TV 및 오토 3DTV 개발에 주력하고 있으며, 산요와 샤프(Sharp) 등은 3차원 디스플레이 구현의 최첨단 기술 개발에 자원과 역량을 집중하고 있다.

② 미래 인터넷 분야

액추에이터와 센서·센싱 등 일본이 보유하고 있는 부품 분야의 최고 기술력을 바탕으로 휴머노이드 등 보행로봇 기술 개발에 집중하고 있으며, 도쿄 대학 연구팀은 로봇에게 인간과 같은 촉각을 주는 전자피부(Electronic Skin) 개발을 추진하고 있다.

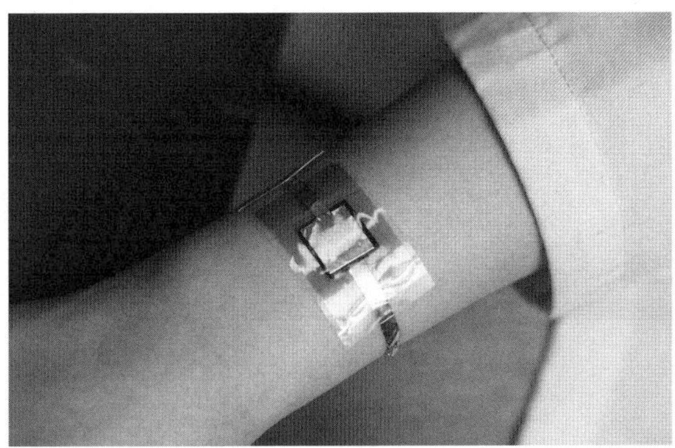

[그림 2-11] 전자피부

손가락 피부 구조를 모사한 인공 전자피부(Electronic skin)는 손처럼 미세한 압력과 진동, 온도를 감지할 뿐 아니라 소리까지 듣는다. 로봇이나 의수 보철기, 웨어러블 소자, 건강 진단, 음성인식 등에 활용 가능하다.

일본 정부는 지난 2013년 아베노믹스 전략의 하나로 여기서 처음으로 제4차 산업혁명에 대한 직접적인 언급이 이루어졌으며, 이에 대응을 위한 주요 시책이 발표하였다. 일본재흥전략 2015는 제4차 산업혁명이 비즈니스 및 사회 기반을 근본적으로 바꿀 것으로 보고, 이는 새로운 기회이고, 위기라는 전망이다. 특히 일본 정부는 제4차 산업혁명이 사회적으로 이슈가 되고 있는 고령화에 따른 노동력 부족문제 등 다양한 사회적 과제를 해결할 수 있는 기회로 인식하고 있다.

일본의 제4차 산업혁명의 정부 대응전략으로 민간이 해당 산업분야에 투자할 수 있도록 법·제도 환경을 정비하고, 민·관이 함께 공유할 수 있는 비전 수립 필요성을 제시하였다. 이는 IoT, 빅데이터, 인공지능을 통한 혁명시대에 대응하여 민간투자와 정책 대응을 가속시키기 위해 민·관 공동으로 산업·취업구조에 대한 영향, 민·관에 요구되는 대응 방안 검토 등이다. 그리고 일본재흥전략2015의 가장 주목되는 부분은 IoT, 빅데이터, 인공지능에 의한 변화대응을 위하여 산업구조심의회 산하에 신산업구조부회를 설치한 것이다. 일본 정부는 신산업구조부회를 통해 IoT, 빅데이터, 인공지능 등 ICT 주요기술에 대해 제4차 산업혁명의 관점에서 접근하고 있다. 신산업구조부회의 5번째 미션에서 일본정부는 IoT, 빅데이터, 인공지능 등의 연구개발을 중심으로 전략적인 일본 정부의 목표 기술 달성 기본방향을 제시하고 있다.

③ 개방 데이터

일본의 공공 데이터 개방은 2012년 7월 전자행정 개방 데이터 전략 마련을 통해서 구체화되었으며, 정부의 공공 데이터 적극 공개, 기계 판독이 가능한 형식의 사용, 영리 및 비영리 목적을 불문한 활용의 촉진, 공개 가능한 공공 데이터의 신속 공개 등이 포함된다.

2.2 국내 스마트 기술의 동향

2000년 후부터 등장한 스마트폰이 국내의 스마트 기술은 급속한 시장 확산을 이루었고, 다른 영역으로 빠르게 확대되었다. 혁신 기업가인 스티브 잡스가 이끌던 애플이 기존 휴대폰과는 전혀 다른 스마트폰인 아이폰을 시장에 내놓으면서 글로벌 IT 산업의 혁신이 시작되었다. 이전의 하드웨어 중심의 기업이 글로벌 IT 산업을 주도했다면, 애플의 아이폰은 플랫폼과 소프트웨어가 IT 생태계의 중심축을 이루는 커다란 변혁을 만들었다. 반면 스마트 기술이라는 거대한 변화에 느리게 대응한 기업들은 짧은 시간에 어려움을 겪는데, 대표적으로 휴대폰 시장의 절대강자였던 노키아는 급격한 실적 악화 속에서 쇠퇴의 길을 걷고 있고, 세계 최초의 휴대폰 개발업체인 모토로라는 구글에 인수되었다.

제4차 산업혁명 대응을 위한 국가별 정책 방향은 다소 상이할 수 있으나, 주요 ICT 기술과 제조업 부흥을 위한 목적성은 유사하다. 미국과 독일은 민간의 적극적인 참여가 있고, 일본과 중국은 정부 차원의 정책을 중심으로 제4차 산업혁명을 준비하고 있다. 기본적인 대응전략 수립에 있어서 각 국가는 기존의 ICT 기술 및 관련 인프라의 활용을 극대화할 수 있는 방향으로 정책을 설계한다. 여기서 ICT는 중심이 아닌 ICT를 도구로서 활용하고, 최종적으로 모든 산업분야까지 확대를 고려해야 한다.

(1) 국내의 정보화 수준

국내에서도 애플의 아이폰 등장은 스마트 기술 혁신을 위한 새로운 원동력이 되고, 기업들이 환경에 대처하기 위한 빠른 변화로 기존의 강점을 극대화하는 대응전략을 만들었다. 대표적으로 삼성은 2011년 이후 글로벌 스마트폰 시장에서 최강자로 부상하고 있는데, 스마트 기술 시장의 경쟁은 스마트폰, 태블릿 PC를 넘어 스마트 TV, 스마트 자동차, 스마트 로봇, 스마트 헬스, 스마트 홈의 영역으로 확대되고 있다. 특히 구글과 애플은 네트워크 → 단말 → 플랫폼 → 콘텐츠로 이어지는 IT 생태계 전체를 장악하여 새로운 스마트 기술 영역에서도 절대강자를 유지하고 있고 정보화 수준 및 경쟁력에서 우수하다.

〈표 2-1〉 주요 정보화 지수

지수명	한국 순위	주요 국가 순위	발표기관
디지털기회지수	1위	일본(2), 덴마크(3), 아이슬란드(4)	ITU('05.12)
국가정보화지수	3위	스웨덴(1), 미국(2), 일본(13)	한국전산원('05.8)
전자정부준비지수	5위	미국(1), 덴마크(2), 영국(3), 일본(14)	UN('05.12)
정보사회지수	10위	스웨덴(1), 덴마크(2), 미국(3), 일본(18)	IDC('05.12)

• 디지털기회지수: IT인프라 보급 정도 및 활용도를 바탕으로 평가
• 국가정보화지수: 컴퓨터, 인터넷, 통신, 방송 부문을 중심으로 국가별 정보화 수준 평가
• 전자정부준비지수: 웹/정보통신/인적자본 수준을 기준으로 평가
• 정보사회지수: 컴퓨터, 통신, 인터넷, 인구통계적 부문에 걸쳐 정보활용 능력 평가
주) ITU : International Telecommunication Union, UN: United Nations, IDC: International Data Corporation

국내의 IT 산업은 생산규모 세계 3위, 수출규모 세계 6위로 입지를 구축하고 있다. 하드웨어에서 전문 제조 역량과 기업 간 수직적 통합 능력을 지닌 국내 스마트 기술 기업은 혁신을 통한 글로벌 시장 선도와 후발국에 의한 기술 추격이라는 어려움에 직면하고 있다.

〈표 2-2〉 스마트 기술 관점에서 국・내외 주요 기업 비교

구분	선진국 IT 기업	국내 IT 기업	후발국 IT 기업
기업	애플, 구글	삼성, LG	HTC, 화웨이
경쟁우위	플랫폼 장악, BM(Business Model) 창출, 인터페이스 혁신, 생태계 통합 능력, 특허 선점	전문 제조 역량, 수직적 통합 능력	대량 제조 능력, 가격경쟁력
시장 전략	탈 추격형 선도 전략	빠른 추격 및 선도 전략 동시 추구	추격과 모방의 동시 전략

선진 글로벌 IT 기업인 애플과 구글이 시장에서 경쟁우위를 하는 원천은 플랫폼 역량, 새로운 비즈니스 모델 창출, 인터페이스 혁신 및 생태계 통합 능력, 특허 등이다. 애플과 구글, 마이크로소프트가 플랫폼을 장악하여 앱 마켓과 클라우드 컴퓨팅을 활용한 새로운 비즈니스 모델이 창출되고, 이는 이용자의 편의성을 극대화하기 위한 인터페이스 혁신과 스마트 기술 시대를 주도하고 있다. 반면에 후발국 IT 기업인 중국과 대만의 HTC, 화웨이 등은 협력을 통해 하드웨어에서 대량 제조능력과 가격 경쟁력을 바탕으로 추격과 모방 전략을 동시에 펼치고 있다.

(2) 스마트 기술 과제와 산업 현황

국내의 스마트 기술의 발전과제는 하드웨어 부문의 고부가가치 창출, 생태계 구성 기업의 동반 성장, 신·융합의 성장 동력 창출이 전략적으로 필요하다. 우선 하드웨어 부문의 고부가가치를 창출하고, IT 장비·부품 산업의 해외 의존도를 줄이기 위해서는 연구개발 집약형 투자가 요구된다. 하드웨어 부문의 국산화 비율과 글로벌 시장 점유율을 높이기 위해서 네트워크 장비, 디스플레이 장비, 시스템 반도체, 핵심 부품 및 소재 등 핵심 부문에 대한 연구개발 투자를 강화하고, 이를 통해 산업의 고부가가치 창출이 필

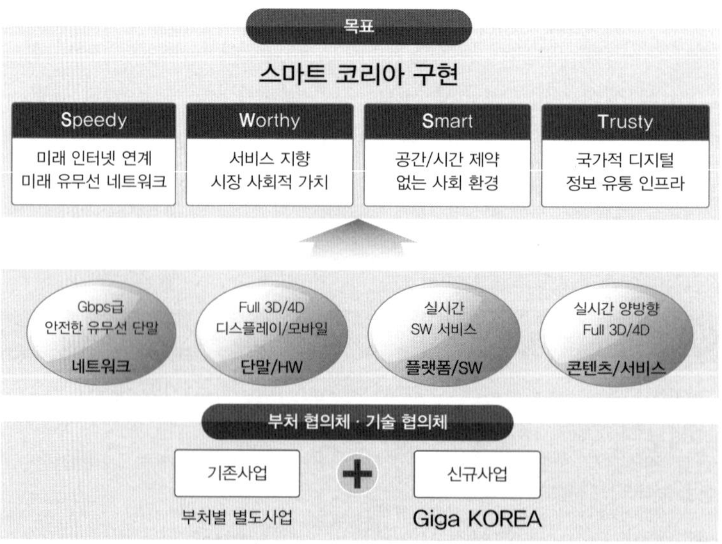

[그림 2-12] 기가코리아 사업

요하다. 또한 IT 산업 생태계 역량을 강화하기 위해 하드웨어와 소프트웨어의 동반 성장, 플랫폼·솔루션 산업 육성이 요구된다. 국내에서 강점을 지닌 하드웨어 부문에 소프트웨어에 대한 창의적 역량을 확충하여 하드웨어와 소프트웨어의 선순환 성장 모델을 구축하는 것이 필요하다. 마지막으로 신·융합의 성장 동력을 창출하는 전략적 연구개발이 요구된다. IT, 실감형 콘텐츠, 감성산업을 유기적으로 결합하여 새로운 시장 기회를 창출하는 것이 필요하다. 즉 인간 중심의 감성 IT 및 차세대 실감 콘텐츠에 대한 집중투자를 통해 글로벌 신·융합 시장을 주도하는 전략이 필요하다.

감성 IT 산업의 세계시장 규모는 2011년 1,486억 달러에서 2015년 1조 270억 달러로 확대되며, 국내시장은 2011년 4조 원에서 2015년 26조 8,000억 원으로 크게 증가할 것이다. 이와 같이 국내 IT 산업의 경쟁력을 확충하고 차세대 IT 시장을 선도하기 위해서는 생태계 모든 영역에 대한 대규모 투자가 필요하고, 이를 위한 혁신사업이 바로 기가코리아(Giga Korea)이다. 기가코리아 사업은 2020년 글로벌 IT 최강국 도약을 위해 추진되는 민관 합동의 대형국책 연구개발 사업이다.

기가코리아 사업의 목표는 스마트 기술 환경을 활용한 스마트 시대를 선도하는 것으로 이를 위해 현재의 개인 단말기 기준 평균 20Mbps급의 무선데이터 속도를 2020년까지 개인 단말 당 최대 1Gbps급의 무선데이터를 제공하는 것이다. 이를 위해서 인프라 및 시·공간적 제약 없이 현장에 있는 것처럼 생생하게 서로 보고 듣고 느낄 수 있는 실감서비스를 제공하는 연구개발을 추진한다. 또한 스마트 기술 환경 구축을 위한 장비, 부품, 서비스 등을 종합적으로 개발하고자 네트워크(N), 단말(T), 플랫폼(P), 콘텐츠(C)에 이르는 IT 가치사슬 전반에 걸친 기술개발을 추진함으로써 IT 생태계 전반에 걸친 국가 산업발전을 선도한다. 기가코리아 사업 종료 후 약 13년간 68조 원의 생산 유발 효과와 41만 6천 명의 고용 창출 유발효과가 있을 것으로 예측되며, 평생 지식서비스 제공 및 디지털 빈부격차 해소를 통해 IT 복지를 향상시키는데 크게 기여할 것이다. 특히 탈 추격형(Post Catch-Up) 연구개발을 추진을 위한 미래 IT 시장에 대한 창의적 접근 및 원천기술의 조기 확보가 필요하며, 경쟁 원천이 하드웨어 또는 소프트웨어의 기능 중심에서 하드웨어와 소프트웨어의 유기적 결합에 기반 한 생태계 역량으로 전이됨에 따라 단말, 플랫폼, 네트워크, 콘텐츠의 전 영역에 대한 통합형 투자의 필요성이 증대되고 있다.

국내 IT 산업은 산업성장률과 GDP 대비 비중, 무역수지 측면에서 국가경제에 크게 기여하고 있다. 하지만 휴대폰·반도체·디스플레이와 같은 주력 IT에 대한 의존도가 높고 부품에 대한 해외의존도가 높으며, 원천기술 확보가 부족한 상황이다. 국내 IT 산업은 매년 고성장을 통해 GDP 대비 차지하는 비중이 2003년 7.1%에서 2010년 11.0%로 크게 증가했으며, 대규모 수출을 통해 전체 산업 수지를 크게 능가하는 무역수지를 달성할 정도로 눈부신 성장을 거듭해 왔다. 그러나 휴대폰·디스플레이·반도체의 3대 주력 IT에 대한 의존도가 매년 크게 심화되고 있고, 원천기술 부족으로 부품·장비·소프트웨어 등 기반 IT의 경쟁력이 낮다. 우선 국내 장비산업은 해외 의존도가 높으며, 후방산업인 핵심부품과 소재부문의 경쟁력에서 IT 장비의 해외 수입의존도가 높고, 글로벌 시장에서 국내 생산 규모는 매우 작다. 2010년을 기준으로 방송 장비의 80%, 네트워크 장비의 70%를 수입에 의존하고, 고부가가치 핵심 장비인 인터넷 교환기는 수입에 거의 전량 의존하고 있다. 이에 네트워크 장비의 국내 생산 규모는 2009년 47억 달러로 세계시장의 3.1%에 그치고, IT 산업에서 글로벌 최강국으로 도약에 어려움이 많다. 더욱이 우리는 차세대 IT 기술 분야에서도 네트워크를 제외하고 전체 IT 장비에 대한 역량에서 미국과 커다란 격차가 있다. 그리고 네트워크 CPU, 품질보장 기술, 초광대역 가입자망 기술, 차세대 이동통신 기술에서는 글로벌 경쟁력을 확보하고 있으나, 부품 및 소재 분야 취약으로 전체 장비 분야의 기술은 평균적으로 미국 대비 2.9년의 기술격차가 있다.

〈표 2-3〉 국내 스마트 기술 산업 경쟁력 현황

구분	경쟁력 현황
네트워크 · 장비	• IT 장비의 해외 수입의존도가 높고, 국내 생산 규모가 매우 작음 - IT 네트워크 장비 수입의존도 : 70% - 국내 네트워크 장비 생산 규모 : 세계시장의 3.1%
단말	• 휴대폰과 디스플레이 분야에서 가격 · 품질 · 기능에서 경쟁우위 확보, 그러나 핵심 부품 · 장비의 국산화율 저조 - 디스플레이 제조장비 국산화율 : 50%(2008)
플랫폼 · 소프트웨어	• 글로벌 시장에서 차지하는 비중이 매우 낮고, 대부분 외산에 의존 - 국내 소프트웨어 산업 세계시장 점유율 : 1.8%
콘텐츠	• 첨단 콘텐츠 분야인 3D 분야의 기술력 취약 - 선진국 대비 2년 이상 기술격차

출처 : 관계 부처 합동(2010), 지경부(2010).

국내 단말산업은 휴대폰과 디스플레이 분야를 중심으로 가격·품질·기능에서 경쟁우위를 확보하고 있으나, 핵심 부품·장비의 국산화율은 역시 저조한 상황이다. 휴대폰은 우수 제조능력을 바탕으로 세계시장을 선도하고 있으나, 고주파 처리부품 등 핵심 부품은 전량 수입에 의존하고 있다. 디스플레이는 세계 최고의 패널 생산기술을 보유하고 있으나, 제조장비의 해외의존도가 매년 심화되고 있다. 2008년을 기준으로 디스플레이 제조장비의 국산화율은 50%, LED는 10%, 전 공정장비는 20% 수준인 것으로 알려져 있다.

국내 소프트웨어 및 플랫폼 산업이 글로벌 시장에서 차지하는 비중이 매우 낮으며, 미국 등 선진국에 비하여 낮은 경쟁력으로 대부분 외산에 의존하는 실정이다. 세계 소프트웨어 시장 규모는 하드웨어 시장을 크게 추월하고 있으나, 국내 소프트웨어 산업은 정체되어 있다. 세계 소프트웨어 시장 규모는 2008년도를 기준으로 반도체의 4배, 핸드폰의 6배인 1조 달러 규모에 달하나, 국내 소프트웨어 산업은 세계시장 점유율 1.8%로 매우 낮은 편이다. 특히 전 산업에서 소프트웨어 수요가 급증하고 있으나, 국산 소프트웨어는 낮은 품질경쟁력으로 대부분 외산 소프트웨어를 사용하고 있다. 국내 조선 및 자동차 산업의 소프트웨어 국산화율은 5% 미만인데, 최근 스마트 기기의 등장으로 생태계 선점을 위한 플랫폼의 중요성이 증대되었다. 그리고 소프트웨어와 마찬가지로 기반 플랫폼의 대부분을 외산에 의존하고 있고, 국내 휴대폰 제조업체 대부분은 외산 플랫폼 기반 스마트폰 생산에 주력하고 있다. 2011년을 기준으로 글로벌 플랫폼 시장에서 구글의 안드로이드는 67.2%, 애플의 iOS는 23%, MS의 윈도 모바일은 7.3%를 차지하고 있으며, 국내 업체의 플랫폼 점유율은 극히 낮은 편이다.

국내 콘텐츠 산업의 경쟁력은 높지 않으며, 첨단 콘텐츠 분야인 3D 분야에서도 선진국과 커다란 기술격차가 있다. 콘텐츠 산업과 연관된 기업들은 대부분 매출 10억 원 미만이 87%로 영세하며, 전문 인력 확보가 10인 미만의 인력 고용이 92%로 미흡하다. 해외 진출 역량은 2008년을 기준으로 국내 콘텐츠 산업의 수출 대비 수입은 1.45배로 수입이 수출을 크게 능가하고 있다.

차세대 3D 콘텐츠 제작 및 재생과 관련된 기술 분야에서도 선진국과 2년 이상 격차가 있다. 선진국 대비 3D 콘텐츠 제작기술은 3년, 3D 방송 장비 기술은 3년 이상, 무안경식 디스플레이 기술은 2년, 홀로그램 기술은 5년 정도의 격차로 뒤떨어져 있는 상황이다.

글로벌 선진 IT 기업들의 집중적인 견제와 후발 IT 기업들의 추격에서 벗어나기 위하여 국내 IT 기업들은 기존 강점을 강화하면서 부족한 역량을 확충하는 전략이 요구된다. 특히 스마트 기술 비즈니스 모델에서 경쟁우위를 지닌 선진 기업과 가격경쟁력으로 시장을 확대하고 있는 후발 기업을 능가하기 위해서는 생태계 전반에 대한 기술개발 투자를 확대하고, 제품과 서비스 혁신을 통해 차별성을 확보하는 빠른 추격과 선도 전략을 동시에 추구해야 한다.

(3) 공공 데이터 현황

2013년 시행된 한국의 공공 데이터의 제공 및 이용 활성화에 관한 법에 따르면, 공공 데이터란 데이터베이스, 전자화된 파일 등 공공기관이 법령 등에서 정하는 목적을 위하여 생성 또는 취득하여 관리하고 있는 광 혹은 전자적 방식으로 처리된 자료 또는 정보를 의미한다.

〈표 2-4〉 공공 데이터 정의

관련 법령	용어	법적 정의
국가정보화기본법 제3조	정보	특정목적을 위하여 광 또는 전자식 방식으로 처리되어 부호, 문자, 음성, 음향 및 영상 등으로 표현된 모든 종류의 자료 또는 지식
공공기관의 정보공개에 관한 법률 제2조	지식정보자원	국가적으로 보존 및 이용가치가 있는 자료로서 학술, 문화, 과학기술, 행정 등에 관한 디지털화된 자료나 디지털화의 필요성이 인정되는 자료
공공기록물 관리에 관한 법률 제3조	정보	공공기관이 직무상 작성 또는 취득하여 관리하고 있는 문서, 도면, 사진, 필름, 테이프, 슬라이드 및 그 외에 이에 준하는 매체 등에 기록된 사항
공공기록물 관리에 관한 법률 제3조	기록물	공공기관이 업무와 관련하여 생산하거나 접수한 문서, 도서, 대장, 카드, 도면, 시청가물, 전자문서 등 모든 형태의 기록정보 자료와 행정박물
전자정부법 제2조	행정정보	행정기관 등이 직무상 작성하거나 취득하여 관리하고 있는 자료로서 전자적 방식으로 처리되어 부호, 문자, 음성, 음향, 영상 등으로 표현된 것
이러닝 산업 발전 및 이러닝 활용 촉진에 관한 법률 제2조	공공정보	공공기관이 직무상 작성하거나 취득하여 관리하고 있는 문서, 도면, 사진, 필름, 테이프, 슬라이드 및 컴퓨터에 의하여 처리되는 매체 등에 기록된 사항
콘텐츠산업진흥법 제11조	공공정보	그 공공기관이 보유 및 관리하는 정보 중 공공기관의 정보 공개에 관한 법률 제9조에 따른 비공개대상정보를 제외한 정보

한국의 개방 정책은 전자적 형태로 보유 및 관리하는 정보 중 공개대상으로 분류된 정보를 국민의 청구가 없더라도 정보공개 시스템 등을 통하여 공개하는 것이다.

2.3 디지털 뉴딜 정책의 동향

(1) 디지털 뉴딜 정책이란?

디지털 뉴딜은 우리가 강점을 가지고 있는 정보통신(ICT) 산업을 기반으로 데이터 경제의 꽃을 피우려는 전략이다. 이를 위하여 데이터의 활용도를 높여 전 산업의 생산성을 비약적으로 높일 수 있도록 관련 인프라를 빠르게 구축해 나가는 계획이다. 그리고 데이터 댐, 인공지능(AI) 기반 지능형 정부, 교육인프라 디지털 전환, 비대면 산업 육성 그리고 국민안전 SOC 디지털화 등이 주요 과제이다.

〈표 2-5〉 디지털 뉴딜 4대 분야 12개 추진과제

D · N · A 생태계 강화	교육인프라 디지털 전환	비대면 산업 육성	SOC 디지털화
① 데이터 구축 · 개방 · 활용 ② 전 산업 5GAI 융합 확산 ③ 5GAI 기반 지능형(AI) 정부 ④ K-사이버 방역 체계	⑤ 초중고 디지털 기반 교육인프라 조성 ⑥ 전국 대학, 직업훈련기관 온라인 교육 강화	⑦ 스마트 의료 · 돌봄 인프라 ⑧ 중소기업 원격근무 확산 ⑨ 소상공인 온라인 비즈니스 지원	⑩ 4대 분야 핵심인프라 디지털 관리체계 구축 ⑪ 도시 · 산단 공간 디지털 혁신 ⑫ 스마트 물류체계 구축

데이터 댐 사업은 데이터 수집가공결합거래 활용을 통하여 데이터 경제를 가속화하고 5세대 이동통신 전국망에 기반하여 모든 산업으로 5세대(5G) 이동통신과 인공지능 융합 서비스를 확산하려는 사업이다.

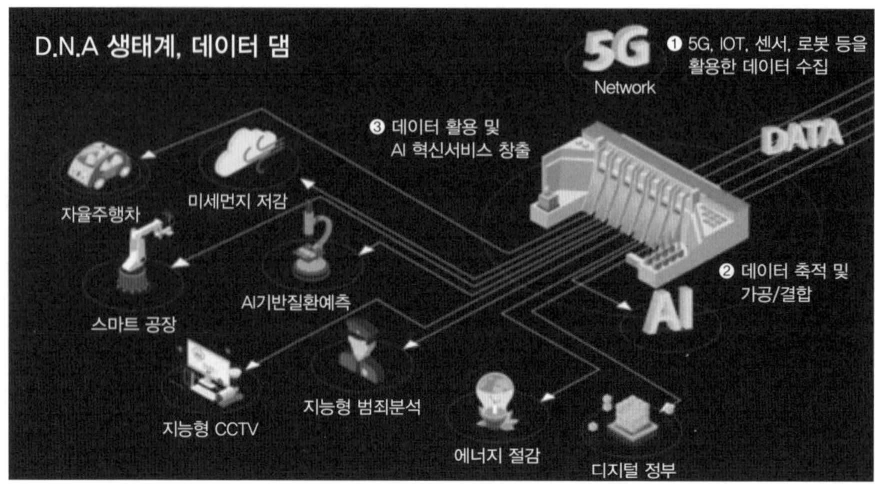

[그림 2-13] 데이터 댐 개념도

(2) D · N · A(Data, Network, AI) 생태계 강화

신제품의 서비스 창출 및 경제 생산성 제고를 위하여 전 산업 데이터의 5G 및 인공지능(AI) 활용의 가속화 정책이다.

[그림 2-14] 표준화전략 맵

① 국민생활과 밀접한 분야의 데이터 구축 · 개방 · 활용

데이터 전(全)주기 생태계 강화 및 데이터 컨트롤타워를 마련하고, 공공 데이터 14만2천 개를 전면 개방한다. 그리고 제조·의료·바이오 등 분야별 데이터의 수집·활용을 확대하고, 분야별 빅데이터 플랫폼 구축, 데이터 구매·가공 바우처를 구축한다. 또한 인공지능(AI) 학습용 데이터 추가 구축, 인공지능 학습용 데이터 가공 바우처를 설치한다.

② 1 · 2 · 3차 전(全)산업 5세대 이동통신(5G) · 인공지능(AI) 융합 확산

산업현장에 5세대 이동통신·인공지능 기술 접목 융합프로젝트 추진한다. 첫째, 5G 융합 확산을 위해 문화·체육·관광 등 실감 콘텐츠를 제작한다. 그리고 정보통신기술 기반 스마트 박물관 및 전시관을 구축하고, 자율주행차(Lv.4)·자율운항선박 상용화를 위한 기술을 개발한다. 둘째, AI 활용 확대를 위하여 스마트공장, 미세먼지 실내정화 등 인공지능 홈서비스를 보급하고, 의료영상 판독 등 생활밀접 분야 'AI+X 7대 선도프로젝트'를 추진한다. 셋째, 디지털 전환 촉진을 위하여 비대면 스타트업을 육성하고, 스마트 대한민국펀드를 조성한다. 그리고 인공지능 솔루션 바우처를 제공하고, 스마트서비스 솔루션을 지원한다.

③ 5세대 이동통신(5G) · 인공지능 기반 지능형 정부

개인 맞춤형 공공서비스 신속 처리로 지능형 정부로 혁신하고, 5세대 이동통신 업무망 및 클라우드 기반 공공 스마트 업무환경을 구현한다. 그리고 국가보조금 및 연금 맞춤형으로 안내하고, 블록체인 기반 시범사업을 추진한다. 또한, 모든 정부청사(39개 중앙부처)에 5세대 이동통신 국가망을 구축하고, 공공정보시스템을 클라우드로 전환한다.

④ 케이-사이버(K-Cyber) 방역체계 구축

디지털 전환 가속화에 따른 사이버위협 증가에 효과적 대응을 위해 사이버보안 체계 강화 및 보안 유망기술 및 기업을 육성한다. 그리고 맞춤형 보안컨설팅·보안제품 설치를 지원하고, 소프트웨어 보안취약점의 진단 및 점검을 강화한다. 또한, 인공지능보안 유망기업을 발굴하고, 자율차 등 융합 분야 보안모델을 산업현장에 배포한다.

(3) 교육인프라 디지털 전환

초중고·대학·직업훈련기관의 온·오프라인 융합학습 환경 조성을 위하여 디지털 인프라 기반 구축 및 교육 콘텐츠 확충을 추진한다.

[그림 2-15] 표준화전략 맵

① 모든 초 · 중 · 고에 디지털 기반 교육인프라 조성

무선망 구축을 위하여 전국 초·중·고 전체 교실에 고성능 와이파이(WiFi)를 100% 설치한다. 그리고 스마트기기 보급을 위해 교원의 노후된 피시(PC) 및 노트북 20만 대를 교체한다. 또한, 온라인 교과서 선도학교 1,200개에 교육용 태블릿피시(PC) 24만 대를 지원한다. 마지막으로 온라인 플랫폼을 구축하여 다양한 교육콘텐츠 및 빅데이터를 활용하여 맞춤형 학습 콘텐츠를 제공한다.

② 전국 대학 · 직업훈련기관 온라인 교육 강화

대학의 온라인강의 지원을 위하여 전국 39개 국립대 노후서버·네트워크 장비 교체 및 원격교육지원센터 10개를 설치하고, 현직이나 예비교원 미래교육센터 28개를 개설한다. 그리고 K-MOOC 사업에 인공지능 및 봇 등 4차 산업혁명 수요에 적합한 유망 강좌를 개발 확대하고, 글로벌 유명 콘텐츠를 도입한다. 또한 공공 직업훈련에서는 스마트 직업훈련 플랫폼 시스템 고도화 및 이러닝·가상훈련(VR·AR) 콘텐츠를 개발하고 확대한다. 더불어 민간 직업훈련을 지원하기 위하여 직업훈련기관을 대상으로 온라인 훈련 전환을 위한 컨설팅을 제공하고, 온라인 학습관리 시스템 임대비를 지원한다.

(4) 비대면 산업 육성

의료·근무·비즈니스 등 국민생활과 밀접한 분야의 비대면 인프라 구축으로, 관련 비대면 산업성장의 토대를 마련한다.

① 스마트 의료 및 돌봄 인프라 구축

안전진료를 위하여 디지털 기반 스마트병원을 구축하고, 호흡기 및 발열 환자의 안전

진료가 가능한 호흡기전담클리닉을 설치한다. 그리고 건강관리 지원을 위하여 어르신 등 건강취약계층 12만 명 대상으로 사물인터넷(IoT) 및 인공지능을 활용한다. 또한 디지털 돌봄이나 만성질환자 20만 명을 대상으로 웨어러블기기를 보급하여 질환을 관리한다.

현재 상황	
"불충분한 인프라로 비대면 의료서비스 활용 한계"	
성과지표	'20년
新의료 모델	스마트병원 기반 미흡
감염병 대응 인프라	호흡기전담 진료체계 미비
AI 기반 정밀의료	AI 진단 기반 미흡
취약계층 돌봄	어르신 등 디지털 돌봄 대상 2.5만 명

미래 모습	
"스마트 의료 및 돌봄 인프라 확충으로 비대면 의료서비스 기반 구축"	
'22년	'25년
스마트병원 모델 9개	스마트병원 모델 18개
호흡기전담클리닉 1천 개	호흡기전담클리닉 1천 개
8개 질환 AI 진단	20개 질환 AI 진단
어르신 등 디지털 돌봄 대상 12만 명	어르신 등 디지털 돌봄 대상 12만 명

[그림 2-16] 스마트 의료서비스 기반 구축 현황

정부는 감염병 위협에서 의료진과 환자를 보호하고, 환자의 의료편의 제고를 위하여 디지털 기반 스마트 의료 인프라를 구축하고 있다.

② 중소기업 원격근무 확산

인프라 구축을 위하여 원격근무 시스템을 구축하고, 컨설팅을 활용하며, 바우처를 지원한다. 그리고 중소·벤처기업 밀집 주요거점에 공동으로 활용 화상회의실을 구축한다. 고도화의 일환으로 원격근무에 디지털 신기술을 접목하기 위해 영상회의 품질 향상기술·보안기술을 지원하고, 업무관리 소프트웨어 등을 개발한다.

③ 소상공인 온라인 비즈니스 지원

온라인 판로 확보를 위해서 소상공인 32만 명 대상의 온라인 기획전·쇼핑몰, 라이브커머스 입점 등을 지원하고, 구독경제 시범사업을 추진한다. 그리고 스마트화의 일환으로 5세대 이동통신(5G)이나 인공지능 기반 스마트 기술을 소상공인 사업장에 적용하고, 이를 기반으로 한 스마트 상점 10만 개와 스마트 공방 1만 개를 구축한다.

(5) 사회간접자본(SOC) 디지털화

사회간접자본(Social Overhead Capital)을 위한 핵심 인프라의 디지털화와 도시·산업단지·물류 등 스마트화로 연관 산업의 경쟁력을 향상한다.

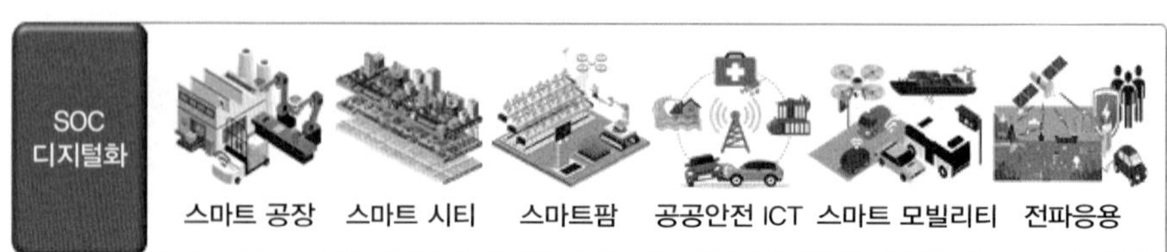

[그림 2-17] 표준화전략 맵

① 4대 분야 핵심 인프라 디지털 관리체계 구축

교통에서는 차세대지능형교통시스템을 구축하고, 모든 철로에 사물인터넷 센서를 설치하며, 시시티브이(CCTV)나 사물인터넷(IoT)을 활용한 국가어항 디지털 관리체계를 구축한다. 디지털 트윈으로 정밀 도로지도, 지하구조물(15종) 3차원(3D) 통합지도, 지하공동구(120km) 계측기를 설치하고, 항만 디지털 플랫폼을 구축한다. 수자원에서는 국가 하천이나 저수지 혹은 국가관리댐 원격제어 시스템을 구축하고, 이들을 실시간으로 모니터링 하는 체계를 구축한다. 재난대응을 위하여 급경사지 등의 재해 고위험지역에 재난대응 조기경보시스템을 설치(510개소)하고, 둔치주차장에 침수위험을 신속하게 알려주는 알림시스템을 추가로 구축한다.

② 도시 · 산업단지의 공간 디지털 혁신

스마트시티 건설을 위하여 교통 및 방범 등 CCTV 연계 통합플랫폼을 구축하고, 스마트시티 솔루션 확산 및 스마트시티 시범도시를 조성한다. 스마트 산단을 위하여 실시간 안전 교통 방범관리 통합관제센터를 운영하고, 노후 산단의 유해화학 물질 유출 및 누출 원격 모니터링 체계를 구축한다.

③ 스마트 물류체계 구축

육상물류에서는 중소기업 스마트 공동물류센터 및 대형 전자상거래 물류단지를 조성하고, 스마트물류센터 인증제를 도입한다. 해운물류에서는 항만배후단지 스마트 공동

물류센터 및 항만통합 블록체인 플랫폼을 확대한다. 유통에서는 농산물 등 공공 급식 식자재 거래 및 관리 통합플랫폼을 구축하고, 축산물의 온라인 경매를 위한 플랫폼을 구축한다. 물류 연구개발을 위하여 로봇이나 사물인터넷(IoT) 및 빅데이터를 활용한 첨단 배송이 가능한 물류기술을 개발한다.

연습문제 EXERCISE

※ 다음 빈칸에 알맞은 말을 넣으시오.

01 미국은 (   ) 중심으로 4차 산업혁명 시대를 준비하고 있는데, 기관을 중심으로 빅데이터와 ICT 혁신에 집중하고 있다.

02 독일은 설비 단말 중심 전략을 중심으로 (   ) 플랫폼을 구축하고, CPS 중심의 8개 기술을 추진하고 있다.

03 미국은 2000년 이후에 NBIC 전략을 중심으로 IT 융합이 이루어진다. 이를 위해서 (   ), (   ), (   ), (   )의 4개 핵심기술 중점으로 추진한다.

04 네덜란드의 필립스(Philips)는 9시점 3D 디스플레이를 상용화하였고, (   )를 구성하여 다양한 EU 프로젝트를 통해 3D 영상 관련 연구를 추진하고 있다.

05 손가락 피부 구조를 모사한 (   )는 손처럼 미세한 압력과 진동, 온도를 감지할 뿐 아니라 소리까지 듣는다. 로봇이나 의수 보철기, 웨어러블 소자, 건강진단, 음성인식 등에 활용 가능하다.

06 (   )은 우리가 강점을 가지고 있는 정보통신(ICT) 산업을 기반으로 데이터 경제의 꽃을 피우려는 전략이다.

07 액추에이터와 센서 · 센싱 등 일본이 보유하고 있는 부품 분야의 최고 기술력을 바탕으로 휴머노이드 등 보행로봇 기술 개발에 집중하고 있으며, 도쿄 대학 연구팀은 로봇에게 인간과 같은 촉각을 주는 (   ) 개발을 추진하고 있다.

08 (   ) 사업은 데이터 수집가공결합거래 활용을 통하여 데이터 경제를 가속화하고 5세대 이동통신 전국망에 기반하여 모든 산업으로 5세대(5G) 이동통신과 인공지능 융합 서비스를 확산하려는 사업이다.

09 (   )는 신제품의 서비스 창출 및 경제 생산성 제고를 위하여 전 산업 데이터의 5G 및 인공지능(AI) 활용의 가속화 정책이다.

※ 다음 내용이 맞는지(T) 혹은 그렇지 않은지(F) 판별하시오.

01 중국은 제조업에서 로봇 중심 대응 전략을 세우고 있으며 이를 위하여 재흥전략 2015와 로봇 기술, Society 5.0을 세분 계획으로 진행하고 있다. ( )

02 지능형 로봇을 위해 유럽 로봇공학 플랫폼(EUROP, European Robotics Platform) 프로그램을 추진하고, 독일의 SSSA에서는 재활로봇, 고령자 지원 기술, 의료로봇 등의 활발한 연구를 집중적으로 수행하고 있다. ( )

03 일본은 미래사회 이슈를 선제적으로 해결하고 산업경쟁력 강화를 위해 정부가 중심이 되어 IT 융합, 3D, 로봇 분야를 중심으로 스마트 IT 기술 개발에 집중투자하고 있다. ( )

04 인공지능(AI) 학습용 데이터 추가 구축, 인공지능 학습용 데이터 가공 바우처를 설치한다. ( )

05 모든 정부청사(39개 중앙부처)에 5세대 이동통신 국가망을 구축하고, 공공정보시스템을 대용량 저장장치로 전환한다. ( )

※ 다음 내용에 대해서 간략히 서술하시오.

01 주요국의 스마트 기술에 대한 대응 전략을 간단히 서술하시오.

02 중국의 실감 미디어 현황에 대해서 간단히 서술하시오.

03 선진국, 국내, 후발국의 IT 기업들을 경쟁우위와 시장전략으로 비교하여 설명하시오.

04 디지털 뉴딜의 정책의 기반 기술에 대해서 설명하시오.

※ 다음 주제에 대해서 토론하시오.

01 기가코리아에서 우선시되어야 할 분야는 무엇인지 토의하시오.

02 디지털 뉴딜 정책에서 추가 보완되어야 할 부분을 토의하시오.

Part

02

4차 산업혁명 관련 스마트 기술의 기초

Chapter 03

디바이스 관련 기술

3.1 디바이스 기초 기술

(1) 스마트폰

우리 생활에서 가장 빠르게 인식할 수 있는 기기는 바로 모바일 폰이고, 기본 기능은 음성 통화이다. 그러나 무선 통신을 이용하여 사진, 영화, 교통 정보, 주식 정보 등을 쉽게 찾아볼 수 있다. 더욱이 휴대전화와 홈 네트워크의 조합은 4차 산업혁명의 시대를 더욱 앞당기는 계기가 되었다. 모바일 폰을 이용한 텔레매틱스, 원격 제어, 위치 추적 서비스(LBS), 모바일 방송, 영상 전화 등 모든 첨단 서비스가 시행되고 있다. 더욱이 모바일 커머스로 불리는 쇼핑, 결제, 금융 서비스 등이 휴대전화로 가능해져서 실제 우리 생활을 바꿔가고 있음을 실감할 수 있다.

[그림 3-1] 휴대전화를 이용한 홈 네트워크

최근의 IT 기술은 융합 또는 통합 과정을 거치고 있다. 기존의 휴대전화는 전화기의 용도뿐만 아니라 4차 산업혁명의 핵심 주역이자 기술 동향이다. 데스크톱의 윈도나 리눅스와 같은 기능을 하는 모바일 폰의 운영체제가 있는데, 이는 휴대전화, PMP, MP3 등에서 동일하게 운영된다. 초기에는 데스크톱과 다르게 업체마다 서로 다른 운영체제를 사용하고 있었다. 국내에서는 초기에 통신업체마다 다른 운영체제를 사용하였는데, SK는 GVM, LGT는 JAVA, KTF은 퀄컴의 BREW 운영체제를 사용하였으나 현재는 호환의 문제로 사용하지 않고 있다.

표준화를 위해서 정부에서는 위피(WIPI, Wireless Internet Platform for Interoperability)를 발표하는데, 위피는 통신사별 운영체제가 다르기 때문에 발생하는 비용과 개발 기간 문제에 대한 효율성을 추구한다. 이로 인해서 표준화가 가능했으나 해외 제조사들에게는 진입장벽으로 작용하게 되었다. 즉, 노키아, 애플 기기들이 위피에 맞는 프로그램 개발이 어려운 문제가 발생하였다. 2005년 4월부터 모든 휴대전화에 의무 탑재되었던 위피는 2009년 4월부터 의무 탑재가 폐지되었다.

현재 스마트폰 시장은 빠른 속도로 발전하고 다수의 사업자들이 시장에 진출하면서 복잡한 형태를 보이고 있다. 스마트폰은 컴퓨터와 같이 운영체제(OS)를 얼마든지 확장할 수 있는 장점이 있어서 더욱이 그러하다.

2014년 1분기 동안 안드로이드의 시장점유율은 81%를 초과했고, 애플의 iOS는 13.95%로 이전의 윈도우 모바일, 블랙베리, 바다, 파이어폭스 OS는 거의 사라졌다. 한때 60%를 차지했던 심비안도 사라졌고, 2016년 2분기까지 블랙베리 운영체제는 0.14%로 떨어졌다. 저가 휴대폰에 스마트폰 기능을 제공하는 KaiOS는 클럽에 합류하여 2017년 중반에 3위에 올랐다. 2019년 3분기에는 안드로이드의 글로벌 시장점유율은 88.84%이고 iOS는 11.15%, Windows Mobile는 0.00%이다.

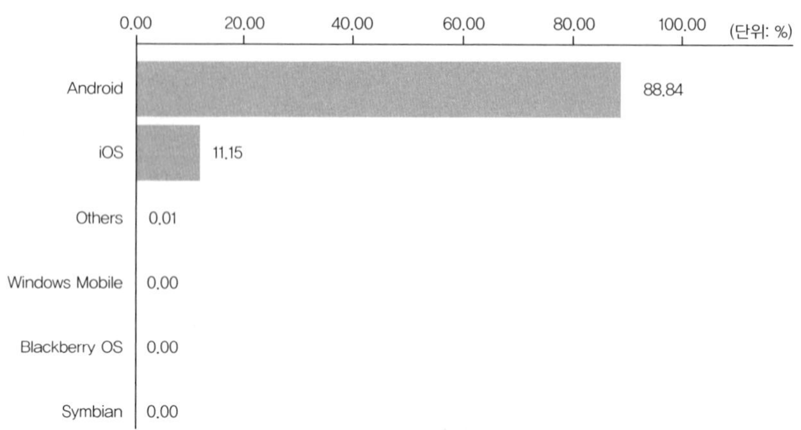

[그림 3-2] 스마트폰 운영체제 시장 점유 현황(2019년 3분기)

① 안드로이드

2009년 10월 검색 포털사이트로 1위인 구글이 개발한 운영체제로서 아이폰 운영체제와 함께 가장 많이 사용되고 있다. 자바 기반의 편리한 개발 환경을 가지고 있어서 전 세계 개발자들이 가장 선호한다. 안드로이드 휴대전화용 미들웨어, 사용자 인터페이스, 웹브라우저, 단문 메시지 서비스(SMS), 멀티미디어 메시지 서비스(MMS) 등을 포함한 운영체제이다. 이는 자바 언어 기반의 안드로이드 소프트웨어 개발 키트(SDK, Software Development Kit)를 통해 응용 프로그램 개발을 쉽게 하는 도구(API)를 제공한다.

이 운영체제는 오픈 소스로 인한 보안의 취약성을 가지고 있어서 아이폰의 멀티터치 기능 구현에 어려움이 있고, 개인 정보의 유출 우려가 가장 큰 단점이다. 하지만, 신속한 반응 속도와 구글 맵과의 연동, 검색 엔진의 기본 장착 등의 장점과 국내 정서에 맞는 신속한 애플리케이션 개발도 사용자 수를 늘리는 장점으로 평가되고 있다.

② 아이폰 iOS

iOS는 2009년 6월 애플이 아이폰에 탑재한 운영체제로서 세계적으로 선풍적인 인기를 끌고 있고, 오직 아이폰만 설치가 가능하다. 멀티태스킹이 불가능하고, 자체 기계 내 설치만 고집하여 지상파 DMB 등 국내 실정에 맞는 기능 추가가 어렵다. 더욱이, 다른 주변 기기들과 호환성이 부족하고, RIM과 비슷하게 개발 환경도 제한적인 단점이 있다. 하지만 사용이 쉽고, 운영체제 전체의 디자인이 좋으며, 사용자의 편의 사항을 충분히 고려하였다는 장점이 있다. 또한 빠른 반응 속도를 보이는 점과 멀티 터치 기능을 통해 다양한 애플리케이션을 실시간으로 공유할 수 있다는 강점도 보유하고 있다.

③ 마이크로소프트 윈도 모바일

2010년 12월에 강력한 PIMS(Personal Information Manager System) 기능을 무기로 스마트폰 시장뿐 아니라 전용 PDA 분야에까지 진출하였다. 다양한 종류의 하드웨어 및 확장성에서도 인정받고 있다. 하지만 사용이 어렵고, 접근성이 떨어지며, 효율적이지 못한 메모리 관리, 늦은 반응 속도, 각종 버그 등의 문제를 가지고 있다. MS는 윈도로 PC 분야의 시장은 점령하였으나, 모바일에서 어려움을 겪고 있는 것이 현실이다. 반면에 윈도와 흡사한 구조와 확장성, 키보드 및 마우스를 비롯한 PC 주변 기기 사이에 호환성이 좋은 장점도 있다. 윈도우 모바일(Window Mobile)은 기존 윈도 모바일 운영체제와 차별화된 인터페이스와 디자인을 선보이고 있어서 주목받고 있다.

(2) 차세대 전지

차세대 전지는 휴대전화, DMB 폰, 노트북 컴퓨터, PDA 등의 단말기뿐 아니라 산업용 설비 작동, 하이브리드 자동차, 전기 자동차 등의 전력원으로 점점 더 사용 범위가 확대되고 있다. 특히 하이브리드 자동차, 지능형 로봇 등은 미래의 성장 동력으로, 높은 출력 특히 중대형 전지의 개발이 없이는 발전이 불가능하므로 전지산업의 발전과 전지의 고성능화가 요구되고 있다. 또한 휴대용 기기가 다양한 기능 개발과 융합이 빠르게 진행되면서 소형으로 장시간 사용이 가능한 전지의 필요성이 더욱 높아지고 있다. 하지만 현재 사용되는 휴대용 2차 전지는 소형화, 고용량, 고성능 휴대 기기에 적용하는 데에 어려움이 많다. 전지를 분류하여 보면 다음과 같다.

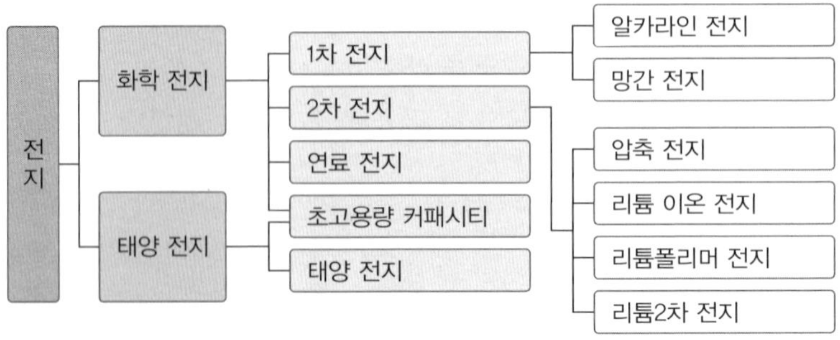

[그림 3-3] 차세대 전지의 분류

화학 전지는 화학 에너지와 전기 에너지 간의 상호 변환으로 충전과 방전을 반복하여 사용하며 소형 2차 전지는 휴대폰, 노트북, 캠코더, PDA, 전동 공구의 전원으로 사용된다.

1차 전지는 한 번 사용하면 재사용이 불가능한 전지로서 예로써 망간 전지, 알카라인 전지 등이 있다. 2차 전지는 충전을 통해 지속적인 사용이 가능한 전지로서 예로는 니켈 카드뮴 전지(Ni-Cd), 니켈수소 전지(Ni-MH) 등이 있다. 여기서 2차 전지는 다시 압축 전지, 리튬 이온 전지(LIB, Lithium Ion Battery), 리튬폴리머 전지(LIPB, Lithium Ion Polymer Battery), 리튬2차 전지로 분류한다.

리튬 이온 전지는 양극과 음극 사이를 리튬 이온을 사용하면서 화학 에너지를 전기 에너지로 변환시키는 2차 전지이다. 모바일 기기의 발전에 따라서 TV, 카메라, MP3, 게임기 등의 기능을 휴대폰이 지원하게 되어서 모바일 기기의 소비 전력이 증가하게 되었는데, 이는 차세대 초고용량 리튬 이온 전지의 개발을 촉진시키는 계기가 되고 있다. 그리고 환경과 유가 인상으로 인하여 기존 자동차를 하이브리드 자동차로 변환하려는 분위기가 조성되고 있고, 이에 따라 중대형 전지에 대한 연구가 집중되면서 전지의 저가격화, 고출력화, 고안전화를 이루기 위한 노력이 계속되고 있다. 또한 로봇의 지능화가 시작되면서 로봇의 전원으로 리튬 이온 전지가 사용될 예정이며, 산업, 전력, 군사, 바이오 등 신규 분야에서의 리튬 이온 전지 채택도 가시화됨에 따라 각 용도에 적합한 리튬 이온 전지 개발이 가속화되고 있다.

리튬 이온 폴리머 전지는 폴리머 전해질을 사용하면서 양극과 음극으로 리튬이온 전지와 동일한 리튬 코발트 산화물과 탄소계 물질을 사용하여 안전하고 제조 공정상의 이점이 있다. 더욱이 폴리머 전지는 용도에 따라 다양한 형태로 제조할 수 있고 얇은 두께로의 제작이 가능하다는 장점도 있어서 최근 수요가 증가되고 있다. 안전성 측면에서 리튬 이온 전지에 비해 우수해서, 향후 하이브리드 자동차용 전지로도 사용될 예정이다. 초기에는 전자 부품으로 분류되었으나, 산업 기술 분류체계를 개정하면서 차세대 전지군으로 분류되기 시작하여 장기적으로 리튬 2차 전지 산업의 후계자로 부각될 것으로 예측된다.

연료 전지는 수소와 산소의 반응으로 전기, 열, 물을 생산하는 고효율 무공해 전기 화학 장치로서 발전기에 주로 활용된다. 그리고 최근 컨버전스에 맞추어 휴대용 단말기의 소비 전력 공급 장치로 활용하기 위한 연구가 진행 중인데, 리튬 2차 전지를 대체할 수 있는 대안으로 검토되고 있다.

초고용량 커패시터는 메모리 백업이 증가하여 고출력, 고에너지를 필요로 하는 장치들이 늘어났는데, 초고용량 커패시터는 기존의 2차 전지보다는 콘덴서 부품에 기술적 근원을 두고 있다. 기존 콘덴서 부품과 비교해볼 때 크기나 기능 면에서 커다란 발전이 있었지만 기존 리튬 2차전지에 비하여 덜 부각되고 있다. 결론적으로 말해, 자동차 업계가 최대의 연료 전지 시장을 형성할 것이 예측되며, 조기 시장 진입과 이에 따른 인프라 구축이 요구된다. 하지만, 휴대폰의 경우에는 이러한 점이 불필요하므로 휴대폰 관련 분야에서 적극 활용될 것으로 예측된다.

(3) GPS

GPS(Global Positioning System)는 미국 국방부가 개발하여 추진한 전 지구적 무선 항행 위성 시스템으로 중·고궤도 항행 위성 시스템을 사용하는 시스템이다. 이를 이용하면 비행기·선박·자동차뿐만 아니라 휴대전화를 통한 자신의 위치를 정확히 알 수 있고, 주변의 시설을 찾을 수 있다. GPS 수신기로 3개 이상의 위성으로부터 정확한 시간과 거리를 측정, 3개의 각각 다른 거리를 삼각법으로 계산하여 현 위치를 정확히 계산할 수 있다. 위도·경도·고도의 위치뿐 아니라 3차원 속도정보와 함께 정확한 시간까지 측정할 수 있는 것이다.

GPS는 현재 단순한 위치 정보 제공에서부터 항공기·선박·자동차의 자동 항법과 교통 관제, 유조선의 충돌 방지, 대형 토목 공사의 정밀 측량, 지도제작 등 광범위한 분야에 응용되고 있으며, GPS 수신기는 개인 휴대용에서부터 위성 탑재용까지 다양하게 개발되어 있다.

[그림 3-4] 자동차에 탑재된 GPS

GPS는 처음 군사적인 목적으로 사용되었지만, 현재는 내비게이션 등에 사용되고 있다. 휴대전화와 결합한 GPS 서비스에는 T Map이 대표적이고, SK 텔레콤이 제공하는 안심 위치 알리미 등의 서비스가 있는데, 해당 서비스에 가입하면 원하는 가족이나 연인의 현재 위치가 주기적으로 문자 메시지로 보내지기 때문에 자녀의 현 위치를 한눈에 파악할 수 있다.

(4) LBS

GPS에 관한 내용을 검토하다 보면 어김없이 LBS(Location Based Service)가 등장한다. LBS는 위치 기반 서비스를 의미하는데, 이동 통신망과 정보 기술(IT)을 종합적으로 활용한 위치 정보 기반의 시스템 서비스이다. 최근 들어 지능형 교통 시스템(ITS)과 이동통신망의 고도화에 따라 교통, 물류, 전자상거래 등의 분야에서 각광받기 시작한 기술이다.

이동 통신망과 IT 기술을 종합적으로 활용한 위치정보기반의 서비스를 휴대전화나

PDA 등의 디바이스를 통해 이용할 수 있다. 이 서비스는 언제 어디서나 사람 혹은 물건의 위치를 파악할 수 있는 기술을 활용한 시스템과 응용 서비스를 총칭한다. 최근 무선 인터넷과 모바일 컴퓨팅 기술의 급속한 발달에 의해 LBS 관련 기술 개발과 서비스 제공이 활발하다. LBS를 이용하면 위치 정보를 얻는 것은 물론 고객의 위치 정보를 기반으로 상품 정보와 교통 정보 등 실생활에 유용한 다양한 정보를 이용할 수 있다. 각 이동 통신사는 GPS를 이용해 정밀도를 높인 차세대 LBS 서비스를 내놓고 있다. 지금까지 제공된 위치 정보는 사용자의 단말기가 접속하는 기지국을 기반으로 파악했기 때문에 거리상의 오차가 발생해 정확도가 떨어진다는 단점이 있었다. 하지만, 인공위성을 이용한 GPS와 기지국 정보를 결합한 차세대 위치 정보 서비스는 30~50m의 오차 내에서 위치 추적이 가능하므로 더욱 세밀한 정보를 얻을 수 있다.

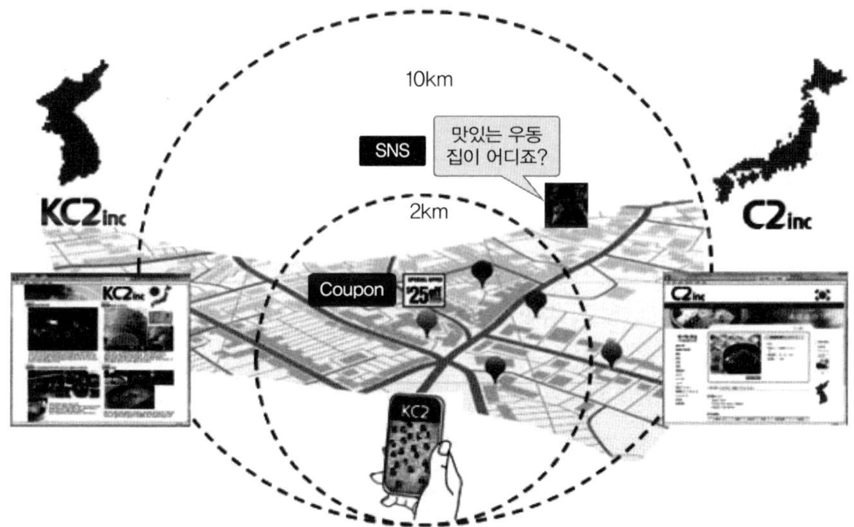

[그림 3-5] LBS 기반 지역정보포탈 서비스

위치 기반 서비스를 이용하면 개인 위치 정보나 분실된 단말기 추적과 물류, 생활 편의 서비스, 지역정보, 위치 기반 마케팅과 광고 등의 서비스도 즐길 수 있어 다양한 분야로의 적용이 가능하다. 위치 기반 마케팅과 광고 사례를 들면, 내가 강남역 부근을 지나고 있을 때, 주변의 어떤 음식점에서 20%를 할인해 준다는 광고 메시지를 받아보는 경우를 생각할 수 있다.

(5) SoC

SoC(System on Chip)는 반도체 제조업계의 대표 기업인 인텔에서 만든 초소형 반도체칩으로서 기존 ROM이나 RAM과 다르게 여러 기능을 하나의 칩에 집적시킨 칩을 의미한다. 수백 마이크로와트의 전력으로 작동하면서, 공간에 존재하는 상품과 사물, 그리고 사람의 존재와 정보를 파악하고 전달하는 역할을 한다.

각종 부품을 하나의 반도체 칩에 집적시킴으로써 반도체뿐만 아니라 개별 부품을 모두 하나의 칩으로 만들기 위한 기술에 영향을 주고 있다. 고성능, 저소비 전력 등의 특징으로 휴대용 정보 단말기나 이에 적합한 솔루션으로 활용 가능하다.

[그림 3-6] SoC 크기

SoC 이용의 대표적인 사례는 이동 통신 단말기로서 기본적인 음성 통화 기능 이외에도 데이터 송수신, 멀티미디어 데이터 재생 등이 가능하고 카메라 모듈도 장착되어 있어 많은 단말기 제조업체들이 SoC 제품을 적극적으로 채택하고 있다.

통신, 가전·단말, 데이터 처리 및 자동차 등의 부문을 포함한 세계 SoC 시장은 2003년 318억 달러 규모에서 15.5%의 복합 연평균 성장률을 기록하면서 2008년 약 654억 달러 규모에 이르렀다. 부문별로는 2003년 통신용 SoC가 전체 시장의 40.9%를 점유하며 수위를 차지하였고, 가전·단말용 SoC가 30.4%, 데이터 처리용 SoC가 21.7%, 그리고 자동차용 SoC가 4.1%를 차지하였는데, 이러한 점유율 구도는 커다란 변동 없이 앞으로도 지속될 전망이다.

그러나 SoC는 실제 게이트 수가 1,000만 개를 넘으면 집적화가 매우 어렵고, 동적 램(DRAM)이나 정적 램(SRAM)의 경우 내재된 형태로 SoC화가 가능하나 물량이 많이 확보된 제품이나 비디오 게임과 같이 특수한 응용 분야가 아니면, 경제성 문제로 극히 제한된 범위에서만 SoC화가 가능하다. 더욱이 플래시메모리는 단일칩으로 SoC화하는 것보다 별도의 칩으로 분리하는 것이 더 바람직하다는 문제점을 가지고 있다.

(6) 나노기술

나노(Nano)란 10억분의 1을 나타내는 단위로 고대 그리스에서 난쟁이를 뜻하는 나노스(Nanos)란 말에서 유래되었는데, 1나노미터(nm)라고 하면 10억분의 1m의 길이 즉 머리카락의 1만분의 1이 되는 초미세의 세계가 된다. 이를테면 원자 3~4개가 들어갈 정도의 크기다. 예를 들어 지구의 크기를 1로 할 경우, 1나노는 지름 1cm의 콩 크기 정도에 해당한다.

나노기술(Nano Technology)은 1990년대 들어 현 마이크론(100만분의 1) 수준의 반도체 미세기술을 극복하는 대안으로 연구가 시작되었는데, 물리적 한계를 극복하기 위해 제시된 방법 중 하나가 나노미터 크기의 회로에서도 자성을 갖는 소자를 개발하는 것이다. 눈에 보이지도 않는 나노미터 크기를 이용하여 기억 소자를 만든다면 현재의 기가(G=10억) 비트보다 1000배 빠른 속도와 용량을 나타내는 테라(1조) 비트급 집적도의 반도체칩을 만드는 것이 가능하다. 이러한 나노기술은 전자와 정보 통신은 물론 기계·화학·바이오·에너지 등 거의 모든 산업에 응용할 수 있어 인류 문명의 혁명적인 기술이고, 이 기술이 발전되면 환경, 의료, 생명 공학, 신소재 등의 분야에서도 다양한 변화가 예상된다. 나노기술의 핵심은 원자, 분자 구조의 물질을 움직여 근본적으로 새로운 분자적 조직을 가진 더 큰 구조물을 만드는 능력인데, 이 기술은 21세기 미국의 가장 중요한 전략적 과학 기술 분야가 될 것이며, 제조, 의약, 국방, 에너지, 운송, 통신, 컴퓨터, 교육 등 전반적인 분야에서 현재의 마이크로 기술을 대체할 것으로 예상하고 있다. 새로운 환경 변화의 흐름에 맞추어 새로운 성장 엔진을 발굴하고 산업 구조를 형성하는 데 있어 나노기술이 활용되고 있다.

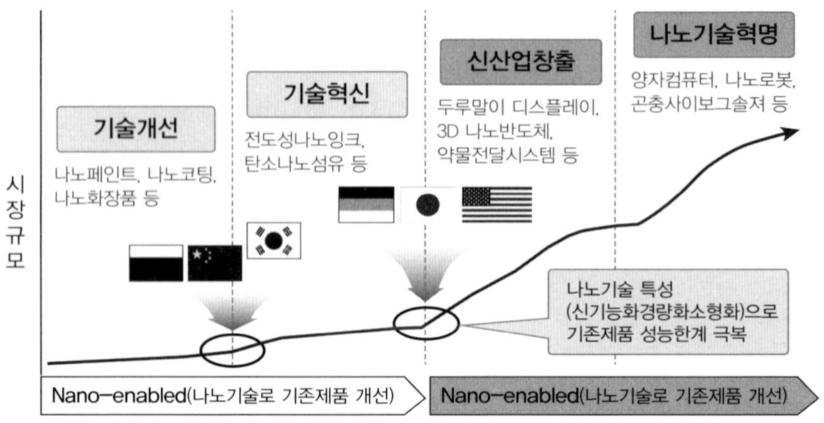

[그림 3-7] 나노기술의 발전 단계

나노기술을 바탕으로 생명 공학(BT)이나 환경 공학(Environmental Technology; ET), 우주 과학 기술(Space Technology; ST) 분야에 활용되고, 정보 통신 기술(IT), 인지 과학 기술(Cognitive Technology; CT)과 접목하여 그 효율성과 편의성을 높이는 기술로 응용될 수 있다.

(7) MEMS

MEMS(Micro Electro Mechanical System) 기술은 초소형 3차원 구조물 또는 이를 포함하는 시스템 구현을 통칭하며, 소형화, 지능화가 요구되는 미래 환경에 대응하기 위한 핵심 기술로 인식된다. 유비쿼터스 네트워크나 초소형 휴먼 인터페이스 분야의 핵심 요소인 3차원의 아주 작은 구조물, 센서 및 구동 장치 등을 소형화, 고정밀화하고 복합화를 가능하게 하는 시스템화 기술이다.

MEMS는 실리콘이나 수정, 유리 등을 가공해 초고밀도 집적 회로, 머리카락 절반 두께의 초소형 기어, 손톱 크기의 하드디스크 등 초미세 기계 구조물을 만드는 기술을 말한다. MEMS로 만든 미세 기계는 마이크로미터(100만분의 1 미터) 이하의 정밀도를 가지며, 구조적으로는 증착과 식각 등의 과정을 반복하는 반도체 미세 공정 기술을 적용해 저렴한 비용으로 초소형 제품의 대량 생산을 할 수 있다. SoC 기술의 등장과 함께 중요성이 날로 부각되고 있다. MEMS는 21세기 최대 유망 기술로 현재 MEMS 기술의 응용 범위는 자동차 에어백의 가속도 센서나 잉크젯 프린터 헤드 등을 넘어 유전자 정보 해독을 위한 바이오칩 등 생명 의료 분야, 무선 부품, 광 부품, 미세 기계 등의 분야로까지 급속히 확산되고 있다.

MEMS의 명칭은 나라별로 다르게 사용되는데, 미국에서는 MEMS(Micro Electro Mechanical System), 유럽에서는 Microsystem, 일본에서는 Micro Machine, Micro Mechatronics 등으로 불린다. 최근에는 광학부품 기술과 MEMS 기술을 접목한 광 MEMS(Optical Micro Electro Mechanical Systems), 통신 부품 기술과 MEMS 기술을 접목한 RF MEMS, 의료 및 생체 응용을 위한 바이오(Bio) MEMS에 대한 연구 개발이 선진국을 중심으로 활발하게 이루어지고 있다.

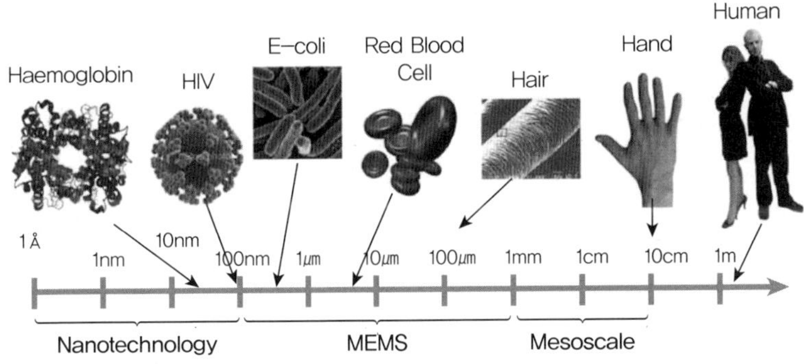

[그림 3-8] MEMS의 위치

MEMS의 특징으로는 짧은 기술 개발 역사, 광범위한 산업 분야와 연계, 기술의 융합성과 혁신성, 전자·기계 관련 복합 부품의 극소화 및 집적화, 일괄의 생산에 의한 대량 생산 및 낮은 가격, 미세 효과에 의한 거대 효과, 초기 설비 투자의 요구, 오랜 경험 및 노하우 필요, 소량 다품종(중소기업, 벤처 기업 분야), 정부 주도, 적합한 기술 등을 꼽을 수 있다. MEMS 기술의 응용 분야로는 자동차의 가속도, 자이로, 압력, 온도 등의 센서와 더불어 정보 통신의 미소 반사경, 미소 렌즈, 미소 레이저, 감광 소자, 광신호 분리기, 광단속기, 정보 검출기, 초정밀 조립기 등이 있다. 그리고 컴퓨터와 사무 자동화 기기에서는 고해상도 잉크젯 프린터 헤드, 고해상도 마이크로 디스플레이, 하드디스크 등

초정밀 헤드 등에 사용되고, 전자·가전 및 설비의 초소형 박막 전지, 각종 제조 장비 및 시설용 센서와 가정용 전기 제품 등의 센서 등에도 사용되고 있다. 또한 의료 및 환경의 일회용 분석기, 초소형 내시경, 혈압센서 등에도 활용되고 있다.

(8) 임베디드 컨트롤

임베디드 시스템(Embedded System)은 내장형 시스템으로 작동시키는 소프트웨어를 하드웨어에 내장하여 특수한 기능만을 수행하게 하는 컴퓨터 시스템을 의미한다. 이를 이용하여 통제를 수행하는 것이 임베디드 컨트롤이다. 즉, 기기를 작동하는 소프트웨어를 컴퓨터처럼 디스크에서 읽어 들이는 게 아니라 칩에 담아 기기에 내장시킨 형태의 장치를 의미한다.

[그림 3-9] 임베디드 컨트롤이 탑재된 가전제품

현재 홈오토메이션에 사용되는 가전제품 분야에서 임베디드 기술이 주목받고 있는데 세탁기, 냉장고 등에 쓰이고 있다. 예를 들면 세탁물의 종류에 따라 물과 세제와 강약 등을 제어하는 세탁기, 밥을 지을 때 들어가는 재료에 따라 다르게 작동되는 가스 레인지, 냉장실 또는 냉동실에 들어가는 재료에 따라 자동으로 반응하는 냉장고 등이다. 임베디드 시스템은 공장 자동화나 가정 자동화와 같이 자동화 분야에서는 필수적인 요소이며, 군사, 의료, 교통, 환경 등 인간 생활의 전 분야와 연계되어 있어서 향후 관련 시장이 크게 확대될 것으로 전망되고 있다. 여기서 활용될 임베디드 소프트웨어는

여러 가지 형태로 나뉘는데, 그중에서도 임베디드 운영체제가 가장 핵심을 이룬다. 임베디드 시스템 용도에 맞는 기능을 얼마나 빨리 잘 구현해주느냐가 이 운영체제의 관건이다. 대표적인 예로 Windows CE, 팜 OS 등이 있으며 리눅스도 갈수록 더 많이 사용되고 있다. 여기서 Windows CE는 소형 컴퓨터나, 멀티미디어 장치, 그리고 PDA 등에 흔하게 사용되며, 연결성(Connectable), 소형화(Compact), 호환성(Compatible) 등이 있는 마이크로소프트 Windows 계열 32비트 운영체제이다. 임베디드 컨트롤의 사례로 스마트 가전과 홈 네트워킹, 스마트 센서, 텔레매틱스 등이 있다.

① 스마트 가전과 홈 네트워킹

홈 네트워크가 구현되면 집 안의 모든 가전, 정보 기기가 유·무선 네트워크로 연결되어 누구나 시간과 장소에 구애받지 않고 다양한 서비스를 받을 수 있다. 홈 네트워크의 발전은 곧 스마트 가전의 발전이라고 볼 수 있다. 1980년대 초반부터 아날로그 정보 기기들이 90년대에 이르기까지 디지털 제품화되면서 동종 기기 간의 네트워크 공유를 통한 초기 홈 네트워크 제품의 형태로 등장하기 시작했다. 대표적으로 TV, 오디오 기기들을 AV 잭을 통해서 서로 연결할 수 있게 되었다. 컴퓨터와 프린터 기기 등의 연결도 이에 해당한다. 현재는 컴퓨터와 TV가 네트워크로 연결되며, TV 속에 컴퓨터 기능이 들어 있는 예도 흔하다. 또한 모바일 전화기 기술을 활용하여 외출할 때 가스 밸브와 현관문 잠금 상태를 확인할 수 있으며, 감시 카메라 기능이 내장된 청소 로봇 등을 가정 보안 장치로 사용하는 연구가 진행되고 있다. 홈 네트워크라는 말의 의미는 연구 기관마다 다르지만, 대체로 집안에 있는 다양한 정보 기기들 사이의 기능 공유, 데이터 공유, 원격 제어 등을 위해 네트워크가 연결되어 있는 환경이라고 정의할 수 있다. 좁은 의미로는 유/무선 네트워크를 통한 정보 기기의 연결을 의미하지만, 넓은 의미로는 정보기기 간의 통합과 운영을 위한 소프트웨어, 콘텐츠 서비스 등을 포함한다.

② 스마트 센서

네트워크 컴퓨팅 기술과 더불어 똑똑한 센서가 시공간을 초월해 필요한 정보를 얻고, 각종 장치가 스스로 기능을 수행하게 하는 데 중추적인 역할을 수행할 수 있기 때문이다. 스마트 센서란 한마디로 기존 센서 기술과 마이크로컴퓨터 기술을 결합한 것이다. 즉 컴퓨터가 갖는 우수한 데이터 처리 능력, 판단 기능, 메모리 기능, 통신 기능 등 기존 센서에서 찾아볼 수 없었던 많은 장점이 추가된 것이다. 이러한 장점들은 에러·오프세트·비선형성 등 출력 데이터들을 바로잡는 전자 트리밍(trimming)을 수행할 수 있기 때문에 가능한 것이다. 반면에 기존 센서는 후막 저항 레이저 트리밍이나 디스크리트 다이오드 퓨징(discrete diode fusing) 등 아날로그 트리밍 방식을 사용, 보정 역할이 극히 제한적이다. 이처럼 스마트 센서는 센서 상태를 감시하고 스스로 작동 시간을 조절하는 역할을 한다. 예컨대 원격 센서의 상태를 적절하게 유지, 소비 전력을 줄임으로써 원격 감지 시스템의 배터리 사용 시간을 많이 증가시킬 수 있는 것이다.

특히 멤스(MEMS) 기술 발달에 힘입어 스마트 센서의 정밀도·성능이 향상되면서 압력·가속도·유량·영상·위치·온도·습도 등의 영역으로 그 활용 분야가 널리 확대되는 추세다.

③ 텔레매틱스

텔레매틱스(Telematics)란 통신(Telecommunication)과 정보 과학(Informatics)의 합성어로 1978년 프랑스의 Simon Nora와 Alain Minc가 그들의 저서인 The Computerization of Society에서 최초로 사용했다. 그들은 저가 컴퓨터 보급이 확산되고 강력한 글로벌 통신 매체가 등장해 무한히 많은 커뮤니케이션이 일어나는 사회의 도래를 예견하고 이러한 현상을 텔레매틱스라 칭했다. 이처럼 광범위한 의미의 텔레매틱스는 점차 분화되어 차량용, 의료용, 교육용 등으로 사용되고 있으며 국내에서는 현재 차량용 텔레매틱스가 곧 텔레매틱스의 대표로 인식되고 있다.

텔레매틱스는 위치 정보와 이동 통신망을 이용해 운전자와 탑승자에게 교통 안내, 긴급 구난, 원격 차량 진단, 인터넷 등 Mobile Office 환경을 제공하는 서비스로, 통신을 매개로 텔레매틱스 센터의 강력한 서버 시스템을 차량 내 가상으로 내장하여 다양한 서비스를 제공할 수 있다. 또한 텔레매틱스는 이동 통신 서비스, 초고속 인터넷 인프라와 GIS·LBS·ITS 등 다양한 정보 시스템을 기반으로 제공되는 종합 서비스로 이동 통신 산업, 자동차 산업, SI, 콘텐츠, 단말기 산업, 보험, 중고차 등 다양한 Off-Line 산업에도 막대한 파급 효과가 있으며 교통, 안전, 게임, V-커머스, 모바일 오피스 등 다양한 서비스를 종합한 정보 통신 산업으로 급부상하고 있다.

3.2 드론

(1) 드론이란

드론(Drone)은 원래 꿀벌의 수컷을 의미하는 단어로서 윙윙거리는 소리라는 의미를 담고 있다. 조종사 없이 무선전파로 비행과 조정 가능한 비행기나 헬리콥터 모양의 비행체이다. 즉 무인 항공기(UAV, Unmanned Aerial Vehicle)로서 조종사가 탑승하지 않고 지정된 임무를 수행할 수 있도록 제작한 비행체이다.

드론은 1916년 무기를 실은 비행기가 원격으로 날아가 적을 타격한다는 Aerial Target Project를 진행하면서 군사용 무인기를 개발한 것이 시작이다. 드론이라는 이름은 1930년 개발된 군사용 무인항공기가 최초로 공군기나 고사포, 미사일의 연습사격에서 적기 대신 표적 구실로 사용되었다. 드론은 본래 군사용으로 제 2차 세계대전 직후 수명을 다한 낡은 유인 항공기를 공중 표적용 무인기로 재활용하면서 개발되었다. 냉전 시대에 들어서면서 무인항공기는 적 기지에 투입돼 정찰 및 정보수집의 임무를 담당했고, 기술이 발달함에 따라 기체에 원격탐지장치, 위성제어장치 등 최첨단 장비를 갖춰 사람이 접근하기 힘든 곳이나 위험지역까지 그 영역을 확대하게 됐다. 나아가 공격용 무기를 장착해서 지상군 대신 적을 공격하는 공격기로 활용되기 시작했다.

(2) 드론의 활용

점차 무선기술의 발달과 함께 정찰기 개발되어 적의 내륙에 침투하여 정찰·감시의 용도로도 운용되었다. 근래에 들어 드론에 미사일 등 각종 무기를 장착하여 공격기로 활용하고 있다. 드론은 활용 목적에 따라 다양한 크기와 성능을 가진 비행체들이 다양하게 개발되고 있는데 대형 비행체의 군사용뿐만 아니라, 초소형 드론도 활발하게 개발 연구되고 있다. 또한 개인의 취미활동으로 개발되어 상품화된 것도 많다. 정글이나 오지, 화산지역, 자연재해지역, 원자력 발전소 사고지역 등 인간이 접근할 수 없는 지역에 드론을 투입하여 활용한다. 최근에는 드론을 활용하여 수송목적에도 이용하는 등 드론의 활용 범위가 점차 넓어지고 있다.

① 배달용

드론을 이용한 배달 아마존 프라임 에어(Amazon Prime Air), 도미노 피자 등이 있다. 아마존의 프라임 에어는 고객이 주문을 하면 아마존 물류센터에서 16km 안에 있는 주문 고객에게 2.2kg 이하의 소형 제품을 무인 헬기를 이용해서 30분 안에 배송하는 시스템을 준비한다. 그리고 UPS도 무인 헬기 택배 서비스를 검토하고 있다.

[그림 3-10] 배달용 드론

미국의 초대형 전자상거래 업체가 무인 택배를 도입하겠다는 계획을 발표하면서 전 세계 주목을 받았다. 최근 미국연방항공국(FAA)의 뒤늦은 시험 비행 승인으로 현재는 소강상태이다. 그 사이에 후발 주자였던 중국의 상거래 업체가 최근 시험 비행을 성공적으로 수행하여 드론을 이용한 무인 택배 시대를 준비하고 있다. 아마존은 정부가 승인한 6곳의 시험 지역에서 프라임 에어(Prime Air) 드론을 시험할 수 있도록 FAA에 청원서를 제출하였고, 해당 지역들은 모두 아마존의 시애틀 본사와 멀리 떨어져 있다. 아마존에 따르면 자사의 배달 드론은 시속 80km로 비행할 수 있으며, 최대 2.3kg의 화물을 배달할 수 있다. 그러나 현재 법적 기준, 사생활 문제, 안전성 등 여러 가지 문제로 인해 실행되기에는 어려움이 많다.

② 교통수단용

기존의 자동차, 비행기, 헬리콥터와는 다른 개념의 교통수단으로 드론은 활용할 수 있다. 이는 멀티콥터의 기술을 적용해서 수직 이착륙이 가능한 교통수단으로 영화에서 보던 하늘을 나는 자동차가 현실이 되는 것이다.

③ 레저용

레이싱 드론은 고글속의 화면을 보며 드론을 조종해 장애물을 통과하는데, 세계적으로 폭발적으로 인기를 얻고 있는 신종 레포츠이다. 또한 자녀들에 RC(Remote Control)카를 선물하듯 드론을 선물하고 함께 날리며 가족사진을 찍을 수 있다. 기존의 RC항공기보다 GPS등에 의해 자동 조종이 가능하며, 공간의 제약도 적게 받아 급속도로 드론 인구가 늘고 있다. 다만 장비가 좋아지면서 기초조작법도 숙달이 미숙한 조종으로 안전사고 등이 발생하는 문제점도 늘고 있으며, 항공관련법을 미숙지한 상태에서 자신도 모르는 사이에 법을 위반하는 사례도 있다.

④ 감시, 측량, 농촌 방역 방제, 군사용

무인 헬기는 이미 해외에서는 경찰들이 많이 활용하고 있고, 범인을 추적하거나 주변을 탐색할 때 무인 헬기를 하늘에 띄우고 주변을 탐색할 때 활용한다. 또한 이미 군사용으로 정찰 및 공격용으로도 활용되고 있다. 여기에 고고학자들이 주변을 측량하고 감시할 때도 활용되고 있다. 도로공사에서도 고속도로 버스전용차로 단속 등 교통정보 수집을 위해 무인 비행선을 활용하고 있다. 그리고 현재 가장 활발하게 활용 되고 있는 곳이 농촌의 방역, 방제에 많이 활용되고 있다. 유인 헬기같이 덩치가 큰 헬기는 비용도 비용이지만 농약을 뿌리면서 동시에 헬기 바람으로 날려 버리기 때문에 농약이 벼에 깊숙이 묻지 않는다. 그래서 대체제로 각광 받고 있는 것이 무인 헬기이다.

[그림 3-11] 농약 살포용 드론

2010년대 들어 미군은 드론을 살상 무기로 최대한 활용하여 파키스탄, 예멘, 이란, 이라크, 아프가니스탄, 소말리아 등 세계 주요 분쟁지역에서 드론을 대폭 사용하기 시작했다. 미군이 드론을 가장 많이 사용한 파키스탄에서만 드론 공습으로 사망한 인원이 1500명이 넘는다. 이중 민간인 사망자도 많아 많은 논란을 낳고 있기도 하다.

과거에는 농사를 짓기 위해 인간이 직접 씨를 뿌리고 소를 이용해 땅을 가꿔야 했지만 농업용 드론은 GPS를 이용해 농작물과 최대한 가까운 높이를 유지하면서 골고루 농약을 살포한다.

드론에 장착된 카메라로 특정 지역의 일조량, 토양 상태 등을 정밀하게 관찰할 수 있는데, 농약을 살포할 때도 적외선 센서를 이용해 꼭 필요한 지역에만 농약을 뿌릴 수 있다. 이 방법은 최소한의 농약만 뿌려도 되기 때문에 비용 절감, 농약 살포 시 인간의 중독 피해 방지, 정밀하고 균일한 작업 가능, 저렴한 비용으로 넓은 면적 관리 등의 장점을 가지며 토양 오염과 같은 환경 피해를 최소화할 수도 있다.

농업용 드론의 강국은 일본이다. 일본 야마하는 1987년 세계 최초로 농업용 드론 'R-50'을 선보였고, 현재 일본 전체 농경지 가운데 40%가 드론으로 비료와 살충제를 살포한다. 특히 고령화로 인한 일손 부족 해결에도 큰 도움을 주고 있으며 일본 못지않게 고령화 속도가 빠른 우리나라도 주목해야 한다.

⑤ 촬영용

국내에서는 공공 기관을 중심으로 드론 활용이 활발한데, 부산광역시 해운대구는 2014년 10월 국내 지방자치단체 최초로 드론을 산림 보호 활동에 활용했다. 부산시는 약 2,000만 원을 들여 GPS, 와이파이 송수신 출력기, 고화질 영상 촬영이 가능한 카메라가 포함된 맞춤형 드론을 구입했다. 이 드론이 촬영한 영상은 해운대구 CCTV 관제센터로 실시간으로 전송되고, 구청 직원들의 스마트폰에서도 확인가능하다.

경남 남해군은 소나무 에이즈로 불리는 재선충 방제와 산불 감시 등을 위해서 드론을 도입했다. 2014년 7월 관계법령 및 시장을 조사한 후 드론 2대를 구입해 10여 회에 걸쳐 산림 500ha에 방제 작업을 실시했다. 한국국토정보공사(구 대한지적공사) 역시 드론을 촬영 및 측량 작업에 사용하고 있다.

드론의 문제점은 인간 조종사가 없는 무인 항공기로 로봇 중심의 전쟁이 우려되며, 또 다른 전쟁과 테러 등의 위험이 있다. 드론이 보편화된 세상에서는 사생활 침해에 대한 우려가 있고, 추락의 위험으로 인명이나 재산 피해가 발생한다. 더욱이 동력으로 사용되는 배터리의 위험성, 발화나 폭발의 위험이 있다.

3.3 3D 프린터

(1) 3D 프린터란

3D 프린터는 입체 프린터로서 잉크(토너) 대신 특정 재료를 겹겹이 프린터(적층)하여 입체적으로 제작할 수 있다. 종이 한 장보다 얇은 0.01~0.08㎜ 굵기의 막을 쌓아 올리거나 합성수지 덩어리를 깎는 방법 등을 이용해 손으로 만질 수 있는 실물로 출력해준다. 잉크젯프린터에서 디지털화된 파일이 전송되면 잉크를 종이 표면에 분사하여 2D 이미지(활자나 그림)를 인쇄하는 원리와 같다. 2D 프린터는 앞뒤(x축)와 좌우(y축)로만 운동하지만, 3D 프린터는 여기에 상하(z축) 운동을 더하여 입력한 3D 도면을 바탕으로 입체 물품을 만들어낸다.

입체 형태를 만드는 방식에 따라 크게 한 층씩 쌓아 올리는 적층형(첨가형 또는 쾌속조형 방식)과 큰 덩어리를 깎아가는 절삭형(컴퓨터 수치제어 조각 방식)으로 구분한다. 적층형은 파우더(석고나 나일론 등의 가루)나 플라스틱 액체 또는 플라스틱 실을 종이보다 얇은 0.01~0.08㎜의 층(레이어)으로 겹겹이 쌓아 입체 형상을 만들어내는 방식이다. 레이어가 얇을수록 정밀한 형상을 얻을 수 있고, 채색을 동시에 진행할 수 있다. 절삭형은 커다란 덩어리를 조각하듯이 깎아내 입체 형상을 만들어내는 방식이다. 적층형에 비해 완성품이 더 정밀하다는 장점이 있지만, 재료가 많이 소모되고 컵처럼 안쪽이 파인 모양은 제작하기 어려우며 채색 작업을 따로 해야 하는 것이 단점이다.

제작 단계는 모델링(modeling), 프린팅(printing), 피니싱(finishing)으로 이루어진다. 모델링은 3D 도면을 제작하는 단계로, 3D CAD(computer aided design)나 3D 모델링 프로그램 또는 3D 스캐너 등을 이용하여 제작하는 것이다. 프린팅은 모델링 과정에서 제작된 3D 도면을 이용하여 물체를 만드는 단계로, 적층형 또는 절삭형 등으로 작업을 진행하는 것이다. 이때 소요시간은 제작물의 크기와 복잡도에 따라 다르다. 피니싱은 산출된 제

[그림 3-12] 3D 프린팅

작물에 대해 보완 작업을 하는 단계로, 색을 칠하거나 표면을 연마하거나 부분 제작물을 조립하는 등의 작업을 진행하는 것이다.

3D 프린터는 본래 기업에서 어떤 물건을 제품화하기 전에 시제품을 만들기 위한 용도로 개발되었다. 1980년대 초에 미국의 3D시스템즈 사에서 플라스틱 액체를 굳혀 입체 물품을 만들어내는 프린터를 처음으로 개발한 것으로 알려져 있다. 플라스틱 소재에 국한되었던 초기 단계에서 발전하여 나일론과 금속 소재로 범위가 확장되었고, 산업용 시제품뿐만 아니라 여러 방면에서 상용화 단계로 진입하였다.

유럽항공방위산업체(EADS)는 3D 프린터를 이용하여 자전거를 조립 단계를 거치지 않은 완성품으로 인쇄한 바 있으며, 영국의 사우샘프턴대학에서는 시속 160㎞로 비행하는 무인비행기를 제작한 바 있다. 의료계에서는 환자에게 딱 맞는 인공관절이나 인공장기를 만드는 등 정밀도가 필요한 분야에 3D 프린터를 활용하고 있다.

(2) 3D 프린터의 변천사

1984년 미국 발명가 찰스 헐(Charles W. Hull)이 3D 프린터를 발명했고 '3D시스템즈'라는 회사를 설립해 1987년 FDM 방식 3D 프린터를 상용화했다. 1984년 미국에서 처음 개발됐지만, 프린터나 소재가 너무 비싸 극히 제한된 용도에만 사용됐다. 개발 초기에는 플라스틱 소재에 국한됐지만 현재는 미국 등에서 수백만 원대의 보급형 제품이 나오고 부피도 줄어들면서 일반에 확산되는 추세로 나일론과 금속 등으로 범위가 확장되고 있다. 또 산업용 샘플을 찍어내던 것에서 시계, 신발, 휴대전화 케이스, 자동차 부속품까지 출력할 수 있다. 3D 기술을 활용하면 비용 효율성을 높일 수 있기 때문에 변화가 빠른 제조업 분야에 활용도가 매우 높다. 일본, 미국 등에서는 3D 프린팅 기술을 본격 상용화하고 있다. 한편 미래학자들은 앞으로 3D 프린터가 생산비용을 낮춰 전 세계 제조업 지도를 완전히 바꿔 놓을 것으로 예견하고 있다.

(3) 출력 형태

3D 프린터는 대상을 입체적으로 출력해주는 프린터로, 재료에 따라 고체 기반(FDM), 액체 기반(폴리젯), 파우더 기반(SLS) 방식으로 나뉜다.

① 고체 기반(FDM) 방식

FDM(Fused Deposition Modeling)은 녹여서 쌓는 방법이라는 의미로 흔히 동일한 의미로 FFF(Fused Filament Fabrication) 방식이라고도 표현된다. 가는 실 같은 필라멘트 형태의 열가소성 물질을 노즐 안에서 녹여 얇은 필름 형태로 출력하여 한 층씩 적층해 나가는 제조법이다.

이 방식의 장점은 다른 방식에 비해 구조와 프로그램이 간단하여 가격과 유지보수 비용이 낮다. 오픈소스 형태로 개발되어서 3D 프린팅 기술의 대중화를 주도하고 있고, 거의 대부분의 개인용 3D 프린터 방식에서 사용한다. 단순한 구조로 인해서 다양한 산업분야 적용이 가능하고, 기기 컨트롤의 정밀도에 따라서 모델의 표면 조도 개선이 가능하다. 반면에 모델 표면 조도의 품질이 높지 않고, 경화 시 소재가 흘러내리는 것을 방지하기 위한 지지대가 필요하다. 3D 프린팅 후에는 지지대 제거의 과정이 추가로 필요하고, 제작 속도가 느려서 개인용과 가정용에 국한되는 단점이 있다.

② 액체 기반(SLA) 방식

SLA(Stereolithography)의 약어로 광경화성 액체 수지가 담긴 수조에 레이저를 투사하여 경화시키는 방법으로 적층해 나간다. 인쇄물과 인쇄물을 받쳐주는 지지대는 빌딩 플랫폼에 조형되고, 한 층씩 쌓아 갈 때마다 이 빌딩 플랫폼이 움직이면서 다음에 쌓일 위치를 제시하면서 프링팅 인쇄가 완성된다.

이 방식은 3D 프린팅된 출력물의 정밀도가 높고, 표면 조도가 우수한 장점을 가지고 있고, 중간 정도의 조형속도로 가장 널리 쓰이는 기술이다. 하지만 사용 가능한 원료나 색상이 제한적이고, 광경화성 수지의 단가가 고가여서 개인용으로 사용하기 어려운 단점이 있다.

③ 파우더 기반(SLS) 방식

SLS(Selective Laser Sintering)의 약어로 선택적 레이저 소결방식이다. 이는 응고되는 물질이 파우더 형태로서 베드에 도포된 파우더에 선택적으로 레이저를 쏘면 레이저에 맞은 부분의 파우더는 소결, 즉 분말을 가열하여 결합시키는 방식이다.

이 방식의 장점은 결합되지 않은 원재료 분말들이 지지대 역할로 인하여 별도 지지대가 필요 없고, 사용가능한 재료가 플라스틱에서 금속까지 매우 광범위하고, 재료의 강도 측면에서 파급효과가 다른 3D 프린팅 방식보다 매우 크다. 반면에 가격이 비싸고, 금속 재료 활용 시에는 후 표면 공정과정이 필요한 단점이 있다.

3.4 로봇

(1) 로봇이란

로봇(Robot)은 사람과 유사한 모습과 기능을 가진 기계, 또는 무엇인가 스스로 작업하는 능력을 가진 기계를 의미한다. 로봇이란 용어는 체코슬로바키아의 극작가 카렐 차페크(Carel Čapek)가 1920년에 발표한 희곡 『R.U.R』에 쓴 것이 퍼져 일반적으로 사용되게 되었다. 체코어로 노동을 의미하는 로보타(robota)가 어원이다. 제조공장에서 조립, 용접, 핸들링 등을 수행하는 자동화된 로봇을 산업용 로봇이라 하고, 환경을 인식하고 스스로 판단하는 기능을 가진 로봇을 지능형 로봇이라 한다. 기계와 인간과 비슷한 형태를 가지고 걷기도 하고 말도 하는 기계 장치로서, 인조인간이다. 어떤 작업이나 조작을 자동적으로 하는 기계 장치로 남의 지시대로 움직이는 사람을 비유적으로 의미하기도 한다.

(2) 로봇의 변천사

1921년 체코의 극작가 카렐 차페크가 자신의 형 요세프 차페크의 아이디어를 소설 R.U.R'에서 사용해 처음 로봇이란 용어가 등장하였다. 1959년 Unimate 사에서 Joseph Engelber 등에 의해 최초의 산업용 로봇이 개발되었다. 1974년 신시내티 사에서 최초의 컴퓨터로 제어되는 산업용 로봇 T3를 개발했다. 1979년 일본의 야마나시 대학교에서 SCARA(Selective Compliance Assembly Robot Arm)로봇을 개발하고, 1997년 일본의 혼다에서 최초로 계단을 오르는 인간형 로봇 P2(아시모의 전신)를 발표한다. 1999년 일본 소니에서 최초의 애완로봇 AIBO(Artificial Intelligence Robot)를 출시하며, 2003년 미국 NASA에서 이동로봇 스피릿이 화성에서 탐사활동을 하였다. 이후 2006년 미국 보스톤 다이내믹스 사의 빅독 개발로 세계적으로 로봇에 대한 연구가 활발해졌다.

① 제1세대 산업용 로봇

로봇의 1세대로 분류되는 로봇은 1961년 GM 자동차 회사의 자동차 공장 조립 라인에 설치되어 사용된 산업용 로봇이라고 할 수 있다. 이때의 로봇은 컴퓨터에 연결되어 프로그램 된 순서에 따라 사람의 손이나 발의 역할을 대신하여 물건을 옮기는 등의 단순한 작업만을 수행하는 정도의 로봇이었다.

[그림 3-13] 용접용 로봇

용접로봇, 물품 이송 로봇, 조립 로봇 등이 여기에 해당한다고 할 수 있다. 컴퓨터에 미리 프로그래밍된 순서에 따라 작업을 수행하게 함으로써 그 정확도나 작업 수행 속도는 사람의 능력보다 훨씬 앞지르게 되어 공장의 노동자 인력을 대체하는 수단으로 사용되었다.

② 제2세대 지능형 로봇

1세대의 산업용 로봇은 정해진 시간에 정해진 위치에 정해진 명령을 수행하는 단순한 작업 로봇이었다. 그러나 2세대에 와서는 빛의 정도를 측정하거나, 색을 구분하거나, 초음파를 이용하여 물체의 유무를 감지하는 등의 다양한 센서를 통해 주변 상황을 인지하여, 1세대에서의 단순한 작업 수행에 따라 발생할 수 있는 여러 가지 오류나 불필요한 작업 시간을 줄임으로써 조금 더 효율적인 기능의 로봇이 되었다. 즉, 물품을 적재하는 기능을 수행하는 로봇의 경우, 1세대의 기술에서는 정해진 시간에 움직여 물품의 종류에 상관없이 정해진 장소에 물품을 적재하였다면, 2세대의 기술에서는 색을 구분하는 센서를 이용하여 물품의 겉면에 표시된 색을 인지하여 물품에 따라 다른 장소에 적재할 수 있게 된 것이다.

[그림 3-14] 연주용 로봇

③ 제3세대 휴머노이드

제한된 환경에서 주변 정보를 취득하여 움직이는 로봇이 2세대의 기술이라면, 1970년대에 초반부터 연구되는 직립 보행 로봇을 3세대 기술이라 할 수 있다. 다양한 센서 기술의 발전과 센서를 통해 얻어진 다양한 주변 정보를 고속으로 처리할 수 있는 컴퓨터 기술의 발전으로 2001년에는 드디어 인간과 같이 직립 보행을 하는 아시모가 탄생하게 되었다. 2004년 국내에서도 아시모와 같은 휴보라고 하는 직립 보행을 하는 로봇을 개발하게 되었으며, 다섯 개의 손가락을 구부리며 사용할 수 있는 기능을 구현함으로써 아시모에 앞선 기술을 보유하게 되었다. 또한 2006년에는 노래하는 가수 로봇인 에버투(Ever 2)를 국내에서 개발해 선을 보이기도 하였다. 휴머노이드 이외에도 원격지에서 수술을 할 수 있는 로봇이나 사고로 인해 팔, 다리를 잃은 장애인을 위해 의족으로 사용할 수 있는 로봇 등이 상용화되어 사람들의 일상에 많은 도움을 주고 있다.

[그림 3-15] 5G 휴머노이드 로봇

④ 미래의 로봇

로봇에 대한 기술은 컴퓨터와 각종 센서, 액추에이터 등의 기술 발전을 통해 이루어지고 있다. 국가 신성장 동력 산업으로 선정된 나노기술을 비롯한 IT, 로봇 등의 기술 발전은 국가의 미래를 약속하는 최첨단 미래 산업이다. 많은 과학자들은 멀지 않은 미래에 인간처럼 스스로 생각하고 판단하는 로봇이 사람과 함께 생활하게 될 것이라고 예측하고 있다. 나노기술을 통해 초소형화되어가는 각종 센서와 엑츄에이터를 비롯해 사람의 피부와 같은 재질의 물질을 통해 현재와 같이 복잡한 전선들이 얽혀있는 로봇이 아닌 영화에서와 같이 매끈한 피부를 가진 로봇이 태어날 것이다. 또한 이미 경험했던 정보통신 분야의 기술은 로봇이 스스로 지능을 발전시켜 갈 수 있도록 도울 것이며, 화학기술의 발전은 현재와 같이 무거운 전지를 등에 짊어지지 않아도 충분하게 공급될 수 있는 에너지원을 개발하게 될 것이다.

[그림 3-16] 미래의 상사로봇

(3) 로봇의 활용분야

① 산업 및 의료용

로봇은 위험한 작업을 대신할 수가 있으며 방호복을 입지 않고 원자력 공장에서 방사성 물질을 취급하거나, 유독 화학 물질을 취급할 수가 있다. 인간에게는 너무 덥거나 추운 환경에서도 일할 수가 있고, 인간의 생명이 위험에 노출될 수 있는 곳에서도 로봇을 사용할 수 있다.

② 가정용

가정에서도 점점 많은 로봇이 가사를 돕기 위해 사용되고 있고 육체적인 장애를 가진 사람들을 돌보는 일에도 많이 이용될 것으로 기대된다. 로봇 간호보조사는 장애자나 노령으로 인해 체력이 약해진 사람들이 가족들에게서 독립하여 혼자서도 살 수 있도록 해주며, 병원에 입원하지 않아도 될 수 있도록 도와주게 될 것이다. 주로 인내심을 요하는 작업 담당하는 로봇 청소기, 애완용 로봇, 간병 로봇 등이 있다.

③ 군사 및 탐사용

로봇은 우주 공간에서의 작업에 특히 이상적이다. 지구를 돌고 있는 인공위성을 수리하거나 유지하는 데 사용되기도 하고, 보이저호(Voyager)와 같이 탐사와 발견을 목적으로 먼 천체까지 비행하는 데도 로봇이 사용된다. 주로 위험한 환경에서의 작업 담당하는 우주탐사선, 무인 정찰기, 폭발물 제거 로봇 등이 해당된다.

(4) 각국의 로봇 산업 동향

미국에서는 로봇이 생활에 도움을 주는 기계라기보다 앞으로 인류를 위협할지도 모른다는 생각이 있어서 주로 터미네이터 등 영화에서는 로봇이 인류를 위협하는 존재로 나와 있다. 또 무인 조종 비행기 등 군사에서 쓰는 군사 로봇이 가장 잘 발달되어 있다. 2015년, 미국의 로봇 제조사인 핸슨 로보틱스에서 일상을 위한 최신 인공지능 로봇, 한(Han)을 공개하였다. 한은 사람과 대화를 할 수 있는 건 물론이고 사람의 표정, 성, 나이 등을 캐치할 수 있다. 한의 가장 놀라운 점은 인간 같은 표정을 지을 수 있다는 것이다.

일본 에도시대에는 가라쿠리 인형 같은 로봇이 있었다. 일본은 아시모 등과 같은 휴머노이드형 로봇이나 소니의 AIBO와 같은 애완용 로봇 그리고 산업용 로봇 외에도 인간의 모습에 가까운 로봇 개발에 힘쓰고 있다. 이는 아톰, 건담 같은 로봇 애니메이션이 대중적인 인기를 기반으로 하고 있다.

중국에서는 로봇을 산업이나 가정에 도움을 주는 기계보다는 사람이 조종하는 꼭두각시라고 생각한다. 그러나 중국은 미국과 일본, 심지어는 우리나라까지도 로봇공학에 힘을 쏟고 있다는 것을 인식하자 이들에게 뒤떨어지지 않기 위해 2000년에 선행자(先行者)라는 이름의 직립 보행형 로봇을 개발하기도 했으나 선행자의 양 다리 사이에 설치된 파이프 모양의 부속으로 인하여 일본에서 '최종중화병기 선행자'라는 애니메이션이 발표되는 등 개그 캐릭터로서 폭발적인 인기를 끌기도 했다.

국내에서는 조선시대에 물의 힘으로 여러 인형이 작동하는 물시계 자격루와 옥루를 제작하였다. 초기에는 산업이나 경제에 필요한 기계를 제작하였고, 근래에 들어서는 휴머노이드 형 로봇 개발에 힘쓰고 있다. 로봇은 산업뿐 아니라 대회에서 인간을 대신하여 겨루는 용도로도 제작되고 있다. 또한 물리적인 움직임 없이 사람과 의사소통하며 감정을 교류하는 소셜 로봇도 있다. 예를 들면, 글로벌 크라우드 펀딩 사이트인 인디고고(Indiegogo)를 통해 처음으로 세상에 소개된 뮤지오(Musio)가 있다.

3.5 신소재

(1) 신소재란

기존 소재의 결점을 보완하거나 우수한 특성을 창출함으로써 고도의 기능, 구조특성을 실현한 재료이다. 금속, 무기, 유기 원료 및 이들을 조합한 원료를 새로운 제조기술로 제조하여 종래에 없던 새로운 성능, 용도를 가지게 된 소재이다. 신소재는 우리가 가거나 사는 곳의 범위를 넓히고 변경해 줄 수 있다. 신소재는 특성에서 이미 있는 재료보다 뛰어나거나, 이미 있는 재료가 갖고 있지 않는 새로운 기능을 갖고 있어 그 효용 가치가 큰 재료이다.

신소재에 주목하는 이유는 첫째, 경쟁력 원천의 이동으로 완제품 조립이나 가공기술 세계적 평준화, 소재가 제품 부가가치와 산업경쟁력의 핵심으로 등장했기 때문이다. 둘째, 시장의 요구 수준 상승으로 에너지 절감과 온실가스 감축, 삶의 질에 대한 관심 증가로 기존 소재에 대한 대안이 필요하다. 즉 극한 환경에서 제 기능을 발휘하는 소재가 요구된다. 셋째, 제조업의 근간이자 기간산업으로 핵심 기술 확보에 따른 독과점화가 가능하고 전후방 산업 파급효과가 크며 신소재 산업의 수익 잠재력이 높다.

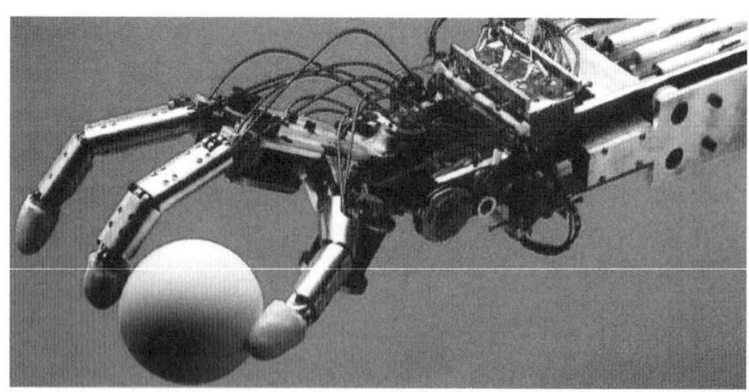

[그림 3-17] 형상합금으로 제작한 로봇 팔

현재 각광을 받고 있는 신소재들은 재료의 물성·용도·기능 그리고 그것이 차지하고 있는 중요성을 고려하여 크게 금속계 신소재, 신비금속 무기 재료, 선유기 고분자 재료, 신복합 재료, 그리고 반도체 및 첨단 전자 재료 등으로 나눌 수 있다

(2) 신소재의 종류

금속·무기·유기원료 및 이들을 조합한 원료를 새로운 제조기술로 제조하여 종래에 없던 새로운 성능·용도를 가지게 된 소재가 신소재이다. 신소재의 종류는 4가지로 분류할 수 있다.

① 신금속 재료

형상 기억 합금(Shape Memory Alloy)은 대표적인 합금으로 티탄-니켈 합금이 있고, 인공위성 부품, 인공심장 밸브, 감응 장치 등에 사용된다. 비정질금속 재료(Amorphous Metal)는 비결정형 재료라고도 하며, 강도, 자기화 특성, 내마모성, 내부식성이 커서 녹화헤드나 변압기 등에 사용된다. 초전도 재료(Superconducting Material)는 절대 영도에 가까운 극저온이 되면 전기저항이 0이 되는 성질을 지닌 합금으로, 특징은 입력된 에너지를 거의 완벽하게 전달할 수 있다. 통신케이블, 핵융합 등의 에너지 개발, 자기부상 열차, 고에너지 가속기 등에 이용된다.

② 비금속 무기재료

파인세라믹스(Fine Ceramies)는 뉴세라믹스이며, 천연 또는 인공적으로 합성한 무기화합물인 질화물, 탄화물을 원료로 하여 결합한 자기재료이다. 내열성, 굳기, 초정밀 가공성, 점연성, 절연성, 내식성이 철보다 강하여 절삭공구, 저항재료, 원자로 부품, 인공관절 등에 쓰인다. 광섬유(Optical Fiber)는 빛을 머리카락 굵기에 불과한 수십 μm 유리섬유속에 가두어 보냄으로써 광섬유 한 가닥에 전화 1만 2000회선에 해당하는 정보를 전송할 수 있다. 결정화 유리(Crystallized Glass)는 유리세라믹스라고도 하며, 비결정 구조로 된 유리를 기술적으로 결정화하여 종래에 없던 특성을 지니게 한 유리이다.

③ 신고분자 재료

엔지니어링 플라스틱은 금속보다 강한 플라스틱 제품으로서, 경량화를 지향하는 자동차, 전자기기, 전기제품 등에 쓰인다. 고효율성 분자막(High Efficiency Separator)은 특정한 물질만을 통과시키는 기능을 지닌 고분자막과 같은 특수재료이다. 태양광발전 플라스틱전지는 p형과 n형 실리콘 단결정을 접합하여 만든 태양전지보다 더욱 발전변환 효율이 높은 전지로서 대량 공급될 것이다.

④ 복합 재료

바이오센서(Biosensor)는 생체에 적합한 의료용 신소재로서 인간의 오감을 가지는 것으로, 산업용 로봇제어 기술, 자동 제어, 정밀 계측기 분야 등에 쓰인다. 복합 재료는 두 종류 이상 소재를 복합하여 고강도, 고인성, 경량성, 내열성 등을 부여한 재료이다. 여기에는 유리 섬유, 탄소 섬유, 아라미드 섬유 등이 있다. 탄소섬유 강화플라스틱(CFRP, Carbon Fiber Reinforced Plastic)은 강도가 좋으면서도 가벼운 재료를 만들기 위해서 플라스틱에 탄소 섬유를 넣어 강화시킨 것이다. 자동차 부품, 비행기 날개, 테니스 라켓, 안전 헬멧 등에 이용된다. 섬유강화 금속(FRM, Fiber Reinforced Metal)은 금속 안에 매우 강한 섬유를 넣은 것으로, 금속과 같은 기계적 강도를 가지면서도 가벼운 재료이다. 우주 · 항공 분야 등에 이용된다.

(3) 미래의 신소재 그래핀

그래핀(Graphene)은 탄소 원자들이 벌집 모양으로 얽혀 있는 얇은 막을 이르는 말이다. 탄소 원자들이 원통 모양으로 연결된 탄소 나노튜브와는 다른데, 인류가 발견한 최초의 2차원 결정으로도 불린다. 이 나노 물질은 세계에서 가장 유용한 물질이다. 한 장짜리 얇은 탄소 원자막이지만 강철보다 100배 강하고 마음대로 구부릴 수 있다. 10여년 전 연구진에 의해 처음으로 분리되었고, 그래핀과 관련한 특허들의 리스트가 매년 급증하고 있다. 이 소재와 관련된 발명품들은 다음과 같다.

① 공기연료(Fuel from the Air)

맨체스터 대학교 안드레 가임(Andre Geim)이 그래핀 발견으로 2010년 노벨 물리학상을 받았다. 그들은 공기 중에서 수소를 추출함으로써 전력을 생산하는 휴대용 발전기에 그래핀을 활용했다. 이들은 그래핀이 원자를 통과시킬 수 없을지라도, 전자(electron)를 분리해낸 수소원자를 걸러내는 데는 사용될 수 있음을 발견했다. 이는 그래핀 필름이 연료전지 기술의 핵심인 양성자 전도성 멤브레인의 효율을 개선하는 데 광범위하게 사용될 수 있다는 의미다. 자동차가 공기 중 아주 적은 양의 수소로 굴러가는 미래를 위해 대기에서 연료를 뽑아내고, 전기를 얻을 수 있다.

② 프레데터 비전(Predator Vision)

영화 프레데터(Predator)에서 열적외선으로 세상을 보는 능력을 지닌 외계 침략자가 나오는데 이는 그래핀을 활용한 것이다. 미시간대 연구팀은 적외선 스펙트럼으로 볼 수 있는 그래핀 콘택트렌즈를 개발했다. 물론 일반적인 시야도 가능하고 자외선도 볼 수 있고, 그래핀을 콘택트렌즈나 기타 웨어러블 기기에 장착하여 시야를 넓혀줄 수 있다.

③ 그래핀 기반의 전자제품들(Graphene-based Electronics)

그래핀은 초박형이어서 실리콘을 대체하고, 가상현실을 구현할 수 있도록 더 얇고, 구부릴 수 있으며, 터치로 반응하는 전자제품을 만드는 데 큰 역할을 할 것이다.

[그림 3-18] 휘어지는 신문과 디스플레이

④ 완벽한 콘돔(The Perfect Condom)

그래핀은 위생적으로 우수하고, 강한 재질이어서 찢어지지 않아서 콘돔에 안성맞춤이다.

⑤ 녹 없는 세상(A world without Rust)

그래핀은 어떤 물질도 투과하지 않기 때문에 페인트로 사용하면 녹이나 부식을 막을 수 있다. 연구진은 유리그릇이나 구리접시를 그래핀으로 덧씌우면 부식을 일으키는 강한 산으로부터 보호할 수 있다. 그래핀 도료는 공기나 기후 요소, 부식물질 등으로부터 내용물을 보호하는 산업에서 혁명적 제품이다. 예를 들어 의료기기나 전자기기, 원자력산업, 조선업이 해당된다.

⑥ 마실 수 있는 바닷물(Drinkable Oceans)

그래핀으로 만든 막은 물은 통과시키고 소금은 걸러낼 수 있다. 즉 그래핀은 혁명적인 담수화 기술이다. MIT 연구진은 이 물질의 물 투과성은 전통적인 역삼투압(Reverse Osmosis) 멤브레인보다 월등하다. 나노기공(Nanoporous) 그래핀은 물을 정수하는 데 좋은 역할을 한다.

⑦ 반짝이는 벽지(Glowing Wallpaper)

반짝이는 벽지는 전구를 대체하여 지금보다 훨씬 더 얇은 디스플레로 만들어질 것이다. 이는 전기기술을 기반으로 반짝이는 벽지는 에너지효율이 높고 더 편안한 조명으로 실내를 밝혀 준다. 이는 전통적인 금속전극을 대신해 그래핀을 사용하면 미래소재는 재활용이 훨씬 쉬워지고 환경적으로도 우수할 것이다.

⑧ 인조 인간(Bionic Humans)

그래핀 연구는 생태학적 구조로 몸에 통합되는 단계에 신경기관을 읽거나 세포에 말을 건네는 그래핀 기기가 이식될 수 있게 된다. 이는 약학에서 획기적 발전을 이끌 수 있고, 의사들은 몸을 더 잘 들여다보고 진단하여 생리체계에 최적의 요법을 적용할 수 있다. 이 기술은 운동이나 다이어트에 큰 도움을 줄 수 있다.

⑨ 더 센 술(Stronger Liquor)

그래핀 멤브레인이 더 높은 도수의 증류주를 만드는 데 쓰일 수 있다. 그래핀은 모든 기체와 액체를 투과시키지 않지만 그래핀 필터는 더 빠른 속도로 물을 증류할 수 있다. 보드카 한 병에서 멤브레인이 알코올에서 물을 빼내고, 보드카를 증류하면 도수를 더 높일 수 있다.

⑩ 방탄 갑옷(Bulletproof Armor)

얇고 강한 그래핀이 방탄조끼를 개량하는 데 사용될 수 있다. 이는 그래핀 시트가 방탄조끼를 만드는 데 있어 흔히 아라미드 섬유로 불리는 케블라(Kevlar)보다 두 배 이상 효과적이다. 더욱이 그래핀은 엄청나게 가벼워 입기에 불편함이 없고, 병사들이나 경찰관들이 법집행과정에서 피해를 입지 않도록 돕고, 창문에 그래핀을 덧씌우면 방탄유리로 사용할 수 있다.

연습문제 EXERCISE

※ 다음 빈칸에 알맞은 말을 넣으시오.

01 (   )을 이용한 텔레매틱스, 원격 제어, 위치 추적 서비스(LBS), 모바일 방송, 영상 전화 등 모든 첨단 서비스가 시행되고 있다.

02 스마트폰용 주요 운영체제는 2013년 말을 기준으로 구글의 (   ) 79%, 애플의 아이폰 (   ) 14.2%, 마이크로소프트의 (   ) 3.3% 등의 비율로 점유하고 있다.

03 (   )는 양극과 음극 사이를 리튬 이온을 사용하면서 화학 에너지를 전기 에너지로 변환시키는 2차 전지이다. 모바일 기기의 발전에 따라서 TV, 카메라, MP3, 게임기 등의 기능을 휴대폰이 지원하게 되어서 모바일 기기의 소비 전력이 증가하게 되었는데, 이는 차세대 초고용량 리튬 이온 전지의 개발을 촉진시키는 계기가 되고 있다.

04 (   )는 미국 국방부가 개발하여 추진한 전 지구적 무선 항행 위성 시스템으로 중 · 고궤도 항행 위성 시스템을 사용하는 시스템이다.

05 (   )는 반도체 제조업계의 대표 기업인 인텔에서 만든 초소형 반도체칩으로서 기존 ROM이나 RAM과 다르게 여러 기능을 하나의 칩에 집적시킨 칩을 의미한다.

06 (   )은 시스템을 작동시키는 소프트웨어를 하드웨어에 내장하여 특수한 기능만을 수행하게 하는 컴퓨터 시스템을 의미한다.

07 (   )란 통신(   )과 정보 과학(   )의 합성어로 1978년 프랑스의 Simon Nora와 Alain Minc가 그들의 저서인 The Computerization of Society에서 최초로 사용했다.

08 (   )은 원래 꿀벌의 수컷을 의미하는 단어로서 윙윙거리는 소리라는 의미를 담고 있다. 조종사 없이 무선전파로 비행과 조정이 가능한 비행기나 헬리콥터 모양의 비행체이다.

09 3D 프린터의 제작단계는 (,   ,   )으로 이루어진다.

10 (   )는 기존 소재의 결점을 보완하거나 우수한 특성을 창출함으로써 고도의 기능, 구조 특성을 실현한 재료이다.

※ 다음 내용이 맞는지(T) 혹은 그렇지 않은지(F) 판별하시오.

01 무선 통신을 이용하여 사진, 영화, 교통 정보, 주식 정보 등을 쉽게 찾아볼 수 있다. 더욱이 휴대전화와 홈 네트워크의 조합은 4차 산업혁명의 시대를 더욱 앞당기는 계기가 될 것이다. ( )

02 마이크로소프트 윈도 모바일은 2010년 12월에 강력한 PIMS(Personal Information Manager System) 기능을 무기로 스마트폰 시장뿐 아니라 전용 PDA 분야에까지 진출하였다. ( )

03 수소 전지는 수소와 산소의 반응으로 전기, 열, 물을 생산하는 고효율 무공해 전기 화학 장치로서 발전기에 주로 활용된다. ( )

04 GPS는 위치 기반 서비스를 의미하는데, 이동 통신망과 정보 기술(IT)을 종합적으로 활용한 위치 정보 기반의 시스템 서비스이다. ( )

05 나노(nano)란 10억분의 1을 나타내는 단위로, 고대 그리스에서 난쟁이를 뜻하는 나노스(nanos)란 말에서 유래되었는데, 1나노미터(㎚)라고 하면 10억분의 1m의 길이 즉 머리카락의 1만분의 1이 되는 초미세의 세계가 된다. 이를테면 원자 3~4개가 들어갈 정도의 크기다. ( )

06 드론이 보편화된 세상에서는 누구도 감시의 눈을 피하기 어려워져서 사생활 침해에 대한 우려가 있고, 추락의 위험으로 인명이나 재산 피해가 발생한다. 더욱이 동력으로 사용되는 배터리의 위험성, 발화나 폭발의 위험이 있다. ( )

07 로봇(robot)은 사람과 유사한 모습과 기능을 가진 기계, 또는 무엇인가 스스로 작업하는 능력을 가진 기계를 의미한다. ( )

08 그래핀(Graphene)은 탄소 원자들이 벌집 모양으로 얽혀 있는 얇은 막을 이르는 말이다. 탄소원자들이 원통 모양으로 연결된 탄소 나노튜브와는 다른데, 인류가 발견한 최초의 2차원 결정으로도 불린다. ( )

※ 다음 내용에 대해서 간략히 서술하시오.

01 표준화를 위해 사용하는 위피(WIPI)에 대하여 설명하시오.

02 1차 전지와 2차 전지를 비교하여 설명하시오.

03 3D 프린터는 대상을 입체적으로 출력해주는 프린터로, 재료에 따라 고체 기반(FDM), 액체 기반(폴리젯), 파우더 기반(SLS) 방식으로 나뉜다. 이들에 대해서 설명하시오.

04 신소재에 주목하는 이유를 설명하시오.

※ 다음 주제에 대해서 토론하시오.

01 신소재 그래핀의 향후에 활용될 분야에 대해서 토의하시오.

02 로봇이 대중화된다면 우리 생활에 사용될 분야에 대해서 토의하시오.

Chapter 04

네트워크 관련 기술

4.1 네트워크 기초 기술

(1) IPv6

IPv6(Internet Protocol Version 6)는 네트워크 계층의 차세대 인터넷 프로토콜로 인터넷을 위한 주소 체계 방법이다. 이전에 인터넷은 IPv4 프로토콜로 구축되어 왔으나 IPv4 프로토콜 주소 체계의 한계로 인해 지속적인 인터넷 발전에 문제가 예상되어 이에 대한 대안으로 IPv6 프로토콜이 제시되었다. 두 프로토콜의 차이점은 주소 공간의 수로 비교되는데, IPv4는 32비트의 주소 공간을 제공함에 반해, IPv6는 128비트의 주소 공간을 제공한다.

32비트 주소 공간이란 32 bit로 표현할 수 있는 주소영역으로, 32 bit에 의해 생성할 수 있는 모든 IPv4 주소는 2^{32}인 4,294,967,296개이다. IPv6의 128비트 주소 공간은 128 bit로 표현할 수 있는 2^{128}개, 즉 약 3.4×1038개의 주소 표현이 가능하므로 거의 무한대로 사용 가능하다.

〈표 4-1〉 IPv4와 IPv6 비교

구분	IPv4	IPv6
주소 길이	32비트	128비트
주소 수	약 43억 개	약 3.4×10^{38}개(무한대)
특징	IPsec 프로토콜의 별도 설치로 보안 제공 품질 보장이 곤란 자동 네트워킹 및 이동성 지원 미약	확장 기능에서 보안 제공 자동 네트워킹 및 이동성 지원 용이

IPv6 주소는 IPv4 주소에 비해 표현 비트 수가 128bit로 IPv4의 32bit에 비해 4배가 되었지만, 생성되는 IPv6 주소 공간 영역은 IPv4 주소 공간에 비해 296배의 크기를 갖는다. 이는 IPv6 주소 공간은 인터넷 기반의 유비쿼터스 통신 장치들이 대량으로 상호 통신을 할 수 있는 주소 공간을 제공한다. 냉장고, TV, AV 스피커, DVD 플레이어, 홈 보안 장치, 전화기 등 각 요소 장비들이 동시에 무선 인터넷 등을 통해 상호 통신할 수 있도록 각 장치(Device)에 각각 주소를 제공할 수 있다.

IIPv6에는 기존의 주소 공간 확장뿐 아니라 보안 기능도 많이 향상되었는데, 특징은 다음과 같다. 첫째, 주소 길이 확장으로 주소 길이가 32bit에서 128bit로 확장된다. 이로 인하여 객체나 컴퓨터에 할당할 수 있는 주소의 수가 거의 무한대이며, IPv4에서 이전에 문제가 되었던 주소 수 부족 문제도 해결되고 주소 구조 계층의 레벨 수가 증가하였기 때문에 새로운 주소 정의도 가능하다. 둘째, 헤드 형식이 단순화된다. IPv4와 비교하여 주소의 헤드 필드를 간단하게 하여 로드 시 불필요한 낭비를 감소한다. 셋째, 확장 헤드와 옵션 헤드 기능이 강화된다. 기존에 사용하는 헤드 이외에 확장 헤드와 옵션 헤드를 사용하여 전송 효율이 향상되고, 옵션 길이 제한의 완화와 확장이 쉽다. 넷째, Flow Label을 추가 설정한다. 즉, 특별한 트래픽 흐름을 식별하고자 할 경우에 Label Field를 추가하여 사용한다. 다섯째, 인증과 기밀 유지 기능 지원한다. 전송을 위한 패킷에서 인증, 데이터 정합성 확인과 데이터 기밀 유지 등의 기능을 지원한다.

IP 네트워크는 고속화와 고기능화를 양축으로 하여 성장하고 있다. 고속화 측면에서, 특히 접근 네트워크의 영역에서 현저하게 성장하고 있으며, 유무선이나 광 미디어로 광대역 화되고 있다. 고기능화에서는 통신 품질의 보증이나 모바일 등의 고부가가치 서비스의 제공이 네트워크에 구현되고 있다. IPv6의 활용 분야를 살펴보면 다음 그림과 같다.

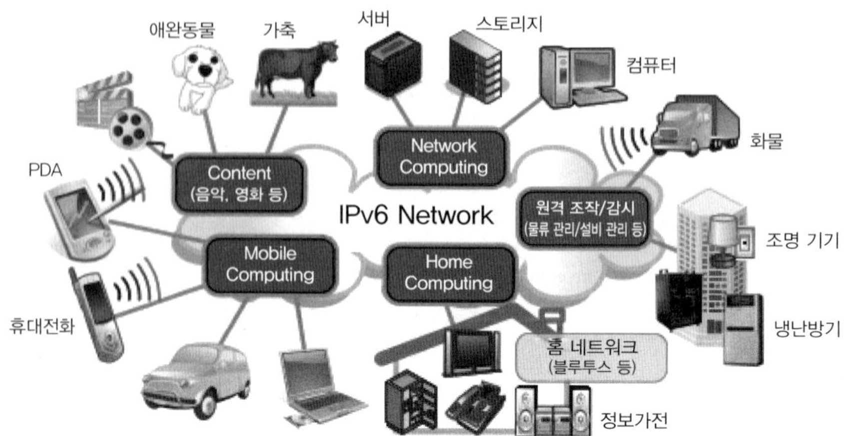

[그림 4-1] IPv6의 활용 범위

IPv6의 해외 구축 사례를 보면, 우선 미국에서는 1997년에 인터넷 2 프로젝트의 기본 인프라인 vBNS IPv6를 구축하였고, 1998년부터 IPv6 서비스를 시작하여 Native & Tunneling IPv6 서비스, OC-48 POS 기반 망을 구성해서 82개 기관, 23개 Connection, 16개 Network를 연동하고 있다.

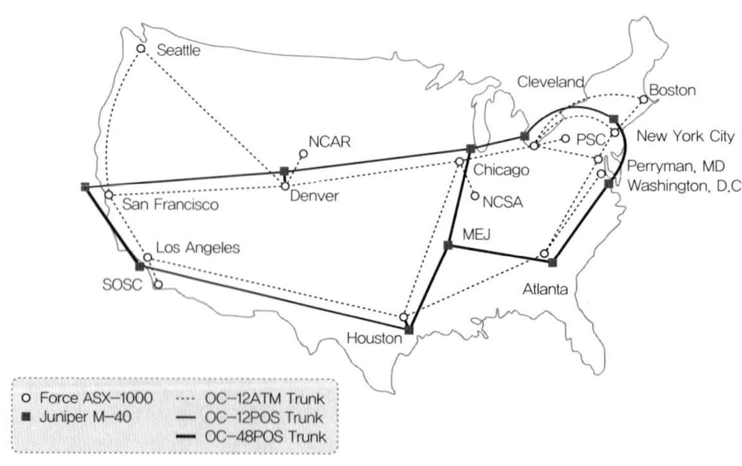

[그림 4-2] vBNS IPv6-미국

2000년 초 유럽의 6INIT는 TEN-155 기반의 IPv6 망을 구성하였고, Native &Tunneling IPv6 서비스를 제공하였는데, 이것은 유럽 최초의 IPv6 관련 프로젝트로서 IPv6 망 구성과 응용 실험을 목적으로 한다.

IPv6망의 국내 구축 사례로는 6Bone-KR, KOREN IPv6, 6NGIX & 6KANet, KREONET2, TEIN IPv6 등이 있다.

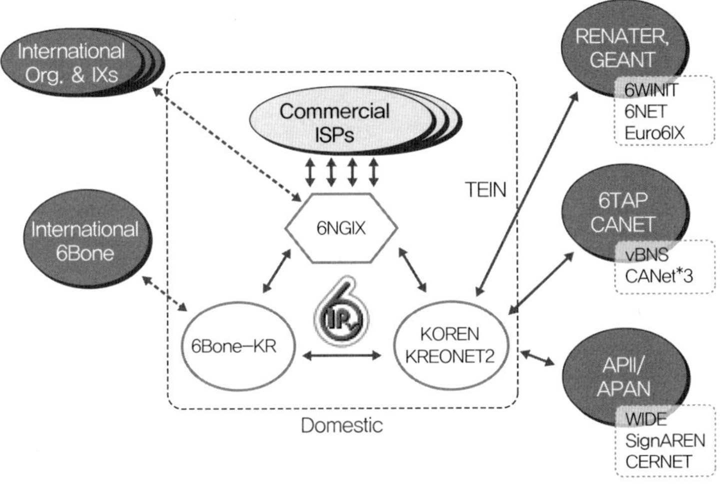

[그림 4-3] 국내 IPv6 망

국내에서는 2001년 2월 신 주소 체계 IPv6 도입을 통한 차세대 인터넷 기반 구축 계획을 발표하여 IPv6 도입에 대한 기본 방향을 제시한 것을 시작으로 IPv4/IPv6 변환 장비 개발, 호스트 변환에 관련된 국제 표준화 성공적 추진 등 국내 기술 개발이 활발히 진행 되었다. 또한 민간 ISP, 공공 연구 기관 중심으로 17개 기관에서 IPv6 주소를 선행 확보하여 IPv6의 도입에 대비하였다. 2003년 5월 현재 우리나라는 전 세계 5위의 IPv6 보유국으로 선정되었고, VoIPv6, Mobile IPv6 등 IPv6 기반의 응용 서비스 개발을 추진하여 IPv6 기술의 응용을 확대하고 있다. 차세대 인터넷 프로토콜인 IPv6의 성공적 도입은 국내 인터넷 주소 부족 문제를 근본적으로 해결하고, BcN 및 디지털 홈 구축 사업을 성공적으로 추진할 수 있도록 도움을 줄 것이다. 이후로는 차세대 인터넷 구현의 핵심 요소인 IPv6의 기술 및 표준을 적극적으로 개발하여 지적재산권 확보, 국내 산업 육성 및 해외 시장 진출을 통해 인터넷 생산 강국으로 도약하는 계기를 마련해야 할 것이다.

(2) BcN

광대역 통합망(BcN, Broadband Convergence Network)은 통신·방송·인터넷이 융합된 품질 보장형 광대역 멀티미디어 서비스를 언제 어디서나 끊김 없이 안전하게 광대역으로 이용할 수 있는 차세대 통합 네트워크로 정의된다. 현재의 개별적인 망들이 가진 한계들을 극복하고 미래에 나타날 유·무선의 다양한 접속 환경에서 고품질의 음성, 데이터와 방송이 융합된 광대역 멀티미디어 서비스를 언제 어디서나 이용할 수 있도록 하는 차세대 통합 네트워크이다.

BcN는 다양한 서비스의 개발을 용이하게 할 수 있는 개방형 플랫폼(Open API) 기반의 통신망이며, 보안(Security), 품질 보장(QoS), IPv6가 지원되어 고품질의 안전한 통신 서비스가 가능하다. 네트워크 환경이나 단말기에 구애받지 않고 다양한 서비스를 끊김 없이(Seamless) 이용할 수 있어, 유비쿼터스 서비스를 지원하는 데 적합한 통신망이다.

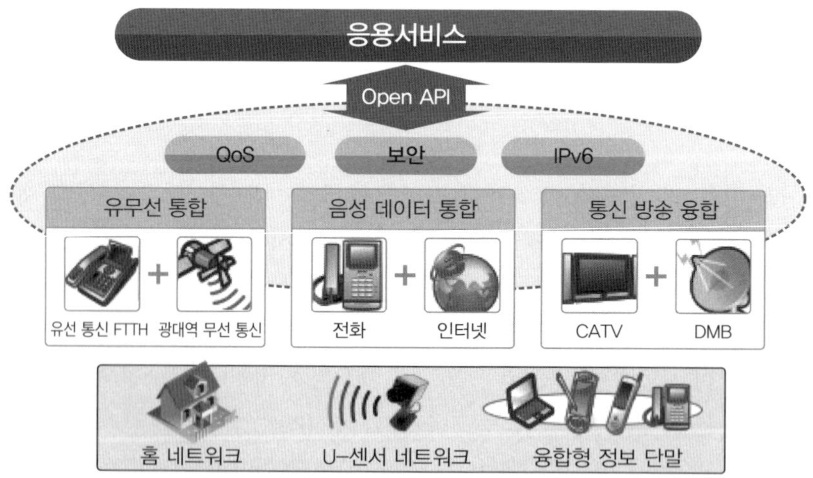

[그림 4-4] BcN의 개념도

BcN의 특징은 다음과 같다. 첫째, 음성과 데이터 통합으로 IP 기반으로 유선 전화 또는 그 이상의 품질을 가진 음성 서비스와 멀티미디어 서비스를 경제적으로 제공한다.

둘째, 유선과 무선의 통합으로 단일 식별 번호, 인증과 통합 단말 등을 통하여 유·무선망 간 최적의 접속 조건으로 끊김 없는 광대역 멀티미디어 서비스 제공이 가능하다.

셋째, 통신과 방송의 융합으로 차세대 광대역 통신망을 기반으로 사용자의 주문에 따라 개인화된 고품질 양방향 방송 서비스를 제공할 수 있다.

넷째, End-to-End 고품질 서비스 제공으로 QoS가 보장되고 SLA(서비스 수준 협약)에 따른 고객의 서비스 품질 차별화가 가능해지며, 네트워크 전체 계층에서 안전이 보장된다.

다섯째, 표준 Open API 도입으로 망을 소유하지 않은 제3자라도 손쉽게 새로운 서비스를 창출·제공할 수 있는 개방된 망으로서 품질이 보장된 광대역 멀티미디어 서비스를 안심하고 사용할 수 있도록 한다.

여섯째, 광범위한 IP 주소 제공하는데, 홈 네트워크, 정보 가전 등의 수요를 맞추어 가입자 이용 환경부터 통합 전달망에 이르기까지 네트워크 전체에 IPv6가 적용된다.

일곱째, 다기능 통합 단말 기능으로 특정 네트워크나 단말 종류에 종속되지 않고 다양한 접속 환경에서 다기능 통합 단말 등을 통해 시간과 공간의 제약을 받지 않으면서도 언제 어디서나 안심하고 사용할 수 있는 서비스 환경을 지원한다.

기존의 정보 통신 서비스 시장은 매체 전달 방식과 서비스의 종류에 따라 유·무선 시장과 음성·데이터·화상 서비스 시장으로 구분되어 있었다. 기존의 기술 체계나 관리 방법으로서는 통합되는 것이 도저히 불가능할 것 같았던 제각기 다른 개념의 개별 정보 통신 네트워크들이 인터넷의 폭발적인 수요 증가와 IP 패킷을 기반으로 하는 디지털 음성 및 화상 처리기술의 발달로 말미암아 상호 네트워크 간 융합(Convergence)이라는 거대한 목표를 눈앞에 두고 있다. 이러한 목적에 맞는 새로운 통합 개념의 네트워크가 필요해지는데, 이러한 모든 요구 사항들을 반영한 것이 BcN 개념의 시작이라 할 수 있다.

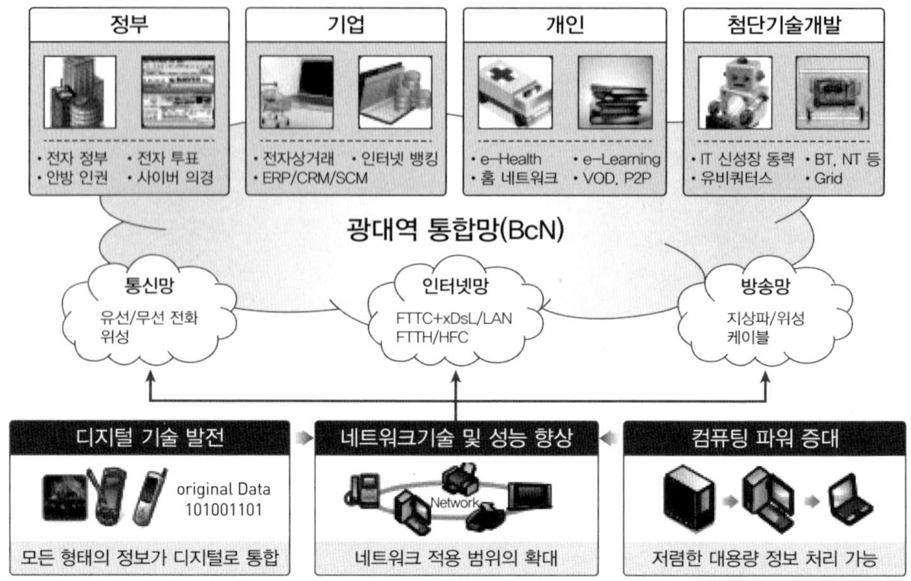

[그림 4-5] 통신, 인터넷, 방송망의 통합

BcN이 구축되어 교육(e-Learning), 문화(e-Culture), 건강(e-Health) 등 삶의 질과 관계되는 서비스가 실질적으로 확산되었다.

(3) 블루투스

블루투스(Bluetooth)는 무선 통신 기술로서 휴대전화, PC, 프린터, 전화, 팩스, PDA 등의 정보 통신 기기와 TV, 냉장고 등의 가전제품까지 무선으로 연결이 가능한 기술이다. 이 용어는 10세기 덴마크와 노르웨이를 통일한 바이킹 왕 해럴드 블루투스의 이름에서 유래되었고, 그가 북유럽을 통일한 것처럼 이 기술로 각종 디지털 기기를 선 없이 하나로 엮어 혁신적인 통신 환경을 구축하겠다는 의미를 가지고 있다. 블루투스는 스웨덴의 에릭슨, 미국의 IBM과 인텔, 핀란드의 노키아, 우리나라의 블루콤, 일본의 도시바 등이 개발 중인 무선 데이터 통신 규격의 개발 코드명을 의미하기도 한다.

블루투스는 최대 데이터 전송 속도 1Mbps에 최대 전송 거리 10m의 무선 데이터 통신 실현을 목표로 하고 있는데, 10m는 사무실 내에서 사용자가 휴대하고 있는 기기와 책상 등에 설치해 사용 가능한 거리이다. 블루투스 신호는 라디오파를 이용해서 송수신되므로 대부분의 벽은 그대로 통과하여 사무실 내에서도 사용한다.

블루투스 이전의 리모콘에서 사용되는 적외선 통신, IrDA(Infrared Data Association) 방식은 최대 데이터 전송 속도가 4Mbps로 블루투스보다 우수하지만 최대 전송거리는 1m로 짧다. 그리고 블루투스는 음성 부호화 방식인 CVSD(Continuous Variable Slope Delta Modulation)를 사용하여 문자 데이터의 전송은 물론이고, 음성 전송에도 사용할 수 있고, 통신 비밀을 유지하기 위한 암호 기술을 사용한다.

블루투스의 특징은 다음과 같다. 첫째, 블루투스는 적외선 통신보다 먼 거리 통신이 가능하다. 블루투스의 장점은 휴대 정보 통신 기기를 가방이나 주머니에 넣은 상태에서 다른 정보통신 기기와 통신할 수 있다는 점이다. 예컨대 블루투스 방식에서는 디지털 카메라로 촬영한 영상 데이터를 PC나 휴대전화기와의 케이블 접속 등과 같은 번거로운 절차 없이 일정 거리 내에서는 어떤 상태에서든 그대로 전송 가능하다. 둘째, 무선 통신 기술 중 장애물 통신 가능한데, 블루투스는 리모콘에 활용되는 적외선 통신(IrDA) 등 다른 근거리 무선 통신 기술에 비해 여러 면에서 앞서고 있다. 통상 10m, 최대 100m 떨어진 기기를 연결할 수 있고 중간에 장애물이 있어도 통신이 가능하다. 셋째, 낮은 전략 소모량으로 블루투스는 전력 소모량이 낮으나 현재 칩셋 가격이 5달러 선으로 떨어졌다. 넷째, 단거리 라디오 전파 통신사용으로 무선으로 여러 기기들을 연결하는 기술로, 전자 장치들이 서로 통신할 수 있는 수단을 제공한다. 15m 이내의 근거리에서는 PDA와 컴퓨터가 연결 및 동기화되고, 자동으로 통신이 연결되어 컴퓨터와 통신 기기를 연결하는 전 세계적인 기술 표준이다. 블루투스를 경쟁 기술들인 HomeRF, 무선 LAN, UWB 등과 비교해 볼 수 있다.

〈표 4-2〉 근거리 무선 통신 방식 비교

구분	블루투스	HomeRF	W-LAN	UWB
전송 속도	1Mbps	1.2Mbps	54Mbps	1~100Mbps
전송 거리	10m	100m	100m	20m
출력	1mW	100mW	100Mw	0.2~2mW

무선 LAN은 전송 속도 11Mbps로 블루투스를 넘는 성능으로 블루투스와 달리 수십 대에서 수백 대의 연결이 가능하다. HomeRF는 가정의 네트워크를 유선에서 무선으로 대체하기 위한 대안이다. HomeRF는 IEEE 802.11b와 비슷한 규격, 음성 채널을 지원한다. 하지만 주파수가 8Hz에 불과해 다양한 디바이스가 공존하는 환경이나 모바일 환경에서는 간섭에 약하기 때문에, 블루투스에 비해 인지도가 낮다.

(4) UWB

UWB(Ultra-wideband)는 기존에 비해 매우 넓은 대역에 걸쳐 낮은 전력으로 대용량의 정보를 전송하는 무선 통신 기술이다. 이는 단거리 구간에서 낮은 전력으로 넓은 주파수를 통해 많은 양의 디지털 데이터를 전송하기 위한 무선 기술로 GHz대의 주파수를 사용하면서도 초당 수천~수백만 회의 저출력으로 이루어진 특징이 있다. 이로 인하여 초고속 인터넷 접속, 레이더 기능, 전파 탐지기 기능 등 응용 범위가 광범위한 차세대 무선 통신 기술이다. 대용량의 데이터를 0.5m/W 정도의 저 전력으로 70m의 거리까지 전송할 수 있고, 지하나 벽면 뒤로도 전송이 가능하다. 초고속 인터넷 접속은 물론 레이더 기능으로 특정 지역을 감시할 수 있으며, 지진 등 재해가 일어났을 때 전파 탐지기 기능으로 인명 구조를 할 수 있는 등 응용 범위가 넓다.

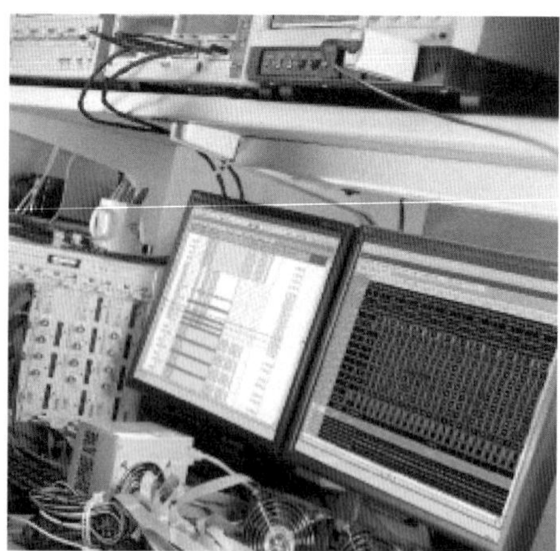

[그림 4-6] UWB RF 측정기기

1950년대에 미국 국방부가 군사적 목적으로 개발하였으나 항공사와 휴대폰 업체 등이 사용하면 기존 통신 시스템을 방해한다고 판단하여 미연방 통신위원회(FCC)가 오랫동안 상업적 이용을 금지해 왔다. 하지만 미국 내의 군사연구소들과 타임도메인 등의 기업들은 이미 이 기술을 보유하고 있었으며, 특히 일부 업체는 군사용으로 사용하다가 2002년 2월 14일에 이 기술의 상업적 용도가 승인되었다. 인텔과 소니 등이 제품 개발에 적극적으로 참여하고 있다. 기존 무선 통신 기술인 블루투스 등에 비해 속도와 전력 소모 등에서 월등히 앞서기 때문에 상업적 성공 가능성이 대단히 높은데, 속도의 경우 10~20배 앞서고, 필요한 전력량은 휴대폰이나 무선 랜에 비해 100분의 1수준이다. 특히 사무실이나 가정에서 10m 내외의 거리에 위치한 개인 컴퓨터와 주변 기기 및 가전제품 등을 초고속 무선 인터페이스로 연결하는 근거리 개인 통신망에 적합하여 가전 부문에서는 혁명적인 무선 통신기술로 등장하고 있다.

(5) 그리드

그리드(Grid)는 기존의 인터넷과 차세대 인터넷을 하나의 네트워크로 묶어, 마치 통합된 신경 조직처럼 작동할 수 있게 제어하는 가상 슈퍼컴퓨터를 의미한다. 즉, 초고속 네트워크에 연동된 연구 자원의 수집과 통합, 공유를 동적으로 지원하는 연구 인프라이다. 미국 시카고 대학교의 포스터(Ian Foster) 교수가 창시하였고, 1998년부터 구축 계획이 시작되었는데, 한 번에 한 곳만 연결할 수 있는 기존의 월드 와이드 웹과 다르게 동시에 여러 장소의 연결이 가능한 인터넷망 구조이다.

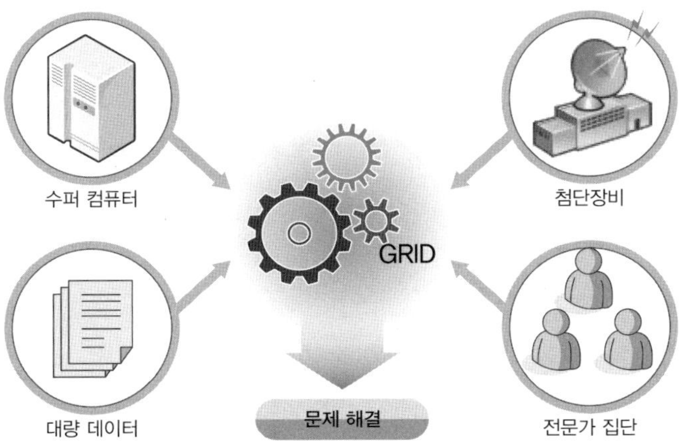

[그림 4-7] 그리드의 개념도

그리드는 진공관의 중간에서 전류의 흐름을 통제하는 격자에서 유래하였는데, 기존의 웹과 차세대 인터넷의 징검다리 역할을 하여 수십 대에서 수백만 대의 퍼스널컴퓨터(PC)를 하나의 네트워크로 묶어 제어할 수 있는 가상 슈퍼컴퓨터이다. 인터넷은 이용자가 모든 정보를 담은 서버에서 필요한 정보를 얻는 수직 구조인데, 그리드는 동시에 여러 사이트와 연결해 정보를 주고받을 수 있는 수평 구조로 되어 있다.

즉 상이한 장소의 사람들이 컴퓨터와 연결해 동시에 같은 연구를 수행할 수도 있고, 한 사람이 찾은 자료를 여러 사람이 동시에 보면서 서로 의견 교환이 가능하다. 더욱이 한대의 컴퓨터가 여러 곳에 흩어져 있는 컴퓨터를 원격 조정해 복잡한 계산을 나누어 시킨 뒤 이들을 다시 하나로 합칠 수도 있다.

(6) P2P

P2P(Peer to Peer)는 인터넷에서 개인과 개인이 직접 연결되어 파일을 공유하는 것을 의미하고, 기존의 서버와 클라이언트 개념이나 공급자와 소비자 개념에서 벗어나 개인 컴퓨터 사이에서 직접 연결하고 검색함으로써 모든 참여자가 공급자인 동시에 수요자가 되는 형태이다.

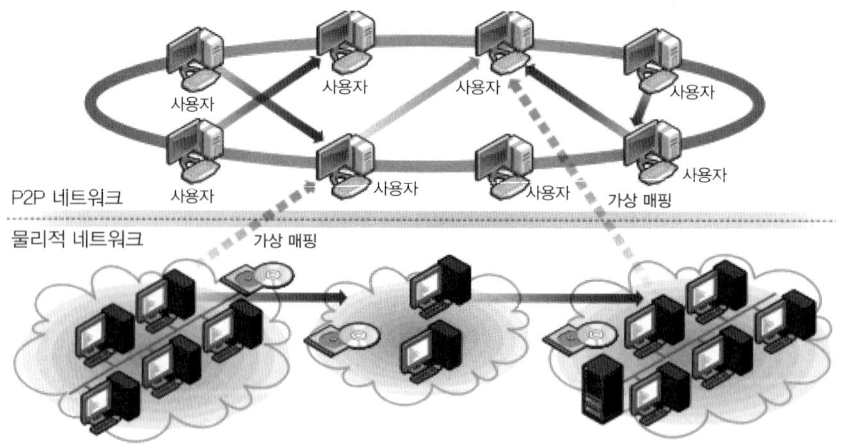

[그림 4-8] P2P 개념도

크게 구성 방식에 따라서 구조적 방식과 비구조적 방식으로 분류되고, 자원 검색의 방법에 따라서 중앙형(하이브리드) 구조와 분산형 구조로 구분한다. 미국의 냅스터(Napster)와 우리나라의 소리바다, 그누텔라(Gnutella) 등이 대표적인 사례인데, 서버를 사용하는 방식이 저작권 문제에서 자유로울 수 없고 서버의 부하로 인한 속도 저하 등의 문제점을 안고 있다. 이에 따라 사용자를 제한하여 네트워크 부하를 줄이고 검색 방법을 개선한 프로그램이 새롭게 나오고 있다. 최근에는 원격 공동 작업을 위한 기능 및 도구를 제공하는 방식도 발전하고 있다.

P2P 서비스는 인스턴트 메시지형(Instant Messaging)으로 MSN 메시지, ICQ 등이 있었고, 파일 공유형(File Sharing)으로 소리바다, 냅스터, 그누텔라 등이 있다. 분산 컴퓨팅형(Distributed Computing)은 SETI@home, Groove, kOREA@home 등의 사례가 있고, 스트림형(Streaming)은 IPtv, Local Broadcasting 등의 활용 사례가 있다. 이와 같이 P2P는 아직 많은 문제점을 안고 있는데, 특히 디지털 콘텐츠의 저작권 보호는 P2P뿐 아니라 정보산업 전체의 중요한 문제로 대두되고 있어서 정보 누출 방지를 위한 보안 시스템의 개발과 다양한 콘텐츠 포맷 지원, 적정한 수익 모델 창출 등이 커다란 과제이다.

4.2 IoT

(1) IoT란

IoT(Internet of Things)는 사물(또는 물건, 물체)들의 인터넷이라는 의미로서 사물이 인터넷으로 연결되어 서비스하는 개념이다. IoT(Internet of Things)라는 용어는 1999년 당시 MIT Auto ID 센터 소장으로 근무하던 케빈 애쉬톤(Kevin Ashton)이 처음으로 사용했다. 영어사전은 2013년 8월 사물인터넷이라는 단어를 공식 등재했는데, 사전적 정의는 일상의 사물들이 네트워크에 연결되어 데이터를 주고받을 수 있는 인터넷의 발달된 형태라고 정의하고 있다.

예를 들어, 이전에는 우리가 냉장고나 세탁기 등의 가전제품을 설치해서 냉장고는 식품을 보관하는 데 사용하고, 세탁기는 세탁을 하는 데 사용했다. 즉 사물이 가진 원래의 목적으로 사용하는 것을 IoT가 도입되면서 가전제품이 모두 인터넷으로 연결되어 상태를 외부에서 스마트폰 클릭 한번으로 가동할 수 있는 것이 바로 IoT이다.

[그림 4-9] IoT의 개념도

이전에 PC, 노트북 또는 스마트폰으로 인터넷을 사용했다면 이제는 모든 것이 인터넷으로 연결되는 IoE(Internet of Everything)의 시대다. 기존에 사람과 사람 사이에서만 필요하던 통신이라는 개념이, 음성에서 정보로 바뀌고, 그 정보가 기기에서 사람, 사람에서 사람뿐만 아니라, 사물(things)이라는 개념으로 확장된 개념이 바로 사물인터넷이다. 항상 휴대하고 다니는 스마트폰을 통하여 사람과 사람이 연결되고, 사물과 사람 또는 사물과 사람이 연결되고, 상호간 연결에서 축적된 데이터는 보다 생활과 사회의 질을 향상시키는 데 이용되는 세상이 IoT 시대의 목표이다.

사물인터넷을 로봇이나 컴퓨터로 생각할 수 있지만, 핵심은 사물 사이에 이뤄지는 통신이다. 통신을 통해 정보를 교환하고, 교환된 정보는 쌓이고 분석되며, 의미 있는 정보를 도출하는 기술 및 환경을 말한다. 여기서 말하는 의미 있는 정보란 일정한 패턴을 분석해 제품 스스로 인공지능 기능을 발현하는 것이다. 이는 사물인터넷의 궁극의 미래로 간주되며, 최근에는 머신러닝이라는 이름으로 불린다.

사물인터넷은 통신, 프로세서, 센서와 같은 물리적 기술과 함께 이를 제어할 인터페이스가 합쳐진 융·복합 기술 혹은 종합기술이다. 미래의 먹거리로 각광받고 있으며, 하드웨어나 소프트웨어로 구분되는 것이 아닌, 중간 단계라는 뜻에서 미들웨어라는 이름으로도 불린다.

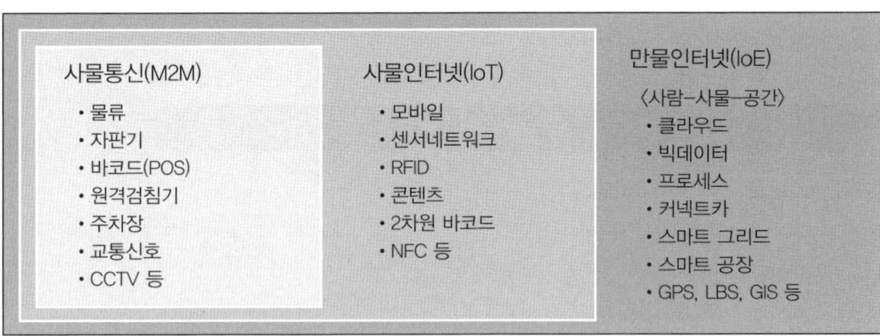

[그림 4-10] IoT의 포괄적 개념

IoT 포괄 개념으로 M2M(Machine To Machine)이 있는데, 이는 사람이 개입하지 않는, 혹은 최소한의 개입 상태에서 기기 및 사물 간에 일어나는 통신을 의미한다. 다른 개념으로 IOE(Internet Of Everything)는 모든 것들이 네트워크상에 연결되어 새로운 가치와 비즈니스를 창출하는 서비스를 의미한다.

IoT는 인터넷 발달 단계에서 제3의 물결로 1990년대 고정된 인터넷을 통해 약 10억대의 기기가 인터넷과 연결되었다. 2000년대 모바일의 바람이 불면서 다른 20억 명이 모바일 기기를 통해 인터넷에 연결되었다. 하지만 IoT는 그 10배인 약 280억 개의 새로운 기기에 연결될 것으로 예측한다. IoT를 차세대 비전으로 중요하게 생각하는 가장 큰 이유가 커다란 파급력 때문인데, 2000년 인터넷으로 연결된 기기는 200만개에 불과했으나 2020년에 이르면 약 50억 개 기기(사물)가 인터넷으로 연결될 것으로 예상되기 때문이다.

(2) IoT의 변천사

1999년 MIT Auto-Id 센터장이었던 케빈 애쉬톤(Kevin Ashton)이 최초로 제안하였고, M2M, Ubiquitous, NFC 등의 기존의 기술 개념으로부터 출발했지만, 기존 정의된 개념들과는 거리가 있다. 사물통신이란 기본전제에 지능(intelligence)을 더하고 각각의 사물망을 인터넷과 같은 거대한 망에 연결하여 하나의 틀로 묶어 제공하는 서비스에 대한 기술을 통칭한다. 적용 분야에 따라 웨어러블, 스마트홈, 스마트시티, 스마트팩토리 등으로 나뉠 수 있다. 최근에는 플랫폼 공개를 통해 서로를 연결하는 방향으로 진화하였고, 환경, 도시, 물류, 농업, 공장, 자동차, 빌딩 등 앞으로 다양한 산업 영역에서 사물인터넷 기술이 활용될 것으로 예상된다.

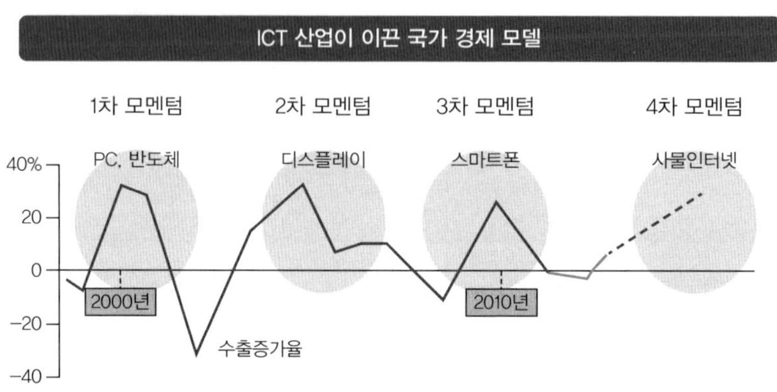

[그림 4-11] IoT 변천과정

국내 ICT 산업을 주도한 경제 모멘텀을 정리하면, 1차 모멘텀을 주도한 것은 PC와 반도체로서 2000년 전후로 수출 증가율이 29.4%였다. 2차 모멘텀은 디스플레이로서 2000년대 초 PD, LCD 등 TV에 대한 수요가 급증하면서 2004년 31.4% 수출이 증가했다. 3차 모멘텀은 스마트폰으로서 2010년 전후 수출 증가율이 27.3%이다. 4차 모멘텀은 사물인터넷(IoT)으로 2012년 1,357조 원에서 2020년 2,323조 원으로 성장이 예상되고, 생산성 향상을 통한 비용절감과 신사업 창출의 결과로서 자동차산업에서는 40%가 넘는 부가가치 향상이 예상된다.

(3) IoT의 핵심기술

① 센서 기술

스마트폰 하나에도 7개에서 10개 정도의 센서가 필요한데, 사물인터넷의 눈이자 귀 역할을 센서가 한다. 이전에는 센서가 고가이고, 어려운 부품이었다. IT기술이 발달하면서 다양한 센서가 개발되었고, 이전보다 값싼 센서들이 등장하였다. 센서 기술은 사람의 오감을 대신하여 정보를 수집하는 도구로, 센서 기술이 많이 발달하여 사람의 오감으로 인지 불가능한 영역까지 확장되고 있다. 대표적으로 많이 쓰이는 센서들은 사물의 유무를 판별하는 광학식 디지털 센서들이 있고, 온·습도, 거리 등을 판별하는 아날로그 센서들도 많이 쓰이고 있다. 요즘엔 지자기, 가속도를 판별하는 센서 등이 스마트폰 등 고급 디바이스에 탑재되어 그 가능성을 확장시켜 주고 있다.

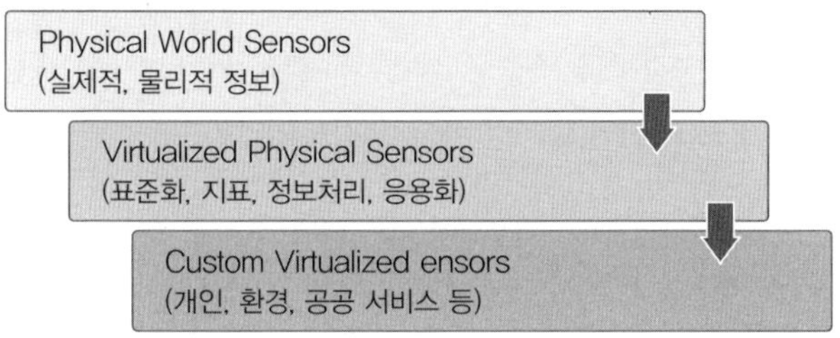

[그림 4-12] 센싱기술

전통적인 온도, 습도, 열, 가스, 조도, 초음파 센서 등에서부터 원격감지, 레이더, 위치, 모션, 영상센서 등 유형 사물과 주위환경으로부터 정보를 얻을 수 있는 물리적 센서가 있다. 물리적인 센서는 응용 특성을 좋게 하기 위해 표준화된 인터페이스와 정보 처리 능력을 내장한 기능도 포함되며 가상 센싱 기술을 실제 IoT 서비스 인터페이스에 구현한다. 기존의 독립적이고 개별적인 센서보다 한 차원 높은 다분야 센서기술을 사용하기 때문에 한층 더 지능적이고 고차원적인 정보를 추출할 수 있다.

② 네트워크 인프라 기술

인터넷이 발명되고 꾸준한 기술개발로 지난 10여 년간 인터넷의 대역폭에 따른 지불비용은 거의 1/40수준으로 낮아졌다. 3G 무한 요금제에 이어 LTE 무한 요금제처럼 더욱 빠르고 값싸게 통신을 할 수 있게 되면서 이제 사람이 아닌 사물에도 통신과 인터넷을 할 수 있게 된다. IoT의 유무선 통신 및 네트워크 장치로는 기존의 WPAN, Wi-Fi, 3G·4G·LTE, Bluetooth, Ethernet, BcN, 위성통신, Microware, 시리얼 통신, PLC 등이 있고, 인간과 사물, 서비스를 연결시킬 수 있는 모든 유·무선 네트워크를 모두 의미한다. 사물인터넷의 네트워크를 구성하는 통신장치로는 잘 알려진 통신방식인 WiFi, 3G·4G·LTE, Bluetooth, Ethernet, 시리얼 통신 외에도 Zigbee, WPAN, BcN, PLC 등 유·무선으로 정보를 주고받는 모든 매체가 될 수 있다.

③ IoT 서비스 인터페이스 기술

서비스 인터페이스 기술은 정보를 저장, 처리, 변환하는 역할을 말한다. 각종 센서 등을 이용해 수집된 막대한 양의 정보를 저장하고 분석하여 처리하는 빅데이터 기술이 여기에 포함된다. 또한 현재 시점부터 얻어지는 정보를 분석하고 처리하는 것 외에도, 과거에 축적된 데이터 속에서 가치 있는 정보를 추출해 내는 데이터 마이닝 기술 또한 여기에 속한다고 할 수 있다. 이 외에도 개인의 프라이버시와 정보의 보안에 관한 영역도 서비스 인터페이스 기술에 포함된다.

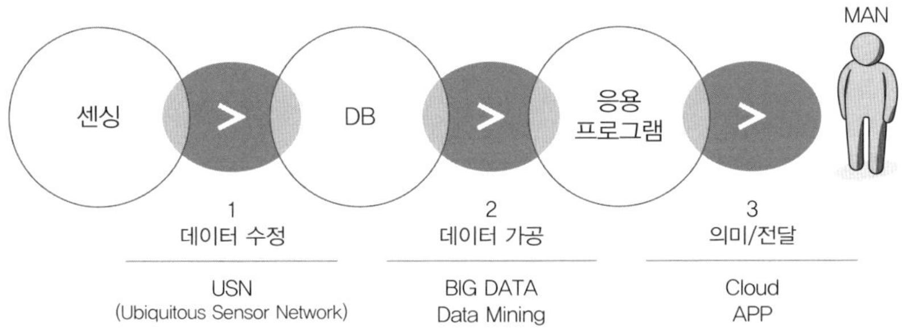

[그림 4-13] IoT 서비스 인터페이스 기술

IoT 서비스 인터페이스는 IOT의 주요 3대 구성 요소, 즉 인간, 사물, 서비스를 특정 기능을 수행하는 응용서비스와 연동하는 역할을 한다. IoT 서비스 인터페이스는 네트워크 인터페이스의 개념이 아니라, 정보를 센싱, 가공, 추출, 처리, 저장, 판단, 상황 인식, 인지, 보안·프라이버시 보호, 인증·인가, 디스커버리, 객체 정형화, 온톨로지 기반의 시맨틱, 오픈 센서 API, 가상화, 위치확인, 프로세스 관리, 오픈 플랫폼 기술, 미들웨어 기술, 데이터 마이닝 기술, 웹 서비스 기술, 소셜 네트워크 등 서비스 제공을 위해 인터페이스 역할 수행한다.

(4) 각 국의 IoT 현황

우리나라는 2008년에 RFID/USN 기반을 구축하고, 2009년 사물지능통신 기반구축을 위한 기본계획을 수립하였다. 2013년에 2조 2,800억 원 규모의 시장이 2020년에는 22조 8,000억 원일 것으로 예상되고, 2014년부터 삼성과 LG가 IoT 산업을 추진 중이다. 향후에 R&D 투자 및 SW 기업 육성, 지능형 초고속 NW 구축, 표준화 기구 설립 예정이다.

유럽은 비교적 먼저 정책 입안 시작하여 2006년에 2010 유럽정보화사회 계획하고 있다. 그리고 2008년 CASAGRAS 프로젝트에서 IoT 연구하고, 2009년 14개 IoT Action Plan 수립하였다. 또한 2013년에는 사물인터넷 정책 옵션 제시하고, 2014년 농업과 자동차 산업에도 적극 도입하고 있다. 향후 스마트 그리드 정책, 영국, 주행거리 비례보험 추진, 텔레매틱스 실용화 추진, 선박 위치 추적 시스템 의무화 등을 진행할 예정이다.

미국은 2008년 국가정보위원회(NIC) 주요 기술로 IoT 선정되어, 2009년 IT 뉴딜 정책인 Grid 2030계획이 진행되었다. 2013년 연방 통신위원회가 사물인터넷 기반 조성 활동 및 관련 규정 제정하고, 2014년 스마트 홈, 자동차 분야에 적극 도입하였다. 향후에는 Grid2030 계획으로 M2M 기반 Smart Grid 사업 추진하여 주로 통신사, 플랫폼 업체와 서비스 단말 업체 등 민간 차원에서 활발한 기술개발 예정이다.

일본은 2004년 u-japan(u-N/W)을 지정하고, 2009년 i-Japan 2015전략(M2M), 2012년 Active Japan ICT전략 수립하였다. 그리고 2013년 총무성 ICT 성장전략회의 수립하고, 2014년 ICT를 활용한 마을 만들기 프로젝트 수립하였다. 향후에는 ICT 생활자원 대책 및 센서 기반 원격 감시 등 Smart Town 조성할 계획이다.

〈표 4-3〉 세계 및 국내 사물인터넷 시장현황과 전망

2013년		2022년	
세계 시장(억 달러)	국내 시장(억 원)	세계 시장(억 달러)	국내 시장(억 원)
2,031	22,827	11,948	228,200

출처 : Machina Research, STRACORP, 2013

이러한 각국의 정부 진흥정책, 소비자의 수요와 맞물려 사물인터넷 시장은 크게 성장하고 있다. 시장조사기관인 2013년 Machina Research에 따르면, 사물인터넷의 세계 시장규모는 2013년 약 2,000억 달러 수준에서 2022년 1조 2,000억 원 달러로 연평균 약 21.7% 성장할 것으로 전망하였다. 국내 시장의 경우도 2013년 2조 3천억 원 수준에서 2022년 22조 8천억 원으로 성장할 것으로 전망했다.

(5) IoT 활용분야

사물인터넷 분야별 성장률을 살펴보면, 스마트 에너지 관련 분야 및 지능형 교통서비스, 산업자동화 분야, 산업인프라 분야를 중심으로 서비스 시장이 크게 성장할 것으로 예측되고 있다. 또한 향후 다양한 산업과의 융·복합을 통하여 공공·안전, 유통·물류 등을 중심으로 서비스 시장의 확대가 예상된다.

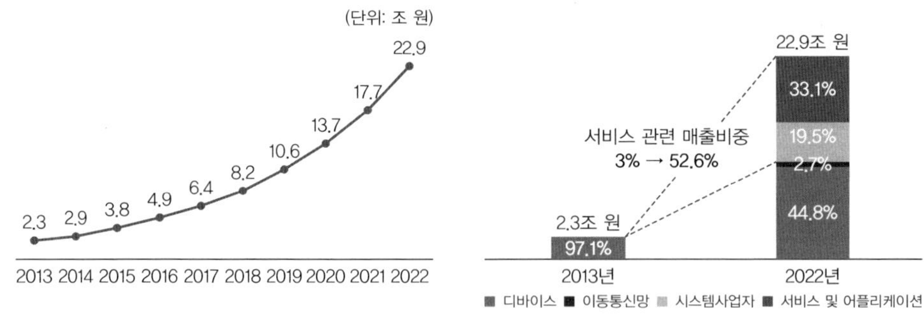

출처 : KT 경제경영연구소

[그림 4-14] 국내 사물인터넷 시장 규모 전망

사물인터넷(IoT)은 최근에 IoE(Internet of Everything, 만물인터넷)란 용어로 확산되고 있을 만큼 적용 사례가 매우 광범위하다. 사물인터넷의 주요 적용 분야는 유틸리티, 빌딩, 보안, 자동화, 헬스 케어 부문이 주를 이루고 있다. 주로 전통 산업주체와 통신사업자들이 해당 분야에 진출해 있는 형태를 가진다. 즉, 사물인터넷 분야는 통신사업자들에게 있어 신사업 동력으로 작용하고 있는 것이다.

① 에너지 관리 분야

유틸리티(전기·가스·수도)는 에너지 자원의 효율적 배분 및 관리를 위한 융·복합 사례가 활성화되고 있다. 원격검침과 선로 및 배관 상황인식을 통해 누수, 누전 방지 등을 할 수 있는 기기 제조업체와 데이터처리 기업 등에 사업기회를 제공하고 있다. 특히 전기 분야는 사물인터넷을 기반으로 분산형 발전기의 예상 출력, 현재 전력망 부하, 전기 자동차 및 스마트 장비의 다양한 정보를 통합하여 수요 및 대응 시스템 부문에서 활발히 이뤄지고 있다. 초기의 전기 분야의 초기 사물인터넷 도입은 송전 시스템을 보호하고 제어하기 위해 전기 기계식 릴레이와 스위치, 차단기가 사용되어 송전선의 문제 발생 시 릴레이가 이를 감지, 차단기에서 전류를 차단하는 데 그쳤다.

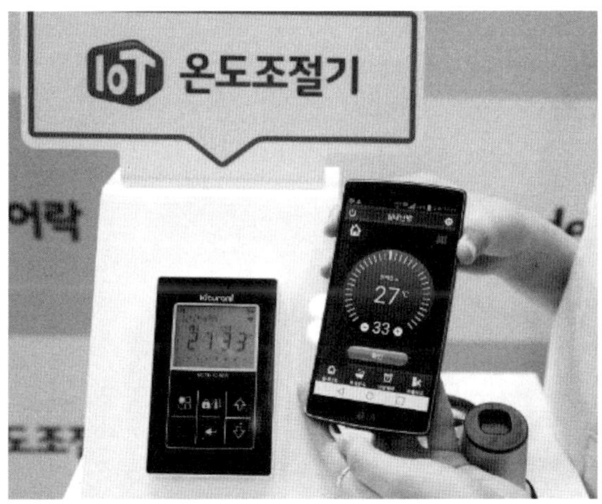

[그림 4-15] 온도조절기로 인한 에너지 절감

그러나 현재는 발전소의 송전시스템이 기업 및 일반사용자들과 지속적 커뮤니케이션 상태를 유지하면서, 가전제품들이 스스로 적은 전력을 사용할 수 있도록 최적화 할 수 있다는 것이 핵심이라 할 수 있다. 또한 모든 장치에서 수집한 데이터를 통해 알고리즘은 필요한 전력을 정확히 계산하여 대기 발전기의 필요 전력을 최소화하기도 한다.

② 시설관리 분야

가정용품, 가전제품, 주택 건축, 전기통신, 가정 보안 및 의료보건 등은 스마트 홈과 관련된 사물인터넷 기반으로 상당한 이익을 얻을 수 있는 분야이다. 현재 삼성에서 제공하는 레미안 스마트 홈의 애플리케이션을 살펴보면, 동적 조명작동, 홈오토메이션, 에너지 관리, 보안, 건강 상태 원격 모니터링 같은 관리 장치와 스마트 장비를 연결하여 서비스를 제공하고 있다. 즉 집 밖에서 스마트폰으로 집안의 조명, 가스, 보일러, 세탁기, 에어컨, 방범 등의 상태를 확인하고 제어가 가능하게 된 것이다. 이는 조명 및 계량기, 가전제품 등에도 통신 연결이 되어 있음을 의미한다. 이는 발주자로 하여금 전기공사인지 혹은 정보통신공사인지 혼란을 야기할 소지가 있다. 이전에는 소비자가 안정적으로 전기를 안전하게 공급받는 것이 주된 목적이었다면 향후에는 이를 소비자 스스로가 안전하게 제어하고 사용하는 목적이 추가되기 때문이다.

[그림 4-16] 화재감지 및 신고

오피스 전력 제어로 사무실내 각 전원 플러그에서 모아진 전력 소비량 정보를 바탕으로 전력 사용량 패턴 파악과 함께 불필요한 전력 소모를 줄여 효율적인 전력 사용이 가능하다.

③ 모니터링 분야

냉동·냉장 창고 및 차량의 내부 보관상태(온도, 습도, CO_2 등) 실시간 모니터링을 통해 저장품 품질을 유지하며, 공조 설비(냉동기, 히팅 설비 등) 상태 모니터링을 통해 설비의 이상·고장 여부의 실시간 관리가 가능하다. 적용 사례로는 브라질의 냉동창고 관리, 국내의 저온창고 모니터링, 냉동 창고 모니터링 등이 있다. 그리고 다양한 센서 및 액추에이터를 통해 공장형 시설하우스 내 환경을 실시간으로 모니터링 및 제어함으로써 작물의 생육환경을 최적으로 유지, 수확량 증대 및 수확물 품질향상에 기여한다. 사례로서 양평 농장 배양실 및 살균실 모니터링 등이 있다.

[그림 4-17] 모니터링 분야

시설 내 환경상태를 실시간으로 모니터링함으로써 공간 쾌적도를 향상시키고, 전력사용량 관리를 통해 시설 운영비용을 절감하고, 환자들의 위치 및 움직임을 감지함으로써 위험을 사전에 예방할 수 있다. 사례로는 남양주 요양병원 시범 적용 등이 있다.

프랜차이즈 매장 관리가 가능한데, 이를 위해서 기기별 전력사용량 실시간 모니터링 및 제어를 통해 에너지 비용을 절감한다. 실내 환경 관리를 통해 공간 쾌적도를 향상시켜 고객 만족도 제고하고, 기기별 전력사용량 패턴 분석을 통해 기기 이상 사전 감지 및 예방정비가 가능하다. 사례로 부산 스마트시티 실증단지 시범서비스 구축과 편의점의 POC 등이 있다. 그리고 백신 보관 냉장고의 온도를 실시간으로 모니터링 함으로써 지정 온도(2~8℃) 준수 여부 확인 및 이상 발생 시 자동 알림(SMS, 이메일 등)을 제공하여 백신 안정성을 확보하고 의료사고를 사전에 예방할 수 있다. 무선 통신 기지국의 전압과 전력 사용량 정보를 모니터링하여 효율적인 전력 사용이 가능하도록 돕고 장비의 이상 유무 판단을 원격에서도 가능하게 하여 관리 비용 절감에 기여한다.

주차장 바닥에 설치된 차량 감지센서를 통해 주차장내 주차 가능한 정보를 Thing Plus Cloud로 수집하여 도시 내 주차장 중 주차 가능 공간을 손쉽게 파악할 수 있도록 시민들에게 정보 제공한다.

4.3 클라우드

(1) 클라우드란

원격으로 호스팅되며 사용자가 인터넷을 통해 사용할 수 있는 서버 기능이라고 할 수 있고, 각각 고유한 기능을 가진 서버의 글로벌 네트워크를 설명하는 데 사용되는 용어이다. 클라우드는 실제 엔터티가 아니라 함께 연결되어 하나의 에코시스템으로 작동하는 전 세계에 분산된 원격 서버의 광대한 네트워크이다. 여기서 서버는 데이터 저장 및 관리, 응용 프로그램 실행 또는 스트리밍 비디오, 웹 메일, 오피스 생산성 소프트웨어 또는 소셜미디어와 같은 콘텐츠 또는 서비스를 제공하도록 설계된다. 로컬 또는 개인용 컴퓨터에서 파일 및 데이터에 액세스하는 대신 인터넷 지원 장치에서 온라인으로 액세스하므로 언제 어디에서나 필요한 정보를 사용할 수 있다. 그리고 서버는 데이터를 저장하거나 애플리케이션 실행에 필요한 컴퓨팅 기능을 빌려서 사용할 수 있다.

사용자의 컴퓨터 하드 드라이브 또는 회사 서버가 아니라 온라인으로 저장하는 경우, 기본적으로 클라우드에 저장된다. 웹 메일 또는 여행 최저가 사이트를 포함한 고급 웹사이트를 사용할 때도 클라우드 컴퓨팅을 이용하게 된다. 일반 비즈니스 수단의 클라우드를 구현하지 않았더라도, 최소한 개인적 용도로 사용한다. 예를 들면 페이스북에 사진 업로드, SkyDrive에 파일저장, G메일의 이메일 등은 개인용 컴퓨터나 스마트폰이 아닌 다른 장소에 콘텐츠를 저장하는 것이 클라우드이다.

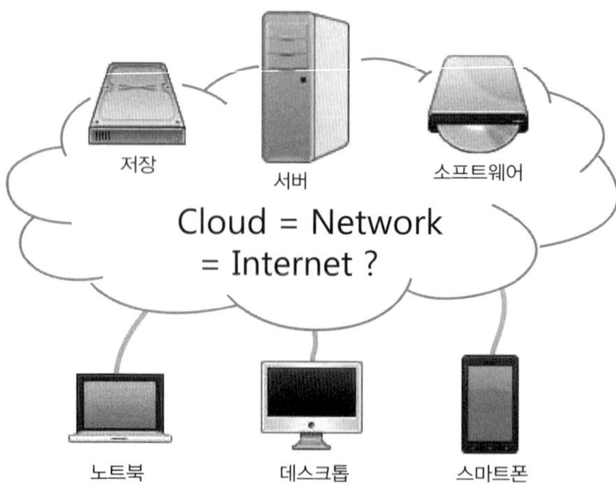

[그림 4-18] 클라우드의 개념도

다음은 클라우드 사용으로 인한 장점은 다음과 같다.

① 생산성 향상

문서 및 이메일을 클라우드에 저장하면 직원이 어디에서나 이 파일에 액세스할 수 있다. 이로 인해서 이동성이 확대되며, 원격으로 작업하거나 이동이 많은 경우 장점이다. 또한 유연성이 증가하므로 직원 만족도가 향상되고, 직장과 가정의 균형이 원활하게 유지되고, 생산성도 더 높일 수 있다.

② 비용 절감

대부분의 업무를 클라우드 애플리케이션을 사용하여 처리하면 자체 소프트웨어 및 하드웨어의 필요성이 크게 감소한다. 따라서 사용하는 프로그램 및 장비에 대한 구매 및 유지 관리 비용이 줄어든다. 즉 클라우드 기반 자동화는 직원들이 직접 해야 하던 수동 작업을 제거해 주므로 더 유용한 다른 곳에 시간을 활용할 수 있다.

③ 협업 능력 향상

음성, 비디오, 컨퍼런스, 미팅을 포함한 클라우드 기반 기술을 사용하면 원격으로 쉽게 회의에 참가할 수 있다. 근무지의 위치에 관계없이 연결할 수 있기 때문에 협업이 더 효율적이고 간소화된다. 또한 고객, 공급업체 및 파트너와의 커뮤니케이션이 가능하므로 공급망의 효율성이 향상되고, 확실한 비즈니스 경쟁력이 된다.

④ 회복 및 전환용이

클라우드는 데이터를 더 안전하게 저장할 수 있다. 장치를 분실하거나 물리적 작업 영역이 손상 또는 분실된 경우에도 모든 파일이 클라우드에 백업되어 있으므로 중단 없이 업무를 계속할 수 있다.

클라우드로 전환하려할 경우에 파일 전송에 어떠한 설치 프로세스도 필요하지 않기 때문에 과정이 비교적 쉽다. 클라우드가 갖춰지면 직원들은 곧바로 클라우드에 파일을 저장할 수 있다. 클라우드에 저장하는 것은 하드 드라이브에 저장하는 것과 프로세스가 같아 별다른 교육이 필요하지 않다.

(2) 클라우드 종류

① 서비스 유형

제공되는 IT 서비스의 종류, 즉 사용자가 직접 관리하는 IT 서비스의 종류에 따라 인프라 서비스(aaS, Infrastructure as a Service), 플랫폼 서비스(PaaS, Platform as a Service), 소프트웨어서비스(SaaS, Software as a Service)로 나눈다.

인프라 서비스(IaaS)는 컴퓨팅과 서버, 하드웨어 자원을 서비스하는 형태로서 대표적으로 국내의 KT Ucloud Cs와 해외의 아마존닷컴 EC2 등이 있다. 플랫폼 서비스(PaaS)는 소프트웨어 개발 환경, 즉 언어 등을 서비스로 제공하는 것으로서 구글앱 엔진이 대표적 사례이다. 소프트웨어 서비스(SaaS)는 응용프로그램을 서비스로 제공하는 것으로 MS Office 365, 구글앱 등이 대표적이다. 이외에도 자신의 데스크톱을 가상화하는 VDI(Virtual Desktop Infrastructure)나 개인의 저장소인 개인 클라우드 서비스가 있다.

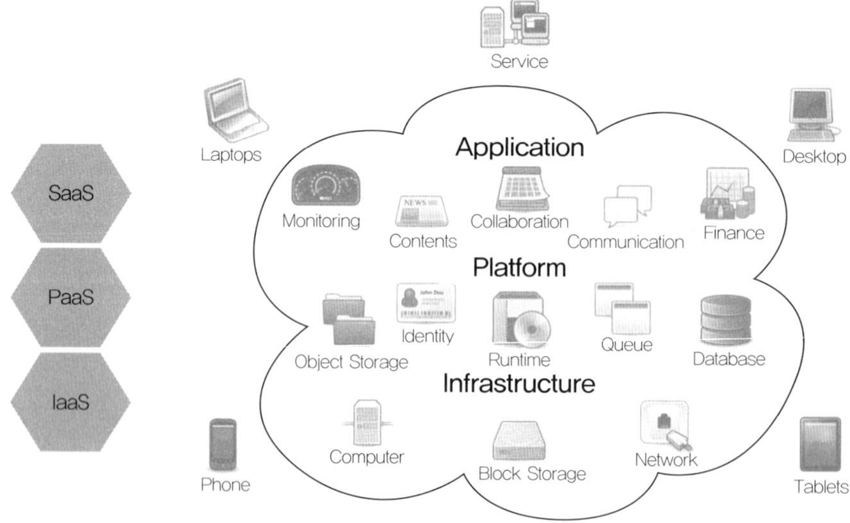

[그림 4-19] 클라우드 서비스의 유형

② 범주에 따른 클라우드 유형

서비스를 구성하는 유형에 따라 공용 클라우드(Public Cloud), 커뮤니티 클라우드(Community Cloud), 하이브리드 클라우드(Hybrid Cloud), 개인용 클라우드(Private Cloud)로 나눈다.

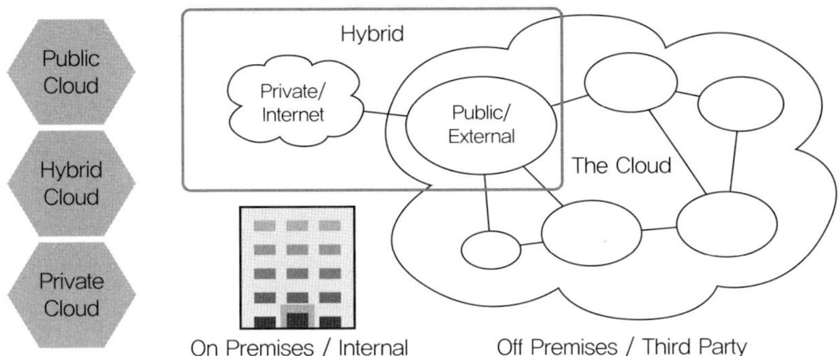

[그림 4-20] 클라우드 소유방식에 따른 유형

표준화 및 유연성, 신속성이 높은 클라우드는 공용 클라우드(Public Cloud)이다. 회원 등록 절차를 거쳐 사용되는 클라우드로 사용자가 인프라를 유지할 필요가 없고 필요할 때에만 서비스를 사용할 수 있지만 서비스 제공자가 제공하는 표준화된 절차와 구성을 따라야 한다. 커스터마이징이 가능하고 효율성, 유용성, 탄력성이 높으며 보안이 우수한 클라우드는 개인용 클라우드(Private Cloud)이다. 자료의 외부 보관이 꺼려지고 클라우드를 단계적으로 도입하고자 하는 경우에 유용한 모델이지만 인프라의 관리를 직접하는 부담이 있다.

개인용 클라우드를 보유하고 있는 사용자가 공용 클라우드를 어떤 방식으로 사용하느냐에 따라 다시 커뮤니티 클라우드(Community Cloud)와 하이브리드 클라우드(Hybrid Cloud)로 나눌 수 있다. 하이브리드 클라우드는 한 기업 또는 조직이 개인용과 공용 클라우드의 역할을 분리하여 사용하는 형태이다. 역할의 정의는 조직이 직접 하는 것이지만 일반적으로 커스터마이징, 정보의 보호가 중요한 부분은 개인용에, 표준화 및 접근의 유연성 등이 필요한 부분은 공용 클라우드 놓은 형식으로 운영한다. 커뮤니티 클라우드는 다수의 기업 또는 다수의 조직이 개인용을 운영하면서 공용 클라우드를 상호 간의 협업 및 연계 등의 목적으로 사용하는 클라우드 활용 모델이다. 이는 기업 간의 표준화된 협업, 고객의 관리 등의 공동 비즈니스 추진 등을 위해 활용할 수 있다.

(3) 각국의 클라우드 컴퓨팅 현황

국내 클라우딩 컴퓨팅 시장은 매년 47.6%의 성장률을 보이면서 2014년에 시장규모가 4억 6천만 달러에 이르렀다.

해외의 경우 클라우드 컴퓨팅 산업 육성을 위한 인프라 구축이 활발하게 진행되고 있다. 특히 미국, 영국, 싱가포르와 같은 국가들은 기존 정부에서 클라우드 컴퓨팅 기술 적용으로 시장 확대와 데이터 센터 유치에 적극적이다.

미국의 경우 2009년 5월 연방 CIO 협의회가 클라우드 컴퓨팅 추진전략을 발표하고, 미국 GSA(General Services Administration)는 2010년 3월 클라우드 도입에 따른 FedRAMP(Federal Risk and Authorization Management Program), 연방 위험 및 인증관리 프로그램을 지원하였고, 미국정부는 연방 클라우드 컴퓨팅 전략을 제시하여 우선 정책화를 실현하고 있다. 그리고 클라우드 서비스 조달 사이트인 Apps.gov를 공개하여 클라우드 서비스 활성화에 노력하고 있다. 또한 미국 국립표준기술원(NIST, National Institute of Standards and Technology)은 클라우드 관련 표준을 정립하고 있다.

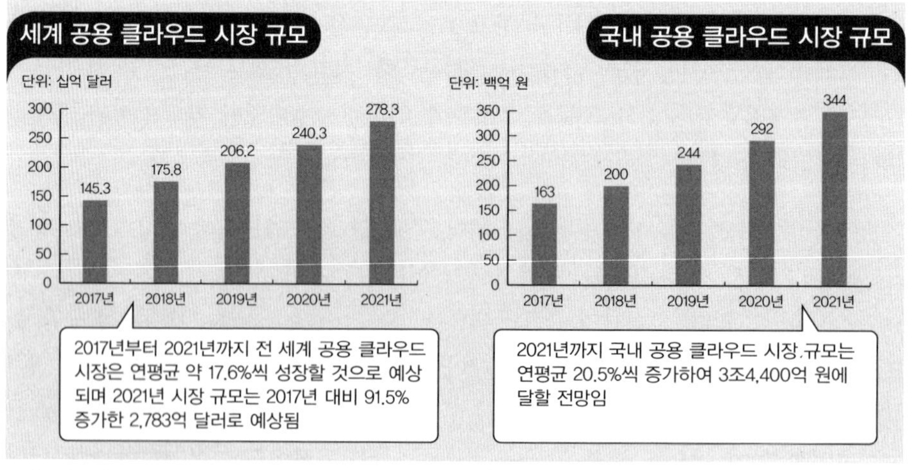

출처 : 과기정통부

[그림 4-21] 클라우드 컴퓨팅 시장 전망

영국은 2000년 6월 공공부문 데이터센터 혁신전략으로 정부에서 사용하는 전산 자원을 클라우드 컴퓨팅 기반으로 제공하겠다는 G-Cloud 계획을 발표하고, 2010년 1월 국가 전체를 클라우드화한다는 슬로건으로 국가 단위 클라우드 컴퓨팅 전략을 실현하고 있다. 2020년까지 약 57억 파운드의 공공부문 예산을 절감할 계획이다.

일본은 정부 정보시스템과 이들 시스템의 보유 데이터를 연계하여 2015년까지 디지털 기술에 의한 새로운 행정개혁을 추진 목표로 가스미가세키 클라우드 계획을 추진하고 있다.

중국은 우시 지역을 중심으로 소프트웨어 개발단지를 건립하여 클라우드 컴퓨팅 센터를 2009년 구축하였다. 여기서 클라우드 컴퓨팅 기반의 개발 및 테스팅 환경을 제공하여 개발단지 입주기업과 개발자들에게 효과적인 리소스 관리와 라이선스 공유를 지원하고 있다.

국내에서는 2009년 말 지식경제부, 방송통신위원회 및 행정안전부 3개 부처가 범정부 클라우드 컴퓨팅 활성화 종합계획을 마련하여 범부처 협력 체제를 구축하였다. 2011년 5월 클리우드 컴퓨팅 확산 및 경쟁력 강화 전략을 발표하여 세부내용을 추진하고 있다. 2014년까지 정부는 국내 클라우드 컴퓨팅 시장을 2조 5천억 원 규모로 성장시키고, 세계시장 점유율 확대에 노력하고 있다. 하지만 수요의 증가에도 불구하고 기업들은 클라우드 서비스 운영인력 및 전문 인력 부족현상과 글로벌 기업과의 경쟁으로 시범사업 단계에서 벗어나지 못하는 문제점이 있다. 이로 인해서 해외 글로벌 기업이 국내 주요 소프트웨어 분야를 점유하고 있다.

(4) 클라우드 활용분야

① 지식환경 분야

아마존을 비롯한 전자책의 활발한 보급은 소비자의 일상적인 독서 행태를 본질적으로 변화시키고 각종 교육 현장에서도 적극 응용될 가능성이 있어 전반적인 라이프스타일의 혁신에 큰 영향을 줄 것이다. 실제로 아마존의 전자책 킨들(Kindle)이 2007년 11월 등장 이후, 전자서적 시장이 급성장을 거듭하면서 Barnes & Noble의 Nook(2009.11), 소니의 Reader(2009.12) 등 다양한 전자책들이 연속 출시되었으며, 2010년 4월에는 애플의 iPad도 이 흐름에 가세하고 있다. 소니의 리더(Reader) 등이 킨들과 비슷한 흑백 표시의 전자책 사양을 채택하고 있지만, 애플이 출시한 iPad의 경우 컬러 표시 기능을 가지고 동영상 시청 등도 가능하도록 하는 등 순수한 의미의 전자책의 범주를 뛰어넘는 제품으로 평가된다.

전자책이 휴대폰, 인터넷 TV 등과 연계되면서 새로운 라이프 솔루션 인프라 중 하나로 인정받으며 그 기능을 고도화해 나갈 것이다. 일상적인 쇼핑 가이드, 여행 가이드 등의 정보를 자동으로 업데이트하여 활용하는 생활 패턴도 확대되고, 교육 분야에서는 전자책을 활용한 혁신적인 교육 환경 조성이 미국 등 여러 선진국에서 확산되는 추세에 있다.

Michel Porter 플리커 | flickr.com/libraryman

[그림 4-22] 전자책

② 스마트 하우스 분야

클라우드 컴퓨팅의 확산으로 스마트 하우스 구현에 대한 기존의 구상이 그 의미를 완전히 상실하게 되었다. IT혁명의 초점이 PC에서 스마트폰, 그리고 TV 등 디지털 가전으로 이행하는 가운데, 가상공간에서 가정 내 모든 기기를 통합적으로 관리, 조정하는 일이 현실화될 전망이다. 이는 기존의 IT시스템 체제 하에서 구상되었던, PC를 통해 가정 내 네트워크 환경을 구축하는 PC 중심 전략과 TV를 가정 내 서버로서 활용하는 TV 중심 전략 간의 경합 자체가 무의미해진다는 것을 의미한다.

클라우드 컴퓨팅은 그린 IT의 개념과도 접목되어 가정 내 각종 전자 기기 정보의 완전 공유 및 조정뿐만 아니라 효율적인 에너지 활용도 추구하는 기존에는 볼 수 없었던 혁신적인 형태로 응용될 것이다. TV, 냉장고, 세탁기, 에어컨 등 각종 가전제품과 함께 태양전지 패널, LED 조명, 전기자동차 등 차세대 자동차, 가정용 축전지 등을 총망라한 가정 내 전력망 상의 스마트화가 진행됨에 따라 절전 효율의 추구, 잉여 전력의 수급 등이 가능하게 된다. 스마트 하우스 실현이 구체화됨에 따라 전자 기기나 센서 간 통신을 가능하게 하는 기술적 규격이 점점 더 중요해질 것이다.

[그림 4-23] 클라우드 컴퓨팅 제어 하우스

③ 건강관리 서비스 분야

의료 분야에서는 여러 가지 비즈니스 실험이 진행되고 있는 가운데 클라우드 컴퓨팅과 스마트폰을 활용하는 서비스의 개발이 활발히 추진되고 있다. 환자의 행동이나 건강과 관련된 정보를 클라우드 연계 단말기의 센서를 이용해 자동으로 수집하고, 의사·환자·질병관리 사업자 간 실시간 정보 공유를 가능하게 함으로써 환자 개개인에 최적화된 맞춤형 치료가 가능하다.

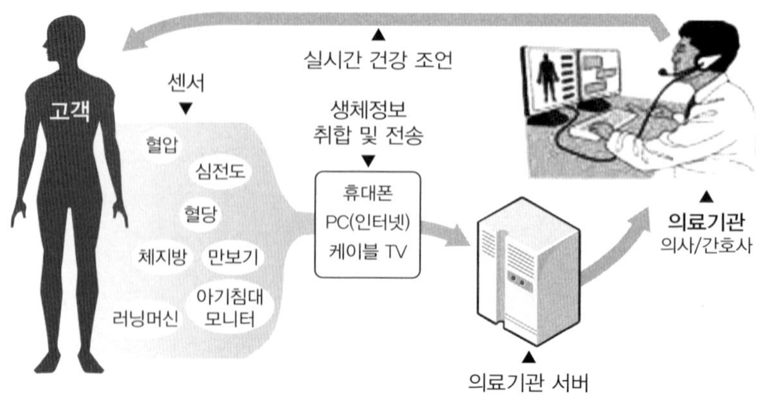

[그림 4-24] 클라우드 컴퓨팅을 활용한 건강지도

개인용 건강지도 등의 작성이 가능해지고 이를 일종의 정보 의약의 하나로 처방, 의료상품으로써 취급할 수 있게 된다. 중장기적으로는 클라우드 컴퓨팅 시스템 기반을 활용하여 각종 의료 관련 기관, u-health 기기 등이 상호 연계되고, 고객 개개인을 위한 최적의 치료 및 노인 간호 서비스 등도 맞춤형으로 제공될 수 있다. 최근에는 개인 운동을 관리하는 서비스나 질병을 사전에 예방하기 위한 각종맞춤형 건강 정보 서비스도 주목 받고 있다. 인구 고령화 시대를 맞아 노년층 및 독신자를 대상으로 특화된 헬스케어 서비스가 IT와의 융합을 통해 더욱 효율적인 건강관리 시스템으로 재탄생할 것이다.

④ 비즈니스 솔루션 분야

클라우드 컴퓨팅의 확산을 기반으로 한 제2차 IT혁명은 기업의 정보 시스템 이용 환경을 변화시키면서 업무 프로세스도 혁신하고 있다. 클라우드 컴퓨팅은 기존의 IT 인프라와 비교해서 기업의 IT 비용 절감, 정보처리시스템 교체 및 업그레이드의 신속성에 힘입은 경영 스피드의 제고, IT 인프라 및 관리 요원 등 기업 고정비용의 절감, 고객정보 등 보안 관리 강화, 오픈 이노베이션을 활용한 이노베이션 촉진 등의 이점이 존재한다. 클라우드 컴퓨팅은 기업이나 행정기관의 업무 효율 개선에 큰 효력을 발휘하고 있는데, 최근에는 이러한 업무 효율 개선 차원을 넘어 기업 이노베이션 시스템을 고도화시키는 데에도 활용되기 시작했다.

4.4 O2O

(1) O2O의 정의

O2O(Online to Offline)의 약자로 온라인과 오프라인 채널 융합한 마케팅을 통해 소비자의 구매를 촉진하는 새로운 비즈니스 모델이다. 즉 인터넷상의 온라인 서비스를 통해 오프라인으로 채널로 소비를 유도하거나, 반대로 오프라인 매장에서 고객에게 정보를 제공하여 최종적으로 온라인으로 구매를 유도하는 방식이다.

O2O의 특징은 우선 차별화된 소비경험가치 제공에 있다. 기업들은 이미 온라인 중심의 소비환경에서 벗어나고자 하는 소비자 행동을 예측하고 온라인과 오프라인을 결합한 구매 프로세스를 제공하고 있다. 이러한 기업의 대응은 최근 빅데이터 환경과 맞물려 더욱 적극적인 형태로 O2O 서비스의 범위가 확장되고 있는데, 오프라인과 온라인의 융합이라는 새로운 구조는 지금껏 온라인의 간편한 구매유도방식에서 벗어나 소비자에게 새로운 경험 가치를 전달하는 핵심 비즈니스 수단으로 변화하고 있는 것이다. 온·오프라인의 소비의 경계가 무너지고 시공간의 제약에 구애받지 않는 소비자들이 늘어나면서 기업들은 앞다투어 O2O 마케팅을 펼치고 있다. 기업들은 오프라인과 온라인에서 얻는 정보를 결합하여 다시 소비자를 상대하고 그 과정에서 소비활동과 관련된 데이터 재수집을 확대해 나간다. 이러한 기업의 O2O 사업모델 탄생은 기존의 소비자와의 관계 형성을 위한 활동에도 많은 변화를 가져왔다. 고객의 기분이나 이동 동선, 주변 사람과의 관계 등이 포함된 빅데이터를 다시 수집하여 어떤 고객이 어떤 물품을 어떠한 환경에서 구매하는지를 분석함으로써 개인에게 좀 더 효과적으로 다가갈 수 있는 차별화된 마케팅 전략을 수립할 수 있게 된 것이다. 여기에 O2O 서비스를 통해 수집된 여러 정보의 변수들까지 함께 고려된다면 2차적인 빅데이터 수집이 가능하고 이러한 데이터는 다시 소비자를 세분화시키는 선순환 구조를 만들게 된다. 이는 단순한 온·오프라인 연동의 구매유도 방식을 넘어서 맞춤형 소비가치를 제공하는 수단으로 확내되어 차별화된 소비 경험 가치를 제공하고 있는 것이다.

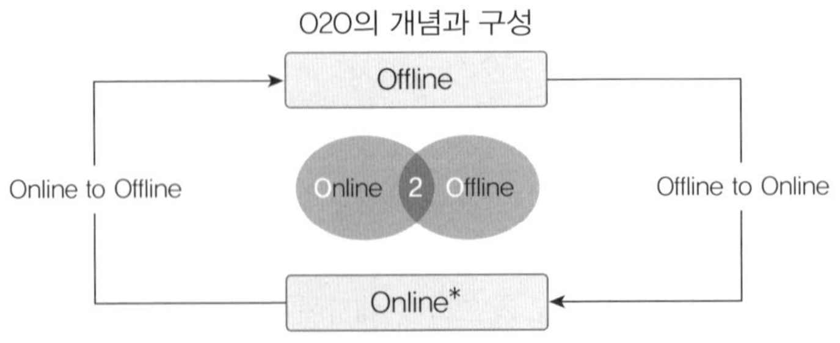

*전자 상거래 사이트, SNS, 모바일 앱 등

출처 : 정보통신기술진흥센터(2014)

[그림 4-25] O2O 비즈니스 개념도

개인 맞춤형 큐레이션 서비스는 수많은 정보 속에서 나에게 맞는 정보를 필터링해 맞춤형으로 제공하여 정보를 찾기 위한 불필요한 시간과 노력을 줄여줄 수 있다. 이러한 맞춤형 정보제공의 니즈 속에서 탄생된 것이 큐레이션 서비스이다. 이는 미술관이나 박물관의 작품을 해석하고 정보를 소개하는 전문가를 통칭하였지만 현재는 인간의 수집 활동과 정보의 질적 판단을 돕는 활동으로 정의되고 있다. 즉 큐레이션 서비스는 수많은 빅데이터 환경 속에서 소비자에게 맞는 정보를 보다 빠르고 정확하게 제공하기 위해 정보 필터링이라는 가치를 앞세운 새로운 비즈니스 방법론이라 할 수 있다. 이러한 빅데이터를 바탕으로 새로운 가치를 전달하고자 하는 큐레이션 서비스는 O2O라는 새로운 마케팅 환경과 결합하여 혁신적인 비즈니스를 가능하게 하는 전략적 도구로써 그 가치가 높아진다. 예를 들어 평소에 온라인에서 구매 욕구가 높았던 소비자들을 분류하고 이들이 오프라인 매장을 지나갈 때 매장의 정보나, 쿠폰, 프로모션 등으로 고객을 매장 안으로 유도할 수도 있다. 온라인에서 오프라인으로 고객 행동이 이어지도록 구매행동을 촉진시킬 수 있는 것이다. 일본의 로케이션밸류에서 서비스하는 이마나라(지금이라면)는 한정 쿠폰을 사용자에게 매주 제공하는 애플리케이션으로 상점 근처에 있는 사용자에게만 주어진 한정 쿠폰이라는 조건으로 구매행동을 촉진하고 있다. 소비자가 원하는 정보를 정확하게 분석하여 제공하는 빅데이터 활용과 쿠폰과 포인트 등의 연계한 정보제공이 성공적인 구매 행동을 유발시키는 것이다. 또한 매장 방문객을 파악하여 단골손님의 방문 횟수가 줄어들면 무료 상품이나 특별한 쿠폰을 발송하여 매장을 찾게끔 유도할 수도 있다. 이는 소비자의 행동변화에 따른 또 다른 맞춤형 큐레이션 마케팅 수립을 가능하게 한다. 이처럼 기업들은 오프라인과 온라인에서 얻는 정보를 결합하여 다시 고객을 상대하고 소비자 활동과 관련된 데이터를 다시 수집·확대해 나간다. 기업들은 O2O 서비스를 소비자의 행동 정보를 마케팅과 연결시켜 시장을 세분화시킬 수 있는 수단으로 활용하고 있는 것이다. 이러한 기업의 O2O 비즈니스 모델의 발전은 기존의 구매유도방식을 넘어 소비자 관계 형성을 위한 활동에도 많은 변화를 가져다주고 있다.

(2) O2O 활용 분야

최근 O2O 기술과 연계된 비즈니스가 주목받고 있다. O2O 서비스가 삶의 방식 자체를 변화시키고 있다. O2O 기술이 급격하게 증가한 서비스 중에 음식배달 분야가 2조 원 규모로 예측되면서, 전체 배달음식 시장의 20% 수준이다. 또한 카카오택시의 등장으로 콜택시 서비스에 가입한 택시가 전체의 60% 수준에 이른다. 부동산 중계인 직방은 하루 평균 이용시간 10분으로 주요 O2O 서비스 중 최장시간 이용되었다. 직방 앱은 다운로드 건수가 1천만 건을 돌파했다. 최근 O2O 기술과 연계된 비즈니스가 각광을 받고 있다. 국내 주요 O2O 서비스로는 배달의 민족과 같은 배달앱이 빠르게 성장하는 모습을 보여 성공 가능성이 크다. 또한 적극적인 O2O 서비스 개발로 주목받고 있는 다음카카오가 카카오택시를 출시해 큰 성과를 거뒀다. 물론 카카오톡의 성공을 통해 다음 서비스와 결합하여 새로운 생활 플랫폼을 만들었다는 것은 괄목할 만한 성과이며 앞으로 이런 생활 밀착형 서비스를 만들어내는 것이 다음카카오의 목표이다. 네이버는 오프라인 매장을 직접 방문하지 않아도 모바일을 통해 상품들을 간편하게 확인·구매할 수 있는 숍 윈도 출시를 시작으로 O2O 서비스 사업에 본격적으로 시작했다.

[그림 4-26] O2O 서비스

카셰어링 쏘카는 국내 O2O 서비스의 차량대여 분야에서 가장 많은 사용자를 보유하는 기업으로 선정되었다. 쏘카는 현재 전국 2,450여개의 쏘카존에서 6,200대의 운행 중이다. 실제로 국내 카셰어링 업체 중 최초로 200만 명 이상의 가입자를 돌파했고, 일일 카셰어링 이용 건이 1만 건에 달할 정도로 카셰어링 업계를 선도하고 있다. 카셰어링 업계의 대표 업체로 꼽히는 미국의 집카(Zipcar)가 2000년 사업을 시작해 2013년 미국의 렌터카 업체 에이비스(Avis)에 인수될 때까지 3개국 가입자 76만 명, 차량 보유 수 1만대였던 것과 비교해 볼 때, 쏘카의 성장세가 매우 고무적임을 알 수 있다. 이외에도 통신사업자, ICT 스타트업(Start-up) 기업들을 비롯해 오프라인 유통사업자들도 모바일에서 할인된 가격에 구매한 뒤 오프라인 매장에서 픽업할 수 있는 서비스 취급점을 확대하고 취급 품목도 늘릴 계획이다.

〈표 4-4〉 국내 O2O 서비스

업종	서비스업	사업자
전자지갑	시럽(Syrup Wallet)	SK플래닛
	클립(구 모카월렛)	KT
배달	배달의 민족	딜리버리히어로
	요기요	
	배달통	
쇼핑	샵윈도	네이버
부동산	직방	채널브리츠
	다방	스테이션3
택시	카카오택시	다음카카오
카셰어링	쏘카	쏘카
	그린카	그린카
숙박	야놀자	야놀자
	여기어때	위드웰

국내 주요 O2O 서비스에 대하여 전문가들은 올해 O2O 시장이 내실화, 차별화, 오프라인 사업성 등 3가지 기준으로 수익성 모델 없이 이용자 확보 경쟁에만 열중하거나, 차별화된 서비스를 내놓지 않으면 더 이상 생존하기 어려울 것이다. 또 온라인과 모바일 서비스를 떠나 오프라인 사업으로 안정적 수익을 창출할 수 있느냐 여부도 기준이 될 것이다.

연습문제 EXERCISE

※ 다음 빈칸에 알맞은 말을 넣으시오.

01 (   )는 네트워크 계층의 차세대 인터넷 프로토콜로 인터넷을 위한 주소 체계 방법이다.

02 (   )는 무선 통신 기술로서 휴대전화, PC, 프린터, 전화, 팩스, PDA 등의 정보 통신 기기와 TV, 냉장고 등의 가전제품까지 무선으로 연결이 가능한 기술이다.

03 (   )는 기존의 인터넷과 차세대 인터넷을 하나의 네트워크로 묶어, 마치 통합된 신경 조직처럼 작동할 수 있게 제어하는 가상 슈퍼컴퓨터를 의미한다.

04 (   )라는 영어의 약자로 사물(또는 물건, 물체)들의 인터넷이라는 의미로서 사물이 인터넷으로 연결되어 서비스하는 개념이다.

05 (   )는 실제 엔터티가 아니라 함께 연결되어 하나의 에코시스템으로 작동하는 전 세계에 분산된 원격 서버의 광대한 네트워크이다.

06 사용자가 직접 관리하는 IT 서비스의 종류에 따라 (   ), (   ), (   )로 나눈다.

07 (   )의 약자로 온라인과 오프라인 채널 융합한 마케팅을 통해 소비자의 구매를 촉진하는 새로운 비즈니스 모델이다.

※ 다음 내용이 맞는지(T) 혹은 그렇지 않은지(F) 판별하시오.

01 광대역 통합망(BcN, Broadband Convergence Network)은 통신 · 방송 · 인터넷이 융합된 품질 보장형 광대역 멀티미디어 서비스를 언제 어디서나 끊김 없이 안전하게 광대역으로 이용할 수 있는 차세대 통합 네트워크로 정의된다. (   )

02 UWB(Ultra-wideband)는 기존에 비해 매우 넓은 대역에 걸쳐 낮은 전력으로 대용량의 정보를 전송하는 무선 통신 기술이다. 이는 장거리 구간에서 낮은 전력으로 넓은 주파수를 통해 많은 양의

디지털 데이터를 전송하기 위한 무선 기술로 GHz대의 주파수를 사용하면서도 초당 수천~수백만 회의 저출력으로 이루어진 특징이 있다. ( )

03 P2P(Peer to Peer)는 인터넷에서 개인과 개인이 직접 연결되어 파일을 공유하는 것을 의미하고, 기존의 서버와 클라이언트 개념이나 공급자와 소비자 개념에서 벗어나 개인 컴퓨터 사이에서 직접 연결하고 검색함으로써 모든 참여자가 공급자인 동시에 수요자가 되는 형태이다. ( )

04 IoT 포괄 개념으로 IOE(Internet Of Everything)가 있는데, 이는 사람이 개입하지 않는, 혹은 최소한의 개입 상태에서 기기 및 사물 간에 일어나는 통신을 의미한다. ( )

05 IoT 서비스 인터페이스는 IoT의 주요 3대 구성 요소, 즉 인간, 사물, 서비스를 특정 기능을 수행하는 응용서비스와 연동하는 역할을 한다. ( )

06 개인용 클라우드는 한 기업 또는 조직이 개인용과 공용 클라우드의 역할을 분리하여 사용하는 형태이다. ( )

※ 다음 내용에 대해서 간략히 서술하시오.

01 IPv4와 IPv6 프로토콜을 비교하여 설명하시오.

02 P2P 서비스의 형태에 대해서 설명하시오.

03 IoT의 핵심기술에 대해서 설명하시오.

04 클라우드 서비스 사용시 장점을 설명하시오.

05 범주에 따른 클라우드 유형을 서술하시오.

※ 다음 주제에 대해서 토론하시오.

01 생활 속에서 스며든 IoT 서비스에 대해서 토의하시오.

02 중국의 O2O 서비스의 방향에 대해서 토의하시오.

Chapter 05

상황인식 관련 기술

5.1 상황인식 기초 기술

(1) RFID

① RFID의 개요

RFID(Radio Frequency Identification)는 반도체칩과 무선 통신을 이용하여 다양한 개체의 정보를 전송 및 관리할 수 있는 차세대 인식기술로서 전자태그, 스마트 태그, 전자라벨, 무선 식별 등으로 불리고 있다. RFID는 현재 유통 분야에서 물품 관리를 위해 사용되고 있는 바코드를 대체할 차세대 인식 기술이다.

RFID는 무선통신 시스템으로 자동화 데이터 수집 장치(Automatic Data Collection)의 한 분야에 속해 있다. 이 무선 통신 시스템은 RF 태그 혹은 스마트 태그와 RF 리더(Reader/Controller)로 구성되어 있다.

바코드(Bar Code)와 비교하면, 라벨(Label)은 RFID에서는 RF 태그로, 스캐너는 RF 리더로 비교된다. 바코드 스캐너가 라벨을 스캐닝하여 자료를 읽듯이 RF 리더는 RF 태그 자료를 접촉하지 않은 채 전파를 발사하여 되돌아오는 전파를 통해 RF 태그의 자료를 읽게 된다.

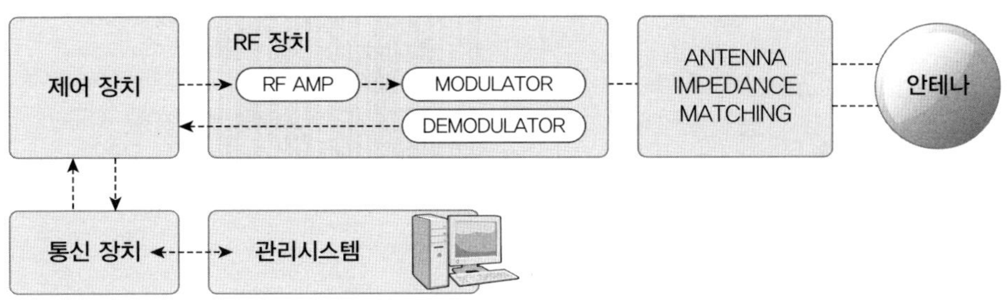

[그림 5-1] RFID 리더기 구조

현재 사용되는 UPC(Universal Product Code) 바코드 시스템 테스트가 최초로 사용것 30년 전 오하이오주 트로이에 있는 March란 이름의 슈퍼마켓이다. 여기서 한 점원은 10통의 껌으로 바코드 시스템을 인식하는 테스트를 했었다. 이후 바코드 시스템의 발전은 계속되었고, 미국과 유럽 표준그룹 대표들은 공통 14자리 바코드 방식에 합의했다. 이에 따라, 전 세계 바코드 리더기들은 2005년 1월부터 이러한 방식을 지원해 왔으며 현재까지 널리 사용되고 있다.

RFID 기술은 1934년 첫 특허를 받은 바코드만큼이나 오래된 기술인데, 2차 세계대전 중 영국 공군은 들어오는 아군과 적군 비행기를 파악하려고 RFID 기술을 처음 사용했다. 그 후 RFID의 이론과 구현에 관하여 처음으로 상세히 소개한 것은 1948년 10월 무선학회(IRE)에서 발표된 해리 스톡맨(Harry Stockman)의 반사력을 이용한 통신(Communication by Means of Reflected Power)이라는 논문이다. 그 이후 1973년에 찰스 월튼(Charles Walton)이 수동 RFID 기반 도어록 리더기로 RFID 특허를 최초로 취득하는데 성공했다. 흥미롭게도 월튼(Walton)이 다수의 발명품을 고안한 것은 월마트의 창업자인 샘 월튼(Sam Walton)의 성과 같다. 월마트는 미 국방성과 함께 RFID 보급에 견인차적인 역할을 수행해 온 다국적 기업이다.

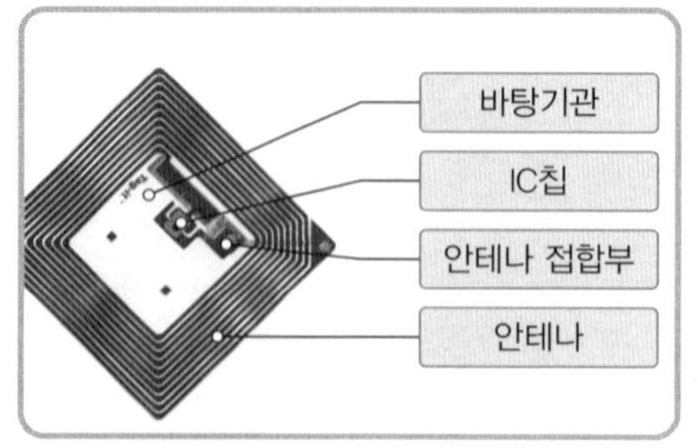

[그림 5-2] RFID 태그와 바코드

무어의 법칙 덕분에 2010년에 수동 RFID의 가격은 50센트 미만으로 떨어졌다. 또 RFID에 어울리는 인프라로서 1990년대 말 .com 붐이 고속 CPU와 I/O 연결성, 넉넉한 메모리와 하드 드라이브 용량을 갖춘 네트워크 장비, 강력한 서버의 개발을 가속시켰다. RFID의 인기 요인은 소비자의 요구에서 비롯된다. 제조업체, 대리점, 소매상 등은 시스템을 최대한 자동화함으로써 인건비를 절약하고, 제품의 위치와 재고 상황을 제때 정확하게 파악하기를 원하고 있었다.

〈표 5-1〉 RFID와 바코드의 비교

구분	RFID 태그	바코드
최대 정보량	수천 자리	수십 자리
쓰기 기능	가능	불가능
크기	비교적 큼	작음
내환경성	강함	약함
여러 개 동시 인식	가능	불가능

② RFID 태그의 종류

일반적으로 새로운 애플리케이션의 대부분은 그 초창기나 성장기 동안에 호환되지 않는 다양한 옵션의 등장으로 여러 가지 문제에 직면한다. RFID도 태그가 리더기와 통신하는 가장 기본적인 것에서 문제가 발생하여 몇 가지 종류의 RFID 태그가 나오게 되었다.

수동 RFID 태그는 자체 전원이 없고, RFID 리더기가 수동 RFID 태그를 여기(Excite)시키는 과정에서 유도결합이나 전자기 캡처(Electromagnetic Capture) 중 한 가지 방법을 사용함으로써 이 태그가 전원을 공급받거나 확보하게 된다.

능동 RFID 태그는 배터리를 사용하므로 보다 고가이지만 그 기능과 작동 범위는 수동 RFID보다 뛰어나다. 이 둘의 절충안이라 할 수 있는 반수동(Semipassive) 태그는 평소에 배터리로 작동하지만 통신 중에는 리더기에서 전력을 공급받는다.

〈표 5-2〉 RFID 태그 비교

구분	수동 RFID 태그	능동 RFID 태그
작동 방법	태그 자체 전원 없이 안테나로부터 오는 전파를 받아서 통신	태그 자체 전원을 가지고 있으며, 주파수를 발산하여 리더와 통신
크기 및 무게	작고 가볍다	크고 무겁다
가격	상대적으로 싸다	비싸다
사용 주파수 대역	125KHz~2.4GHz	125KHz, 433MHz, 2.4, 5.8GHz

RFID 태그들은 임베디드된 매개체(콜라 캔, 휴대전화, 신용 카드 등)의 정보를 통신하기 위해 저대역의 라디오 주파수를 이용한다. 라디오 주파수 식별 칩이란 칩에 라디오주파수 대역의 전파를 보내면 특정한 주파수가 발생하는 조그마한 장치를 의미한다.

③ RFID 시스템의 특징

기업의 물류비 절감과 효율화를 만들고, 데이터의 수집과 확인 작업을 개선할 수 있다. 인적 자원의 투입 없이 자동으로 데이터를 인식하고, 집계, 분류, 추적할 수 있게 함으로써 물류상의 전 작업 공정의 자동화를 기할 수 있으며 상품 제조 과정에서 운영비와 생산비의 감소효과를 가져온다. 재사용 가능하여 다른 인식 시스템인 바코드 시스템보다 여러 각도에서 비접촉 방식에 의한 인식을 할 수 있다. 또한 RFID 태그는 재사용이 가능하고, 여유 있는 데이터 저장 능력을 갖고 있으며 한 번에 여러 태그를 인식할 수 있는 장점이 있다.

RFID는 태생적으로 주파수 대역을 사용하기 때문에 주파수 제한이 있고, 주파수를 이용하여 태그와 접촉하지 않고 인식할 수 있다는 장점이 있지만 사용하는 주파수 간의 간섭 또는 먼저 시장을 점유한 주파수 대역과의 마찰 문제가 있다. 그리고 RFID 태그가 부착되거나 임베디드된 매개체를 액체 또는 금속을 통해 인식하는 데에 기술적인 문제가 발생할 수 있다. 또한 보안 기능에서 유무선 환경과 마찬가지로 RFID 시스템 역시 보안과 관련해 여러 가지 문제점이 발생할 수 있다. 프라이버시 보호에서 RFID 시스템으로 프라이버시 침해 가능성을 최소화하기 위한 여러 방안이 마련되고 있다. 특히 미국의 캘리포니아 주의원들은 소비자들이 쇼핑을 마치고 매장을 떠날 때 RFID 태그를 떼거나 파괴하는 것을 의무화했고, 가까운 일본의 경우 경제 산업성이 발표한 가이드라인에 따라서 RFID 태그가 장착된 물품을 소비자에게 판매, 교부할 때 태그 장착 사실을 사전에 소비자가 알 수 있도록 물품에 표시하도록 했다. 우리나라에서는 정보통신부가 유비쿼터스 센서 네트워크(USN) 기본계획에 프라이버시 보호를 위해 국제적인 동향과 개인 정보 및 프라이버시 보호 내용을 포함할 계획이라고 전하고 있다.

④ RFID와 비교되는 기술

자동 인식 기술의 발전으로 말미암은 RFID 시스템과 비교되는 기술들은 다음과 같다.

[그림 5-3] 자동 인식 시스템 분류

바코드 시스템은 대표적인 인식 시스템으로 생산 단계에서부터 유통, 사후 관리에 이르기까지 우리 생활 깊숙이 자리 잡고 있다. 국가 식별 코드, 회사 식별 코드, 제조사 제품 번호와 확인 번호코드를 포함하여 13개의 숫자로 구성된다. 바코드 시스템의 바코드 라벨은 매우 저렴하지만 저장 능력이 적고 재프로그램이 불가능하며, 더 복잡하고 자동화가 요구되는 분야에서는 적당하지 않다.

광 문자 인식(Optical Character Recognition) 시스템은 인식 문자를 사람이나 기계가 읽는다. 정보가 고밀도이고, 긴급 및 단순 확인 때 데이터를 시각적으로 확인할 수 있는데 지로 용지가 이에 해당한다. 그러나 다른 자동 인식 시스템보다 고가이며 복잡해 보편화되지 못하고 있다. 생체 인식은 인체의 개별적인 부위의 특성을 인식하는 기술로서 음성 인식, 지문 인식, 홍채 인식 등이 있으며, 출입 관제, 금융 등 다양한 분야에 응용되고 있다.

스마트카드는 처음에 선불형 전화 카드로 출시되었는데, 데이터를 카드 내에 저장하여 의도하지 않은 접근에서 보호할 수 있는 장점이 있다. 그러나 접촉식이기 때문에 접촉 부분의 마모와 부식이 쉽다는 단점이 있다.

동물 관리는 출생 내력 등 식별정보가 입력된 칩을 동물에 이식하여 혈통 관리 및 위치파악에 이용하고, 스키장 통로에 수직 게이트형 안테나를 설치해 스키어들의 입장 확인, 스키어 관리시스템에 활용한다. 마라톤 선수 추적 시스템의 경우에는 가벼운 무선태그가 선수 운동화에 부착되며 루프 안테나가 마라톤 주행 도로의 출발선, 중간 반환점, 결승선 등에 설치되어 선수의 기록을 관리한다. 가장 많이 알려진 교통 카드에서는 카드를 리더에 가까이 대면 카드에 내장된 RFID 칩이 리더와 무선으로 교신하여 자동으로 요금을 징수한다.

물류 창고 관리 시스템에서는 박스 단위로 태그를 부착해 자동 입출고 처리, 공급 경로를 경유하는 상품의 실시간 위치 추적 및 재고 관리가 가능하다. 그리고 농산물 이력 관리를 위해 RFID 태그에 농산물의 원산지와 생산자에 대한 정보를 입력하여 농산물의 이력을 추적 및 관리한다. 고속도로 전자 요금 징수 시스템은 고속도로 톨게이트에 태그가 부착된 차량이 접근하면 자동으로 요금이 징수되는 시스템이다. 타이어 이력 관리에서는 타이어에 RFID 태그를 부착해 생산 공정에서 생산과 품질 이력 정보를 기록하고, 불량품을 자동적으로 선별하며 개별 타이어에 대한 재고 상황을 관리한다.

(2) USN

USN(Ubiquitous Sensor Network)은 모든 사물에 부착된 센서를 초소형 무선 장치에 접목하여 이들 간의 네트워킹과 통신으로 실시간 정보를 획득, 처리, 활용하는 네트워크 시스템이다. USN에서는 사물의 이력 정보뿐만 아니라 사물을 둘러싸고 변화하는 물리 환경들의 다양한 정보를 처리하여 수준 높은 생활을 실현하게 한다. 이는 우선 인식 정보를 제공하는 RFID를 중심으로 발전하고 여기에 센싱 기능이 추가되어 이들 간의 네트워크가 구축되는 USN 형태로 구현되고 있다. 어느 곳에나 부착된 태그와 센서 노드로부터 사물과 환경 정보를 감지, 저장, 가공, 통합하고 상황 인식 정보나 지식 콘텐츠 생성을 통하여 언제 어디서 누구나 원하는 맞춤형 지식 서비스를 자유로이 이용할 수 있는 첨단 지능형 사회의 기반 인프라를 USN으로 정의한다.

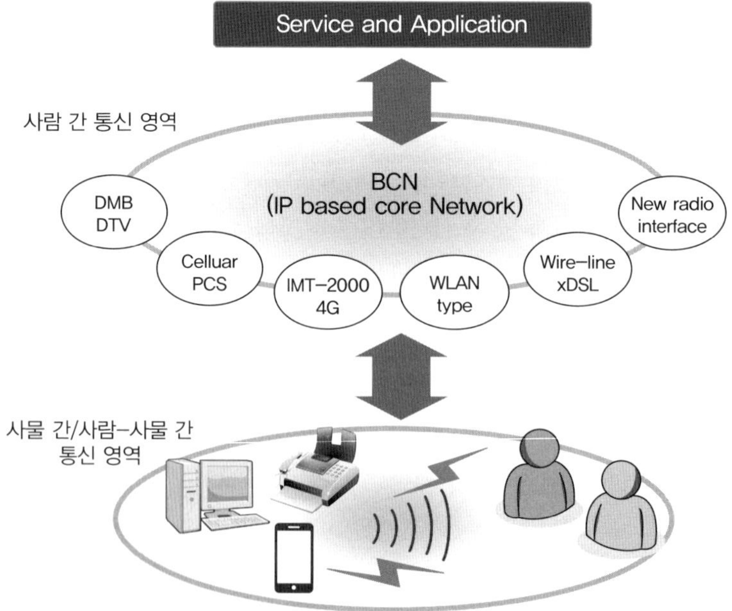

[그림 5-4] USN 개념도

USN 응용 분야로는 IP-USN(Internet Protocol-Ubiquitous Sensor Network)은 기존의 IP 인프라를 기반으로 센서 노드, 게이트웨이 등을 USN 네트워크로 통합하여 광범위한 확장성과 이동성을 보장하는 기술이다. 또한 IP-USN은 BcN(광대역 통합망), IPv6(차세대 인터넷 주소 체계), 와이브로, 무선랜 등 인터넷 인프라와 연계하여 원하는 장소에 센서 네트워크를 구성해서 다양한 서비스 제공이 가능한 차세대 핵심 기술이다. IP–USN은 U–City 등 미래 유비쿼터스 환경 구현을 위해 주목받고 있고, U–City 실현에는 지그비(ZigBee)와 같은 기술들이 사용되고 있으나 가정 내 홈 네트워크와 같이 제한된 범위에서 사용되며, IP 기반이 아니므로 인터넷과의 통합도 쉽지 않다.

〈표 5-3〉 지그비와 IP-USN 비교

구분	ZigBee	IP-USN
네트워크 주소	16비트 혹은 64비트	IPv6 주소
게이트웨이 기능	응용 계층	네트워크 계층
호환성(IPv6체계)	낮음	높음
주소 할당	ZigBee 코디네이터가 16비트 주소 부여	64비트 BuI-64 식별자를 이용한 IPv6 주소
응용 프로그램	취약	다수
확장성	낮음	높음
보안	제공	제공 안 함

지그비는 전자 통신 연구원(ETRI)이 개발한 운영체제(OS)로 나노–큐플러스 등의 벤처기업이 u센서 노드를 개발해 시장을 확대하고 있다. 국내에서는 지난 2003년부터 8개 현장에서 USN 실증 시험 사업을 추진, 현재 USN 정보관리 표준화와 선행 시스템 연구를 진행하고 있다. 선진국에서는 다방면으로 USN 사업을 추진하고 있으며, 민간 기업 및 대학에서 활발하게 참여하고 있다.

미국 버클리대에서 주관하고 있는 F.I.R.E(Fire Information and Rescue Equipment)는 시카고 소방서와 UC 버클리 대학교의 기계공학과에서 공동 참여한 프로젝트로서 9.11 테러 이후, 신속한 초동 조치 및 응급 사태 대응의 필요성을 절실하게 느낀 정부 부처에서 긴박한 응급상황에서 사용이 가능한 진화된 소방 IT 장비의 개발을 의뢰하면서 시작된 프로젝트이다. USN 기술을 응용한 SmokeNet, 소방 마스크인 FireEye, 소방 현장 지휘 시스템인 eICS 등으로 구분되는 3개의 세부 프로젝트로 구성되어 있다.

[그림 5-5] eICS와 소방관과의 통신 예(왼쪽), FireEye에 디스플레 내용(오른쪽)

일본의 길거리 주시 센서 시스템은 어린이들이 안전한 통학을 하도록 등하교 길에 CCTV를 설치하고, 어린이들은 가방에 전자태그를 장착한 것이다. 2006년 파나소닉에서 주관하였고, 일본 총무성의 u-Japan 관련 사업으로 대상을 수상하여 오사카에서 시범 운영되고 있다. 전자 태그 리더와 IP 카메라 등으로 구성되는 주시 센서를 통학로나 길거리에 설치하는 것으로, 어린이들의 통과 시각이나 어린이들의 화상을 보호자 등에게 보다 확실히 전달해 주는 것이 가능해져, 보다 안심이 되는 안전한 통학 서비스를 제공한다. 오사카 시내에서 실증 실험에 사용된 시스템은 10개소의 주시 센서로 구성되어 있다.

[그림 5-6] DustBot 사진

유럽에는 자연을 대상으로 한 연구를 목적으로 하는 유럽공동체의 DustBot 사업이 있는데, 이는 도시 위생 관리를 향상시키기 위한 자율적이고 협조적인 로봇 디자인이다. 여러 국가의 공동 연구 및 협력으로 수행되어, 행정적인 절차 등 여러 방면에서 어려운 점이 많이 있으나, 국가를 초월한 국제적인 추진 체계는 벤치마크의 가치가 있어 보인다. 대기 오염 정보 측정 센서 탑재로 실시간 대기 오염도 측정하여, 공원 및 도로의 바닥 진공청소, 소량의 가정집 쓰레기 픽업 기능 등의 수행이 가능하다.

(3) 센서용 운영체제

① 미들웨어

스마트 기기(임베디드 컨트롤, 센서 등)에 적합한 운영체제가 있다면 이와 응용프로그램 간의 정보를 주고받을 수 있는 중간 단계인 미들웨어가 존재해야 한다. 구성 요소는 사용자, 센서, 그리고 유비쿼터스 미들웨어이다. 유비쿼터스 미들웨어는 상황을 인식하여 사용자가 필요한 서비스를 제공하는 상황인식 미들웨어를 의미하며 유비쿼터스 환경을 구축하는 데 핵심 요소라 할 수 있다. 이러한 미들웨어는 사용자가 유비쿼터스 환경에서 자신의 상황에 적합한 서비스를 받을 수 있도록 해야 한다. 이를 위해서는 센서와의 통신, 상황 정보의 인식, 상황에 적합한 서비스 호출 등이 미들웨어 핵심 기능으로 필요하며 사용자 인증, 새로운 서비스 등록과 룩업 기능 또한 공통 기능으로 필요하다. 국내외 관련 연구의 동향을 살펴보면 위의 기능을 모두 포함하는 상황 인식 미들웨어는 아직 제시되지 않은 상태이므로 4차 산업혁명의 실용화를 앞당기려면 이러한 미들웨어에 대한 연구의 중요성이 부각되어야 한다.

② 상황 인식 응용 범주

라우팅(Routing)은 사용자의 위치 정보를 찾고자 주로 사용되고 있다. 제록스(Xerox) PARC의 Etherphone, Ubiquitous Message Delivery 시스템과 Olivettie의 Telephone Receptionist 등과 같은 응용에서는 수동 또는 자동으로 사용자의 위치 정보를 파악하여 사용자와 가장 가까운 전화로 통화를 수동 또는 자동으로 연결해 준다.

어드레싱(Addressing)은 상황 정보에 따라 어떤 사람이 통신에 참가할 것인가를 결정한다. 특정 수업을 듣는 학생 또는 같은 프로젝트를 수행하는 동료가 응용 서비스 애플리케이션에 의해 자동으로 선택된다. 이러한 응용 서비스 애플리케이션에는 조지아 테크놀로지의 Context-aware mailing list와 Xerox PARC의 PARCTAB Virtual Whiteboard가 있다.

메시징(Messaging)은 사용자의 위치 정보, 사용자 근처에 있는 사람, 수신된 메시지의 중요도 등에 따라 사용자에게 적절한 정보를 담은 메시지를 전송한다. 이러한 응용에는 commotion, CyberMinder, Active Messenger 등이 있다.

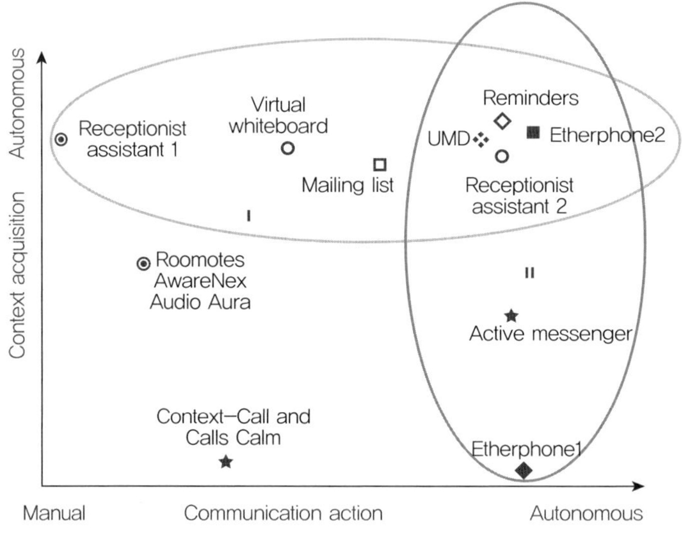

[그림 5-7] 상황 인식의 분류

인식 제공(Providing Awareness)은 친구나 가족, 동료의 상황을 공유하고, 사용자의 일정 정보와 캘린더 정보를 이용한다. AwareNex에서는 동료들의 현재 위치와 상태를 표시하고, 캘린더 정보 등을 이용하여 전화를 할 수 있게 해준다. Audio Aura에서는 Active Badge와 무선 헤드폰을 이용하여 사용자가 특정 위치 또는 특정 상황에 있을 때, 적절한 정보를 음성 안내로 제공한다. Roommotes에서는 웹폰을 이용하여 사용자가 주위에 있는 장치를 원격 제어한다. 예를 들어, 사용자는 세미나실에 있는 프로젝터와 스크린을 웹폰으로 제어할 수 있으며, 한편 사용자의 웹폰이 세미나실에 있음을 알게 되면 사무실로 수신되는 전화가 자동으로 연결된다.

호 선별(Call Screening)은 사용자가 상대방과 통화를 할 때, 상대방의 상태 정보, 즉 누구와 같이 있고, 무엇을 하고 있고, 어디에 있는지 등의 정보를 활용한다. 이러한 응용 서비스 애플리케이션에는 Context-Call과 Calls, Calm이 있다.

③ RFID에서의 미들웨어

RFID 기반 미들웨어가 정확한 데이터를 전달한다는 것은 RFID 장치로부터 수집된 정보 중 응용 서비스가 관심 있는 데이터만을 필터링하여 전달한다는 것을 의미한다. 데이터 필터링 기능은 데이터의 형식과 응용 환경에 따라 요구되는 기능이 달라진다. 단순한 EPC 코드를 활용하는 응용 분야에서 필요한 정보를 얻는 방법과 훨씬 더 복잡한 구조를 갖는 데이터를 이용하는 응용 분야에서 정보를 필터링하는 방법은 다르다. 또한 처리되어야 할 데이터의 양, 동시에 처리되는 필터링 조건의 수 등을 고려하여 데이터 처리 방법을 채택해야만 데이터의 손실 없이 실시간 처리를 할 수 있다. 최근에 RFID 기반 미들웨어 제품과 솔루션들이 많이 개발되고 있으나 주로 EPC 코드 등과 같은 간단한 형식의 데이터를 처리한다.

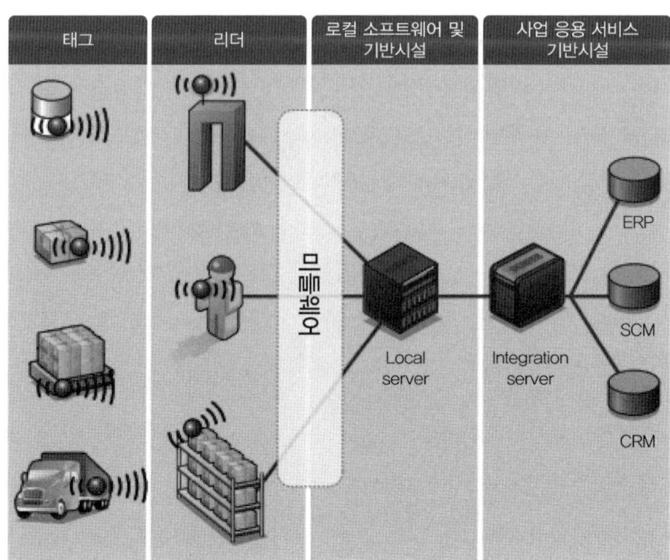

[그림 5-8] RFID 미들웨어

RFID를 기반으로 유비쿼터스 환경의 응용 서비스를 지원하는 미들웨어는 지속적으로 끊임없이 입력되는 데이터를 정확하게 실시간으로 처리하고 응용 서비스에서 요구하는 결과를 획득해서 전달하여야 한다. 이와 같은 지속적으로 입력되는 대량의 데이터 스트림을 처리하려면 다음 몇 가지 사항이 요구된다.

- 순서(Order)와 시간(Time)을 기반으로 한 데이터 모델과 질의가 허용되어야 한다.
- 질의의 결과로 근삿값을 허용하여야 한다.
- 질의에 대한 결과를 얻고자 입력되는 모든 데이터 스트림을 대상으로 하는 블로킹(Blocking) 연산을 사용하지 않아야 한다.
- 성능과 데이터 저장소에 대한 제약 때문에 데이터 스트림에 대한 백트래킹(Back-tracking)은 적절하지 않다.
- 실시간으로 데이터 스트림을 모니터링하는 응용 서비스 애플리케이션에서 비정상적인 데이터에 대하여 빠르게 대응하여야 한다.
- 확장성을 위해 많은 질의를 공유하여 실행할 수 있어야 한다.

Windows CE는 PDA나 휴대용 PC에 사용되는 운영체제로 널리 알려져 있다. 마이크로 소프트 계열의 윈도지만, 사용자 편리성보다는 모바일 장비에 맞는 이동성과 저전력을 요하는 기기에 사용될 용도로 개발되었다. Windows CE는 임베디드 리눅스와 비교할 수 있는데, 임베디드 리눅스는 Windows CE와 비교할 때 모든 소스 코드가 공개되고, 오픈 소스 정책을 통하여 널리 사용되고 있다. Windows CE와 임베디드 리눅스는 가전제품이나 셋톱박스가 사용되는 소형 기기들을 위한 운영체제이다. 하지만 센서와 같은 작은 시스템에 사용할 때는 최소한의 전력을 소비하고 커널 크기가 매우 작은 새로운 운영체제가 필요해짐에 따라 센서용 운영체제로 버클리 대학에서 TinyOS를, 우리나라 ETRI에서 Nano−Qplus를 개발하였다.

5.2 인공지능

(1) 인공지능이란

인공지능(Artificial Intelligence)은 학습, 문제해결, 패턴 인식 등과 같이 주로 인간 지능과 연결된 인지 문제를 해결하는 데 주력하는 컴퓨터 공학 분야이다. 대부분 AI로 부르고, 인공지능은 로봇 공학, 공상 과학, 첨단 컴퓨터 공학의 현실이 되고 있다. 과학자 Pedro Domingos 교수는 인공지능을 첫째, 논리와 철학에 기원을 둔 상징주의자, 둘째, 신경 과학에서 유래한 연결주의자, 셋째, 진화 생물학과 관련된 진화론자, 넷째, 통계와 개연성을 다루는 베이지안, 마지막으로 심리학에 기반을 둔 유추론자로 구성된 기계 학습이라 설명한다. 최근에 통계 컴퓨팅 효율성이 개선되면서 베이지안이 기계 학습이라는 분야에서 몇 가지 영역을 성공적으로 발전시켰고, 네트워크 컴퓨팅이 발전하면서 연결주의자도 딥러닝으로 하위 분야를 더욱 확대시키고 있다. 기계 학습(Machine Learning)과 딥러닝(Deep Learning)은 모두 인공지능 분야에서 파생된 컴퓨터과학이다.

① 기계 학습

기계 학습은 패턴 인식 및 학습에 사용되는 몇 가지 베이지안 기법에 주로 적용되는 방법이다. 이는 기록된 데이터에서 학습하고 이를 기반으로 예측하며, 불확실성 하에서 기본 유틸리티 기능을 최적화한다. 그리고 데이터에서 숨겨진 구조를 추출하고, 데이터를 간결한 설명으로 분류할 수 있는 알고리즘의 모음이다. 기계 학습은 명시적 프로그래밍이 너무 엄격하거나 실용성이 없는 경우 주로 사용된다. 소프트웨어 개발자가 주어진 입력에 따라 프로그램 코드별로 출력을 생성하기 위해 개발하는 일반 컴퓨터 코드와는 달리, 기계 학습은 데이터를 사용하여 통계 코드를 생성하는데, 이는 감독된 기법의 경우 출력인 이전의 입력예제에서 인식한 패턴을 기반으로 적절한 결과를 출력한다. 출력된 모델의 정확성은 대부분 기록 데이터의 양과 질에 달려 있다.

적절한 데이터가 있다면 모델은 수십억 개의 예제를 통해 고차원의 문제를 분석함으로써 주어진 입력을 사용해 출력을 예측할 수 있는 최적의 기능을 찾을 수 있다. 그리고 예측뿐만 아니라 전반적인 성능에 대한 통계적 신뢰도를 제공하고, 다른 개별 예측을 사용하려는 경우 이러한 평가 점수는 의사결정에 중요한 역할을 한다.

아마존(Amazon.com)은 기계 학습 기반의 많은 비즈니스를 구축하고 있고, 통계 모델을 통해서 비즈니스를 성장시키고, 고객 경험과 선택을 개선하며, 물류 속도와 품질을 최적화하고 있다. 그리고 아마존은 다른 비즈니스에서도 같은 IT 인프라를 활용하고 민첩성과 비용 혜택을 받으려고 AWS(Amazon Web Service)를 시작했으며, 모든 비즈니스에서 사용할 수 있도록 ML 기술을 계속해서 대중화하고 있다.

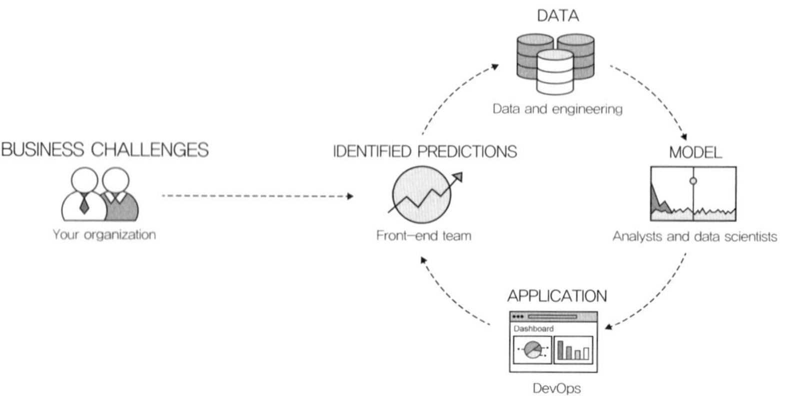

[그림 5-9] 기계 학습 모델링

다른 IT 서비스와 마찬가지로 모든 비즈니스에서 AWS 서비스로 제공하기 전에 Amazon.com의 규모와 미션 수행을 위한 독특한 환경에서 먼저 테스트한다.

기계 학습은 기록 데이터를 기반으로 미래의 결과를 예측하는 데 주로 사용되는데, 조직에서 기계 학습을 사용하여 특정 인구 통계학을 기반으로 향후 제품이 얼마나 판매될지 예측하거나 브랜드에 대한 충성도가 높아지거나 불만족하게 될 가능성이 높은 고객 프로파일을 예측한다. 이러한 예측을 통해 비즈니스 의사 결정을 개선하고, 좀 더 개인적인 사용자 경험을 제공하며, 고객 유지비용을 줄일 수 있다. 과거 비즈니스 데이터를 보고하는 데 집중하는 비즈니스 인텔리전스(BI)를 보완한 기계 학습은 과거의 추세와 트랜잭션을 기반으로 미래의 결과를 예측한다.

비즈니스에서 기계 학습을 성공적으로 구현하는 데 필요한 몇 가지 단계가 있다. 먼저 정확한 문제를 파악인데, 이는 비즈니스에 도움이 될 예측이 무엇인지 파악한다. 여기서 데이터는 과거 비즈니스 지표(트랜잭션, 판매, 감소 등)를 기반으로 수집되어야 한다. 데이터가 집계되면 해당 데이터를 기반으로 ML 모델이 구축될 수 있다. 기계 학습 모델이 실행되고 모델의 예측 결과가 비즈니스 시스템에 다시 적용되어 좀 더 정보에 근거한 의사결정을 내릴 수 있다.

기계 학습의 사용 사례는 다음과 같다.

- 이상 탐지로서 예상된 패턴이나 데이터 세트의 다른 항목과 일치하지 않는 항목, 이벤트 또는 관찰 결과를 파악한다.
- 부정 탐지로서 잠재적인 부정 소매 트랜잭션을 파악하거나 부정 또는 부적절한 항목 검토를 탐지하는 데 도움이 되는 예측 모델을 구축한다.
- 이탈 위험이 높은 고객을 찾아 미리 프로모션이나 고객 서비스 활동에 참여시킬 수 있다.
- 콘텐츠 개인화로서 예측 분석 모델을 사용하여 이전 고객의 행동을 기반으로 항목을 추천하거나 웹 사이트 흐름을 최적화함으로써 웹 사이트에서 좀 더 개인화된 고객 경험을 제공한다.

② 딥러닝

딥러닝은 데이터를 좀 더 심층적으로 이해하기 위해 알고리즘을 계층화하는 기계 학습의 한 분야이다. 알고리즘은 좀 더 기본적인 회귀 분석에서 설명 가능한 관계 집합을 생성하는 데 국한되지 않고, 딥러닝은 이러한 비선형 알고리즘 계층을 사용하여 일련의 요소를 기반으로 상호작용하는 분산 표상을 생성한다. 대규모 교육 데이터에서 딥러닝 알고리즘이 요소 간 관계를 파악하는 것이 가능해지고 있다. 이러한 관계는 형태, 색상, 단어 간 관계가 될 수 있고, 시스템이 예측을 생성하는 데 사용될 수 있다. 기계 학습과 인공지능 분야에서 딥러닝의 강점은 사람이 실제로 소프트웨어에 코딩할 수 있는 것보다 더 많은 관계 또는 사람이 인지할 수 없을지도 모르는 관계를 파악할 수 있다는 점이다.

딥러닝을 사용한 사례는 다음과 같다.

- **이미지 및 비디오 분류**, 세그멘테이션으로 Convolutional Neural Network는 객체 분류를 비롯하여 많은 영상 작업에서 인간을 능가한다. 레이블이 붙은 수백만 개의 사진에서 알고리즘 시스템이 이미지 피사체를 식별한다. 딥러닝 덕분에 많은 사진 스토리지 서비스에시 인면 인식 기능을 제공하고, 이는 Amazon Rekcognition, Amazon Prime Photos 및 Amazon의 Firefly Service의 핵심 기능이다.
- **음성 인식**으로 Amazon Alexa 및 기타 가상 비서는 요청을 인식하고 응답을 반환하도록 설계되었다. 사람은 목소리를 이해하는 것이 아주 어린 나이부터 가능

하지만, 컴퓨터는 최근에 사람의 목소리를 듣고 이에 응답할 수 있게 되었다. 사람의 억양과 음성 패턴이 모두 다르다는 점에서 음성 인식은 기존 수학 또는 컴퓨터 공학을 사용하여 해결하기에는 매우 어려운 기계 작업이다. 딥러닝을 사용하면 알고리즘 시스템이 어떤 소리가 났고 의도가 무엇인지 좀 더 쉽게 파악할 수 있다,

- **자연어 처리**는 시스템이 사람의 언어, 억양 및 맥락을 이해하도록 가르치기 위한 노력이다. 이를 통해 알고리즘이 감정이나 풍자와 같은 좀 더 어려운 개념을 포착할 수 있다. Amazon Lex에서 하듯이 기업이 음성 또는 텍스트 봇으로 고객 서비스를 자동화하려고 시도함에 따라 이 분야가 점점 성장하고 있다.
- **추천 엔진**으로 온라인 쇼핑에서는 고객이 구매하길 원할지도 모르는 항목, 보길 원할지도 모르는 영화 또는 관심이 있을 수 있는 뉴스와 관련된 맞춤형 콘텐츠 추천이 필요할 때가 많다. 지금까지 이러한 시스템은 사람이 항목 간의 연관성을 생성하는 방식으로 제공되었다. 하지만 빅데이터와 딥러닝의 출현으로 알고리즘이 고객의 과거 구매 또는 방문 제품을 조사하고 해당 정보를 다른 사람들과 비교하여 관심이 있을 만한 항목을 파악할 수 있으므로, 더는 사람이 개입할 필요가 없다.

로봇과 인공지능의 차이를 생각하면, 인공지능과 로봇은 별개이다. 인공지능은 소프트웨어(정신), 로봇은 하드웨어(육체)이다. 보통 아이언맨과 터미네이터 같은 인공지능이 탑재된 로봇이 나오기 때문에 혼동이 되지만, 인간이 조종하는 로봇과 육체가 존재하지 않는 인공지능도 있다는 점이다. 휴머노이드처럼 지능을 가진 로봇은 두 분야가 협력하는 것이 일반적이다.

(2) 인공지능의 역사

① 인공지능의 발전과정

인공지능의 역사는 17~18세기부터 태동하고 있었지만 이때는 인공지능 그 자체보다는 뇌와 마음의 관계에 관한 철학적인 논쟁 수준이었다. 그러나 시간이 흘러 20세기 중반부터 본격적으로 컴퓨터 발달이 시작하면서 컴퓨터로 두뇌를 만들어서 우리가 하는

일을 시킬 수 있지 않을까? 라는 의견이 제시되었고 많은 사람들이 인공지능은 학문의 영역으로 들어서기 시작했다.

인공지능 연구는 자연어 처리나 게임 인공지능 등이 개발되어 복잡한 수학 문제를 해결하는 등 인간만이 할 수 있는 문제는 컴퓨터로 해결하는 모습을 보여주며 황금기를 맞이하였으나 1970년대 후반에 들면서 한계를 드러내기 시작했다. 당시의 컴퓨터는 천문학적인 양의 정보를 처리하기에 성능과 용량이 부족했고 인간의 두뇌는 엔지니어들의 상상보다도 훨씬 거대하고 복잡하였다. 결국 인간 지능의 구현은 실패로 끝나 많은 사람들이 비관적인 의견을 내놓았고 연구에 대한 지원이 끊기게 되었다.

이후에는 인공지능 연구가들이 좀 더 구체적이고 실용적인 목표를 가지는 하위 분야로 이동하게 되면서 전문가 시스템 같은 실용적인 영역에 연구가 집중되었고 90년대 이후부터 근본적인 문제점 중 하나였던 컴퓨터의 성능이 크게 향상됨에 따라 게임, 필기체 인식, 음성 인식, 영상 처리, 검색 엔진 등 다양한 분야에서 상업적 성공을 거두었다. 그러나 이 역시 기존의 패러다임에서 무언가 혁신적인 변화가 있던 것은 아니며 현재도 순수한 인공지능에 관한 연구는 제한적으로 진행되고 있다.

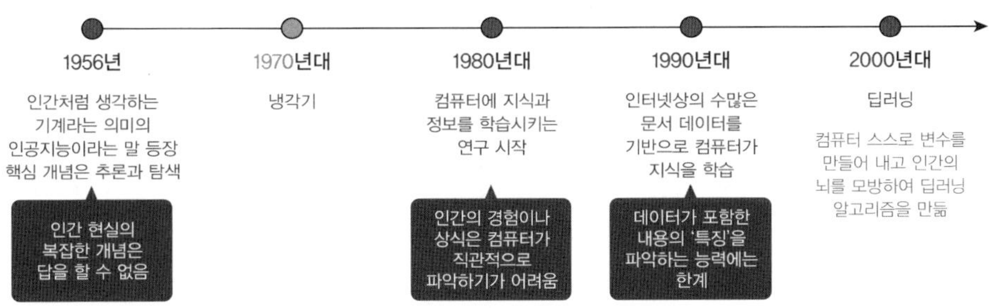

[그림 5-10] 인공지능의 발전과정

② 인공지능의 황금기와 암흑기

인공지능은 두 번의 황금기와 암흑기를 거쳐, 세 번째 황금기를 맞이한다. 인공지능은 1956년 존 매카시가 개최한 다트머스 회의에서 인공지능에 대한 정의와 개념을 정립하면서 인간의 지능을 대체할 학문분야로 인정된다.

1970년은 첫 번째 황금기로서 특정 분야에 전문적인 지식을 탑재한 전문가 시스템

(Expert System)에 연구자금이 투입된다. 1980년대 중반에 첫 번째 암흑기를 맞으나 전문가 시스템이 목표문제를 해결하지 못함에 따라 인공지능에 대한 뜨거운 관심이 약화된다.

1985년에 두 번째 황금기로서 인공신경망의 한 종류인 다층 퍼셉트론(Multi-Layer Perceptron)의 학습방법인 오류역전파법(Error Back-propagation Method)이 지능적 문제를 해결할 수 있는 가능성 제시한다.

2000년대 중반에 두 번째 암흑기로서 주목받았던 오류역전파법 역시 제한적인 데이터, 컴퓨팅파워 부족 등 물리적인 한계로 인해 어려움을 겪는다. 2006년에 세 번째 황금기로서 인공지능의 역사에도 불구하고 지속적으로 연구를 수행한 토론토 대학의 제프리 힌튼(Geoffrey Hinton) 교수는 인공신경망의 혁신적인 학습 기법인 자율 학습(Unsupervised Learning)을 발표한다. 기존 인공신경망의 학습 방법은 초기 값에 대한 의존성이 매우 크기 때문에 새로 학습할 때마다 일정하지 않은 결과가 나타나고, 인공신경망이 깊어(Deep)질수록 더 큰 폭의 차이가 발생한다. 이러한 한계를 극복한 것이 자율 학습으로, 데이터에 해당 정보(Label) 없이도 학습할 수 있고 자율 학습 결과를 초깃값으로 활용하여 일관성 있는 학습 결과 도출한다.

현재의 인공지능은 이미지 인식, 필기 인식, 음성 인식, 영어의 자연어 처리가 가장 성공적인 분야이고, 이미지에서의 객체 인식률은 이미 사람의 수준이고, 중국어와 영어를 동시에 인식하는 기술이 소개됐으며, 필기체 인식은 99%에 육박하여 우편물 자동화 처리에 이미 적용 중이다. 글로벌 IT기업들은 인공지능에 대한 공격적인 투자와 연구개발 중에 있고, 구글은 이미 검색 알고리즘에 인공지능을 접목시켰고, 페이스북은 97%의 정확도로 사진에서 사람의 얼굴을 인식하며, 아마존에서는 로봇을 활용하여 물류시스템을 제어한다.

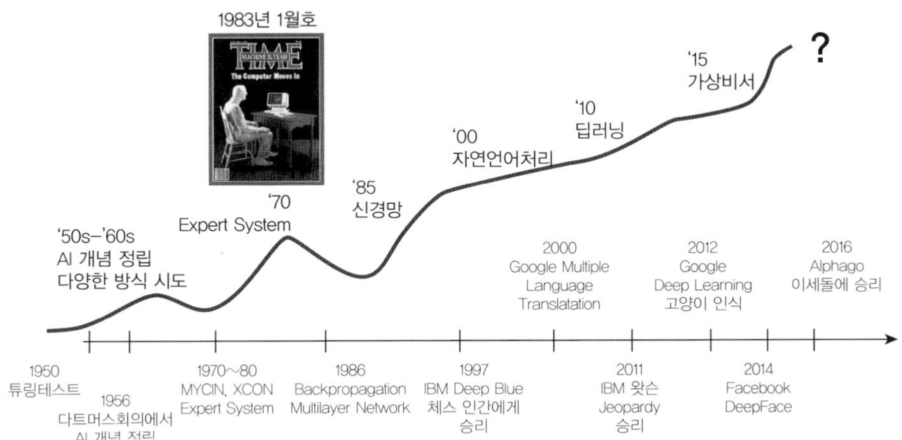

출처 : 소프트웨어정책연구소, 알파고의 능력은 어디에서 오는가?(2016)

[그림 5-11] 인공지능의 70년 역사

③ 인공지능의 성공원인

인공지능의 성공은 다음과 같이 정리할 수 있다. 첫째, **컴퓨팅 환경의 고도화**이다. 이전 컴퓨터 연산처리장치는 지수적인 성능 향상을 달성하며 발전했으며, 실리콘칩의 대량생산 기조에 따라 고성능 저비용 연산처리장치 보급이 확산된다. 현재 스마트폰에 탑재된 AP(Application Processor)의 GPU(그래픽연산처리장치, Graphical Processing Unit)는 약 265 Giga FLOP/s의 성능을 보유한다. 1996년 6월 발표된 세계 1위 슈퍼컴퓨터 SR2201/1024의 실측성능은 약 220 Giga FLOP/s로 스마트폰의 GPU의 이론 성능에 이른다.

둘째, **빅데이터의 대중화**이다. 제4차 산업혁명에서의 인터넷을 통한 데이터의 보급은 새로운 사업영역을 창조할 뿐만 아니라 지능적 의사결정을 위한 인공지능 연구에도 활용된다. 빅데이터 여론 분석을 통해 기업의 이미지와 상품의 피드백을 추측할 수 있으며, 다깃형 소비자 매칭으로 영업 이익을 극대화하는 것이 현실적으로 가능하다. 학습기반의 인공지능 분야에서는 자율 학습이 등장함에 따라 데이터를 재가공하기 위한 비용이 절감된다. 기존의 감독학습(Supervised Learning)은 데이터와 대응 값이 1:1로 쌍을 이뤄야 했기 때문에 학습에 필요한 데이터 셋을 풍부하게 확보하는 것이 중요하다.

셋째, **공개 소프트웨어를 통한 공유의 확산**이다. 인공지능 및 기계학습 관련 공개 소프트웨어는 글로벌 IT 기업과 유수의 대학 연구진이 주도적으로 개발하여 현재까지 약 42종이고, 공개로 인공지능 연구의 진입장벽이 현저히 낮아졌다. 최신 연구결과, 집단 지성을 통해 공유되어 연구자들은 데이터를 확보하여 모델링하는 업무에 집중 가능하다. GPU와 같은 고성능 계산 자원 역시 병렬화과정이 모두 구현되어 컴퓨팅 인프라 활용 환경이 조성되었다.

(3) 인공지능의 최근현황

인공지능이란 무엇이고, 무엇을 지능이라고 부를까를 명확하게 정의하기는 쉽지 않다. 이는 철학적인 문제가 아니고 이 문제에 어떤 대답을 선호하는가에 따라서 연구 목적과 방향이 완전히 다르다. 첫째, 인간의 지능을 필요로 하는 일을 컴퓨터가 처리할 수 있으면 그것이 바로 인공지능이다. 또한, 인간과 같은 방식으로 이해를 할 수 있으면 인공지능이다. 이 두 가지는 지능을 필요로 하는 일이란 무엇인가? 혹은 인간과 같은 방식이란 무엇인가? 라는 질문에 대한 대답에 따라서 서로 다른 여러 종류의 대답을 내포하고 있다.

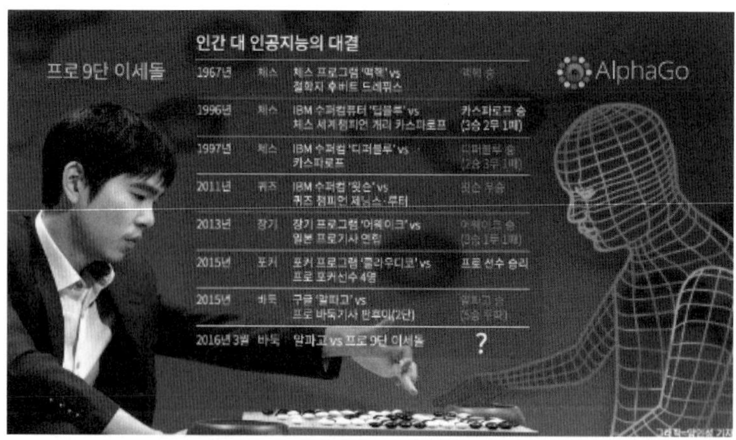

[그림 5-12] 인간과 인공지능의 대결

① IBM의 인공지능

IBM 딥 마인드의 딥 블루는 인간 체스챔피언 가리 카스파로프와 대결에서 전패했다.

이에 IBM은 더욱 업그레이된 딥 블루를 만들어 재도전하였고, 결국은 가리 카스파로프와 대결에서 승리했다. 사실 여기까지는 인공지능이라고 보기엔 좀 낮은 성능이고, 단순한 슈퍼컴퓨터 수준이다. 현재의 성능으로 비교하면 PC의 코어2 듀오나 아이폰 6s의 Apple A9 수준밖에 안 된다. IBM 블루진/L은 시냅스가 3,000개가량 있는 뉴런 수천 개를 시뮬레이션한다. 이 정도면 지나가는 날파리 수준보다도 한참 뒤떨어진다.

블루진/L은 2,000년대 말까지 슈퍼컴퓨터 중에서는 성능이 가장 우수하다. IBM 의 왓슨(Watson)은 자연언어 처리를 위해서 만들어진 컴퓨터로 제퍼디 퀴즈쇼에서 이전 챔피언들을 눌렀다. 2016년 5월에는 왓슨을 탑재한 인공지능 로봇 나오미가 등장했고, IBM 웹파운틴은 검색을 이용해 AI를 만들고자 계획하고, IBM 로스는 왓슨을 기반으로 한 세계 최초의 인공지능 변호사이다.

IBM 크러시(Crush)는 날씨, 지난 범죄 기록, 범죄자의 이름, 범죄자의 행동, 소셜미디어, 모니터링 시스템을 통해 수집한 데이터를 바탕으로 가까운 장래에 범죄를 일으킬 것 같은 인물과 시간, 장소를 사전 예측하는 시스템이다. IBM은 이 시스템을 마이너리티 리포트의 무대였던 워싱턴DC와 멤피스에서 테스트했고, 이후 범죄 발생률을 30% 가량 줄였다.

② 구글의 인공지능

구글의 알파고는 유럽 바둑 챔피언과 대결하여 승리했으며, 2016년 3월 이세돌 9단과의 대국에서 4승 1패로 승리를 거두었다. 2017년 중국의 바둑 선수 커제를 상대로 3전승을 달성했다. 구글 딥드림은 구글에서 개발한 그림을 그리는 인공지능이며, 그린 추상화 20여 점이 한화 1억 6천여만 원에 팔렸다.

구글 브레인은 구글에서 개발한 상황인식 인공지능으로 시장 사진을 보고 시장이라는 것과 시장은 사람들이 물건을 사고파는 곳이라는 것을 인식할 수 있다. 구글 어시스턴트는 구글에서 개발한 음성인식 인공지능 비서이다.

③ 마이크로소프트의 인공지능

마이크로소프트의 아담 캡션봇(CaptionBot)은 마이크로소프트에서 개발한 상황인식 인공지능이다. 마이크로소프트 옥스포드(Oxford)는 마이크로소프트에서 개발한 인간 감정 분석 인공지능이고, 사진만 보고 이 사람이 어떤 감정인지 알 수 있고, 일반인도 참여 가능하다.

마이크로소프트 테이(Tay)는 마이크로소프트에서 2016년 3월 23일 트위터를 통해 공개한 인공지능 채팅봇이다. 19세 미국인 여성처럼 만들어졌고, 다른 인공지능처럼 공개된 지 하루 만에 사람들로부터 온갖 욕설과 저속한 언행을 배우면서 수정을 위해 오프라인 상태가 되었다.

마이크로소프트 넥스트 렘브란트(The Next Rembrandt)는 마이크로소프트와 네덜란드의 델프트, 렘브란트 미술관 등이 협업하여 만든 그림 그리는 인공지능이다. 마이크로소프트 코타나(Cortana)는 마이크로소프트에서 개발한 자연언어 처리 인공지능이다.

④ 삼성전자의 인공지능

S 보이스(S Voice)는 삼성전자가 공개한 자연언어 처리 인공지능으로 음운을 분석해서 거기에 맞는 답변을 서버에서 조회하는 방식으로 작동한다.

삼성전자 빅스비(Bixby)는 삼성전자가 공개한 고성능 인공지능 비서 애플리케이션으로 사진을 찍어 물체를 자동으로 인식할 수 있는 진보된 기능을 가지고 있다. S보이스에 비해 음성 인식률도 좋아졌다.

⑤ 애플의 인공지능

애플 시리(Siri)는 SRI에서 개발한 자연언어 처리 인공지능이다. 시리 대답은 정해져 있지만, 음성인식 부분은 실시간으로 발달하는 것으로 추정된다. 비길(ViGiL)은 SRI에서 개발 중인 인공지능 감시체계로서 군사용으로 개발 중이고, 비브(Viv)는 SRI가 애플에 인수되자 퇴사한 시리 개발자들이 만든 자연어 처리 인공지능이다.

⑥ 페이스북의 인공지능

딥 페이스(Deep Face)는 얼굴 인식 인공지능이고, 페이스북 봇온 메신저(bots on Messenger)는 메신저 채팅 로봇 플랫폼으로서 페이스북에서 개발한 인공지능 채팅봇이다.

⑦ 기타 인공지능

컴파스(COMPAS)는 미국 노스포인트사에서 개발한 인공지능으로 유사한 다른 범죄자들의 기록과 특정 범죄자의 정보를 빅데이터 분석을 통하여 범죄자의 재범 가능성을 계량화한다. 미국의 위스콘신 주는 이 인공지능이 계량한 재범가능성을 형량 결정에 참고한다.

프레드폴(PredPol)은 미국 캘리포니아 주립대(UCLA)의 제프리 브랜팅엄 교수와 연구팀이 개발한 프로그램으로 범죄 정보를 분석해 10~12시간 뒤 범죄가 일어날 시간과 장소를 도출하는 프로그램이다. 로스앤젤레스 경찰과 시애틀 경찰 등 일부 미국 지역 경찰과 영국 경찰들이 프레드폴을 도입한 후 범죄율이 20% 가량 감소하였다.

크라임스캔(CrimeScan)은 카네기멜런대(CMU)에서 개발했고, 미국 피츠버그 경찰이 2016년 10월부터 이용하고 있고, 앞으로 발생할 범죄의 시간과 장소를 예측해 해당 정보를 경찰들의 노트북, 스마트폰에 내부 통신망을 통해 전달한다.

액센츄어 사에서 개발한 Complete Analytics Pilot Program to Fight Gang Crime는 영국 경찰에서 운용 중인 범죄자를 사전 예측 프로그램이다. 이는 지난 범죄 기록을 수집할 뿐만 아니라 갱 조직원이 저지른 개인 범죄 기록의 날짜나 장소, 이름, 행동, 소셜미디어 게시물, 조직 내 다른 멤버를 욕하는 발언 등을 세세하게 수집한다. 베가(Vega)는 아랍에미리트의 과학자 베스가 만든 인공지능으로 현재 스마트폰이나 컴퓨터에 사용되고 있다. 쿨리타(Kulitta)는 미국 예일 대학교에서 개발한 작곡하는 인공지능으로 경력 있는 작곡가들이 들어도 흠잡을 데가 없는 수준의 곡을 만들어 낸다. 프레딕스, 프레딕스B, 프레딕스G, 프레지도스는 하워드 필립 세커드 박사가 만든 인공지능으로 현재는 모두 스케치 상태다.

엘리자(ELIZA)는 1960년대에 만들어진 인공지능으로 조금 복잡한 알고리즘이었으나, 일라이자 효과(ELIZA effect)를 만들어낼 정도로 큰 파장을 불러일으켰고, 이로 인해 인공지능과 관련한 윤리적 논쟁이 시작되었다. 일라이자 효과는 컴퓨터 과학에서 무의식적으로 컴퓨터의 행위가 인간의 행위와 마찬가지라고 추측하는 현상을 의미한다.

(4) 인공지능 구현 기술

① 전문가 시스템

전문가 시스템(Expert System)은 방대한 지식체계를 규칙으로 표현하여, 데이터를 입력하면 컴퓨터가 정해진 규칙에 따라 판단을 내리도록 한다. 많은 IF THEN ELSE로 구성되어 있는 시스템이다. 규칙의 종류가 많으면 많을수록 정확도는 높아지게 된다. 특성상 제한된 상황에서 제한된 특정 물건을 인식하거나 행동할 때는 문제가 되지 않지만 규칙에 없는 상황이나 물체에 대한 유연한 대응이 불가능하다.

② 퍼지 이론

퍼지 이론(Fuzzy Theory)은 자연 상의 모호한 상태, 예를 들어 자연 언어에서의 애매모호함을 정량적으로 표현하거나, 그 반대로 정량적인 값을 자연의 애매모호한 값으로 바꾸기 위해 도입된 개념이다. 예를 들어 인간이 시원하다고 느낄 때 그 온도가 얼마인지를 정해 사용하는 것이다.

③ 기계학습

기계학습(Machine Learning)은 이름 그대로 컴퓨터에 인공적인 학습 가능한 지능을 부여하는 것을 연구하는 분야이다.

④ 인공신경망

인공신경망(Artificial Neuron Network)은 기계학습 분야에서 연구되고 있는 학습 알고리즘들 중 하나이다. 주로 패턴인식에 쓰이는 기술로, 인간의 뇌의 뉴런과 시냅스의 연결을 프로그램으로 재현하는 것이다. 간단하게 가상의 뉴런을 시뮬레이션하는 것으로서, 실제 뉴런의 동작구조와 같은 것은 아니다. 일반적으로 신경망 구조를 만들어서 학습을 시키는 방법으로 적절한 기능을 부여한다. 현재까지 밝혀진 지성을 가진 시스템 중 인간의 뇌가 가장 훌륭한 성능을 가지고 있기 때문에 뇌를 모방하는 인공신경망은 상당히 궁극적인 목표를 가지고 발달된 학문이다.

⑤ 유전 알고리즘

유전 알고리즘(Genetic Algorithm)은 자연의 진화 과정, 즉 어떤 세대를 구성하는 개체군의 교배(Cross Over)와 돌연변이(Mutation) 과정을 통해 세대를 반복시켜 특정한 문제의 적절한 답을 찾는 것이다. 대부분의 알고리즘이 문제를 수식으로 표현하여 미분을 통해 극대·극소를 찾는 것에 비하여, 유전자 알고리즘은 미분하기 어려운 문제에 대해 정확한 답이 아닌 최대한 적합한 답을 찾는 것이 목적이다.

⑥ BDI 아키텍처

BDI 아키텍처(BDI Architecture)는 인간이 생각하고 행동하는 과정을 Belief(믿음), Desire(목표), Intention(의도)의 세 가지 영역으로 나누어 이를 모방하는 소프트웨어 시스템의 구성방법이다. 사람은 자신이 알고 있는 진실을 바탕으로 자신이 이루고자 하는 다양한 목표를 달성하기 위하여 현재 수행할 수 있는 다양한 행동들 중에서 가장 적합한 것을 선택하여 행위 의도를 결정하는 방법으로 구성된다.

- **믿음(Belief)**은 프로그램이 알고 있는 믿음은 환경 내에서 참인 것을 의미하지 않고, 프로그램이 환경에 대한 관측을 통해 알게 된 사실을 진실이라고 표현한다. 이는 관측의 영역 밖에서 사실이 변경되는 경우 프로그램은 알 수 없지만, 자신의 정보 내에서는 여전히 변경되기 전의 사실을 진실로 받아들이기 때문에 믿음이라는 표현을 사용한다. 예를 들어 탁자 위에 컵이 놓여 있는 것을 보고 프로그램은 컵이 탁자위에 있다는 사실을 알게 된 뒤 다른 방향을 주시하는 사이에 인간이 탁자의 컵을 다른 곳으로 옮기는 경우, 여전히 프로그램은 컵이 탁자위에 있다는 진실만을 알고 있게 된다. 이들은 프로그램이 알고 있는 정보들이 모여 있는 World Model(세계 모델)을 구성하여 프로그램이 다음 행동을 결정하기 위한 자료구조를 형성한다.
- **목표(Desire)**란 프로그램이 그 특성상 어떠한 서비스나 작업을 수행하기 위하여 작성되는데, BDI 아키텍처에서는 이러한 작업 목표를 목표의 형태로 저장, 활용하게 된다. 목표는 어떠한 상태로 도달하고자 한다는 의미로 Belief와 동일한 형태로 서술되며 프로그램은 동시에 달성하고자 하는 다수의 목표를 보유하는 경우도 있다. 실제로 BDI 아키텍처를 구현하는 관점에서 목표를 Goal이라고 표현하는 경우가 많은데, 이는 BDI 아키텍처로 구현되는 인공지능 프로그램이 자율

적이고 반응적으로 행동을 수행하는 에이전트적인 요소를 기본적으로 지니고 있는 것을 의미한다.

- **의도(Intention)**는 프로그램이 어떠한 목표를 수행하고자 하면, 그 목표에 적합한 행위를 선택하고 이것이 실제 환경에 수행가능한 데이터와 결합(Binding)하면 의도라고 표현한다. 이러한 목표에 대한 행동 방법은 작업계획(Plan) 이라는 형태로 구현되는데, 일반적으로 BDI 아키텍처의 인공지능을 구현하고자 하는 경우 BDI 아키텍처 기반 프레임워크를 이미 보유한 상태로 개발한다. 목표를 수행하기 위한 행위에는 또 다른 세부 목표(Sub-Goal)가 포함되는 경우도 존재하며, 이러한 세부 목표는 다시 특정 행동계획과 결합하여 의도를 구성한다. 따라서 의도는 필연적으로 트리나 리스트의 형태인 자료구조를 구성하게 되는데, 이에 따라 일반적으로 구현하는 관점에서 의도 구조체(Intention Structure)라고 부르기도 한다.

⑦ 인공생명

인공생명(Artificial Life)은 말 그대로 프로그램에 단순한 인공지능이 아닌 실제 살아있는 유기체처럼 스스로 움직이고 생활하기 위한 능력을 부여하는 것이다. 실제 생명체를 갖고 실험하기에는 너무 시간이 길어서 가상의 시스템(환경)을 통해 생명체에 대한 연구 목적이다.

5.3 가상·증강현실

(1) 가상현실

① 가상현실의 정의

가상현실(Virtual Reality)이란 컴퓨터를 이용하여 구축한 가상공간(Virtual Environment 또는 Cyberspace) 속에서 인간이 가진 청각, 후각, 미각, 촉각 등 오감으로 느끼는 감각과의 상호작용을 통해 현실감을 느낄 수 있게 한 것을 말한다. 가상현실의 중요한 특징에는 몰입감, 상호작용, 상상 등이 있다.

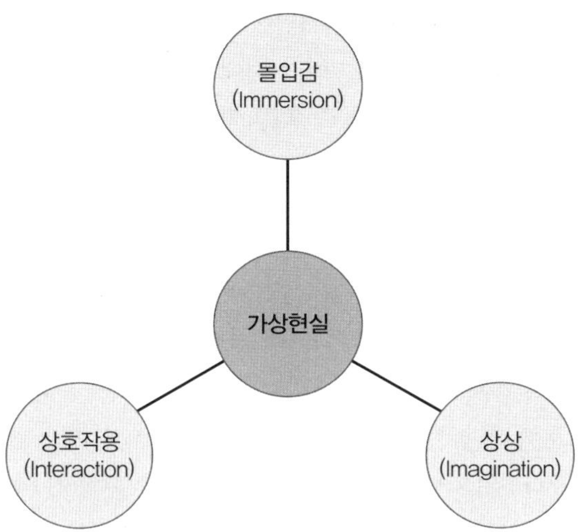

[그림 5-13] 가상현실의 특징

사용자는 실시간으로 컴퓨터와의 상호작용을 통해 컴퓨터와 대화하고 이로 인해 컴퓨터가 보여주는 가상현실 세계에 몰입하게 된다. 또한 허구의 가상 세계를 구축하기 위해서는 상상이 필요하다. 이러한 세 가지 특징을 바탕으로 실생활에서의 많은 문제를 해결하기 위해 가상현실 기술이 사용되어진다.

가상현실(VR) 시장이 대중적으로 확산되기 위해서는 균형적인 발전이 중요하다. 가상현실 생태계를 그림과 같이 C(콘텐츠)–P(플랫폼)–N(네트워크)–D(디바이스)를 중심으로 분류한다.

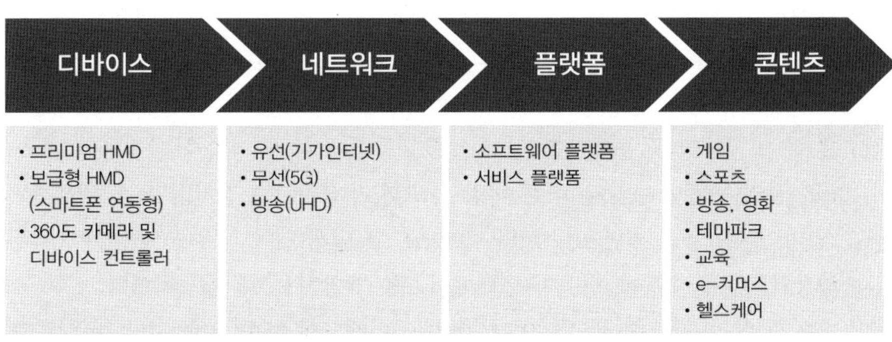

[그림 5-14] 가상현실의 발전방향

가상현실(VR) 디바이스는 머리에 쓰는 투구형 가상현실 기기인 HMD(Head Mounted Display) 제품이 대표적이다. 전 세계 HMD 제품은 2015년 2.7백만 대에서 2016년 14.9백만 대로 약 5배 정도 증가하며 2018년에는 38.8백만 대까지 확대될 전망이다.

가상현실 콘텐츠는 오감을 만족시키고 콘텐츠에 몰입할 수 있으므로 가상현실로 제작된 콘텐츠를 전송하기 위해서는 방대한 인터넷 트래픽이 요구된다. 이미 유투브 내에 360도 촬영 영상 콘텐츠가 다수 존재하고 HMD 디바이스가 급속히 확산되면 인터넷 트래픽이 매우 크게 확대될 것이다. 가상현실 플랫폼은 크게 가상현실 제품과 서비스 개발을 지원해 주는 소프트웨어 플랫폼과 가상현실 서비스와 콘텐츠를 유통하는 서비스 플랫폼으로 구분된다. 페이스북은 가상현실 플랫폼을 선보이지는 않았지만 가상현실(VR)은 차세대 소셜 플랫폼이라 강조하면서 사용자들이 직접 콘텐츠를 만들 수 있는 UCC 기능이 포함된 가상화 소프트웨어를 개발하고 있다. 가상현실 플랫폼 업체 중 가장 활발히 사업을 추진 중인 인터넷 포털, 통신사, 하드웨어 제조업자를 중심으로 가상현실 플랫폼 구축에 힘쓰고 있다.

가상현실 콘텐츠의 영역은 게임뿐만 아니라 테마파크, 스포츠, 미디어 영상, 교육, 건설, 부동산, e-커머스, 헬스케어 등으로 매우 많다. 최근 HMD 제품의 출시와 함께 가장 활발한 가상현실 콘텐츠 영역은 게임이다. 현재 가상현실 디바이스가 모바일 기반 제품이 다수를 이루고 있고 대형 게임 개발사들이 가상현실 게임 개발 참여가 저조해 현재 제공되는 게임 장르는 슈팅, 퍼즐, 액션 등의 단순 게임이 주류를 이루고 있다.

② 가상현실의 발전과정

초기의 가상현실 비디오 아케이드는 미국에서 모턴 헤이리그가 1962년 개발한 센서라마 시뮬레이터가 있다. 이 가상현실 워크스테이션은 3차원 비디오와 모션 칼라, 입체 음향, 향기, 바람 효과, 진동 의자 등으로 구성되어 실제 오토바이를 타고 길가를 달리는 경험을 해 볼 수 있다. 운전자는 길의 울퉁불퉁함에 따라 의자가 진동하는 걸 느낄 수 있고, 달리는 동안 속도에 따른 바람도 느끼고 심지어는 길가의 음식 냄새까지 맡을 수 있다. 이 연구를 기반으로 이반 에드워드 서덜랜드(Ivan Edward Sutherland)는 두 개의 출력장치(CRT)를 이용한 사용자 인터페이스를 개발하는 데 성공하였다. 이는 오늘날의 기초가 되는 HMD의 시작이었다. 이반 서덜랜드의 아이디어에서 출발하여 프레더릭 브룩스(Frederick Philips Brooks)와 그의 동료들이 로봇팔을 이용하여 차원의 충돌 힘을 시뮬레이션 모방하는 데 성공하였다. 이는 오늘날의 촉감기술 햅틱 기술의 중요 부분이 되었다. 1980년 미국항공우주국에서 우주비행사의 교육을 위해 시각적 가상 환경 디스플레이 VIVED(Virtual Visual Environment Display)가 개발되었다. 이는 나중에 LCD HMD VIEW(Virtual Interface Environment Workstation)로 발전하게 되었다.

대형 디스플레이를 이용하여 협동 작업을 용이하게 하기 위하여 Fakespace CAVE 3-D를 사용하는데, 이는 사방에서 프로젝터로 큰 디스플레이에 비추어주고 사용자는 그 안에 들어감으로써 마치 가상의 세계에 직접 있는 몰입감을 느끼한다.

③ 가상현실의 구현 형태

가상현실은 여러 SF 영화 등에서 자주 등장하는 소재이고, 지능이 낮은 사람을 가상현실을 통해 교육해서 뛰어난 능력을 갖춘 사람으로 만들기도 하고, 가상의 육체관계, 즉 사이버 섹스 장면 등 다양하게 활용되고 있다.

가상현실은 구현 형태에 따라 6가지 정도로 분류한다.

- 데스크톱형(Desktop Type)은 산업 설계나 게임, 건축 등과 같은 분야로서 1~5명의 사용자가 입체영상을 보는 형태로서 제조 산업과 같은 소규모 작업에서 사용된다.
- 투사형(Projected Type)은 게임용이다.
- 몰입형(Immersive Type)은 입체형 HMD(Head-Mounted Display)를 1명의 사용자가 머리에 쓰고 컴퓨터가 가상으로 만든 공간에서 활동하도록 한 것으로 입체영상을 사용하여 비용이 저렴하나 무게로 인한 피로도가 증가하는 단점이 있어 산업용으로 많이 쓰인다.
- CAVE형(Computer-Assisted Virtual Environment Type)은 3면 이상의 평면 스크린 입체 영상으로 사용자를 둘러싸고, 1~5명의 사용자가 최상의 몰입감을 갖는 형태이다. 이는 밀폐된 공간에서 다수의 사람이 동시에 가상현실을 느낄 수 있도록 항공기의 모의 비행이나 군사용 등에 이용된다.
- 원격 조작형(Telepresence Type)은 실제 세계와 가상의 물체를 합성하는 것으로서, 산업, 의료 분야 등에 이용된다.

- 증강형(Augmented Type) 등이 있다.

가상현실의 궁극적인 목표는 컴퓨터와 인간이 현실과 똑같은 커뮤니케이션을 할 수 있는 환경을 제공하는 것인데, 이를 위해 인간의 감각이 컴퓨터가 제공하는 인위적인 환경을 부자연스럽게 느끼지 못하도록 현실과 가장 근접한 환경을 제공하는 것이 가상현실 구현기술의 핵심이다.

④ 가상현실 관련 기술

가상현실의 연구 분야는 가상현실이라는 말 그대로 현실은 아니지만 현실과 구별이 되지 않을 정도로 정교하게 가상으로 만들어진 현상이나 물체를 경험하게 함으로써 현실과 가상의 구분을 혼동할 정도로 만드는 것을 의미한다. 이러한 가상현실의 품질을 높이려고 고성능의 컴퓨터는 물론이고 다양한 분야의 지식과 기술이 복합적으로 조합되어 사용된다. 그 바탕이 되는 기술은 이미 여러 분야에서 연구가 이루어졌고 컴퓨터 그래픽스, 휴먼 인터페이스, 시뮬레이터, 인공지능, 로보틱스와 원격 시스템 등이 있다. 컴퓨터 그래픽스는 3차원 가상 세계를 표현하였고, 애니메이션 영상 공간의 몰입이라는 절차를 밟아 가상현실 태동의 계기가 되었다.

● 컴퓨터 그래픽스

컴퓨터가 개발되기 이전 화가들이 2차원 캔버스에서 3차원적인 원근을 느끼고 입체적

인 느낌을 받을 수 있게 하는 방법들을 모색하였으며, 이를 컴퓨터 그래픽스가 이어받아 컴퓨터 화면에 3차원의 가상공간을 마련하였다. 1960년대 초반부터 모니터를 기반으로 하는 가상현실 기술이 시작되었으나, 몰입감을 제공하기에는 충분하지 않았다. 1962년 모턴 하일리그(Morton Heilig)는 센소라마(Sensorama)를 만들었는데 여기에는 오늘날의 가상현실 시스템에서 쓰이는 HMD을 머리에 쓰고 바로 눈앞에 영상이 표시되는 입체 시각용 장치가 있었다.

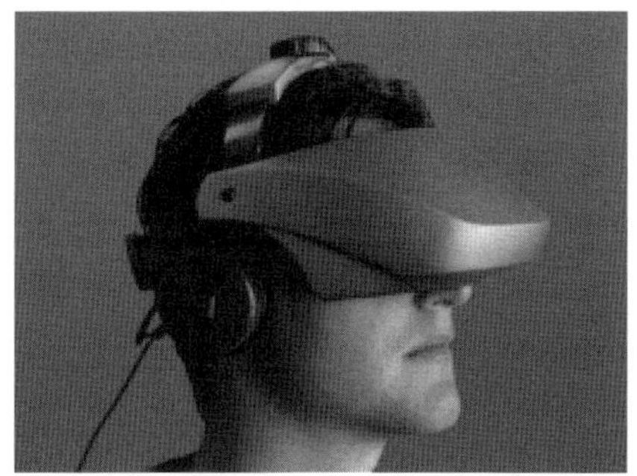

[그림 5-15] HMD

1981년에는 NASA에서 LCD(Liquid Crystal Display)를 사용하여 VIVED(Virtual Visual Environment Display)라는 HMD를 만들었다. 이 HMD는 그 뒤로 지속적으로 발전하여 현재의 형태로 발전하였는데 최근에는 해상도와 시각 측면에서의 발전이 주를 이루고 있다. NASA에서는 HMD 착용 때 구토, 두통 등의 증상이 나타날 수 있음을 알고 CCSV(Counterbalanced CRT-based Stereoscopic Viewer)라는 장치를 만들었는데 로봇 팔과 같은 기계 장치에 CRT를 매달아 둔 형태였다. 이 장치는 FakeSpace에서 BOOM(Binocular Omni-Orientation Monitors)이라는 이름의 제품으로 판매하고 있다.

● 휴먼 인터페이스

컴퓨터가 개발된 후 컴퓨터의 인터페이스는 계속 발전했다. 천공 카드에서 키보드, 마우스로, 텍스트에서 GUI로 인터페이스는 점점 발전했다. MIT의 Media Lab은 여기에 만족하지 않고 미디어 룸을 개발하였는데, 이는 방의 공간 자체가 인간과 컴퓨터의 인터페이스로 사용되는 공간형 인터페이스를 제공하고, 여기서는 손가락 동작, 제스처 등의 일상적인 조작으로 3차원 세계를 구현한다. 몸의 움직임을 컴퓨터의 입력으로 사용하는 발상은 예술 분야에서 1970년대 초기부터 검토되었다. 미첼 쿠루거(Mitchell Krueger)의 Interactive 미술작품은 그 자체가 가상현실 시스템은 아니지만 현재의 가상현실 시스템과 연결되어 있다.

● 가상현실 획득 및 표현

가상현실 표현기술은 시각, 청각, 촉감과 같이 인간의 감각을 이용한 사용자 인터페이스 기술이 중점적으로 개발되고 있다. 시각 관련 기술은 가상·증강현실 기술 중에서 가장 발달한 기술로서 컴퓨터그래픽, 동영상 관련 기술, 3D 디스플레이 기술 등이 있다. 특히 실재감을 증대시키기 위해서는 고도화된 컴퓨터그래픽스 기술 도입으로 실사 수준의 가상세계를 시각화하며 실시간 레더링 기술이 필요하다.

청각 관련 기술은 현실에서 들리는 소리의 속성인 방향감, 거리감, 그리고 공간감을 재현할 수 있는 입체음향기술이 필요하며, 가상현실 세계에서 인공지능을 지니는 아바타와의 상호작용을 위한 음성인식 및 음성합성 기술이 요구된다.

촉감 관련 기술은 시청각 기술과 비교해 미개발 영역이나 사용자가 촉감을 통해 인지하는 정보가 많기 때문에 이의 재현을 위한 역감, 질감 및 공간감의 표현기술이 필요하다. 대표적으로 FF(Force Feedback)와 TF(Tactile Feedback)로 구분되는데, FF는 기계적 인터페이스를 통해 사용자에게 힘과 운동감을 느끼게 하며 게임 분야에서 널리 활용된다. TF는 의학 분야에서 가장 많은 활용도를 보이며 피부조직 등을 만지는 듯한 촉감 전달을 통해 실재감을 증대시킨다.

후각 및 미각 관련 기술은 현재 대부분의 가상현실 시스템에서 후각 및 미각과 관련된 표현에 대한 지원이 미미한 편이다. 후각과 미각의 자극 및 반응에 대한 생물학적 메커니즘이 밝혀지기는 했지만 다른 감각보다 더욱 복잡한 뇌 내 연상 작용과 관계하고 있어서 구현에 어려움이 있는 상황이다.

● 시뮬레이터

가상현실 기술에서 또 하나의 줄기는 시뮬레이터에 관한 연구이다. 시뮬레이터는 초기 항공기나 헬리콥터 등 고도로 숙련된 조종술을 요구하는데 조종사의 훈련을 더 안전하고 효과적으로 수행하고자 개발되었다. 시뮬레이터 연구는 이미 1910년에 시작되었으며, 1930년에 Link 사는 비행 상태를 기계적으로 모의 실험하는 시뮬레이터를 개발하였다. 초기 가상현실에서 시뮬레이터는 체감 게임과 롤 플레잉 게임, 시뮬레이션 게임과 관련하여 발전하였으며 군사 훈련, 의학과 교육용으로 널리 확대되며 시장 확산을 주도하였다.

[그림 5-16] 비행 시뮬레이션

● 로보틱스와 원격 시스템

로보틱스(Robotics)는 로봇 제어를 연구하는 분야로 로보틱스에서 다루는 3차원 공간 상의 제어 기법들은 가상현실 장비에 응용되었다. 원격 로봇 제어는 원격지에서 로봇을 원하는 대로 조작하는 것이므로 조작자가 현장에 있는 듯한 현실감이 제공되어야 한다. 따라서 원격지의 상황을 현실감 있게 재현하고자 가상현실에서의 수많은 인터페이스와 비슷한 방법들이 연구되었다. 원격 시스템은 가상현실과 결합하여 증강현실(Augmented Reality)을 탄생시켰다. 가상현실은 많은 가능성을 제공하였지만 아직 현실 자체를 대체할 만한 수준에 이르지는 못하고 있다.

[그림 5-17] 원격 해양 탐사선

이를 극복하고 가상현실의 원리를 실제 환경에서 사용하려는 노력이 증강현실이다. 가상현실에서 사용자는 컴퓨터가 생성한 가상환경에서 작업을 수행하는 반면 증강현실은 실세계를 바탕으로 컴퓨터에 의해 생성된 가상환경을 조성하여 작업을 수행한다.

⑤ 가상현실 현황

주요 ICT 기업들이 가상현실 시장에 진출하고, 그 중 가상현실 생태계에서 핵심적 인 역할을 담당하고 있는 페이스북, 구글, 소니, 삼성전자를 중심으로 가상현실을 구현하고 있다.

● 페이스북

하드웨어 역량을 강화하기 위해 2014년 3월 VR 전문업체인 오큘러스(Oculus)를 20억 달러에 인수했다. 이후 주커버그(Zuckerberg)는 각종 ICT행사를 통해 가상현실이 차세대 소셜 플랫폼이 될 것이라 역설하면서 가상현실 플랫폼 개발에 힘쓰고 있다. 페이스북은 약 3년 정도의 시간을 통해 자체 생태계를 형성했고, 그 다음 2년 동안은 개별 서비스인 동영상, 메신저, 그룹, 와츠업, 인스타그램 등을 강화해 왔으며 향후 5년은 연결성(Connectivity), 인공지능(AI), 가상현실(VR)·증강현실(AR) 등을 강화할 계획이며 특히, 가상현실 생태계 형성을 위해 소셜 VR, 모바일 VR, 증강현실(AR) 기술 등을 강화할 계획이다.

〈표 5-4〉 페이스북의 가상현실 현황

구분	디바이스	네트워크	플랫폼	콘텐츠
현재	오큘러스 리프트 (프리미엄)	유선 PC (디바이스)	오큘러스 스토어 페이스북	게임 미디어동영상 360도 동영상
향후 계획		모바일 VR 강화	UCC 기능이 포함된 가상화 소프트웨어 플랫폼	지속적 확대

● 구글

구글의 사업전략은 제품판매가 아닌 무료 소프트웨어 플랫폼 제공을 통한 광고 수익을 확대하는 것인데 가상현실 시장에서도 제품 판매보다는 가상현실 생태계 확산에 주력하고 있다. 우선 디바이스는 스마트폰 사용자라면 누구나 저렴하게 구입해 사용할 수 있는 카드보드 디바이스를 2014년에 출시해 현재까지 약 500만 대 이상 출하했다. 이러한 저렴한 디바이스의 확장으로 인해 구글 플레이와 유튜브라는 서비스 플랫폼을 통해 콘텐츠도 급격히 확산되고 있다. 구글 플레이를 통해 서비스된 가상현실용 앱의 다운로드 수는 2천 5백만 건이고, 가상현실 디바이스로 유튜브 콘텐츠를 시청한 시간은 35만 시간이며, 카드보드 카메라로 촬영한 가상현실용 사진도 75만 장이나 된다. 또한 가상현실 소프트웨어 플랫폼인 탱고, 점프 프로젝트를 통해 가상현실 확산에 큰 기여를 하고 있다. 향후 구글은 페이스북과 삼성전자에 대응하기 위해 스마트폰 기반보다 고성능의 가상현실 디바이스를 개발하고 있다. 2014년 10월 증강현실 기술을 보유한 매직 리프(Magic Leap)에게 542만 달러를 투자하면서 증강현실 기술 확보에 노력하고 있고, 지속적으로 가상현실 소프트웨어 플랫폼 개발을 확대할 것이다. 더불어 뉴욕타임스 등 다수의 기업과의 제휴를 통해 콘텐츠 유통을 확대할 것으로 예상된다.

〈표 5-5〉 구글의 가상현실 현황

구분	디바이스	네트워크	플랫폼	콘텐츠
현재	카드보드 2.0 (보급형)	모바일 (디바이스)	구글플레이 유튜브 탱고, 점프 프로젝트	VR앱 360도 동영상 및 사진
향후 계획	고급형 HMD 개발 중	모바일 (디바이스)	소프트웨어 플랫폼 확대	지속적 확대

● 소니

전자제품 제조사인 소니는 소니 컴퓨터엔터테인먼트를 통해 게임 하드웨어인 플레이스테이션과 게임 소프트웨어를 유통하고 있고, 소니픽처스, 소니뮤직 등 콘텐츠 제작 및 유통에도 강점이 있다. 우선적으로 소니컴퓨터엔터테인먼트의 가상현실 디바이스인 플레이스테이션 VR은 다른 HMD 제품과 달리 게임콘솔을 기반으로 하고 있어서 기존 수천만 명의 플레이스테이션4 게임 사용자를 가상현실 시장으로 유도할 수 있다는 강점이 있다. 앤드류 호스 소니컴퓨터엔터테인먼트 사장에 따르면 플레이스테이션 VR이 10월에 출시되면 50종 이상의 게임 타이틀 제공이 가능하고, 230개 이상의 게임 개발사들이 플레이스테이션 VR을 위한 콘텐츠를 개발하고 있다. 소니의 가상현실 디바이스는 플레이스테이션 게임콘솔 기반의 제품으로 업그레이드할 가능성이 크고, 게임 콘텐츠는 PS 플러스를 통해 온라인 멀티플레이, 게임의 다운로드, 각종 콘텐츠 제공을 할 것으로 예상된다. 반면, 게임 콘텐츠 이외에도 향후 소니픽처스, 소니뮤직 등 자회사의 미디어 콘텐츠를 가상현실 콘텐츠 제작해 유통하는 방안도 예상된다.

〈표 5-6〉 소니의 가상현실 현황

구분	디바이스	네트워크	플랫폼	콘텐츠
현재(예상)	플레이스테이션 VR (프리미엄)	유선 인터넷	PS 플러스	다수의 가상게임 콘텐츠

● 삼성전자

삼성전자는 스마트폰 등 하드웨어 부문의 강점은 있으나 전반적으로 소프트웨어와 콘텐츠 역량은 부족하다. 가상현실 시장에서도 자사의 하이엔드 갤럭시 스마트폰과 호환해 사용하는 기어 VR과 360도 동영상을 촬영할 수 있는 기어 360 등 가상현실 관련 디바이스는 어느 정도의 글로벌 경쟁력을 보유하고 있다. 북미에서는 가상현실 콘텐츠를 유통하는 플랫폼인 밀크 VR 서비스를 통해 콘텐츠를 제공하고 있으나 국내에서는 이러한 독자적인 서비스 플랫폼이 존재하지 않는다. 대신 오큘러스 스토어를 이용하거나 자신이 촬영한 360도 영상과 유튜브, 페이스북에서 제공되는 콘텐츠를 이용한다. 또한 콘텐츠 전략의 일환으로 미국 테마파크업체와의 제휴를 통해 가상현실 콘텐츠 시장을 확대하고 있다.

〈표 5-7〉 삼성전자의 가상현실 현황

구분	디바이스	네트워크	플랫폼	콘텐츠
현재	'기어 VR'(보급형) '기어 360'	모바일 (디바이스)	밀크 VR(해외) 오큘러스 스토어 (제휴)	VR앱 360도 동영상 및 사진

주요 가상현실 기업 전략을 통해서도 볼 수 있듯이 우리나라는 하드웨어 부문에서는 강점이 있으나 플랫폼과 콘텐츠 측면에서는 글로벌 경쟁력이 매우 낮은 상황이다. 우리 정부에서도 가상현실 산업에 대한 중요성을 인식하고 관련 플랫폼과 콘텐츠를 확보하기 위한 방안을 마련하고 있다.

(2) 증강현실

① 증강현실의 정의

증강현실(Augmented Reality)은 가상현실(Virtual Reality)의 한 분야로 실제 환경에 가상사물을 합성하여 원래의 환경에 존재하는 사물처럼 보이도록 하는 컴퓨터 그래픽 기법이다. 증강현실은 현실 세계를 바탕으로 사용자가 가상의 물체와 상호작용함으로써 향상된 실감을 부여하고, 3차원 방식의 다감각적 정보 제공을 통해 인간의 지각력을 높임으로써 정보에 대한 몰입을 가져온다.

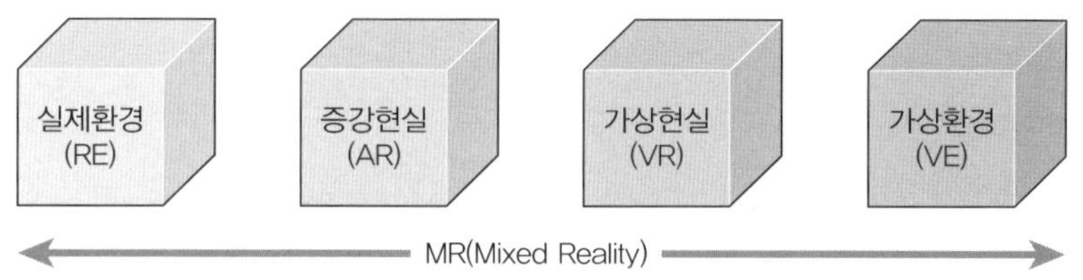

[그림 5-18] 증강현실의 개념

증강현실에 대한 연구의 시작은 1960년대 이반 서더랜드(Ivan Surtherland)가 최초의 see-through HMD를 개발한 것이고, 본격적으로 시작된 것은 1990년대 초, 보잉사가 Augmented Reality라는 신조어를 등장시키면서 본격화되었다. 증강현실은 디지털 체험기술을 이용한 3차원 입체영상을 통해 제공되는 학습정보 내용을 더욱 풍부하고 실감나게 만들어 주는 역할을 한다. 디지털 체험의 핵심요소는 학습자의 감각기관을 사용하는 다양한 방식의 인터페이스와 이런 인터페이스를 통해 증강되는 상호작용성이라 할 수 있다.

증강현실은 가상의 공간과 사물만을 대상으로 하는 기존의 가상현실과 달리 현실 세계의 기반 위에 가상의 사물을 합성하여 현실 세계만 보아서는 얻기 어려운 부가적인 정보들을 보강해 제공할 수 있는 특징을 가지고 있다. 이러한 특징 때문에 단순히 게임과 같은 분야에만 한정된 적용이 가능한 기존 가상현실과 달리 다양한 현실 환경에 응용할 수 있으며 특히, 4차 산업혁명 환경에 적합한 차세대 디스플레이 기술로 각광받고 있다.

[그림 5-19] 증강현실 디스플레이

② 증강현실의 발전과정

1960년대에 유타 대학의 이반 서덜랜드에 의해 고안된 HMD를 바탕으로 증강현실 연구가 시작되었다. 1990년 보잉의 톰 코델(Tom Caudell)이 항공기의 전선 조립을 돕기 위해 가상 이미지를 실제 화면에 중첩하여 이해하기 쉽게 설명하는 과정에서 최초로 증강현실이라는 용어를 사용했다. 증강현실의 역사는 인간의 자연 세계에 대한 의미 부여의 역사를 같이 기술해야 한다.

- BC 15,000년 라스코(Lascaux) 동굴 벽화는 어두운 동굴 속에서도 현실 세계의 의미를 덧붙이려는 가상의 이미지들을 보여 준다.
- 1849년 리하르트 바그너(Richard Wagner)는 어두운 공연장 안에서의 이미지와 소리를 이용해 관객들에게 몰입의 경험을 소개했다.
- 1938년 콘라트 추제(Konrad Zuse)는 Z1라고 불리는 첫 번째 디지털 컴퓨터를 개발했다.
- 1948년 노버트 위너(Norbert Wiener)는 사이버네틱스라는 과학 분야를 만들고, 그 분야의 목적은 인간과 기계 사이의 메시지 전달이다.
- 1962년 영화 촬영기사였던 모턴 하일리그(Morton Heilig)는 센소라마(Sensorama)라 불리는 오토바이 시뮬레이터를 개발했는데, 그것은 영상과 소리, 진동 그리고 냄새까지 이용했다.
- 1966년 이반 서덜랜드는 가상 세계로 안내하는 창(Window)이 될 것이라고 제안하면서, HMD를 개발했다.

- 1975년 마이런 크루거(Myron Krueger)는 처음으로 사용자로 하여금 가상의 물건들과 인터랙션을 가능하게 했던 비디오플레이스(Videoplace)를 만들었다.
- 1989년 재론 래이니어(Jaron Lanier)는 가상현실이라는 신조어를 만들었고, 첫 번째로 가상 세계를 이용한 수익 창출 모델을 고안했다.
- 1990년 톰 코델(Tom Caudell)은 보잉사가 작업자들에게 항공기의 전선을 조립하는 것을 돕기 위한 과정에서 증강현실이란 용어를 만들었다.

③ 증강현실 구현기술

대표적인 기기로는 안경처럼 착용하는 HMD는 TV, 모니터 등의 일반 디스플레이 기기, 영상을 투사할 수 있는 프로젝터 PDA, 휴대폰 등 모바일 기기 등이 있다. 증강현실 기술로는 크게 디스플레이 기술, 마커인식 기술, 영상합성 기술이 있다.

- 디스플레이 기술은 머리에 착용할 수 있는 형태의 HMD와 착용하지 않는 non-HMD로 나뉜다. 현재 HMD 및 대소형 디스플레이를 주로 사용하고 있지만, 사용자들의 이동성 증대와 편리성 요구의 증가로 핸드 헬드(Hand Held)형 디스플레이로 발전하고 있다.
- 마커인식 기술은 카메라 1대로 3차원 좌표를 파악하기가 쉽지 않기 때문에 마커를 이용해 상대적 좌표를 추출하고 가상의 실제 영상에 이를 합성하게 된다.
- 영상합성 기술은 카메라 교정 기술을 통한 합성 기술로 고가의 장비와 제한된 정보만을 얻을 수 있다는 단점이 있다.

증강현실이 최근 주목받은 이유 중 하나는 스마트폰이 널리 보급되었기 때문이다. 스마트폰은 GPS(Geographic Position System), 카메라, 디스플레이가 장착돼 있어 증강현실을 구현할 수 있는 최적의 조건을 갖춘 모바일 기기이다. 또한 스마트폰은 사용자가 이동하면서 전달 공간에 제약받지 않고 실시간으로 정보를 송수신할 수 있으며 높은 수준의 커뮤니케이션이 가능하나. 증강현실이 최근 주목받은 이유 중 하나는 스마트폰이 널리 보급되었기 때문이다. 스마트폰은 GPS(Geographic Position System), 카메라, 디스플레이가 장착돼 있어 증강현실을 구현할 수 있는 최적의 조건을 갖춘 모바일 기기이다. 또한 스마트폰은 사용자가 이동하면서 전달 공간에 제약받지 않고 실시간으로 정보를 송수신할 수 있으며 높은 수준의 커뮤니케이션이 가능하다.

④ 증강현실 현황

증강현실의 최근 발전 방향은 첫째, VR과 AR의 경계가 허물어진 혼합현실(MR)로 발전한다. VR과 AR의 경계를 나누지 않고, 가상현실의 몰입감과 증강현실의 현실 소통의 특징을 융합한 혼합현실(Mixed Reality)이 대두된다. 마이크로소프트는 홀로 그래픽 기술을 사용한 안경기기인 홀로렌즈를 발표하고, 사용된 기술은 VR·AR의 구분이 없다고 설명한다. 현실배경에 가상사물을 합성한 마이크로소프트와 달리 인텔은 가상현실의 배경에 현실의 신체나 사물의 이미지를 일부 합성하는 기술로 융합현실(Merged Reality)을 제시한다. 모바일 환경에서도 스마트폰 카메라를 이용하여 가상 캐릭터를 현실 환경에 있는 것처럼 보여주는 혼합현실 서비스들 등장한다. 포켓몬GO는 증강현실 게임으로 알려졌으나, 카메라의 영상을 통해 가상 캐릭터가 자연스럽게 현실 환경에 있는 것처럼 보여준다는 점에서 혼합현실의 특징을 보유한 사례이다.

[그림 5-20] 가상의 고래가 출현한 혼합현실 사례

둘째, 시각중심에서 인간의 오감을 통해 경험하는 다중 감각 기술로 발전한다. 우선, 시각보다 자연스러운 3차원 영상을 제공하기 위해 하드웨어 성능을 개선하고 초점문제 등 인간의 인지 방식을 고려한 새로운 기술 등장한다. 구글의 VR플랫폼인 데이드림은 가상현실의 원활한 구동을 위해 최소사양을 스냅 드래곤(Snapdragon) 820, Full HD OLED, 4 GB의 램으로 사양 제한한다. 삼성은 눈동자를 추적하는 아이 트래킹 기술 스타트업인 포브에 투자하고, 고정된 거리의 디스플레이를 이용하는 기존의 HMD에서 발생하는 초점 혼란문제가 있다. 이를 극복을 위해, 엔비디아(Nvidia)의 Liquid VR, MS의 홀로렌즈, Magic Leap 등은 여러 방향에서 오는 빛을 구현하는 라이트필드 HMD 개발했다.

[그림 5-21] 오감을 느끼는 증강현실 마스크

청각에서는 기존 청각기술은 음원은 움직이지 않는 청취자 환경을 가정하여 입체감을 표현하였으나 청취자의 움직임을 반영한 상대적 방향과 속도를 표현하기 위한 기술로 발전한다. 구글은 8개의 가상 스피커를 스테레오 스피커를 통해 구현할 수 있는 오픈소스 프로젝트인 옴니톤(Omnitone)을 공개한다. 촉각은 기존에는 전용 시뮬레이터 장치로 촉각을 제공했으나 범용성이 있는 장갑이나 슈트 같은 웨어러블 기기로 발전한다. 후각과 미각은 사용자별로 선호도나 느끼는 정도가 다르기 때문에 다른 감각에 비해 활용영역이 제한적이고 발전 속도가 늦어 상용화 보다는 실험적인 수준에서 진행한다. 동적 기술은 앉아 있는 사용자의 시선에 따른 정보와 360도 콘텐츠를 보여주던 정적인 기술에서 주변 공간을 인식하고 공간 속의 사용자의 위치와 움직임, 행동을 반영하는 동적 기술로 발전했다.

셋째, 다중 사용자 환경 기술로 발전한다. 최근에는 복수 사용자가 거리와 상관없이 같은 가상공간에 있는 것처럼 느낄 수 있고 소통할 수 있는 기술로 발전했다. 서로 다른 공간에 있는 사용자의 움직임을 실시간으로 스캔하여 가상환경으로 보내 여러 사람과 상호작용하는 체험을 제공한다. 마이크로소프트는 홀로렌즈와 컨트롤러 없이 이용자의 신체를 이용하여 게임과 엔터테인먼트를 경험할 수 있는 주변기기인 키넥트(Kinect)를 통해 원격에 있는 사람이 같은 공간에 있는 것처럼 소통할 수 있는 홀로포테이션(Holoportation)을 기술을 시연한다.

(3) 가상현실과 증강현실 비교

① 가상현실과 증강현실 차이

가상현실은 현실에서 존재하지 않는 환경에 대한 정보를 디스플레이 및 렌더링 장비를 통해 사용자로 하여금 볼 수 있게 한다. 그리고 이미 제작된 2차원, 3차원 기반을 사용하므로 사용자가 현실감각을 느낄 수는 있지만 현실과 다른 공간 안에 몰입하게 된다. 증강현실은 가상현실과는 달리 사용자가 현재 보고 있는 환경에 가상 정보를 부가해준다는 형태이다. 즉 가상현실이 현실과 접목되면서 변형된 형태 중 하나이다. 때문에 사용자가 실제 환경을 볼 수 있으므로 가상의 정보 객체, 예를 들면 기후정보, 버스노선도, 맛집, 길 안내 등 현실에 있는 간판에 표시되기도 한다.

증강 현실은 가상현실의 변형된 형태 중 하나이다. 가상현실 기술은 사용자를 가상의 환경에 몰입하게 하므로 사용자는 실제 환경을 볼 수 없다. 그러나 증강 현실 기술은 이와는 달리 사용자가 실제 환경을 볼 수 있으며 실제 환경과 가상의 객체가 혼합된 형태를 띠고 있다. 현재의 기술 수준 등을 고려할 때 증강 현실 기술은 가상현실 기술에 비해 사용자에게 더 나은 현실감을 제공할 수 있다. 다음은 축구 경기의 선수 배치를 각각 가상현실 기술과 증강 현실 기술을 사용하여 표현한 예이다.

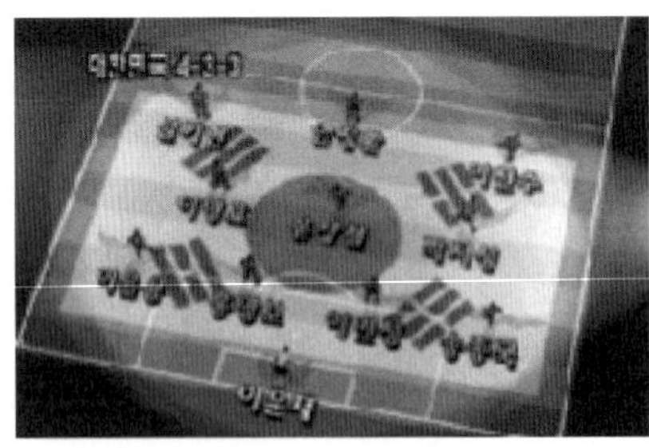

[그림 5-22] 가상현실과 증강현실 비교

증강 현실에 대해 고려해야 할 사항들은 다음과 같다.

- 현실에서의 객체를 활용하여 인터페이스가 구현된다.
- 의료 산업에서 환자의 수술을 위해 가상으로 수술 부위를 표시하는 기능으로 사용되는 등 교육에서 학생들의 이해력을 높이기 위한 시청각 자료로 활용된다.

예로서 현장 학습, 견학(MIT공대의 Environmental Detectives와 같은 학습 게임)같은 분야에 쓸 수 있다.

- PDA 또는 입체 디스플레이를 활용하여 현실감 있는 정보를 제공할 수 있다.
- 현실감 있는 정보를 전달하고자 외부 음성과 영상을 추가하여 제작되어 개인의 생각 또는 현실 감각을 제공하기 때문에 중요하다.
- 현존하는 증강현실 기술은 개인에게 정보 전달을 목적 때문에 단체 활동에서 부족한 부분이 있어서 엔터테인먼트적 측면에서 기반 기술이 고려되고 있다.
- 사용자의 외부 상황을 인식하는 컴퓨팅이 개발되는 시점에서 증강현실 기술 또한 외부상황(Context)을 고려하여 사용자에게 가장 현실감 있는 인터페이스를 제공한다.
- 학습이나 교육에 있어서 공간에 제한받지 않는 환경을 제시하기 때문에 개인이 교재를 학습하면서, 창의력을 기르게 될 수 있다.

현실 세계에는 물리적으로 많은 제약이 존재하나 가상 세계에서는 이런 제약들을 뛰어넘을 수 있다. 우리는 자신이 경험할 가상 세계를 자신이 원하는 대로 만 수 있고 그 속에서 원하는 경험을 할 수 있다. 가상 세계의 경험을 통해 자신의 진정한 모습을 볼 수도 있을 것이고, 자신 속에 있는 무한한 가능성을 발견할 수도 있을 것이다. 또한 이를 통해 이웃을 더 잘 이해하게 되고 그들과 하나가 될 수도 있을 것이다. 이렇게 가상현실은 우리를 도와주고 향상시킬 수 있는 긍정적인 힘이 될 수 있다.

② 가상현실과 증강현실 발전방향

제한된 공간에서만 사용되던 가상현실(VR)과 증강현실(AR) 기술은 보다 다양한 생활공간 속에서 사용되면서 사람들의 생활을 변화시키고 새로운 시장 창출이 예상된다.

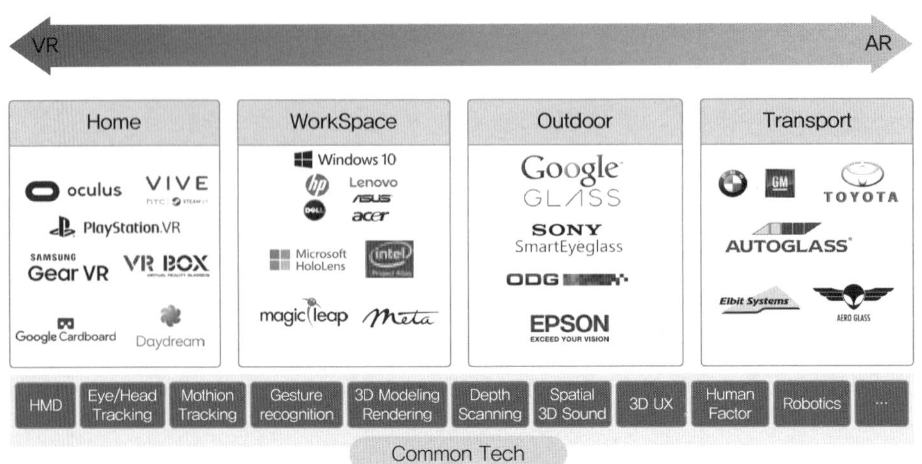

출처 : SPRI

[그림 5-23] 생활에서 발전방향

가정에서 VR·AR기술은 게임, 미디어 등의 콘텐츠를 소비하는 데 주로 사용되어 보다 높은 몰입감과 현장감을 사용자에게 제공할 것이다. PC 게임플랫폼인 STEAM은 VR을 위한 별도의 카테고리를 두고 다양한 게임들을 판매한다. 넷플릭스(Netflix)와 같은 동영상 플랫폼들은 VR을 통해 극장에서 시청하는 것과 같은 대화면의 경험을 제공하는 서비스를 제공한다.

사무공간에서는 거리 상관없이 여러 사람들이 3차원 가상 환경에서 공동 작업이 가능한 미래 컴퓨팅 플랫폼으로 발전한다. 마이크로소프트는 홀로 그래픽 기술을 사용하여 원격지의 사람들이 디자인 작업을 공동으로 하는 시나리오가 담긴 동영상을 공개한다.

야외에서 두 손이 자유롭고 행동제약이 없는 환경에서 사용자의 상황에 적합한 실시간 정보 습득과 소통을 위한 도구로 산업용 시장 등에서 활용도도 높다. 증강현실 안경인 구글 글래스를 산업현장에 적용하여 커뮤니케이션, QR 코드 및 심볼 인식, 정보 전달 도구로서의 가능성을 확인하였다.

교통수단으로 자동차, 비행기 등의 교통수단의 창문이나 투명한 계기판을 통해 탑승한 교통수단의 정보나 이동 중인 지역과 주변 환경에 대한 관심정보를 제공한다. 이동 중에 별도의 기기 없이 업무를 수행하거나 디지털 콘텐츠 소비가 가능하며, 차량의 위치, 상태 등에 대한 정보를 제공 받을 수 있다.

고성능 컴퓨팅 환경을 요구하는 VR·AR 기술은 하드웨어, 네트워크, 소프트웨어 시장 성장을 견인하는 동인으로 작용한다. VR·AR 기술은 소형의 고해상도의 디스플레이로서 빠른 3D그래픽스 처리, 트랙킹과 동작인식 기술 등의 높은 하드웨어 성능을 요구하여 하드웨어 시장의 새로운 수요를 창출할 것이다. 360도나 인터랙션 경험을 제공하는 VR·AR 콘텐츠는 기존 콘텐츠의 3배에서 6배의 대역폭을 요구하여, 기가 와이파이와 5G 수준의 유선과 무선의 새로운 네트워크 기술을 요구된다. 3D 그래픽스, 모션 인식 등 가상현실 기술에 필요한 대용량 데이터를 효율적으로 처리가 가능한 소프트웨어 기술이 요구된다.

가상현실과 증강현실 산업은 게임, 영상 등 엔터테인먼트 분야를 중심으로 성장하다가 헬스 케어, 부동산, 쇼핑, 교육 등으로 점차 활용의 범위가 확대가 예상된다. 2020년 전체 시장에서 엔터테인먼트 산업이 64%를 차지하나 타산업의 활용이 증가하면서 비중이 2025년에는 54%로 감소할 것이다.

연습문제 EXERCISE

※ 다음 빈칸에 알맞은 말을 넣으시오.

01 (   )란 반도체칩과 무선 통신을 이용하여 다양한 개체의 정보를 전송 및 관리할 수 있는 차세대 인식 기술로서 전자태그, 스마트 태그, 전자라벨, 무선 식별 등으로 불리고 있다.

02 (   )은 모든 사물에 부착된 센서를 초소형 무선 장치에 접목하여 이들 간의 네트워킹과 통신으로 실시간 정보를 획득, 처리, 활용하는 네트워크 시스템이다.

03 스마트 기기에 적합한 운영체제가 있다면 이와 응용프로그램 간의 정보를 주고받을 수 있는 중간 단계인 (   )가 존재해야 한다.

04 (   )은 학습, 문제해결, 패턴 인식 등과 같이 주로 인간 지능과 연결된 인지 문제를 해결하는 데 주력하는 컴퓨터 공학 분야이다.

05 (   )은 방대한 지식 체계를 규칙으로 표현하여, 데이터를 입력하면 컴퓨터가 정해진 규칙에 따라 판단을 내리도록 한다.

06 (   )이란 컴퓨터를 이용하여 구축한 가상공간(   ) 속에서 인간이 가진 청각, 후각, 미각, 촉각 등 오감으로 느끼는 감각과의 상호작용을 통해 현실감을 느낄 수 있게 한 것을 말한다.

07 (   )은 가상현실(Virtual Reality)의 한 분야로 실제 환경에 가상사물을 합성하여 원래의 환경에 존재하는 사물처럼 보이도록 하는 컴퓨터 그래픽 기법이다.

08 (   )는 TV, 모니터 등의 일반 디스플레이 기기, 영상을 투사할 수 있는 프로젝터 PDA, 휴대폰 등 모바일 기기 등이 있다.

09 (   )은 GPS(Geographic Position System), 카메라, 디스플레이가 장착돼 있어 증강현실을 구현할 수 있는 최적의 조건을 갖춘 모바일 기기이다.

10 가상현실의 몰입감과 증강현실의 현실 소통의 특징을 융합한 (   )이 대두된다.

※ 다음 내용이 맞는지(T) 혹은 그렇지 않은지(F) 판별하시오.

01 RFID는 RF 태그(혹은 스마트 태그)와 RF 리더(Reader/Controller)로 구성이 되어 있다. ( )

02 USN은 BcN(광대역 통합망), IPv6(차세대 인터넷 주소 체계), 와이브로, 무선랜 등 인터넷 인프라와 연계하여 원하는 장소에 센서 네트워크를 구성해서 다양한 서비스 제공이 가능한 차세대 핵심 기술이다. ( )

03 최근에 통계 컴퓨팅 효율성이 개선되면서 베이지안이 기계 학습이라는 분야에서 몇 가지 영역을 성공적으로 발전시켰고, 네트워크 컴퓨팅이 발전하면서 연결주의자도 딥러닝으로 하위 분야를 더욱 확대 시키고 있다. ( )

04 퍼지 이론(Fuzzy Theory)은 자연 상의 모호한 상태, 예를 들어 자연 언어에서의 애매모호함을 정량적으로 표현하거나, 그 반대로 정성적인 값을 자연의 애매모호한 값으로 바꾸기 위해 도입된 개념이다. ( )

05 가상현실 플랫폼은 크게 가상현실 제품과 서비스 개발을 지원해 주는 소프트웨어플랫폼과 가상현실 서비스와 콘텐츠를 유통하는 서비스 플랫폼으로 구분된다. ( )

06 증강현실 기술로는 크게 디스플레이 기술, 마커 기술, 인식 기술, 영상합성 기술이 있다. ( )

07 저성능 컴퓨팅 환경을 요구하는 가상현상과 증강현실 기술은 하드웨어, 네트워크,소프트웨어 시장 성장을 견인하는 동인으로 작용한다. ( )

08 촉각은 기존에는 전용 시뮬레이터 장치로 촉각을 제공했으나 범용성이 있는 장갑이나 슈트 같은 웨어러블 기기로 발전한다. ( )

09 시각은 사용자별로 선호도나 느끼는 정도가 다르기 때문에 다른 감각에 비해 활용영역이 제한적이고 발전 속도가 늦어 상용화 보다는 실험적인 수준에서 진행한다. ( )

10 증강 현실 기술은 이와는 달리 사용자가 실제 환경을 볼 수 있으며 실제 환경과 가상의 객체가 혼합된 형태를 띠고 있다. ( )

※ 다음 내용에 대해서 간략히 서술하시오.

01 RFID와 바코드를 비교하여 설명하시오.

02 상황인식의 응용 범위를 설명하시오.

03 비즈니스에서 기계 학습을 성공적으로 구현하는 데 필요한 몇 가지 단계를 설명하시오.

04 BDI 아키텍처에 대해서 설명하시오.

05 가상현실 생태계를 설명하시오.

06 가상현실은 구현 형태에 따라 6가지를 설명하시오.

※ 다음 주제에 대해서 토론하시오.

01 증강현실을 가정에서 활용하는 방법에 대해서 토의하시오.

02 인공지능이 사생활에 미치는 영향에 대해서 토의하시오.

Chapter 06

생체인식 관련 기술

6.1 생체인식 기초 기술

(1) 생체인식의 개요

① 생체인식이란?

생체인식 기술(Biometrics)은 살아 있는 사람의 신원을 생리학적 특징 또는 행동학적특징을 기반으로 인증하거나 인식하는 자동화된 방법을 말한다. 최근까지 개인 인증 수단으로 사용되던 암호(password)나 PIN(Personal Identification Number) 방식은 암기를 해야 하고 도난의 우려가 있으나 생체 인식은 암기를 할 필요가 없고 자신이 반드시 있어야 하므로 기존 방법을 실생활에서 급속도로 보완·대체하고 있다. 이 방법은 인간의 특성을 디지털화하여 그것을 보안용 패스워드로 활용하는 것이다. 생체인식 기술의 기초가 되는 신체 정보는 생리학적 정보와 행동학적 정보로 분류된다. 생리학적 특징을 기반으로 하는 신체 정보는 지문, 홍채, 망막, 손 모양, 정맥의 모양, DNA 등이 있으며, 행동학적 특징을 기반으로 하는 정보에는 음성이나 서명, Key Stroke, 걸음걸이 등이 있다.

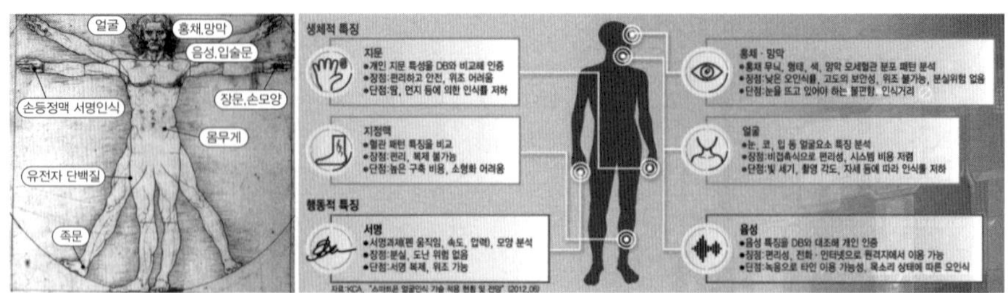

[그림 6-1] 생체인식에 사용되는 부분

생리학적 특징에 기반을 둔 기술은 행동학적 특징에 기반을 둔 기술보다 상대적으로 안정적이며, 개인 내에서의 변화가 적은 것이 장점이다. 그러나 활용하는 장치의 부피가 크고 비싸며, 사용자에게 거부감을 줄 수 있다는 것이 단점이다.

행동학적 특징에 기반을 둔 기술은 활용 장치가 단순하고 저렴하며, 사용자에게 자연스러운 느낌을 줄 수 있다는 장점이 있으나 심리상태에 따라 변화하고 신체적 특징에 영향을 받으며 개인에 따라서 행동의 변화가 다양하여 이들을 모두 포괄하는 한계가 있다.

이처럼 생체인식 기술은 인간 생활의 안전함과 편리함을 동시에 충족시킬 수 있어서 많은 경제적 효과를 가져 올 수 있는 기술이고, IT 기반이 비교적 잘 정립된 우리가 전략적인 기술 개발을 통해 기술 선도국으로 진입할 수 있는 유망 분야이다. 더불어 생체인식 기술은 인간의 독자적인 특징을 보안의 기초로 하고 있기에 기존 시스템의 단점을 해소할 수 있으나, 대상이 사람이라 사람의 정보를 수집한다는 점에서 법률적, 윤리적 문제를 안고 있다. 더욱이 아직 기술이 발전단계에 있기에 기술면에서의 부정확성 문제도 해결해야 할 시급한 과제이다.

② 생체인식의 과정

인증(Authentication)이란 어떤 원본의 자료가 진짜인지 가짜인지를 적법한 절차로 증명하는 과정을 의미하는데, 다양한 기기를 이용한 기존의 인증 과정과 유사하게 생체를 활용한 인증 과정도 사용자의 특성을 추출하여 인증 대상과 비교하는 과정으로 이루어진다. 이를 위하여 인증이 필요한 대상을 사용자, 장치, 장치와 장치 등으로 분류하여 진행하는데, 이는 기존의 인증 과정과 유사하다.

최근 활용되는 사이버 신분증(i-PIN,Internet Personal Identification Number)을 이용한 인증 절차는 다음과 같다. 사이버신분증(i-PIN)은 인터넷 웹사이트에 가입할 때 주민등록번호 대신 가상 주민등록번호와 같은 대체수단으로 쓸 수 있다. 정부는 인터넷에서 주민번호 등 개인정보가 유출되는 것을 막기 위해 인터넷상의 주민번호 대체 수단 가이드라인을 확정해 시행하였다. 먼저 가상 주민번호, 개인 ID 인증 등 주민번호 대체 수단을 아이핀(i-Pin, Internet Personal Identification Number)이라는 이름으로 통합했다. 이에 따라 인터넷 이용자들은 우리나라 신용 평가 정보(가상 주민번호 방식), 한국 신용 정보(개인 인증키 방식), 서울 신용 평가 정보(개인 ID 인증 서비스), 한국 정보 인증(공인 인증서 방식), 한국 전자 인증(그린 버튼 방식) 등 5개 본인확인 기관에서 실명 및 본인 확인 절차를 거쳐 대체수단(아이핀)을 발급받고서 이를 이용해 포털, 게임 등 각종 인터넷 사이트에 가입할 수 있다. 이때 개별 웹사이트는 실제 주민번호와는 전혀 다른 아이핀 정보만을 갖게 되므로 주민번호 유출 등 개인정보 침해 요소를 대폭 줄일 수 있다는 설명이다.

본인 확인 수단으로는 공인 인증서, 신용 카드 번호, 휴대전화번호, 대면 확인 등의 방법이 사용되며, 이 과정을 거친 뒤 식별 ID와 패스워드, 가상주민등록번호가 부여된다. 다만 해당 사이트의 ID와 패스워드는 별도로 정해 기재해야 한다. 또 미성년자, 재외국민 등 본인확인 수단을 보유하지 못한 이용자도 법정 대리인의 동의나 여권 또는 재외국민 등록증을 통해 대체 수단(아이핀)을 발급받을 수 있다. 현재 자신의 이름과 주민등록번호로 인터넷 사이트에 가입한 이용자들도 기존의 ID와 패스워드를 그대로 이용하거나 대체 수단을 통해 재가입한 뒤 자신의 이름과 주민등록번호 삭제를 요청할 수 있다.

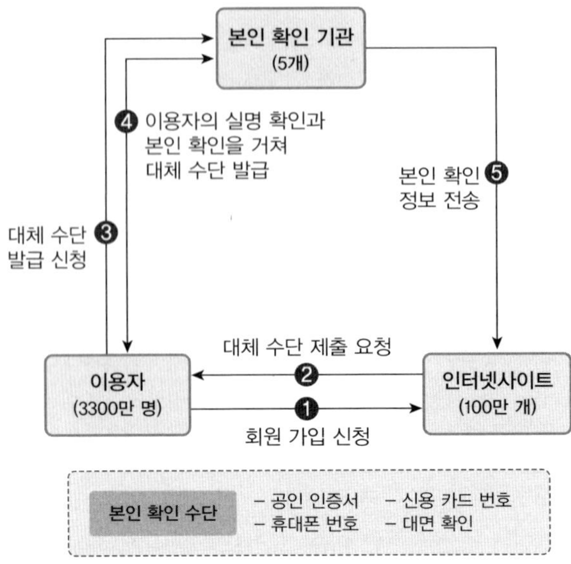

출처 : 정보통신부

[그림 6-2] i-PIN을 활용한 주민번호 발급절차

스마트 기술이 활용되는 생체인식의 과정은 사용자가 자신의 생체와 관련된 정보를 추출하여 데이터베이스로 구축한다. 인증을 요청할 사용자가 자신의 생체 특징을 추출하고, 이를 기존에 구축된 데이터베이스 정보와 패턴 매칭을 통하여 비교 확인하는 과정을 거친다.

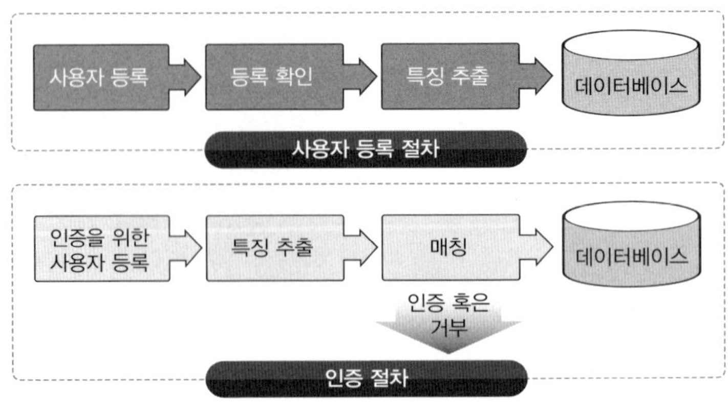

[그림 6-3] 생체인식 과정

(2) 생체인식 기술의 종류

생체인식 기술은 사람 개개인마다 다르게 가진 생체 정보(지문, 홍채, 얼굴, 음성, 손모양 등)를 추출하여 생체인식 시스템의 저장 장치에 그 정보를 등록시키고 다시 생체 입력 장치를 통해 개인의 생체 정보 특징을 측정해 이를 등록된 정보와 결합시켜 비교하여 그 확실성을 결정함으로써 개인 식별의 수단으로 활용하는 것이다. 생체인식 기술은 신체적 특징을 이용한 방법과 행동학적 특징을 이용한 방법으로 구분할 수 있다.

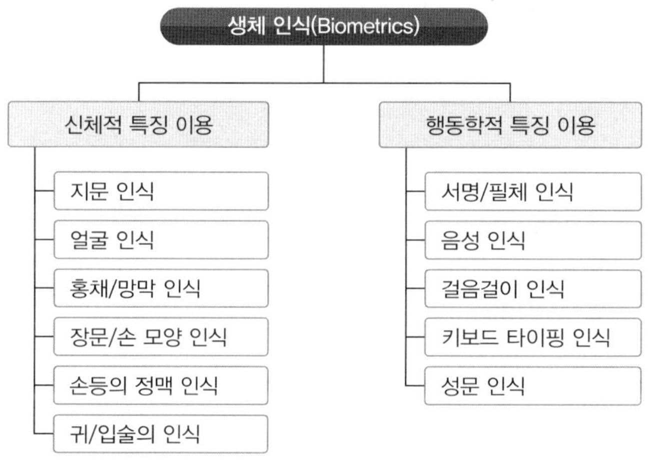

[그림 6-4] 생체인식의 종류

생체인식에서 가장 대표적으로 많이 이용되는 생체 부분은 지문, 홍채, 음성, 얼굴이며, 현재 생체인식 기술은 컴퓨터 보안, 금융, 통신 부분, 의료, 사회 복지, 출입국 관리, 군사 보안, 경찰 법조 등의 여러 분야에 활용되어 실제 적용되고 있다.

〈표 6-1〉 생체인식 기술들 간 장단점

	장점	단점
지문	저렴한 비용/우수한 안정성	등록 안 되는 경우 존재(5%) 접촉식, 비위생적, 사용 거부감, 인식 처리 과정이 늦고 오류 많음
얼굴	쉽다, 빠르다, 비용 저렴, 비접촉식, 위생적, 무인지 사람이 사람을 인지하는 방식	조명 및 자세에 따라 영향을 받음

홍채	위조 불가능	대용량 특질 벡터, 접촉식 연지 비위생적, 부자연스러운 인식 과정
망막	안정성, 사용 편리성, 데이터의 정확성	사용 거부감, 접촉식 인지 비위생적, 부자연스러운 인식 과정
성문	비용 저렴, 원격 접근에 적당	처리 속도 늦고 사람 상태에 쉽게 영향 받음
필체	비용 저렴	사람 상태에 쉽게 영향 높은 오인식률
정맥	위조 불가능	하드웨어 구성이 어렵고 시스템 구축 비용이 크다

① 지문 인식

생체인식 분야 중에서 가장 널리 사용되고 있는 지문 인식은 1684년 영국에서 니어마이아 그루(Nehemiah Grew)가 사람들의 지문이 서로 다르다는 것을 알게 되면서 시작되어 1968년 미국 월스트리트의 한 증권회사에서 상업적 용도로 최초로 사용하였다. 지문은 태어나면서 죽을 때까지 같은 형태를 유지하며, 외부 요인에 의해 상처가 생겨도 금방 기존의 형태로 재생되기 때문에 타인과 같은 형태의 지문을 가질 확률은 10억 분의 1밖에 되지 않는다. 지문 인식 기술은 이러한 지문 특성을 이용해 사용자의 손가락을 전자적으로 읽어 미리 입력된 데이터와 비교해서 본인 여부를 판별하여 사용자의 신원을 확인하는 기술이다. 지문 인식 기술은 신원 확인 분야, 금고와 출입 통제 시스템의 물리적 접근 제어, 범죄자 색출을 위한 범죄 수사 분야 등에 적용되었으나, 1990년대에 들어서면서 전자상거래상의 보안이나 인증을 위한 보안 시스템으로도 활용되고 있다. 현재 지문 인식 기술에 대한 연구가 고도화되면서 입력 센서가 더욱 소형화·집적화되고 있고, 네트워크를 통한 전자상거래 등의 응용 분야로 기술이 확대되어 가고 있다. 최근에는 휴대전화, PDA 단말기 등에도 적용 중이다.

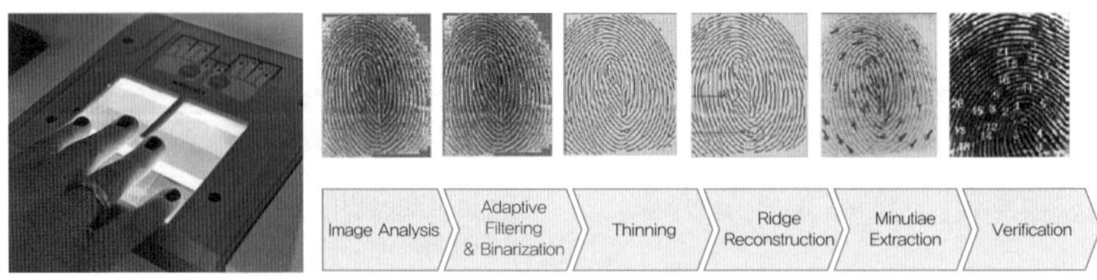

[그림 6-5] 지문인식과 과정

또한 최근 출시되는 지문 인식 장치들은 손가락을 스캔하면서 손가락이 살아 있는 사람의 것인지도 검사하는데, 이것은 불법 사용자가 절단된 손가락을 이용하여 정당한 사용자를 가장하는 것을 방지하기 위함이다. 그러나 지문 인식 시스템은 일반적으로 4~5개의 특징만으로 개인을 식별하는 시스템이기 때문에 완벽한 개인 식별 수단이 될 수 없다. 아울러 땀이나 물기가 손에 묻어 있는 사람의 지문은 에러 발생률이 높고, 여러 사람이 손을 접촉한 곳에 손가락을 댄다는 불쾌감, 지문이 닳아 없어진 사람이나 손가락이 없는 사람은 사용이 불가능하다는 점은 지문 인식 시스템의 한계로 인식되고 있다.

지문 인식 기술에는 몇 가지 감식 기술이 있다. 이러한 기술의 흐름을 간략히 살펴보면 다음과 같다.

- 반도체 방식(Chip Sensor)은 반도체를 이용하는 방식으로 실리콘 칩 표면에 직접적으로 손끝을 접촉시키면 칩 표면에 접촉된 지문의 특수한 모양을 전기적 신호로 읽어들이는 것으로, 칩 표면에 설치된 캐패시터의 전하량의 변화를 읽어서 지문 정보를 얻는 방법과 초음파나 전기장을 사용하여 얻은 지문 이미지를 전기적 신호로 변환하여 지문을 채취하는 방법이 있다.
- 광학 방식(Optical Sensor)은 광학기를 이용한 방식으로 가장 보편적으로 널리 사용되고 있는 방식이다. 광원에서 발생한 입력광을 프리즘에 쏘아 프리즘에 놓여 있는 손끝의 지문 형태를 반사하고 이 반사된 지문 이미지를 고굴절 렌즈를 통과하여 CCD(Charged Couple Device)에 입력한다. 이 입력된 지문 이미지를 특수한 알고리즘에 의해 디지털화시켜 정밀하게 CCD에 맺히게 하는 원리를 이용한다.
- 혼합 방식(Hybrid Sensor)은 손가락 표면을 감싸고 있는 피부 아래 조직층에서 얻어낸 지문 정보를 배열하는 방법으로 e-영역 접근법은 손가락 표면의 상처나 변형에 영향을 받지 않는다. 혼합 방식은 e-영역, 전기 용량, 그리고 손가락 치기 등의 요소로 구성되어 손상되거나 날조될 수 있는 지문 감식을 막을 수 있는 우수한 기술이다.

② 홍채 및 망막 인식

홍채 인식 기술은 영국 캠브리지 대학의 존 더그만(John Daugman)이 제안한 영상 신호

처리 알고리즘이다. 이는 홍채 패턴을 256바이트로 코드화할 수 있는 가버 웨이블릿(Gabor Wavelet) 변환을 기반으로 한 원천 특허이고, 현재 모든 홍채 인식 시스템의 기초가 되고 있다.

홍채 인식 시스템은 다른 어떤 시스템보다 오인식률이 낮아 고도의 보안이 필요한 곳에 사용된다. 비슷해 보이는 눈의 홍채도 자세히 보면 색깔, 형태, 무늬 등이 사람마다 모두 다르다. 사람의 홍채는 신체적으로 상당한 특징이 있는 유기체 조직으로 쌍둥이들도 다른 홍채 형태들을 가지고 있고, 통계적으로도 DNA 분석보다 정확하다고 알려져 있다. 그리고 콘택트렌즈나 안경을 착용해도 인식이 가능하므로 활용 범위가 넓다. 현재는 안경에 타인의 홍채 사진을 붙여 접근을 시도할 때 문제가 발생하는 것을 방지하기 위해 살아 있는 눈에서만 볼 수 있는 동공의 축소·확대 등을 감지해 내는 부가적인 시스템 보안이 연구되고 있으며, 눈에서 발생하는 파장을 감지하여 진위를 구별하는 연구도 병행되고 있다.

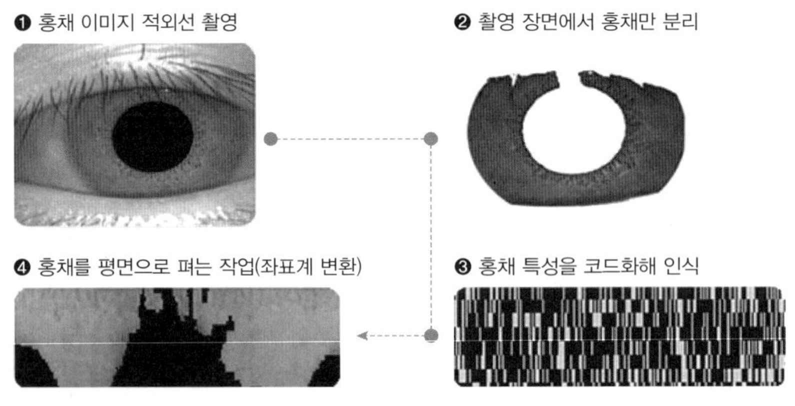

[그림 6-6] 홍채 인식 과정

사람의 눈을 이용한 생체 인증에서는 홍채와 망막의 혈관이 인증의 목적으로 사용되고 있다. 망막 인식은 안구의 제일 뒷부분에 있는 망막의 모세 혈관 분포를 측정하는 것이다. 이를 위해서는 사용자가 눈을 측정 기구에 정확히 밀착시켜서 초점을 맞추어야 한다. 이러한 망막패턴 검색 기술은 고도의 보안성을 유지하게 할 수 있지만, 사용자의 불편과 레이저 빛에 대한 두려움을 유발하는 등 일반인을 대상으로 하여 사용하기에는 비효율적인 면이 있다.

③ 얼굴 인식

얼굴 인식 방법은 생체인식 방법 중 가장 자연스러운 방법인데, 얼굴 인증과 인식 기술은 생체인식 애플리케이션 성장의 풍부한 토대를 제공해 줄 것이다. 얼굴 인식의 장점은 특별한 접촉이나 행동을 요구하지 않기 때문에 사용자 편의성 면에서 우수하며, 사진, 이미지 파일의 등록과 저장을 할 수 있고, 타 생체인식 기술을 응용하기 어려운 감시 등의 분야에 적용할 수 있다. 조명이나 표정 변화에 민감하고, 변장, 수염의 변화, 안경이나 모자 착용, 성형에 의한 얼굴형 변화 등의 몇 가지 인식률 저하 문제를 안고 있음에도 다른 생체인식 기술보다 사용자의 편의성이 뛰어나며, 거부감이 없는 등의 장점이 있어서, 생체인식 분야 중 적용 범위가 가장 다양한 것으로 알려져 있다.

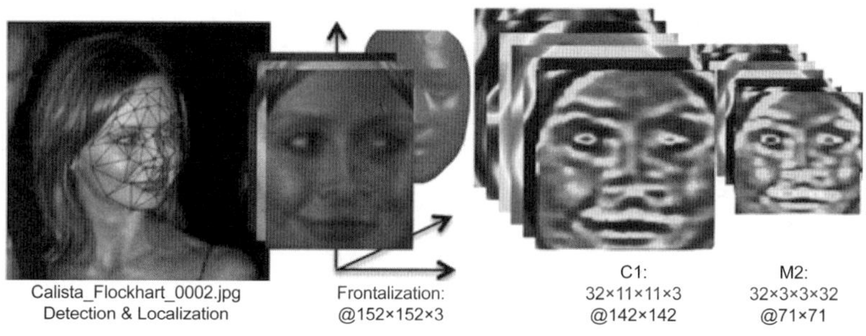

[그림 6-7] 얼굴인식 과정

기존 얼굴 인식 기술은 전하결합소자(CCD, Charge-Coupled Device) 카메라를 사용한 2차원 이미지를 분석하는 것이다. 최근에는 얼굴 혈관에서 발생하는 열을 적외선 카메라로 촬영, 디지털 정보로 변환하여 저장해서 사용하는 얼굴에 외과적인 손상이 발생하더라도 변하지 않는 얼굴의 분포를 이용하는 방식과 눈, 코, 입 등 얼굴의 특징을 나타낼 수 있는 곳에 점을 찍고 각 점 사이의 관계를 이용해서 3차원 얼굴형을 구조화하여 얼굴을 구분하는 방식에 대한 연구가 이루어지고 있는데, 이 방법들은 모두 심도 있는 정보를 얻을 수 있다.

④ 음성 인식

음성을 이용한 개인 인식은 화자 인증이라고도 하며, 다른 생체인식보다 오인식률은 높지만 활발하게 연구되고 있다. 음성 인식 시스템은 음성의 음소, 음절, 단어 등의 진동과 특징을 분석한 후 가장 근접한 것을 찾아내는 방식으로 원격지에서도 전화나 인터넷을 이용하여 신분을 확인할 수 있고, 텔레뱅킹, 홈쇼핑 등 다른 생체인식 방법을 적용할 수 없는 응용 분야에서 사용될 수 있다. 특히 다른 생체 획득 장치와 달리 음성 취득 장치인 마이크가 저가이고, 일반 PC, PDA, 휴대전화 등에 기본적으로 탑재될 수 있으므로 다른 생체인식보다 시스템 가격이 저렴하다는 장점이 있다. 하지만 감기에 걸렸거나 목이 쉬었을 때, 타인의 목소리를 모방하거나 주변 환경에 큰 소음이 있을 때 오인식할 수 있다는 점과 처리 속도가 매우 느리다는 단점이 있다.

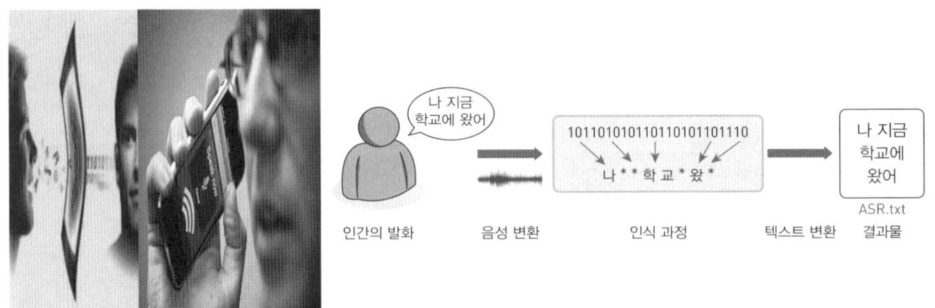

[그림 6-8] 음성인식 과정

⑤ 정맥 인식

정맥 인식 기술은 손등의 피부로부터 적외선 조명과 필터를 사용해 피부에 대한 혈관의 밝기 대비를 최대화한 다음 입력된 디지털 영상으로부터 정맥 패턴을 추출하는 기술이다. 지문 또는 손가락이 없는 사람도 이용할 수 있는 장점이 있으며, 사용이 편리하면서 사용자의 거부감이 적고, 지문보다 많은 정보를 가지고 있어 인식률이 높아 앞으로 응용 분야가 많을 것으로 예상한다. 특히 적외선을 사용하여 혈관을 투시한 후 잔영을 이용해 신분을 확인하는 방식으로써 복제가 거의 불가능하여 보안성이 매우 높은 인식 기술이다.

⑥ 손 및 장문 인식

사람의 손은 수년 동안 생체인식과 같은 정보의 근원으로서 사용되었는데, 이 방식은 생체인식 분야에서 가장 먼저 자동화된 기법으로 개인마다 손가락 길이와 두께, 손금의 무늬가 다르다는 점에 착안하여 손가락 형태나 손금 무늬를 분석, 이를 데이터화하여 만든 시스템이다.

손 인식기는 3차원 이미지 상태로 사람 손의 높이, 길이, 너비를 측정하며, 적외선 조명과 광학 필터를 사용하여 손의 혈관 분포 영상 데이터를 인식하는 데 사용된다. 손 인식 기술은 복제가 거의 불가능하여 높은 보안성을 가지고 있으며, 다른 인식 기술보다 사용자의 거부감도 적은 편이다. 장문 인식 기술은 환경적인 요인에 큰 영향을 받지 않으나 오인식률이 높아 보안의 중요성이 요구되는 곳에서는 사용하기 어렵다. 또한 손을 올려놓을 수 있는 공간이 기본적으로 필요해 시스템의 크기를 어느 정도 이상으로 줄일 수 없다는 단점도 가지고 있다.

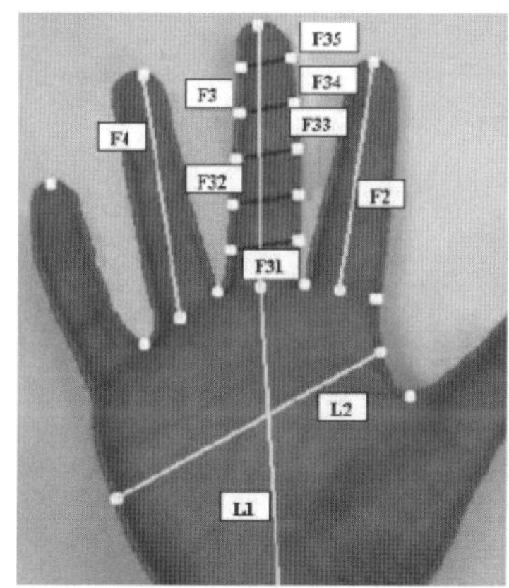

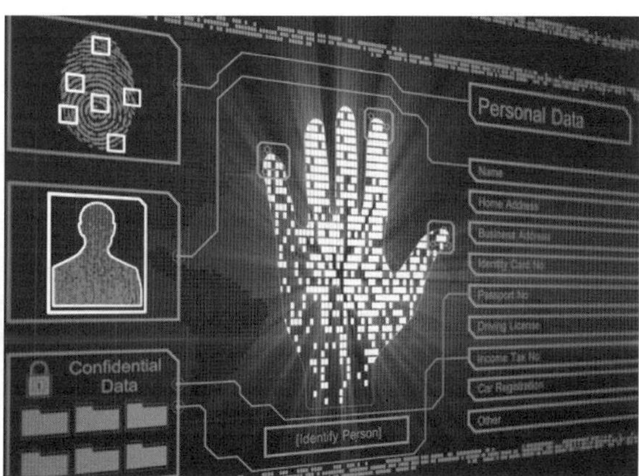

[그림 6-9] 손 및 장문 인식

⑦ 서명 인식

서명 인식 기술은 필체 역학을 이용해서 압력이나 속도를 분석하여 인증하는 자연스럽고 전형적인 방법이다. 사람들의 서명은 변하기 쉬우나 나름대로 일관성을 가지고 있으므로, 최종 서명의 패턴이나 손의 움직임에 의한 일종의 궤적에 의해서 식별할 수 있다.

서명 인식 시스템은 가격이 매우 경제적이지만 사용자의 대체가 가능하여 인증의 정확성이 떨어지고 매우 느린 처리 속도와 별도의 인증 도구가 필요하다는 단점이 있다. 그러나 컴퓨터, PDA, 휴대전화 시장의 이점을 살린 기술의 개발로 성장세는 앞으로 꾸준히 지속할 것으로 보인다. 온라인 거래나 모바일 전자상거래 등은 서명 인식 기술이 성장할 수 있는 분야이다.

[그림 6-10] 서명 인식

(3) 생체인식 기술의 동향

생체인식에서 신원 확인은 현재 획득한 생체 데이터에서 추출된 특징과 기존 데이터베이스에 등록된 특징과의 일치정도에 따라 확률적으로 결정되기 때문에 어느 정도 잘못 인식되는 경우가 발생하게 된다. 이러한 오인식률은 동일인을 타인으로 잘못 판단할 확률, 즉 FRR(False Reject Rate)과 타인을 동일인으로 잘못 인식하는 확률 즉 FAR(False Accept Rate)로 구분되는데, 일반적으로 이 두 가지 확률이 같아지도록 기준값을 설정하였을 때의 오인식률을 EER(Equal Error Rate)이라고 하여 여러 생체인식 시스템의 상대적인 신뢰도로써 사용한다. 그런데 최근 주목을 받고 있는 대부분의 생체 인식 시스템이 아직 상용화 초기 단계에 있고 신체 일부의 특징이 인종, 환경, 나이, 직업 등에 따라 현저히 다르기 때문에 현재까지는 각 생체 인식 시스템의 정확한 오인식률이 잘 알려져 있지 않다.

그러나 가장 상용화가 활발한 지문 인식을 중심으로 인증한 기관이 설립될 움직임을 보이고 있어 곧 여러 생체 인식 시스템의 보다 정확한 신뢰도를 구할 수 있게 될 것으로 전망된다. 신원 확인의 방법으로는 2개의 생체 데이터를 1대1로 비교하여 동일인의 것인가를 판단하는 검증(Verification)과 데이터베이스에 저장된 여러 개의 생체 데이터 중 확인하려고 하는 생체 데이터와 일치하는 것을 찾는 인식(Identification)이 있다. 앞에 기술한 EER은 검증시의 오인식률이며 인식 시에는 데이터베이스에 저장되어 있는 생체 데이터수에 따라 오인식률이 증가하게 된다. 따라서 인식이 가능한 데이터베이스의 생체 데이터 수에 따라 각 생체 인식 시스템의 오인식률을 간접적으로 비교할 수 있는데, 현재까지 지문 인식과 정맥 인식은 약 100명, 홍채 인식은 약 10,000명 정도이다.

① 국내외 시장 동향

국내 생체 인식 시장은 최근 금융권과 대형 유통가를 중심으로 수요가 늘어나고 있다. 한국인터넷진흥원(KISA) 정보 보호 산업 통계 조사 보고서에 따르면 국내 생체 인식 시장은 2003년 약 900억 원에서, 2005년에는 1350억 원, 2007년에는 1780억 원대로 성장할 것으로 예상하고 있는데, 이는 연평균 약 24.4%의 높은 성장률을 보여 준다.

현재 국내 생체 인식 시장 현황은 지문, 홍채, 정맥, 음성, 얼굴 인식 시스템 등이 상품화되어 있다. 2004년부터 전자상거래 인증, 지문 인증 서버 시스템, 컴퓨터 보안 시스템, 인터넷 뱅킹, 인터넷 쇼핑몰, 유료 사이트 회원제 운영, 은행의 안전대여 금고 시스템 공급, 출입 통제와 근태 관리 시스템 등의 시장이 활성화되어 있어 이와 관련된 내수 시장은 지속적으로 증가할 것으로 전망된다. 이처럼 국내 시장은 꾸준한 성장이 전망되고 있지만, 실질적으로 일부 기업체를 제외하고는 아직 시장 형성이 제대로 되어 있지 않고 인식률 저조와 수요자의 신뢰성 하락, 그리고 사회 전반에 걸친 생체 산업의 부정적인 시각 등 여러 요인이 국내 생체 인식 제품과 서비스의 보급을 지연시키는 가장 큰 원인으로 작용하고 있다.

국내 업체가 보유한 생체 인식 기술을 국외 업체와 비교해 보면 우위에 있는 기술이 그리 많지 않다. 그러나 생체 인식 엔진과 센서 설계 기술을 가진 국내 업체들이 응용 제품을 만드는 데 많은 노력을 기울여 기술의 양·질적인 측면에서 대단한 성과를 이루고 있다. 국내 금융 기관 중에는 우리은행이 가장 먼저 인터넷뱅킹과 CD 결제 서비스에 지문 인식 기술을 적용하고 있으며, BC 카드, LG 카드, 삼성카드, 그리고 국민은행 등 카드사와 금융권에서 지문 인식과 결합한 신용 결제 서비스 상용화를 추진하고 있다.

세계 생체 인식 시장의 기술별 비중은 지문 인식 기술이 52%를 차지하는 것으로 나타났으며, 그 다음으로는 얼굴 인식 기술이 11.4%, 장문 인식 기술이 10% 등의 순이다. 현재 세계 생체 인식 시장은 매우 크게 성장하고 있으며, 앞으로 지속적인 성장세를 보일 것으로 전망된다. 앞으로 생체 인식 시장은 기존의 단순 출입 통제 제품 위주의 시장에서 탈피하여 온라인상에서 활용될 수 있는 생체 인식 시스템 개발과 PKI 인증과의 연동을 통해 새로운 서비스 시장이 창출될 것으로 보인다.

② 생체인식의 응용

생체 인식 기술은 바이오기술(BT, Bio Technology)의 한 분야로 IT에 이어 국가 산업의 발전을 선도할 산업 영역으로 손꼽히고 있어, 미국, 일본 등 세계 주요 국가들은 국가 차원에서 생체 인식 산업의 활성화를 위한 로드맵을 작성하고 각종 지원책을 마련하고 있다. 국내 생체 인식 산업은 세계 시장보다 아직 기술적 완성도와 시장 규모 측면에서 미성숙한 단계이다. 특허 등록 수가 1위인 미국의 1%에 불과한 실정이라 여전히 많은 연구가 필요한 분야이다.

생체 인식 기술의 안전성을 높이기 위해 여러 개의 생체 인식 기술들을 조합하는 방법에 대한 연구가 진행되고 있는데, 여기서 활용되는 부분이 다중 생체 인식 기술이다. 다중 생체 인식 방식에는 서명, 지문과 얼굴, 얼굴과 음성 등의 특징을 결합하여 사용하는 다중 생체 특징 방식이다. 이는 지문 인식과정에서 손가락 하나가 아닌 여러 손가락을 모두 사용하는 다중 모듈 방식이고, 생체 정보를 반복적으로 인식하여 오류를 줄이는 다중 획득 방식, 반도체식, 광학식, 초음파 등의 방법으로 특징을 추출하는 다중 센서 방식 등으로 활용된다.

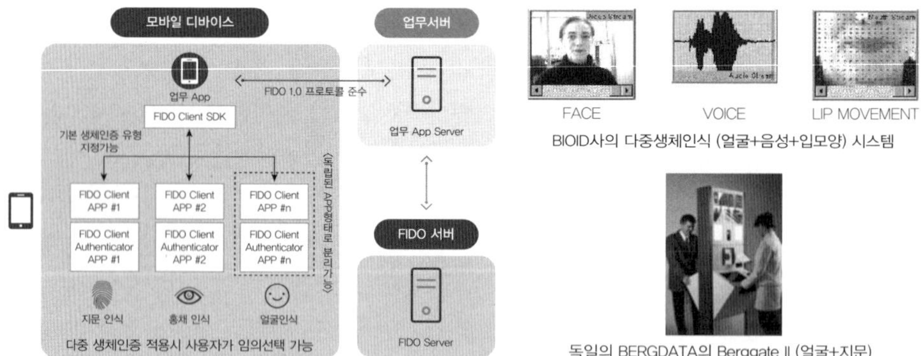

[그림 6-11] 다중 생체 인식 방법

이외에도 각 나라별로 다양한 생체 인식 응용 사례가 있다. 미국은 기술 표준국과 교통 안전 관리국을 중심으로 지문 인식과 다중 인식 기술을 이용한 제품을 개발하고 있다.

캐나다는 인권국과 국경 관리국에서 얼굴과 홍채를 활용한 국경 출입 관리 시스템을 개발 중에 있으며, 독일은 연방 범죄 수사국과 연방 정보 보호국에서 얼굴 인식 시스템으로 신분 확인을 위한 솔루션을 개발하고 있다.

싱가포르는 내무부에서 지문과 얼굴 인식 기술을 활용하여 생체 여권을 개발하고 있고, 호주는 국방 과학 기술원에서 얼굴을 활용한 신분 확인 기술을 구현하고 있다.

영국은 경찰 정보 기술원에서 지문, 얼굴, 장문을 활용하여 범죄 수사 시스템을 구축 중이며, 남아프리카는 정부기관이 중심이 되어 지문 인식을 활용한 복지 급여 지급 및 운전면허증 확인 기술을 구현하고 있고, 말레이시아는 지문과 얼굴 인식 기술을 여권에 사용하고 있다.

6.2 게놈프로젝트

(1) 게놈 프로젝트의 정의

게놈(Genome)이란 유전자(Gene)와 염색체(Chromosome)의 합성어로 생물에 담긴 유전 정보 전체를 의미한다. DNA는 A, G, C, T이라는 4가지 염기를 가지고 있는데, 사람의 경우 대략 30억 개의 염기가 존재한다. 인간게놈프로젝트는 이 30억 개의 염기 배열 순서를 밝히는 일이다. DNA의 서열을 밝힌다는 것은 DNA를 이루는 물질인 당, 인, 염기, 즉 아데닌(A), 시토신(C), 티민(T), 구아닌(G)의 4종류가 있으며, DNA를 이루는 각 단위인 뉴클레오티드(Nucleotide) 중 염기의 서열을 알아낸다는 것이다. 이는 DNA를 이루는 뉴클레오티드(nucleotide)에서 당과 인은 항상 같은 형태로 존재하는 반면 염기는 아데닌(A), 시토신(C), 구아닌(G), 티민(T)이라는 4종류가 DNA 구조를 형성할 시에 아데닌은 티민과, 구아닌은 시토신과 화학적으로 수소결합하여 DNA를 형성하기 때문에 각 뉴클레오티드마다 다른 종류로 들어가 있는 염기의 서열을 분석하게 되는 것이다.

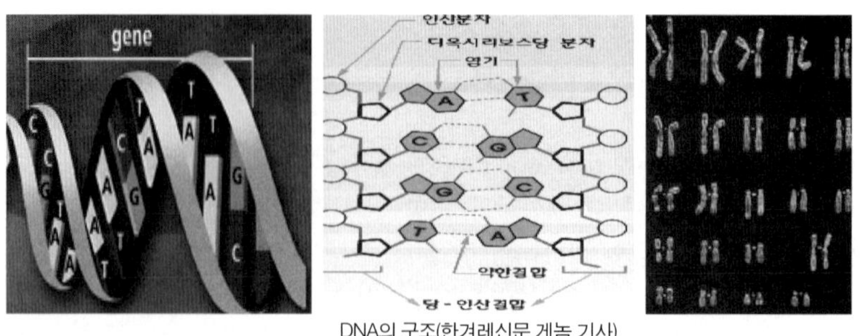

DNA의 구조(한겨레신문 게놈 기사)

[그림 6-12] 인간 게놈의 구조

DNA의 전체적인 구조는 두 가닥의 사슬이 서로 붙어 이중 나선형으로 꼬여 있는 형태이다. 유전자의 특성은 각기 다른 염기의 서열에 의해 결정된다. 이는 DNA의 서열에 따라 또 다른 유전 물질인 RNA로 그 형태가 바뀌어서 유전자가 발현될 수 있는 형태가 갖추어지고, RNA의 서열에 맞추어 인체 상에서 다양한 생리현상을 주관하는 단백질이 만들어지게 된다. 단백질은 효소, 항원, 항체, 호르몬 등 생체 내에서 필수적인 역할을 담당하는 아주 중요한 분자이다. 그러므로 DNA의 염기배열만 알면, 어떠한 단백질이 만들어질 수 있는지를 알 수 있으며, 생명현상 파악이 가능하므로 DNA의 염기배열을 가리켜 생명의 설계도라고도 한다.

DNA의 염기는 3개가 한 조가 되어 한 개의 아미노산을 지정한다. 그러나 30억 개의 염기가 모두 단백질을 만들어내는 것은 아니다. 현재까지 알려진 단백질의 종류는 약 10만 개이며, 이들 단백질을 만드는 염기의 수는 30억 개의 2%에 불과하다. 나머지 98% 염기의 기능은 거의 알려지지 않았다. 게놈 해독을 통해 인간 유전자를 전체적으로 파악하면 이를 바탕으로 하여 각 유전자의 작용을 알아내 결함을 수정하고 기능을 강화하는 등 다양한 생명 공학적 응용이 가능해진다.

이러한 인간의 염기서열 정보를 담은 게놈 초안은 난치병 정복에 도전하는 세계 각국의 병원, 제약회사, 대학, 연구소들에 유용한 정보가 될 것이다.

(2) 게놈프로젝트의 발전과정

유전자는 바로 단백질을 만드는 2%의 DNA를 의미하고, 인간 게놈프로젝트는 1990년 미국과 영국을 주축으로 시작되었다. 15년 계획으로 30억 달러가 투자되고 있다. 현재 이미 대장균(E.coli), 헬리코박터(Helico-bacter Pylori)를 비롯한 20여 종의 미생물과 효모, 그리고 다세포 생물인 선충(Gaenorhabditis Elegans) 등 다양한 생명체들의 염기서열이 모두 밝혀졌다. 사람의 게놈 연구도 2000년 봄까지 90% 정도 골격이 완성되고 2003년에는 프로젝트가 완료되었다.

게놈분석에 관한 연구는 1988년 미국의 국립연구 위원회(NRC, National Research Council)에서 「인체게놈 도표화와 순서화(Mapping and Sequencing the Human Genome)」라는 보고서를 발표하면서부터 구체화되기 시작하여 1990년에 미국 국립 보건원과 에너지성이 공동으로 인체게놈 연구사업(Human Genome Project)에 대한 1단계(1991~1995년) 협동연구를 착수하였다. 이 계획은 최근 이루어진 연구기법의 획기적인 발전을 이용하고, 여러 차례 연구의 부분적인 수정 및 재조정 작업을 거친 후에 현재의 인간게놈프로젝트가 완료되었다. 그 과정을 정리하면 다음과 같다.

- 1990년에 미국 에너지성과 국립보건원이 유전체연구사업 추진을 공식 출범하였다.
- 1991년에는 인간 염색체 지도 작성의 데이터베이스 GDB가 완성되었다.
- 1992년에는 인간 유전체 저해상도 유전적 지도가 공표되었다.
- 1993년에는 유전체 중에서 발현유전자만을 분석하는 국제 콘소시엄(IMAGE)이 발족되어 미국 에너지성과 국립보건원이 5개년 계획을 개정한다.
- 1994년에는 유전자 지도 작성이 계획보다 1년 앞당겨 완료되고, 미국 에너지성의 HGP 정보 웹사이트가 일반에 공개된다.
- 1995년에 처음으로 한 생물체의 유전체 전부가 밝혀지고, 이는 Haemophilus Influenzae, Mycoplasma Genitalium라는 박테리아로서 인간 염색체 16번과 19번의 고해상도 물리적 지도가 완성된다.
- 1996년에는 Methanococcus Jannaschii 유전체 염기서열 전부가 밝혀지고, 진핵생물인 효모(S. Cerevisiae)의 유전체 염기서열 전부가 알려진다.
- 1997년에는 대장균(E. Coli)의 유전체 염기서열 전부가 밝혀지고, 인간염색체 X와 7번의 고해상도 물리적 지도가 완성된다.
- 1998년에는 Caenorhabditis Elegans의 유전체 염기서열 전부가 밝혀지고, 3만개의 지표를 가진 인간 유전자 지도(GeneMap'98)가 발표된다.

- 1999년에는 인간 염색체 22번의 염기서열 전부가 밝혀진다.
- 2000년에는 인간 염색체 21번의 염기서열 전부가 밝혀진다.
- 2001년에는 인간 유전체 연구 사업 완료 발표한다.
- 2003년은 인간게놈프로젝트가 완료되어 인류는 A, G, C, T 4가지로 이루어진 모든 유전 정보를 얻었다.

인간 게놈프로젝트가 완료된 후에 연구 방향은 크게 두 가지이다. 하나는 유전자가 어떤 기능을 가지는지 밝히는 기능 유전체학(Functional Genomics)이고, 다른 하나는 개인들의 염기 서열이 어떻게 차이가 나는지를 규명하는 비교 유전체학(Comparative Genomics)이다. 인간의 경우 현재까지 밝혀진 10만 개의 단백질 가운데 기능이 제대로 알려진 것은 9천여 개에 불과하다. 따라서 9만 개가 넘는 나머지 단백질의 기능을 파악하는 것이 기능 유전체학의 가장 큰 연구 주제이다. 반면에 비교 유전체학은 사람마다 모습이 다른 것은 어떤 유전자 때문이고, 장수하는 집안과 단명하는 집안의 차이점은 무엇인가를 밝히는 연구 분야이다. 정상적인 사람들일지라도 염기 1천개에 1개꼴로 차이가 있다. 차이가 난다고 해서 모두 유전병이 되는 것은 아니다. 어느 정도의 차이가 나야 유전병이 발생하는지를 밝혀내는 일이 중요하다. 현재 알려진 유전 질환은 5천여 종에 달하지만 이 가운데 관련 유전자가 분명히 밝혀진 것은 15%에 지나지 않는다. 생명과학이 매우 발달된 요즘에도 이러한 것을 밝히기 어려운 이유는 고등 생물에는 한 가지 기능을 수행하는 유전자가 여러 개 존재하는 경우가 많아서 한 가지 유전자가 여러 기능을 수행하기 때문이다.

(3) 게놈 프로젝트의 성과와 문제

① 게놈 프로젝트의 성과

인간게놈지도 완성이란 인간이라는 생명에 담겨있는 모든 유전정보가 한권의 책으로 편찬된 것을 의미한다. 2001년 2월 12일에 6개국(미국, 영국, 프랑스, 독일, 일본, 중국)으로 구성된 국제컨소시엄인 인간 게놈지도 작성팀(HGP, Human Genome Project)과 미국 벤처기업인 셀레라 지노믹스사가 각각 독립적으로 수행한 연구를 통해 인간게놈의 염기서열을 약 99% 정도 밝혀냈다.

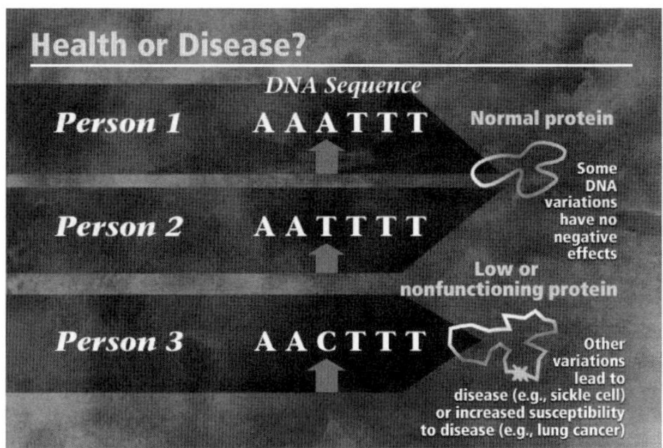

[그림 6-13] 인간의 유전자 배열

- 인간의 유전자 수는 초파리의 2배 정도일 뿐 아니라 쥐의 유전자와 95% 정도를 공유하므로 이를 이용하면 쥐의 유전정보를 이용한 신약개발이 가능하다. 새로운 추정치에 따르면, 인간은 선충이나 초파리에 비해 단지 2배 정도 많은 유전자를 가지고 있을 뿐이다. 만물의 영장이라는 인간의 자존심이 상처를 입을 만큼 적은 수치다. 분명 유전자의 수적인 측면에서 인간은 매우 검약정신이 강한 생물체다. 게놈 연구결과에서 인간의 경우 하나의 유전자에서 하나의 단백질을 생성하는 것이 아니라 평균 3개의 서로 다른 단백질을 만든다고 예측되었다.
- 유전자는 밀집된 도시를 구성하는데, 인간의 염색체 안에는 많은 유전자들이 서로 가까운 거리에 위치해 마치 밀집된 도심과 같은 형태를 이룬다는 의미이다. 인간 유전자의 불규칙한 분포는 초파리와 같이 유전자들이 상대적으로 게놈 위에 고르게 분포하고 있는 무척추생물과 뚜렷이 구분된다. 그러므로 인간의 유전자들은 모여 있으며, 인간게놈의 약 40~48% 정도는 특정 염기서열이 반복돼 있는 반복 염기서열(Repetitive Sequence)로 이뤄져 있다.
- 유전자 보호하는 반복염기서열은 5천만 년 전에 인간게놈의 반복염기서열의 활성이 급격하게 감소했다. 인간이 5천만 년 전에 반복염기서열 DNA를 수집하는 일을 그만뒀다는 의미다. 생명체의 반복염기서열 DNA의 축적이 계속되고 있는 것은 인간에 비해 DNA 염기서열상의 손상을 원상회복시키는 메커니즘의 효율이 상대적으로 낮기 때문에 세포분열과정 동안 인간보다 훨씬 많은 돌연변이가

축적되는 현상으로 생각할 수 있다.

- 바이러스 닮은 유전물질 운반책으로 반복염기서열의 불가사의한 분포가 있다. 일반적으로 반복염기서열의 요소(Repeat Elements)들은 게놈 상에서 AT염기서열은 풍부하지만, GC 염기서열은 상대적으로 적은 황량한 사막과 같은 구역에 자리 잡고 있다. 그러나 SINEs(Short Interspersed Elements) 요소라고 부르는 반복염기서열 종류는 게놈 내에서도 GC 염기서열이 풍부한 지역에 터를 잡고 있다.
- 세균으로부터 유전물질 전달받는데, 인간게놈 연구결과 박테리아의 유전자와 비슷한 인간유전자가 2백 개 정도 존재하고 있다는 사실이 새로 발견됐다. 더욱이 이 유전자들은 선충이나 효모 같은 무척추생물에서도 발견되지 않는 종류다. 박테리아의 유전자와 비슷한 인간 유전자들은 진화적으로 척추동물이 탄생했던 시기보다 최근에 획득된 것으로 추정된다. 이는 인간게놈으로 전달된 유전자들이 서로 다른 세균으로부터 독립적으로 전달됐다는 점을 시사한다.
- 남성 유전자가 여성보다 돌연변이 많다. 연구팀들은 약 3백만 개의 반복염기서열의 나이를 추정했는데, 남성의 Y 염색체에 산재하는 반복염기서열의 패턴이 남성이 여성에 비해 2배 정도 높은 돌연변이를 보였다. 남성이 유전자적으로 취약하고 여성은 잘 견뎌낸다는 의미이다.
- 맞춤의약의 학문적 기초 제공하여 과학자들이 연구해 온 게놈 상의 약 1백 4십만개에 달하는 방대한 수의 단일염기다형성(SNP, Single Nucleotide Polymorphism)이 밝혀졌다. 이 지도는 향후 질병지도를 작성하고 인류의 기원을 추적하는 데 지대한 공헌을 할 것으로 기대되고 있다. 인간 개체별로 게놈 상의 염기서열이 동일하지 않은 것이 약 1천 개의 염기 중 1개 정도의 빈도로 나타나는 현상이다.
- 예상보다 복잡한 단백질 상호작용, 적은 수로 창조적 활동을 수행한다. 게놈 안에 포함될 수 있는 모든 단백질 구조를 분석한 결과, 인간이 다른 동물에 비해 특별히 많은 종류의 도메인을 갖고 있지는 않았다. 따라서 이런 도메인을 보다 창조적으로 사용함으로써 상대적으로 훨씬 복잡한 생명체로 진화할 수 있었다고 추정한다.

② 게놈 프로젝트의 문제점

활용하기에 따라 인류에게 긍정적인 혜택을 줄 수도 있고, 암울한 현실을 제공할 수도 있는 인간게놈프로젝트는 다음과 같은 문제가 있다.

- 낙태 가능성 증대가 있다. 출생 전 유전자진단은 부모에게는 사전에 자녀의 장애 가능성을 파악하게 해 이에 대처할 수 있는 기회를 제공하고, 태아에게는 생명에 대한 기회를 현저히 개선할 수 있다. 하지만 낙태는 여전히 형법에 의해 원칙적으로 금지되고 있기 때문에 원하지 않는 성을 배제하는 선택임신 등에 대해서는 더욱 검토가 필요하다.
- 보험 가입의 불평등이 발생한다. 유전적으로 결함을 가지고 있다는 이유로 보험 계약의 체결을 거부 받거나 위험에 대한 추가부담금을 요구받을 수 있다. 위험과 보험부담액은 직접적인 교환관계에 있기 때문이다. 보험제도에서 유전자정보의 도입은 법적으로 허용될 수 없는 차별을 초래할 수 있다.
- 고용의 기회 측면에서 개인의 유전자정보는 고용기회에 중대한 영향을 줄 수 있다. 근로관계에서 중요한 것은 이미 걸려있는 질병이 아니라 질병에 걸릴 확실하지 않은 소질과 위험에 있다. 그러나 고용을 위한 건강진단은 현재의 건강상태를 파악하는 데 그 목적이 있다.
- 범인 색출에서 범인을 확인한다는 점에서 기존의 그 어떤 방법보다도 유전자정보는 보다 명확한 증거를 제공한다. 그러나 아직 DNA지도는 범죄자 확정을 위한 통계적인 증거가치만을 가지기 때문에 보다 많은 검토가 필요하다.
- 프라이버시 관련해서 유전자정보는 친자확인과 관련해 유용하게 활용될 수 있다. 과연 누가 아이의 아버지인가를 확정하기 위한 유전자 정보는 충분한 기능을 수행한다. 또한 유전자 정보는 결혼, 입양, 군입대 및 입학 등에서도 차별적 요소를 제공하는 데 이용될 수 있다.
- 배아치료 분야에서 게놈프로젝트의 완성은 유전자질환의 치료가능성을 확대시킨다. 유전자치료는 배아 단계에서의 유전자치료와 체세포유전자치료로 구별할 수 있다. 그러나 배아단계에서의 유전자치료는 인간특성의 선호와 개량으로 이어질 가능성이 높다.
- 체세포 치료에서 유전적 결함이 있는 사람의 체세포에 정상적인 유전자를 이식해 병을 치료하는 체세포 유전자는 다른 치료행위와 마찬가지로 정당화된다. 건강한 유전자를 체내에 투입해 혈우병, 동맥경화, 암 등을 치료하는 것이 그 예이다.
- 특허에서 게놈 프로젝트에 대한 관심은 바이오 의약산업의 경제적 가치에 모아

지고 있다. 다행히 미국과 영국의 정상은 게놈 프로젝트의 연구 성과와 결과를 무료로 공개하겠다는 원칙을 천명한 바 있다. 유전정보를 인류 공동의 유산이라고 보는 매우 타당한 관점이라고 생각한다.

6.3 바이오프린팅

(1) 바이오프린팅의 개요

① 바이오프린팅이란

바이오프린팅(Bioprinting)은 살아 있는 세포를 원하는 형상 또는 패턴으로 적층, 조형하여 조직이나 장기를 제작하는 3D 프린팅 기술이다. 살아있는 세포(Cell)를 원하는 형상 또는 패턴(Pattern)으로 적층하여 조직이나 장기(Organ)를 제작하는 기술이다.

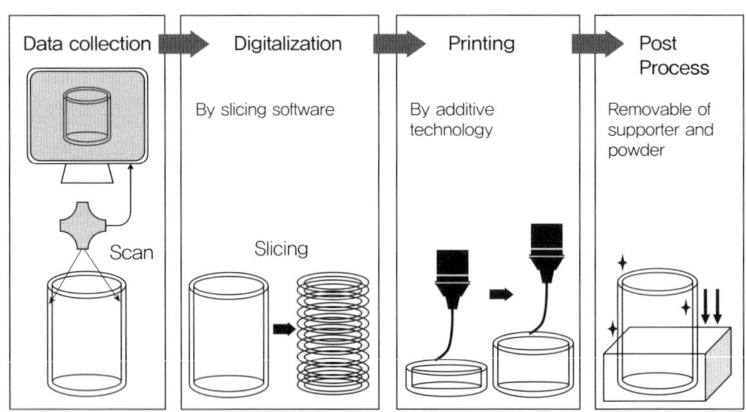

[그림 6-14] 바이오프린팅 과정

바이오프린팅을 수행하기 위해서는 다음과 같은 세 가지 단계를 거치게 된다. 첫째, 처리(Preprocessing) 단계로서 CAD(Computer Aided Design), 청사진(Blueprints), 프리컨디셔닝(Preconditioning) 등의 기법을 이용한다. 둘째, 주 처리(Main Processing) 단계는 실제 프린팅(Actual Printing)과 경화(Solidification) 처리를 한다. 마지막으로 후처리(Postprocessing) 단계는 관류(Perfusion), 포스트컨디셔닝(Postconditioning), 조직 성숙 가속화(Accelerated Tissue Maturation) 과정을 거친다. 이렇게 제작된 조직이나 장기는 원하는 시기에 설계된 형상으로 만들어져 보관이나 기증자를 기다려야 하는 불편도 없다. 아직 기초 연구가 수행 중이지만 다양한 방법이 시도되고 있으며, 특히 프린팅 기술을 이용한 장기제작에 대한 연구가 활발하게 진행되고 있다.

(2) 바이오프린팅 방식

① 잉크젯 바이오 프린팅 방식

잉크젯 프린터는 일반적으로 가장 많이 사용되는 3D프린터이고, 여러 분야에서 사용되는 기술이다. 최초의 잉크젯프린터는 상업적으로 사용 가능한 2차원 기반으로 개발되었고, 3D 잉크젯 바이오 프린터로 만들기 위해서 잉크를 생체 재료로 변환하고 종이 역할을 하는 부분이 움직이는 스테이지(Stage)로 교체한다. 이 방식은 정확도와 속도부분에서 많이 연구가 되고 있고, 크게 두 종류로 개발되었다.

첫 번째로 열 조형 잉크젯프린터인데, 재료를 분사하는 노즐 부분에서 200~300℃ 열을 가해서 재료를 녹이는 방식이다. 이 프린터의 장점으로는 장비의 가격이 저렴하다는 것과 사출속도가 빠르기 때문에 제품의 제작시간이 짧다는 것이다. 그리고 제품에 들어가는 세포의 수는 적은 편이지만 비교적 낮은 점도를 갖는 재료를 사용해서 제품을 제작할 수 있어서 세포부착성은 높다. 하지만 단점으로는 일정하지 않은 세포 포장(Cell Encapsulation)과 그것에 따른 세포의 노출, 온도에 의한 생체재료의 변성, 일정하지 않은 잉크 방울 크기, 잉크 방울의 일정하지 않은 방향성이 있다.

두 번째는 피에조 소자 또는 압전 소자를 이용한 피에조 방식(Piezoelectric)이다. 이 경우 노즐에 존재하는 온도 조절기가 없고 대신 피에조 소자가 존재한다. 피에조 소자에 전압을 가하게 되면 모양이 변하면서 생기는 물리적 힘을 통해서 생체재료를 일정한 주기로 잘라서 잉크 방울을 만든다. 피에조 3D 바이오 프린터의 경우 잉크 방울 크기 조절이 가능한 반면 일정한 물리적 충격을 받기 때문에 세포의 사멸을 유도한다.

② 미세 압출 바이오 프린팅 방식

미세 압출(Microextrusion) 3D 프린팅은 상업적인 부분에서 가장 많이 사용되는 방식이다. 일반적으로 온도를 조절하여 생체재료를 다루는 부분과 디스펜서(Dispenser), 스테이지(Stage)로 구성된다. x, y, z축으로 움직여서 제품을 적층 방식으로 제작하고, 내부에 설치된 비디오 카메라를 통해서 제작 과정을 조정한다. 장비 내부에 디스펜서를 여러 개 설치해서 기기의 재설정 없이 한번에 여러 종류의 생체 재료를 이용하여 조직이나 장기, 뼈를 만드는 것이 가능하다. 이 프린터의 디스펜서는 크게 2종류가 있는데, 뉴매틱(Pneumatic) 방식과 머캐니컬(Mechanical) 방식이 있다. 뉴메릭 디스펜서는 가스의 압력을 이용하여 재료를 사출하는 간접적인 방식이며, 메케니컬 디스펜서는 피스톤이나 스크류를 이용하여 직접적으로 사출하는 방식이다. 미세압출방식은 매우 넓은 범위의 유체를 재료로서 사용 가능하다. 잉크젯방식의 경우 사용 가능한 점도의 범위가 한정적인 것에 비해서 미세압출방식은 넓은 범위의 점도를 사용할 수 있기 때문에 다양한 재료를 사용하는 것이 가능하다. 단점으로는 높은 점성으로 인하여 잉크젯 바이오 프린팅 기술에 비해서 낮은 세포 부착성을 갖고 세포의 생존율도 낮은 편이고, 높은 점도와 사출 압력 때문에 노즐이 자주 막힌다.

③ 레이저 지원 바이오 프린팅 방식

레이지 지원(Laser Assisted) 바이오 프린팅 방식은 기본적으로 레이저를 이용해서 재료에 에너지를 전달하여 구조를 만드는 방식이다. 이는 노즐을 사용하지 않고 재료가 노출되어 있기 때문에 레이저의 세기, 표면장력, 재료물질의 습도, 재료 사이의 거리, 재료의 두께와 점도에 영향을 받는다. 대신 노즐을 사용하지 않으므로 노즐이 막히는 문제는 없다. 보통 잉크젯에 비해서 다양한 종류의 재료를 사용할 수 있으며, 더 높은 세포 부착성을 갖는다. 또한 레이저를 사용하기 때문에 한 개의 버블(Bubble)에 많은 양의 세포를 넣을 수도 있다. 하지만 단점으로는 원하는 모양을 얻기 위해서는 가교를 빠르게 진행시켜야 하며, 여러 종류의 재료를 사용할 때 각 재료마다 다른 에너지 흡수층(Energy-absorbing Llayer)을 사용하므로 비용이 많이 들고 제작 시간이 길다.

④ 용융압출조형 바이오 프린팅 방식

용융압출조형(FDM,Fused Deposition Modeling) 방식은 1980년에 개발되어 다양하게 사용되었다. 방식으로는 필라멘트로 이루어진 소재를 룰러를 이용하여 액화기(Liquefier)에 넣고, 온도 조절기로 필라멘트를 녹인 후 노즐에서 콜렉터(Collector)로 분출한다. 보통은

열가소성 고분자 물질을 가공할 때 많이 사용되는 기술이나 용융압출조형 바이오 프린팅에서는 생체 적합성을 가진 합성 고분자 물질을 가공할 때 많이 사용된다. 필라멘트 형태의 재료를 바꿔주기만 하면 재료를 바꿀 수 있기 때문에 여러 종류의 재료를 이용한 제품을 만드는 것이 용이하다. 단점으로는 노즐을 사용하기 때문에 막히는 현상이 있으며 필라멘트 형태의 재료를 사용해야 하기 때문에 천연 고분자를 사용하기 어려우며 세포를 포함하는 조직을 만드는 것이 어렵다.

(3) 바이오프린팅 적용 형태

① 임플란트 형

3D 프린팅 임플란트 적용형태는 지난 몇 년간 연구되고 있으나 실제 뼈로 대체하는 실험은 소수의 연구만 진행되고 있다. 노팅엄 대학교(The University of Nottingham)에서는 성체줄기 세포를 코팅하는 폴리유산과 젤라틴 상태의 알긴산 염류를 생성하는 바이오 프린터를 개발했다. 이는 뼈대를 분해하고 약 3개월 이내에 새로운 뼈의 성장으로 치환된다고 한다. 영국의 Oxford Performance Materials의 Osteofab는 의료용 임플란트에 이용되는 고성능 폴리머를 이용하여 만든 환자 맞춤형 두개골로, 2013년 2월에 미국인 남성 환자의 두개골 형상에 75% 맞게 모델링하고, 3D 프린트해 만든 두개골 패치를 제조해 미국 식약청(FDA)의 승인을 얻었다.

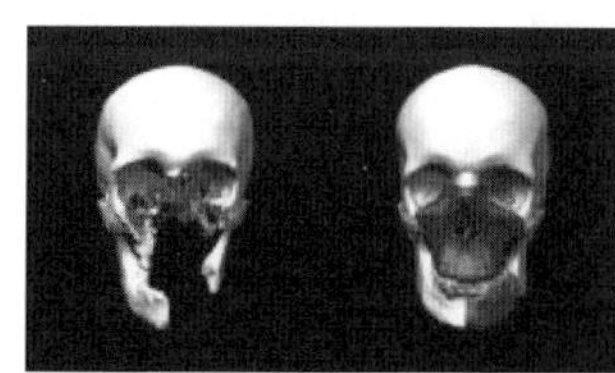
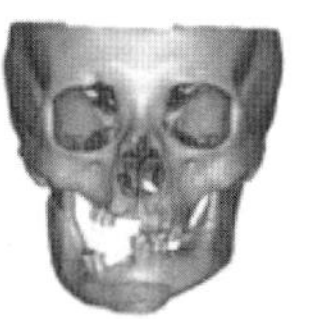
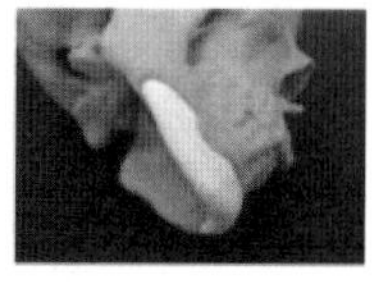

(a) 얼굴 뼈 재건 임플란트 (b) 인공 턱뼈

[그림 6-15] 임플란트 적용 형태

② 체외 장착형

일반적으로 맞춤형 보청기 제조과정은 주형 제작에서부터 전자부품 조립과 최종 완성품이 나오기까지 총 10단계의 제조과정이 필요하지만 바이오프린팅 기술의 적층조형 방식을 이용하여 총 4단계, 스캐닝→ 모델링→ 프린팅→ 최종조립 과정으로 가능하다.

세계 최대의 보청기 제조업체인 독일 지멘스(Siemens) 사도 적층조형 방식으로 전환 중에 있다.

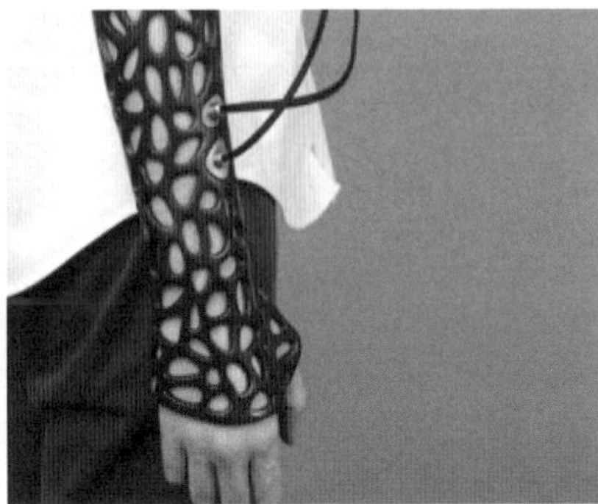

[그림 6-16] 장착형 의족과 진동 깁스

의족이나 의수의 덮개를 맞춤형으로 제작하는 데 3D 프린터를 활용하고 있으며, 환자의 체형에 맞게 제작할 수 있고, 금속이나 가죽 등 다양한 재질과 미관도 개인에 맞게 표현할 수 있다.

③ 장기 모델형

일본에서는 간암환자의 간을 형태적 특성과 생리적 특성에 따라 PVA 재질을 이용하여 실제 간과 같은 감촉의 3D 간을 제작하여 수술 전에 환자상태를 파악에 활용하였다.

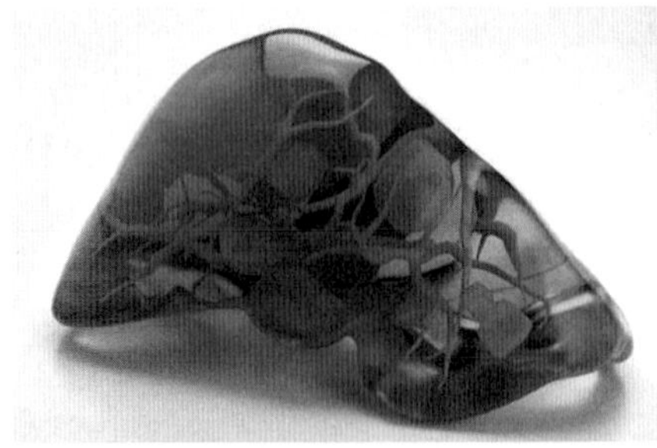
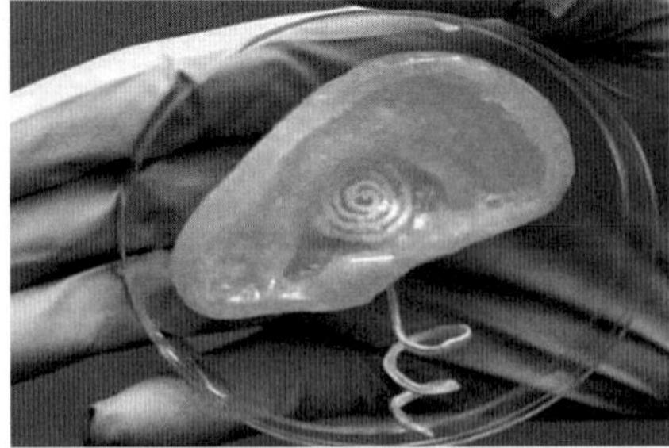

[그림 6-17] 인공 간과 귀

코넬 대학교에서는 쥐 콜라겐으로 귀 모양을 성형하고, 송아지 연골세포를 주입해 배양한 후, 다시 쥐에게 이식하여 3개월간 배양한 인공 귀를 제작에 성공하였다. 독일에서는 합성 폴리머와 생체 분자의 혼합물을 사용하여 3D 프린트된 혈관을 만드는 BioRap이라는 프로젝트를 진행하고 있다. 현재는 동물 실험에서 장기이식도 3D 프린터로 실현할 예정이다. 미국에서는 옥수수에서 추출한 폴리머로 설탕 소재의 필라멘트를 코팅하고, 조직세포가 함유된 하이드로겔을 담체 안에 프린트한 후, 각 부분의 정착이 이루어지면 물로 씻어 설탕이 혈액세포가 지나다닐 수 있는 통로가 생기게 하는 방식으로 혈관을 제조하였다. 새로운 피부를 프린팅하는 경우에 큰 문제는 사람마다 다른 피부 톤 밝기를 재현하는 것이다. 사람의 피부는 매우 독특하고 얇으며, 변하기 쉽고 완벽한 복제본을 생성하는 것이 매우 어렵다. 웨이크 포레스트 대학교에서는 화상 환자의 피부에 직접 프린트할 수 있는 기계를 연구하고 있다. 한편 리버풀 대학에서는 정밀하게 보정할 수 있는 3D 스캐너를 이용하여, 피 실험자들의 피부 샘플을 채취하여보다 정확한 프린트를 위한 연구를 하고, 취득 샘플을 가지고 스킨 데이터베이스 구축할 예정이다.

(4) 바이오프린팅 활용 분야

① 장기 프린팅(Organ Printing)

미국에서는 2003년 바이오 잉크(Bio-Inks)를 이용하여 3차원 튜브모양의 인체 조직을 합성한다. 여기서는 3차원 구조 제작을 위해 세포와 젤(gel)을 층별로 적층하는 방식을 사용하였다. 세포는 젤이나바이오 페이퍼(Bio-Paper)와 같은 세포가 적절하게 적층될 수 있는 특수한 물질위에 쌓이면서 3차원 형상으로 제작된다.

② 근육과 뼈의 제작(Printing Muscle and Bone)

카네기멜론대학교(Carnegie Mellon)에서는 바이오 잉크를 이용하여 줄기세포(Stem Cells)를 두 가지 다른 라인으로 분화하는 데 성공하였다. 이는 처음으로 잉크젯 프린터를 개조하여 줄기세포를 뼈세포로 바꾸는 성장인자(Growth Factor)의 바이오 잉크 용액을 사각형 모양의 여러 층으로 적층하였다. 이에 근육에서 얻어진 성체 줄기세포를 코팅하였다. 코팅된 성체 줄기세포를 뼈세포로 분화하여, 성장인자가 프린팅되지 않은 부분은 근육세포로 성장시켰다. 이는 줄기세포를 분화함으로써 조직이나 신체 제작이 가능할 수 있음을 의미한다. 잉크젯 프린터가 줄기세포의 새로운 길을 열어줄 것이며, 기술은 이미 완성되었고, 어떻게 이를 잘 활용할 것인가가 중요하다.

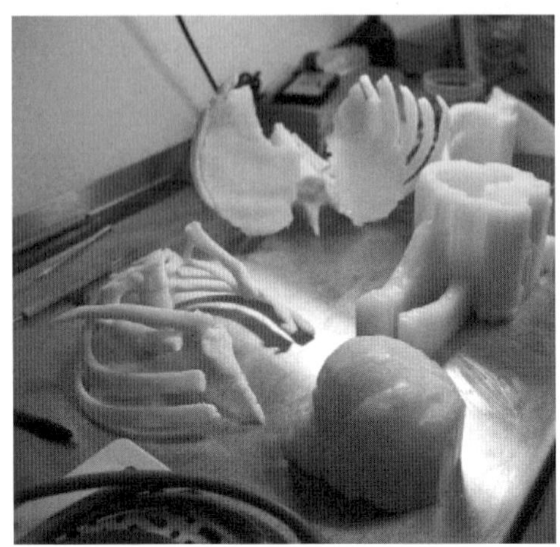

[그림 6-18] 인공 장기와 뼈 모형들

③ **이미징 · 프린팅 기술 응용(Image based Fabrication of Biomaterials and Cells for Tissue Engineering)**

클렘슨 대학교(Clemson University)에서는 의학용 스캐너(Medical Scanner), 색소(Pigment), 염료(Dyes) 등을 이용하여 제작될 조직에 대한 형상정보를 얻은 다음 프린팅 기술을 사용하여 이를 제작하는 방식에 성공했다. 이는 총 3단계로 조직을 제작하는 방법을 이용하는데 바이오 제작(Biofabrication)을 위해서는 생체적합성(Biocompatibility), 분해(Degradation), 숙주와 결합성(Host Interactions), 분화(Differentiation), 제작 정밀도(Resolution) 및 크기(Scaling) 등에 대한 연구가 필요하다. 잉크젯 프린터 헤드를 이용하면 신호가 가해질 때만 잉크가 노즐에서 빠져 나오게 되며, 수많은 헤드의 노즐을 이용하여 빠른 제작이 가능하다.

④ **3차원 정밀 바이오 지지체 제작(Technology for 3D high precision bio-scaffold)**

칭화 대학교(Tsinghua University)은 쾌속조형 기법의 일종인 FDM(Fused Deposition Modeling)과 3DP를 이용한 지지체(Scaffold) 형상을 제작한다. 지지체 형상은 복잡한 구조를 가지며, 다양한 구조를 가질 수 있다. 이들은 서로 연결되어 있으며 이러한 구조는 세포의 성장이나 영양제의 공급 등을 원활하게 할 수 있다. 이러한 지지체는 세포가 성장할 수 있도록 가이드를 해 주고 점차적으로 분해되어 사라지며, 기관이 재건된다.

포항공과 대학은 조직재생을 위하여 3차원 정밀 바이오 지지체 제작을 연구하고 있으며, 지지체는 특정 세포가 원하는 조직으로 성장할 수 있도록 효과적으로 분화시킨다. 지지체는 안정성을 보장하기 위해 생체에 적합하거나 생분해성 재료를 사용해야 한다. 이러한 두 가지 조건을 만족하기 위해 다음과 같은 기술 개발이 필요하다. 첫째, 세포가 잘 증식하고, 표현형(Phenotype)을 유지할 수 있으며, 세포를 잘 유도할 수 있는 지지체 설계 기술이다. 둘째, CAD·CAM 기술을 기초로 한 자동화 지지체 제작 시스템이다. 셋째, 정밀한 마이크로 구조체 제작을 위한 생분해 고분자 합성 기술이다. 마지막으로 바이오 지지체의 재생을 할 수 있게 하는 활성화 기술이다.

⑤ 의학 장치 제작(Medical Device)

서울대학교는 쾌속조형 기술을 이용하여 인공뼈, 지지체, 약물 전달 장치를 제작하였다. 이는 적층기술과 마이크로 절삭 가공기술을 동시에 사용하는 장치(NCDS, Nano Composite Deposition System)를 개발하였으며, 하이브리드 공정(Hybrid Process)을 통하여 정밀한 3차원 형상을 제작할 수 있다. 하이브리드 공정을 통해 적층만 수행했을 경우의 형상에 비해 향상된 정밀도를 가진 제품을 얻을 수 있다.

⑥ 상용 바이오 프린터(Commercial)

현재 바이오 프린터는 다양한 회사에서 제작되어 상용으로 사용이 가능하며, 꾸준한 연구를 통하여 새로운 모델들이 개발되고 있다.

연습문제 EXERCISE

※ 다음 빈칸에 알맞은 말을 넣으시오.

01 (   )은 살아 있는 사람의 신원을 생리학적 특징 또는 행동학적특징을 기반으로 인증하거나 인식하는 자동화된 방법을 말한다.

02 (   )은 인터넷 웹사이트에 가입할 때 주민등록번호 대신 가상 주민등록번호와 같은 대체 수단으로 쓸 수 있다.

03 (   )에는 서명, 지문과 얼굴, 얼굴과 음성 등의 특징을 결합하여 사용하는 다중 생체 특징 방식, 지문 인식과정에서 손가락 하나가 아닌 여러 손가락을 모두 사용하는 다중 모듈 방식이다.

04 (   )이란 유전자(gene)와 염색체(chromosome)의 합성어로 생물에 담긴 유전 정보 전체를 의미한다.

05 (   )은 살아 있는 세포를 원하는 형상 또는 패턴으로 적층, 조형하여 조직이나 장기를 제작하는 3D 프린팅 기술이다.

※ 다음 내용이 맞는지(T) 혹은 그렇지 않은지(F) 판별하시오.

01 생체 인식 기술의 기술적 기초가 되는 신체 정보는 생리학적 정보와 행동학적 정보로 분류된다. (   )

02 지문 인식 시스템은 가격이 매우 경제적이지만 사용자의 대체가 가능하여 인증의 정확성이 떨어지고 매우 느린 처리 속도와 별도의 인증 도구가 필요하다는 단점이 있다. (   )

03 인간게놈지도 완성이란 인간이라는 생명에 담겨있는 모든 유전정보가 한권의 책으로 편찬된 것을 의미한다. (   )

04 레이저 프린터는 일반적으로 가장 많이 사용되는 3D프린터이고, 여러 분야에서 사용되는 기술이다. (   )

05 장기프린팅은 3차원 구조 제작을 위해 세포와 젤(gel)을 층별로 적층하는 방식을 사용한다. ( )

※ 다음 내용에 대해서 간략히 서술하시오.

01 지문인식의 형태에 대해서 설명하시오.

02 바이오 프린팅의 수행과정을 설명하시오.

※ 다음 주제에 대해서 토론하시오.

01 맞춤형 아기에 대하여 토의하시오.

02 인공기억을 이식한 인간의 등장에 대해서 토의하시오.

Part

03

4차 산업혁명 관련 스마트 기술의 응용

Chapter 07

커넥티드 홈

7.1 IoT 기반 가전

(1) 정보 가전

정보 가전(IA, Information Appliance)이란 백색 가전(텔레비전, 오디오, 디지털 카메라, 냉장고, 전자레인지, 컴퓨터 등) 이후의 차세대 디지털 정보 기기로서 백색 가전 기술과 정보통신 기술을 융합하여, 유무선 홈 네트워크에 연결되어 인터넷 접속 기능을 제공하고 사용하기 편리하며 특정 용도에 특화된 non–PC 계열의 차세대 정보 기기를 총칭한다. 특히 정보 가전은 일반 사용자들이 생활필수품 개념인 차세대 정보 단말기를 이용하여 시간과 공간의 제약을 받지 않고 가정 관리, 여가 오락, 교육 학습, 업무 지원 등의 정보 생활 능력을 향상시킬 수 있게 함으로써 가정의 발전과 삶의 질을 높인다. 또한 온 국민의 정보 수요 격차를 없애는 수단을 제공하는 정보 서비스를 가능하게 할 것이다. 정보 가전 제품군은 다음 표와 같이 가전 기반, 웹 기반, 통신 기반, 오락 기반, 컴퓨팅 기반, 기타 정보 가전 등 6개 분야로 분류할 수 있다.

〈표 7-1〉 정보 가전의 분류

구분	제품	비고
가전 기반	디지털 TV, 세탁기, 냉장고, 센서류	• 전력선 통신과 인터넷 접속 • 원격 가전 기기 제어
웹 기반	웹 TV, 웹 패드, 웹 컴패니언, 웹 터미널	• 인터넷 접속과 엑세스용 • 기타 부가적인 기능들이 탑재

통신 기반	전자 우편 스테이션, 웹 폰, 웹 비디오폰, 다기능 정보기기, 특화 정보기기	• 다양한 통신 지원으로 인터넷 접속 • 오락, 컴퓨팅 기능 등이 부가적으로 탑재
오락 기반	웹 셋톱박스, 게임 콘솔, DVR, 디지털 주크박스 웹 뮤직 플레이어	• 오락용 콘텐츠의 저장, 관리, 전송용 • 인터넷 접속과 대화형 기능 탑재
컴퓨팅 기반	PDA, 팜 컴퓨터, 씬(Thin) 클라이언트, 착용형 정보 단말기	• PC 기본 기능, 이동성, 저가격, 간단한 응용 등 지원 • 인터넷 접속과 오락 기능 등이 탑재
기타	전자북, 자동차용 · 교육용 · 부엌용 · 의료용 정보기기 등	• 기존 기기들에 새로운 기능 부가

정보 가전은 인터넷과 인터넷상의 콘텐츠를 가정 내의 모든 사람과 기기 사이의 커뮤니케이션에서 이용하기 원하는 사용자의 욕구에 의하여 대두하였다. 케이블 모뎀, DSL(디지털 가입자회선), 심지어 직접 위성 방송 등을 통한 광대역 접속 서비스가 한층 더 일반화됨에 따라서 사용자들은 이러한 콘텐츠를 가정 내의 모든 기기에 전송할 필요성을 느끼게 되었다. 이러한 필요성을 충족시키고자 홈 네트워킹이 가능한 정보 가전 제품과 서비스가 상용화되고 있는 것이다. 또한 가정 내에서의 각종 기기의 디지털화와 함께 정보 가전 기기의 보유율이 증가하고 PC 이외에 PDA, 스마트폰, 디지털 TV, 인터넷 냉장고 등 다양한 정보 기기가 등장한 것도 정보 가전을 빠르게 확산시키는 한 요소이다.

정보 가전 산업은 홈 서버, 착용형 지능정보 단말과 홈 네트워크 분야 등 시장 규모가 크고, 지속적 수익과 수요 창출이 가능한 새로운 산업 분야이다. 정보 가전 산업 활성화를 통해 새롭게 등장할 애플리케이션과 콘텐츠 분야는 통신망 서비스 사업자에게 가입자 확보의 좋은 기회를 제공할 것으로 기대된다. 또한 정보 가전 산업을 통해 정체 현상을 보이는 백색 가전 업체들도 새로운 부가가치를 생성할 가능성이 크다. 특히 여러 표준화 경쟁을 토대로 각국에서는 환경 변화에 따른 세계 시장 진출의 한계를 극복하려고 노력을 하고 있다. 그뿐만 아니라 집안에 연결된 모든 기기들을 관리하고 이를 이용한 서비스를 제공하고자 홈 서버에 대한 필요성을 인식하고 현재 다수의 선진 기관에서는 홈 서버 개념 모델 정립에 집중적으로 투자하고 있다.

정보 가전의 발전 전망은 밝은데, 디지털 시대에는 제품 간의 결합이 쉬워 디지털 기술 기반의 여러 제품이나 서비스가 융합되어 새로운 형태의 제품이나 서비스로 나타나는 현상(디지털 컨버전스)이 두드러지고 있기 때문이다. 이는 단순히 하드웨어 간의 결합이 아닌 소프트웨어를 포함한 형태로 인간 생활 자체를 변화시키는 방향으로 발전할 것이다.

유무선 홈 네트워크의 기술발전 추세에 따라 다양한 규격의 홈 네트워킹 기술이 국가, 지역, 서비스 사업자와 사용자 특성에 맞게 진화 발전할 것이다. 유무선 통합화와 디지털 컨버전스의 급속한 진전으로 개별적으로 구현되고 있는 홈 게이트웨이와 홈 서버 기능이 융합된 홈 서버에 대한 중요성이 대두되면서 홈 서버와 홈 게이트웨이, 멀티미디어 미들웨어와 가전 기기 제어 미들웨어들이 통합된 유니버설 홈 서버 기반의 스마트홈이 가시화될 것이다. 또한 사용자의 편이성과 휴대성 극대화를 위해 정보 단말은 인간의 오감을 통한 의사소통과 다양하고 현실감 있는 정보교류를 가능케 함으로써 인간화를 추구하는 지능 정보 단말로 진화 발전할 것이다. 그리하여 키보드, 마우스, 모니터 등과 같은 입출력 장치를 사용하는 PC와 달리 정보 단말은 자연스럽고 현실감 있는 정보 처리를 지원하고자 오감 기반 입출력 장치를 갖는 착용형 지능 정보 단말로 발전할 것이다. 향후 앞으로 전 세계 정보 사용자는 정보 접근을 위해 네트워크 접속 기능을 가지는 non-PC 계열 기기들을 사용하게 되므로 기존의 데스크톱 PC를 지원하는 대부분의 S/W들은 다양한 기기들에 적합한 임베디드 S/W로 변모될 것이다. 이에 생활필수품 개념의 착용형 지능 정보단말을 이용하여 시간과 공간의 제약을 받지 않고 가정 관리, 의료, 오락, 교육, 전자 거래 등을 할 수 있는 컴퓨팅 서비스 환경이 도래될 것이다.

(2) IoT 기반 가전

기존의 통신은 사람과 사람 사이에서만이 필요하던 개념이 음성에서 정보로 바뀌고, 그 정보가 기기에서 사람, 사람에서 사람뿐만 아니라, 사물(things)라는 개념으로 확장된 개념이 바로 사물인터넷이다. 이전에는 인터넷이나 통신에 연결될 필요가 없었던, 냉장고나 세탁기 같은 가전제품이나 다양한 의료기기 등이 인터넷에 연결되어 정보를 쌓고 이를 분석하며, 다양한 기기들이 연결되는 것이 바로 사물인터넷 IoT(Internet of Things) 기반 가전이다.

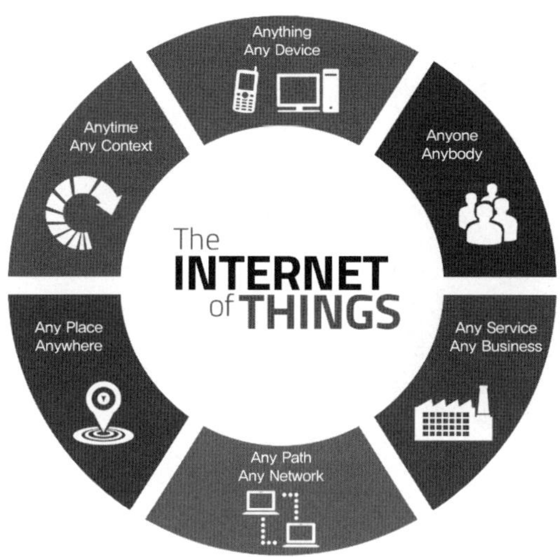

[그림 7-1] IoT의 기본 개념

가전시장의 선두기업들이 본격적으로 IoT 서비스를 접목한 가전제품을 국내를 비롯해 전 세계에 출시하면서 시장 주도 경쟁에 나섰다.

삼성은 2016년 1월 CES2016에서 사물인터넷 기반의 스마트TV를 최초로 공개하였고, 출시되는 삼성 SUHD TV 전 모델에 IoT 기기들을 모니터링하고 제어할 수 있는 스마트홈 허브와 IoT플랫폼을 탑재하였다. 소비자들은 별도의 외장형 IoT 허브가 없어도 삼성전자의 가전제품은 물론 보안카메라, 잠금장치, 조명 스위치 등 스마트싱스와 연동되는 200여개의 디지털 디바이스를 연결해 사용할 수 있다. 스마트폰과 TV에 각각 탑재된 스마트띵즈 앱이 서로 연동돼 스마트폰과 TV를 오가며 집안의 스마트홈 기기들을 자유자재로 제어할 수 있다.

IoT 기술을 주방 가전에 본격적으로 적용한 셰프컬렉션 패밀리 허브 냉장고는 도어에 위치한 21.5인치 풀HD 터치스크린으로 각 저장실별 기능을 설정하고 현재 상태를 확인할 수 있고 셰프컬렉션 앱을 통해 다양한 요리 레시피를 알려준다.

[그림 7-2] IoT 기반 냉장고

스마트컨트롤 기능이 더해진 세탁기는 스마트폰으로 세탁 사이클을 확인하고 헹굼과 탈수 또는 세탁 종료 시에 알려주는 IoT 기술이 구현되어 사용자가 세탁기 근처에 있지 않아도 세탁기를 효과적으로 사용할 수 있다.

LG전자는 스마트 기능이 없는 일반 가전제품을 스마트 가전으로 바꿔주는 스마트씽큐 센서(SmartThinQ Sensor)를 출시했다. 스마트씽큐 센서와 연동해 일반 가전제품의 작동 상태를 스마트씽큐 허브의 화면이나 스마트폰으로 보여준다. 스마트씽큐 센서는 지름이 약 4cm인 원반 모양의 탈 부착형 장치로 스마트 기능이 없는 일반 가전제품을 스마트 가전으로 바꿔주고 지그비(Zigbee), 무선랜(Wi-Fi) 등 다양한 무선 통신 기술을 지원해 스마트씽큐 센서, 스마트 가전들과 간편하게 연결할 수 있다.

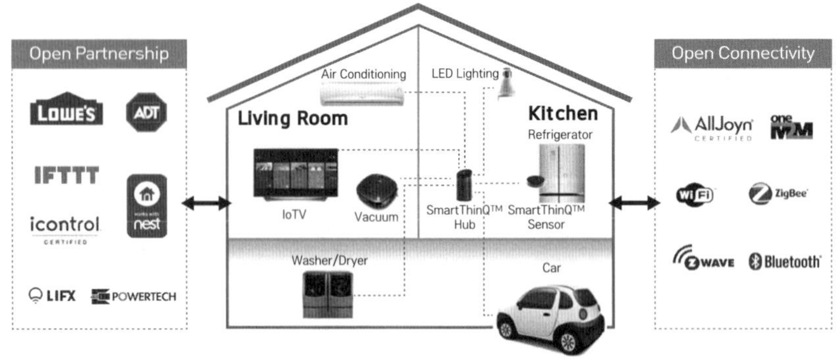

[그림 7-3] IoT 기반 에코 시스템

IoT 기반 에코 시스템은 집안 상태를 확인하고 외부인의 침입 등을 확인할 수 있고, 에너지 소비량 모니터링 및 절전 사용을 안내해 준다. 그리고 실내 온도와 습도 등을 감지해 쾌적한 공간을 제공하고, 센서와 허브 기반으로 스마트 가전을 경험할 수 있다. IoT 기반의 에어컨은 사람의 수, 위치, 활동량 등을 감지하는 인체 감지 카메라를 탑재했다. 인체 감지 카메라가 실내 상황을 파악한 후 바람의 세기와 방향을 자동으로 설정해 가장 쾌적한 바람을 내보내고 냉방 중에도 실내 공기 상태를 감지해 자동으로 공기를 깨끗하게 해주는 기능을 갖췄다. IoT 플랫폼 기반 가전은 연결성을 강조하고 관련 액세서리와 서비스 협력을 기반으로 한다는 특징이 있다.

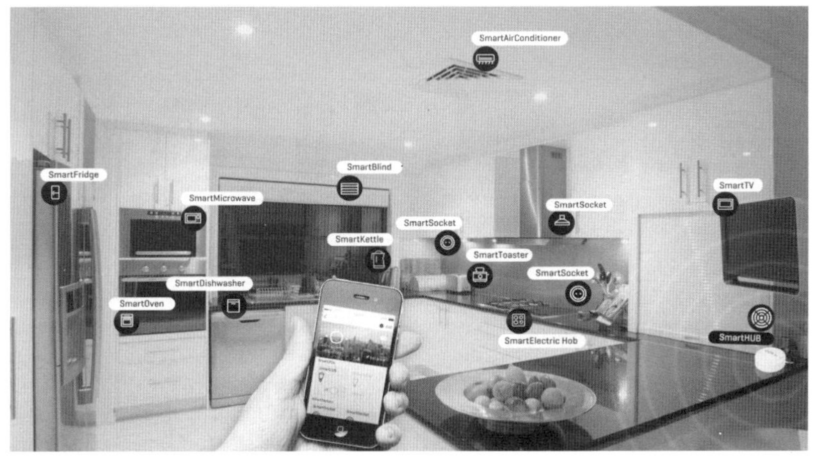

[그림 7-4] IoT 기반 가전

서비스 업계에서도 IoT를 접목한 서비스를 본격적으로 선보이는데, 숙박 예약 애플리케이션은 사물인터넷(IoT) 기반 무선 절전시스템 전문기업과 전략적 제휴를 맺고 숙박업소 내 무선전력제어 및 객실관리 시스템 위한 IoT 시스템을 구축해 운영 효율성을 극대화하고 있다.

SK텔레콤은 헬로팩토리, SM엔터테인먼트와 함께 IoT 레스토랑 서비스를 제공한다. 레스토랑에서도 테이블에 부착된 비콘을 통해 스마트폰으로 주문부터 음식 서빙 예상시간 안내, 대기 중 엔터테인먼트 콘텐츠 소비까지 모든 것을 이용할 수 있게 됐다. 또한 SK 텔레콤은 자사의 개방형 스마트홈 플랫폼과 현대건설의 홈 네트워크 시스템을 연동한 통합 스마트홈 서비스를 힐스테이트에 순차적으로 공급할 예정이다.

중견·중소기업들도 IoT 사업을 확장하고 있는데, 선풍기·제습기 등을 주력 생산하고 있는 기업은 원격제어 및 인공지능 기술을 적용하고 있다. 선풍기는 리모컨 없이 앱 또는 음성으로 풍속과 풍향, 타이머를 조절하고, 선풍기가 켜진 상태에서 거주자가 외출하면 이용자에게 알림을 보내는 기능 등이다. 선풍기를 비롯해 제습기, 히터, 열풍기, 정수기 등 전 품목에 관한 IoT 및 AI화를 점진적으로 추진되고 있다. 향후 관련 원격·자동제어 시장의 확대 가능성이 크다. IoT 기반 가전은 스마트폰에 의존한 원격제어에서 사용자 패턴파악 등 인공지능, 빅데이터가 서서히 접목되는 기술로 진화하고 있다.

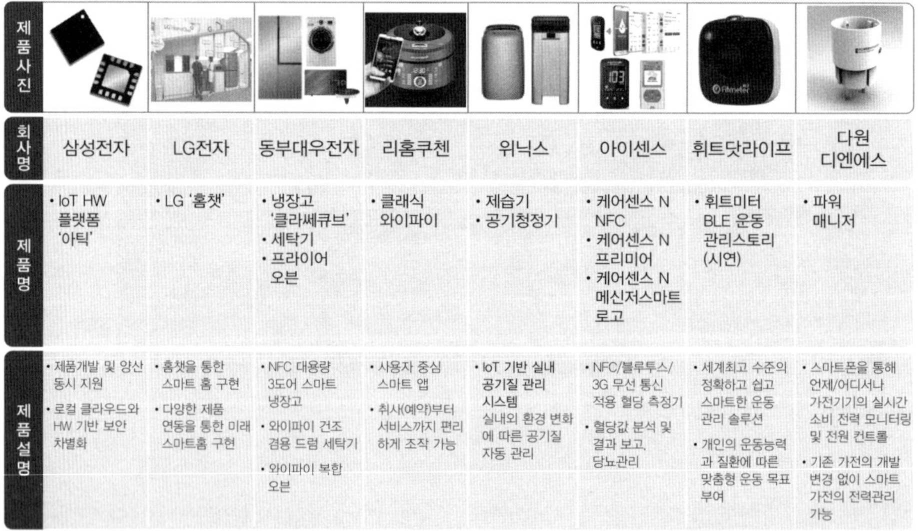

제품사진								
회사명	삼성전자	LG전자	동부대우전자	리홈쿠첸	위닉스	아이센스	휘트닷라이프	다원 디엔에스
제품명	• IoT HW 플랫폼 '아틱'	• LG '홈챗'	• 냉장고 '클라쎄큐브' • 세탁기 • 프라이어 오븐	• 클래식 와이파이	• 제습기 • 공기청정기	• 케어센스 N NFC • 케어센스 N 프리미어 • 케어센스 N 메신저스마트 로고	• 휘트미터 BLE 운동 관리스토리 (시연)	• 파워 매니저
제품설명	• 제품개발 및 양산 동시 지원 • 로컬 클라우드와 HW 기반 보안 차별화	• 홈챗을 통한 스마트 홈 구현 • 다양한 제품 연동을 통한 미래 스마트홈 구현	• NFC 대용량 3도어 스마트 냉장고 • 와이파이 건조 겸용 드럼 세탁기 • 와이파이 복합 오븐	• 사용자 중심 스마트 앱 • 취사(예약)부터 서비스까지 편리하게 조작 가능	• IoT 기반 실내 공기질 관리 시스템 실내외 환경 변화에 따른 공기질 자동 관리	• NFC/블루투스/3G 무선 통신 적용 혈당 측정기 • 혈당값 분석 및 결과 보고, 당뇨관리	• 세계최고 수준의 정확하고 쉽고 스마트한 운동 관리 솔루션 • 개인의 운동능력과 질환에 따른 맞춤형 운동 목표 부여	• 스마트폰을 통해 언제/어디서나 가전기기의 실시간 소비 전력 모니터링 및 전원 컨트롤 • 기존 가전의 개발 변경 없이 스마트 가전의 전력관리 가능

[그림 7-5] 기업의 IoT 기반 제품 사례

기업들은 스마트, 플랫폼·생태계, 커넥트(연결)·뉴 등의 세 가지 주제에 따라 사물인터넷(IoT) 융합사례를 구현했다. 실제로 상용화된 사례를 소개해 IoT가 미래가 아닌 현재임을 소개했다.

스마트 가전의 혁신으로 동부대우전자와 리홈쿠첸은 주방용 가전제품에 IoT를 응용하여 사용하고, 냉장고 클라쎄큐브는 스스로 에너지, 식품 목록과 안전정보 및 유통기한을 관리한다. 냉장고 문 여닫이 이력과 내부 온도를 표출해 사용자 에너지 절약을 유도한다. 보관된 식재료를 이용한 조리법 안내도 가능하다. 리홈쿠첸 무선랜(와이파이) 밥솥은 사용자 생활패턴에 맞춰 스스로 조리해 언제든 최상 요리 품질을 구현한다. 애플리케이션(앱)을 스마트 쿠첸에 제공하여 식재료 구입과 밥솥 조리법 내려 받기를 제공하고, 내려 받은 조리법에 따른 음식 제조와 기기 자가진단도 가능하다. 공기청정기와 제습기에 스마트 홈 시스템을 구현하여 미세먼지 발생 시 스마트폰과 연동해 스스로 공기를 정화하고 퇴근시간에 맞춰 세탁물을 건조하는 등 언제든 최상 공기 질을 유지한다.

IoT를 이용한 건강관리로 아이센스 혈당측정기와 휘트닷라이프 활동량 측정기, 바디프랜드 안마기는 센서, 통신기술을 접목해 병원에 가지 않고도 언제든 몸 상태를 측정해 정보를 제공한다. 활동량측정기는 주머니에 넣고만 있어도 측정되어 비만아동 건강관리 등에 유용하다. 다원디엔에스 파워 매니저는 전기 콘센트와 전자기기 사이에 제품을 연결하면 전력량을 측정, 관리해준다. 스마트 기능이 없는 기기에도 적용할 수 있어 에너지 절약 유도에 탁월하다.

IoT가 스마트와 다른 점은 타 기종, 타 사 제품 간 연결이고, 이를 위해 플랫폼·부품·완제품·서비스 기업 협력 생태계를 구축한다는 점이다. 삼성전자 아틱은 삼성 하드웨어(HW), 소프트웨어(SW) 기술을 우표 크기 칩에 모은 IoT 통합 플랫폼으로 IoT 제품 개발에 필수적인 핵심 모듈을 표준화했다. 중소기업도 아틱을 이용하면 IoT 기기를 쉽게 개발할 수 있다.

코웨이는 종합 IoT 기업으로 정수기, 공기청정기, 비데, 매트리스 등 제품에 IoT를 접목하여, 실시간 모니터링을 통해 데이터 분석, 맞춤 컨설팅·솔루션을 제공한다. 그리고 워터 케어(Water Care) 솔루션으로 고객 월별, 계절별 물 사용량과 살균내역 파악이 가능하다.

LG전자 홈챗은 가입자 22만여 명을 가진 대화형 스마트 가전 플랫폼이다. 자연어 기반으로 가전과 대화가 가능하다. 냉장고, 세탁기, 오디오 등 자사 제품뿐 아니라 경동나비엔 스마트톡 보일러와 연계해 IoT 궁극적 지향점인 제조사 경계를 넘는 자유로운 연결을 실현했다.

7.2 센싱

(1) IoT 기반 반도체

IoT 기기는 소리, 온도, 움직임 등 주변의 환경 변화를 감지하고 인터넷으로 연결되어 원격 또는 자율적으로 제어하기 위해 센서가 필요하다. 이는 생활 속의 각종 반응이나 지시사항을 감지하기 위한 감지(Sensing)가 주요 기능이다. 하지만 인간과 IoT 기기를 제어하기 위한 소통경로 HMI(Human Machine Interface), IoT 기기의 핵심 기능 처리(Processing), 통신(Communication) 등이 여전히 모두 아날로그 반도체 및 주문형 반도체 등이 시스템 반도체에 의해 구현되어 있어 세 분야의 균형 있는 발전이 매우 중요하다.

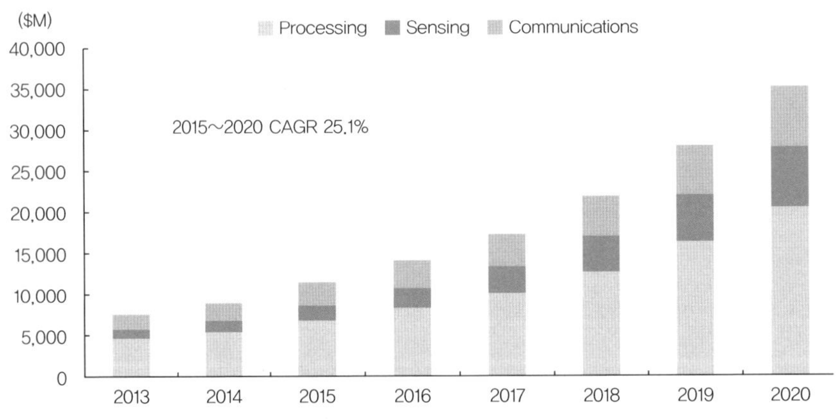

출처 : 가트너

[그림 7-6] IoT 반도체 시장규모 전망

가트너에 따르면 2020년 IoT 관련 칩의 출하량은 293억 개에 이르고 시장규모는 352억 달러에 이른다. 여기서 프로세싱의 경우, 칩이 93억 개, 202억 달러, 센서가 123억 개, 75억 달러, 통신용 칩이 77억 개, 73억 달러의 시장을 형성할 것이다.

IoT 프로세서에서는 32비트 MCU(Micro Controller Unit)와 ASSP(Application Specific Standard Product)가 가장 중요한 제품이고, 센서 중에서는 이미지 센서와 관성 센서의 비중이 높아질 것이다. 통신용 칩 중에서는 와이파이의 비중은 점차 감소하는 반면 블루투스와 지그비 등 기타 무선칩의 비중이 높아질 전망이며 유선통신용 칩의 수요도 증가하고 있다.

(2) IoT 운영체제

미래에는 진공청소기와 로봇, 세탁기가 타이젠 RT(Tizen RT)라고 불리는 운영체제로 작동할 것으로 보인다. 이 운영체제는 스마트 기기와 가전제품, 즉 사물인터넷(IoT) 기기를 위한 운영체제다.

[그림 7-7] IoT의 운영체제

타이젠 RT는 타이젠을 경량화한 실시간 운영체제로서 현재 삼성 TV와 스마트폰, 기어 스마트워치 등에 사용되고 있다. 오픈소스 운영체제이고, 타이젠 최신 버전은 2.4이고 차기 3.0 버전은 기기에 직접 탑재되지 않을 전망이다. 삼성은 PC에 윈도우, 모바일 기기에 안드로이드 운영체제를 타이젠과 함께 사용하고 있다. 이러한 멀티 운영체제 전략은 기기 간 호환성에서 사용자 경험의 혼란과 불안정을 유발하고 있으나, 애플은 삼성과 달리 여러 기기 간에 일관된 사용자 경험을 제공하고 있다.

타이젠은 안드로이드 만큼 대중적이지는 않지만, 오히려 모든 모바일 기기와 가전기기에 걸쳐 사용될 계획이다. 이런 계획의 하나로 삼성은 마이크로소프트 닷넷(.NET) 개발자를 타이젠 4.0 생태계로 끌어들이기 위해 노력하고 있다. 타이젠 4.0에서 닷넷 코어를 지원하는 것도 이 때문이다. 이렇게 되면 개발자가 닷넷을 이용해 타이젠 기기용 애플리케이션을 개발할 수 있다.

타이젠 RT는 앞으로 다른 IoT 운영체제와 경쟁하게 되는데, 마이크로소프트의 윈도우 IoT 코어, 구글의 안드로이드 씽즈를 비롯해 다양한 임베디드 리눅스 운영체제도 있다. 경쟁자가 많기는 하지만 안드로이드 애플리케이션을 타이젠으로 쉽게 이식할 수 있다는 것이 타이젠의 가장 큰 강점이다.

(3) 홈 IoT의 플랫폼

현재 스마트 홈을 구현하기 위한 인프라 및 플랫폼 기술을 위한 글로벌 사업자들의 노력이 진행되고 있고, 특히 스마트 홈 기술 표준을 선점하기 위한 글로벌 사업자 간 협업이 활발히 진행되고 있다. 이는 실세계에 존재하는 사물들과 네트워크로 상호 연결하여 사람과 사물, 사물과 사물끼리 언제 어디서나 소통하게 하여 사물들의 데이터를 수집하거나 사물에 대한 제어방법을 제공하고 궁극적으로 수집한 데이터를 중심으로 지능적인 서비스를 사람들에게 제공하기 위한 서비스 프레임워크 기술이다.

구글 주도의 스레드그룹(Thread Group), 퀄컴과 마이크로소프트(MS) 주도의 올신 얼라이언스(Allseen Alliance), 인텔(Intel)을 중심으로 한 OIC(Open Interconnect Consortium), 통신사 중심의 원엠투엠(oneM2M), 그리고 애플의 자체 시스템인 홈키트(HomeKit)가 중심을 이루고 있다.

올조인은 퀄컴이 개발한 소프트웨어 기반으로 올신 얼라이언스(Allseen Alliance)가 관리하는 오픈소스 프레임워크이다. 마이크로소프트, 시스코시스템스, 파나소닉, 소니가 참여했다. 이제 막 제품 인증을 시작해 호환을 지원하고 있고, 현재 4개만 인증 승인이 완료된 상태이다. 올신의 IoT 디렉터인 필립 데스오텔스는 다른 기기들도 올조인을 수개월 동안 활용하고 있고, 제조사들이 최신 버전으로 인증 받을 준비를 하고 있다.

OIC(Open Interconnect Consortium)에는 인텔, 삼성, 델, 시스코가 참여하고 있고, 수많은 제품의 상호 운영성을 테스트했다. OIC는 올조인 같은 경쟁 단체를 포함하여 지지 기술이 다른 사람들이 아이오티비티(IoTivity)라는 오픈소스 프로젝트를 통해 OIC 제품과 다른 장치의 호환성을 지원하는 플러그인을 도입할 수 있다.

홈킷은 애플이 개발한 소프트웨어 프레임워크로서 사용자는 아이폰에서 블루투스나 와이파이를 이용하여 가정용 장비를 직접 제어할 수 있다. 그리고 가정에 아이폰이 없을 경우, 애플 TV로 접근할 수 있다. 인스테온의 스마트 허브 프로(Smart Hub Pro) 시스템을 이용하면 다른 스마트홈 플랫폼을 홈킷에 연결할 수 있으나 애플이 홈킷 생태계를 통제하고, 이를 사용할 수 있는 제품을 승인한다.

브릴로 및 위브는 구글이 홈킷에 대항하기 위해 내놓은 안드로이드를 기반으로 한 IoT 운영 시스템이다. 이는 전력 효율성이 높으나 장치 간 인식, 장치 간 기능 인식을 지원하는 올조인, OIC와 유사한 미들웨어다. 위브는 브릴로와 달리 OS들과 호환되고, 3개 이상의 서로 다른 네트워킹 프로토콜을 이용할 수 있으며, 자매사인 네스트(Nest)가 주도하는 스레드, 블루투스 LE(Low Energy), 와이파이가 여기에 해당된다.

[그림 7-8] IoT 기반 모델하우스

지그비(ZigBee)는 이미 많은 제품에 탑재되어 있고, 모든 유형의 가정용과 기업용 장비를 대상으로 하는 표준은 지그비 3.0이다. 현재 지그비와 Z-웨이브(Z-Wave)가 시장을 주도하고, 허브를 이용해 장비들을 호환시킬 수 있는 솔루션이다. 지그비 얼라이언스(ZigBee Alliance)는 자신들의 플랫폼과 올조인, OIC를 연결할 수 있고, 기본 네트워크 역할을 할 스레드와 통합될 수도 있다.

Z-웨이브는 칩 제조사인 시그마 디자인(Sigma Designs)이 개발한 기술로 많은 제품에 탑재되어 있다. Z-웨이브도 풀스택 솔루션이고, Z-웨이브 얼라이언스(Z-Wave Alliance)는 Z-웨이브를 올조인이나 OIC 같은 다른 플랫폼과 통합할 예정이다.

와이파이는 모든 장소에서 이용되는 무선 시스템으로 대부분의 홈 네트워크에서도 계속 중심을 차지할 전망이다. 그러나 소형 배터리 기기 가운데 크기와 전력 때문에 직접 통신이 불가능한 경우가 많다. 또한 반도체 제조사인 시그마 디자인이 라이선스한 저 전력 메시 기술로서 다양한 커넥티드 홈 장치에 사용되고 있다.

글로벌 사업자들이 스마트 홈 시장을 선점하기 위해 광범위한 협력을 하는 것은 스마트 홈 시장이 혼자 할 수 있는 사업이 아니기 때문이다. 과거 폐쇄적인 가치 사슬이 던 산업구조와 달리 지금의 스마트 생태계 환경에서는 협력 없이는 사업 자체가 불가능하기 때문이다. 스마트 홈이 주로 사물인터넷과 연동되면서 보안에 취약하다.

7.3 인텔리전트 주택

(1) 홈 네트워킹

홈 네트워크는 PC와 인터넷의 빠른 보급 및 통신 기술과 지능형 설비의 고속 발전에 따라 등장하였으며, 유선 혹은 무선 네트워크를 이용하여 가정의 정보 가전 제품을 통신 프로토콜을 통해 하나의 통일된 시스템으로 연결한 것으로, 대내적으로는 자원을 공유하고, 대외적으로는 게이트웨이와 외부 인터넷을 통해 정보를 교환하는 동시에 원격 제어를 지원하는 시스템을 말한다. 이러한 홈 네트워크는 좁은 의미의 홈 네트워크와 넓은 의미의 홈 네트워크로 나뉘는데 그 의미는 다음과 같다.

좁은 의미의 홈 네트워크는 일반적으로 현재 홈 네트워크라는 단어를 사용할 때 주로 전달되는 의미이다. 이는 하나의 가정이 두 대 이상의 PC를 보유하고, 유선 혹은 무선 네트워크를 통해 이를 연결함으로써 자원을 공유하는 것을 가리킨다.

넓은 의미의 홈 네트워크는 홈 네트워크 시스템을 뜻하는 것으로 홈 네트워크 설비, 네트워크 접속 설비 등 홈 네트워크를 구성하는 기초 H/W 외에도 각종 통신 프로토콜과 표준, 네트워크 접속 방식, 콘텐츠 서비스 제공, 네트워크 운영 등이 포함된다. 홈 네트워크 설비는 오락 시청 기능, 교류 기능, 설비의 조작과 제어 기능, 가정 안전 보호 기능 등을 제공한다. 현재 주요 설비로는 가정용 PC 인터페이스 설비(가정용 PC, 프린터, 스캐너, 디지털 설비 등), 전화 설비(유선 전화, 휴대전화, 인터폰 등), 멀티미디어 설비(TV, 오디오, DVD, 캠코더 등), 보안 시스템(동작 감지기, 잠금 장치, 경보 설비 등), 원격 검침 시스템(수도, 전기, 가스 등 공공기관에서 하는 원격 검침) 등이 있다.

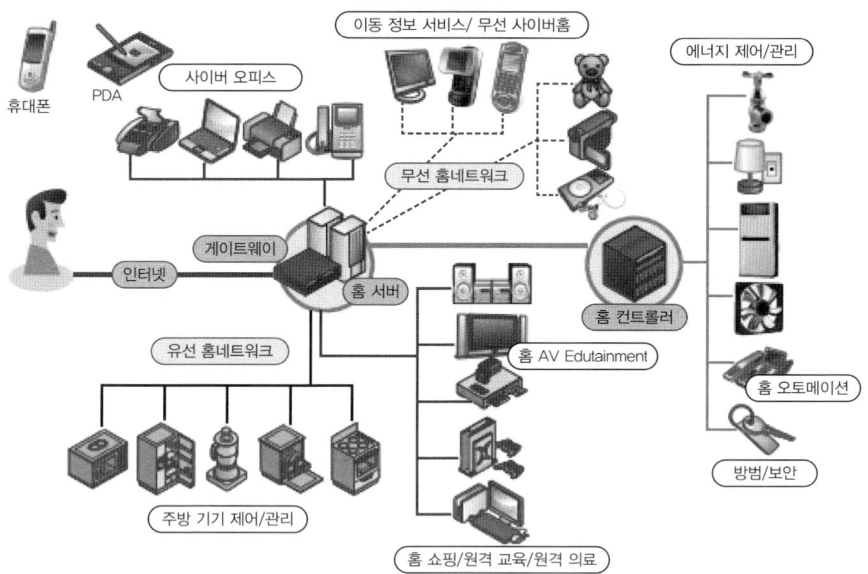

[그림 7-9] 홈 네트워킹

홈 네트워크는 네트워크를 제어하는 기능의 위치에 따라 주종(Master/Slave) 방식과 개별 제어(Peer-to-Peer) 방식으로 나눌 수 있다. 주종 방식은 네트워크에 연결된 다양한 시스템이나 장비 간의 대화를 가능하게 하거나 관리를 위해 중앙에 마스터 제어 기능을 두는 방식이다. 개별 제어 방식은 네트워크에 연결된 장비 간에 직접 통신을 할 수 있도록 해주는 방식이다. 개별 제어 방식을 사용하게 되면 마스터 제어 기능이 필요 없지만 실제로는 가전 장비의 지적 수준이 떨어지기 때문에 아직도 주종 방식이 많이 사용되고 있다.

개별 제어 방식에서는 관리나 제어의 기능이 네트워크 전체에 분산되기 때문에 어느 한 곳에서 문제가 발생하더라도 전체적인 네트워크에는 문제를 일으키지 않는다. 그러나 주종 방식에서는 마스터 제어기에 문제가 발생하면 네트워크상의 모든 장비 간의 통신에도 문제가 발생하게 된다. 따라서 보안 시스템이나 화재 경보와 같은 심각한 상황에 대한 서비스에서는 주종 방식이 적합하지 못하다. 그럼에도 주종 방식이 계속 필요한 이유는 대부분 가전 장비 제어에 지능이 크게 필요하지 않고, 마스터 제어기가 보내주는 명령어를 받아 처리하거나 마스터로 정보를 전달하면 끝나기 때문이다. 장비가 가진 지능의 수준은 처리 능력, 메모리의 양 등에 따라 다르며, 개별 제어 방식에서는 장비의 높은 지능이 필요하기 때문에 시스템의 가격이 높아질 수밖에 없다. 궁극적으로 사용자의 기능적인 요구나 비용, 네트워크에 접속될 장비의 수준에 따라 주종 방식과 개별 제어 방식을 적절히 혼용하여 사용하는 것이 좋을 것이다.

원격지에서 장비를 제어하거나 관리하려면 장비의 인터넷 접속 또는 WAN 접속이 필수적이며, 이를 위해서는 적어도 일반 전화나 초고속 통신망과 연결해 주는 모뎀이 필요하다. 이러한 모뎀을 이용하여 직접 장비의 원격 관리를 할 수도 있으나, 관련된 기술이 다양하고 데이터의 성격도 천차만별이며, 보안 등의 문제 때문에 요즘에는 홈 네트워킹을 위한 다양한 기능을 갖춘 홈 게이트웨이(Home Gateway)나 다른 통신 기술 간의 연계를 지원하는 홈 브리지(Home Bridge), 홈 서버(Home Server)가 시장에 등장하고 있다.

홈 게이트웨이는 홈 네트워크에서는 원격 접속을 지원하기 위한 중앙 기기처럼 동작하면서 홈서비스에 대한 가입·등록·탈퇴 등을 지원해 주거나 집 안에 있는 서버, 장비들 간의 다른 프로토콜을 엮어 주는 교량 역할 등을 한다. 모든 홈 네트워크에 홈 게이트웨이가 필요한 것은 아니지만 게이트웨이 기능은 PC와 같은 고급 지능이 필요하지 않고, 전력 소비도 미미하므로 점차 홈 네트워킹을 위한 필수 요소로 자리 잡고 있다. 홈 게이트웨이의 중요한 기능 가운데 하나가 브리지 기능이다. 브리지는 독립적인 장비로도 만들어질 수 있으나 일반적으로 홈 게이트웨이가 브리지 기능을 통합해 가는 추세이다.

장비의 지능이 높아지고, 인터넷 접속이 가능하며, 서비스에 대한 가입, 등록, 탈퇴와 같은 복합적인 기능이 추가되면서 서버 수준의 성능이 필요해지고 있다. 시스템의 구성이나 장비별 응용 프로그램에 따라 홈 서버는 원격지에 있을 수도 있고, 가정 내 또는 양쪽에 있을 수도 있다.

원격 서버를 이용하면 가전 장비가 완벽한 서버의 기능을 갖지 않아도 되기 때문에 장비의 가격을 낮출 수 있고, 장비나 서비스 제공자로서도 쉽게 장비나 서비스를 관리할 방법을 얻게 된다. 장비용 서버를 이용할 때에는 응용 프로그램이나 서비스를 사용하려고 WAN에 접속할 필요가 없이 개별적인 LAN만 있으면 된다. 현재 저렴한 내장 장비용 서버가 개발되고 있으며 홈 네트워킹 시장이 성숙할 무렵에는 보다 저렴한 가격으로 폭넓게 사용될 것이다.

홈 네트워킹이란 말은 요즘 TV 속 광고 매체를 통하여 흔하게 들을 수 있는 말이다. 아직도 많은 사람이 홈오토메이션과 홈 네트워킹, 홈 네트워킹과 유비쿼터스 홈 네트워킹, 심지어는 홈오토메이션과 유비쿼터스 홈 네트워킹마저 혼동할 때가 있다. 이는 별다른 요청 없이도 인간을 편하게 만들어 주는 시스템으로 이는 홈오토메이션이나 홈 네트워킹과 다르며, 나를 인지하여, 나를 위해, 나이기 때문에 자동으로 작동하는 시스템이다.

(2) 인텔리전트 주택

우선 주택의 대명사인 아파트는 인텔리전트 아파트라는 개념으로 확실히 정착하게 될 것이다. 초고속 통신망을 갖추고 홈 네트워크로 연결되어 홈 오토메이션을 구현하는 모습이 인텔리전트 아파트의 모습이다. 인텔리전트 아파트는 이미 수년 전부터 도입되고 있으나, 상당수의 사람이 실제 인텔리전트 아파트를 경험하게 되기에는 수년의 시간이 더 필요할 것으로 본다.

인텔리전트 주택은 편리함 외에 안전성과 보안성, 경제성도 높여준다. 미래 사회가 노령화된 사회이고, 노령 세대가 주거를 하려면 각종 기능상의 편리함과 함께 원격 진료 시스템과 연동하는 주택 환경이 필요하다. 아울러 주택에서 발생하는 각종 안전사고를 방지하는 기능 또한 중요하다. 건망증의 발생 개연성이 높은 노령세대에게 안전사고 방지 기능은 인텔리전트 주택이 가지는 중요한 기능이 될 것이다. 건망증이 있는 사람들은 전기 스위치를 끄는 것을 잊거나, 가스불이나 수도꼭지, 혹은 현관문을 잠그는 것을 자주 잊을 수 있다.

인텔리전트 기능은 바로 이러한 것에 대한 주택 자동 관리 시스템이 구현되는 것이기도 하다. 인텔리전트 주택에 설치된 각종 카메라와 인식장치는 집에 사람이 있는지 없는지를 파악하여 문단속도 하고, 외부 침입자가 생겼을 때는 자동으로 대처하기도 한다. 그리고 이러한 주택 자동 관리 시스템은 실내 온도나 에너지의 효율적인 관리와 활용을 할 수 있도록 한다. 아울러 각종 가사와 주택 관리에 걸리는 시간을 대폭 절감할 수 있어 궁극적으로는 에너지 절감, 즉 경제적 효과도 가져올 수 있다.

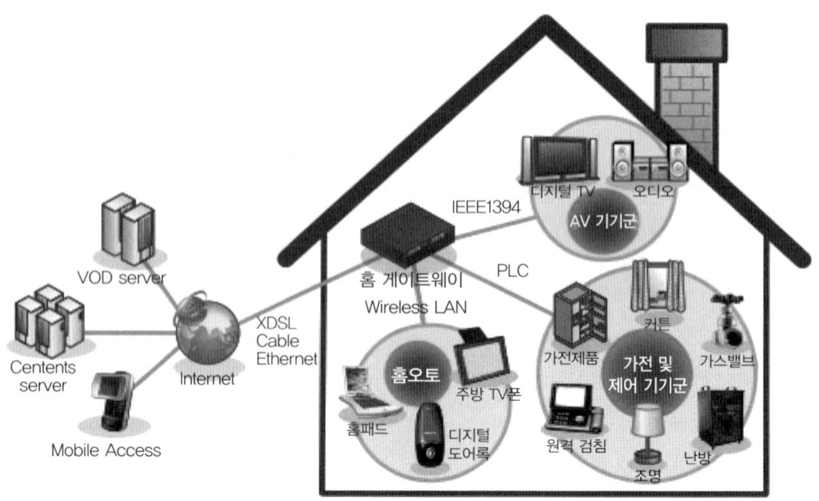

[그림 7-10] 인텔리전트 주택 구조

테라(TB)급 정보 통신망에 휴대전화와 컴퓨터로 모든 디지털 가전 기기를 집 안팎에서 제어할 수 있는 홈 네트워크 시스템이 기본적으로 설치되어 있고, 음성 인식을 하는 디지털 기기들로 인해 음성 지시가 가능해진다. 모든 가전 기기들에 대한 통합 제어 시스템이 가동되고, 컴퓨터가 얼굴을 인식해서 현관문을 열어주는 안면 인식 시스템이나 홍채인식 자동문, 전동 창호, 지능형 무인 감시 카메라, 자동 온도 제어 장치, 무인 택배 시스템 등이 가능해진다.

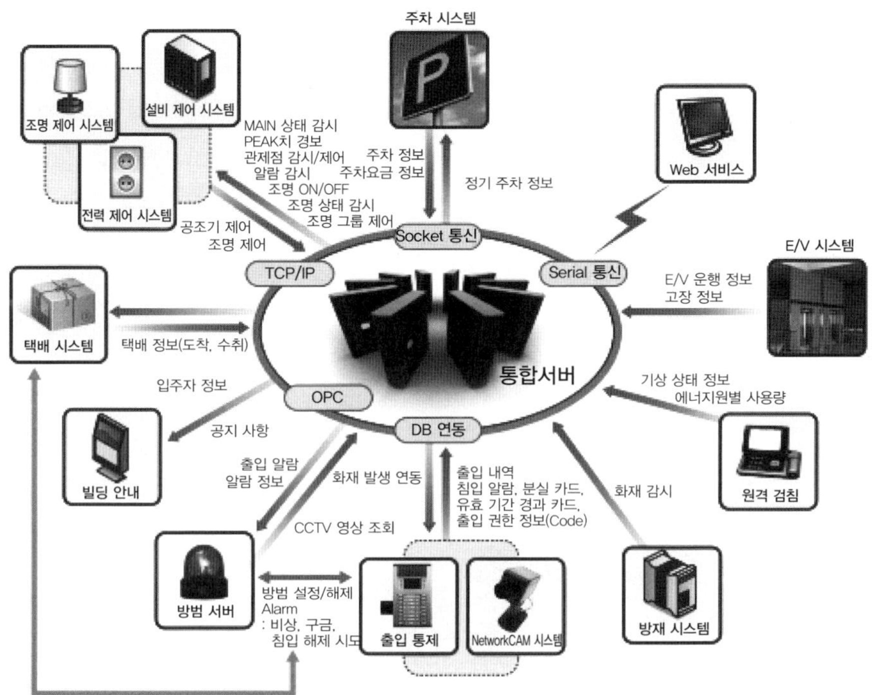

[그림 7-11] 인텔리전트 주택 서비스

이미 친환경은 주거 문화뿐 아니라 우리가 사는 모든 라이프스타일에서 공통으로 사용되어 익숙하고 다소 낡게 보일 수도 있다. 하지만 미래형 주택에서 더욱 친환경에 대한 관심은 커질 것은 분명하며, 앞으로는 강철과 플라스틱으로 지은 집들을 주위에서 쉽게 보게 될 것이다. 목재 자원의 한계와 환경 파괴의 위험성에 따른 대안으로 제시되는 강철과 플라스틱은 미래형 주택의 외관이나 건설 기법 등에도 많은 변화를 주게 될 것이다. 미래형 주택의 주택 자동 관리 시스템은 에너지 효율성을 높이기도 하고, 집 안에서의 각종 환경 진단도 하게 될 것이다.

(3) 커넥티드홈 그리드

공동주택에 설치된 홈네트워크망과 스마트그리드, 전기차 충전인프라 등 신설되는 다양한 서비스망을 통합 관리하는 커넥티드홈 그리드에 대한 필요성이 제기됐다. 현재 아파트는 대부분 홈네트워크 인프라를 기본적으로 구축하고 있지만 각종 IT서비스 등장으로 추가 망이 중복 설치될 가능성이 높다. 이를 위해서는 홈네트워크망과 홈게이트웨이를 기반으로 여러 IT융합 서비스를 체계적으로 제공해야 한다. 이를 통합 관리망 형태로 제기한 커넥티드홈 그리드는 가정을 중심으로 보안과 기기제어, 원격검침과 전기차 충전시스템 등을 하나의 인프라로 통합 관리하자는 측면의 접근이다.

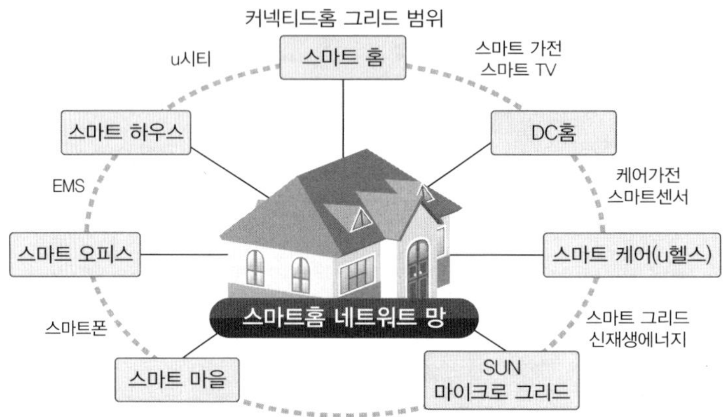

※홈네트워크 인프라를 기반으로 스마트한 주거환경을 구축해 진정한 스마트홈 환경 구현

출처 : 한국스마트홈산업협회

[그림 7-12] 커넥티드 홈 그리드

실제 아파트는 기존 스마트홈 인프라로 전력사용량 실시간 체크가 가능하여 별도 원격 검침망 구축이 필요 없다. 홈네트워크망과 비디오폰으로 스마트그리드 관리와 제어, 모니터링까지 가능하다. 현재 홈네트워크는 건설사가 구축하고 각 아파트의 관리사무소에서 관리한다. 전력 중심의 스마트그리드망은 한국전력을 중심으로 설치하지만 아파트 내 설치는 별도 사업자가 필요한 형태로 이루어진 구조이다. 이로 인하여 전력 중심의 스마트그리드 추진 단체에서도 공동주택 내 홈네트워크와 스마트그리드망의 통합 이용에 커다란 어려움이 없다. 하지만 이 시스템 구축에서 배선과 단말기, 디스플레이 장치들이 난립하는 문제가 있는데, 이를 홈네트워크로 통합 관리하는 것이 해결책이다. 더불어 태양광 등 신재생 에너지, 가정 내 에너지 관리를 위한 홈그리드, 가전의 효율적 운용을 위한 스마트가전, 가정 내 업무를 위한 스마트워크, 홈헬스 등 각종 서비스를 홈게이트웨이와 연결하여 언제 어디서나 스마트하게 관리하는 것이 커

넥티드홈 그리드의 목표이다.

가정 내 서비스를 통합하기 위해서는 신축 아파트는 설계 단계부터 여러 서비스를 하나의 통합망으로 이용토록 해야 한다. 기존 기축 아파트도 기존 망에다 게이트웨이 등 일부 기기 소프트웨어 업그레이드로 여러 서비스를 연결하는 것이 가능하다.

커넥티드홈 그리드의 강점은 중복 투자를 막아 비용을 줄일 수 있다. 2010년 말 기준 우리나라 주택의 60%를 차지하는 아파트에 대부분 홈네트워크망이 있지만, 그동안 출입관리와 일부 제어기능에만 활용되고 있다. 여기에 다양한 홈서비스와 연계하면 하나의 망 투자비로 여러 서비스가 가능하다.

스마트 홈의 미래는 스크린, 센서, 제어기술을 활용해 홈오토메이션과 보안, 건강관리, 에너지 절약과 쾌적의 주거환경까지 확보하는 방향으로 발전하고, 이를 가능하게 하는 데 커넥티드홈 그리드가 핵심 역할을 할 것이다.

스마트홈 분야의 성장을 견인하는 소비자용 IoT 애플리케이션으로는 자동 온도 조절기(Smart Thermostat), 홈 시큐리티와 시스템 주방용품과 같은 다양한 홈 오토메이션(Home Automation) 도구와 스마트 TV, 스마트 셋업 박스, 스마트 전구 등이 있다. 스마트 시티 내에서 스마트 홈은 전체 IoT 이용에서 21% 이상을 차지하고 있고, 디바이스 및 무선 표준들이 더 많은 디바이스 내에 통합될 것이다. 주택들은 서로 연결되는 데에서 탈피해 정보 및 스마트 기반 통합 서비스 환경으로 발전하여 주택과 주변의 개인들에게 가치를 제공하게 될 것이다. 스마트 시티에서는 센서에서 수집한 데이터를 활용해 주민이나 기업과 긴밀한 관계를 구축하고, 이를 통해 협업 환경을 조성할 수 있게 될 것이다.

연습문제 EXERCISE

※ 다음 빈칸에 알맞은 말을 넣으시오.

01 (　　　　　)이란 백색 가전(　　　　　) 이후의 차세대 디지털 정보 기기로서 백색 가전 기술과 정보통신 기술을 융합하여, 유무선 홈 네트워크에 연결되어 인터넷 접속 기능을 제공하고 사용하기 편리하며 특정 용도에 특화된 non-PC 계열의 차세대 정보 기기를 총칭한다.

02 IoT기반 (　　　　　)은 집안 상태를 확인하고 외부인의 침입 등을 확인할 수 있고, 에너지 소비량 모니터링 및 절전 사용을 안내해 준다.

03 IoT기기는 소리, 온도, 움직임 등 주변의 환경 변화를 감지하고 인터넷으로 연결돼 원격 또는 자율적으로 제어하기 위해 센서가 필요하다. 이는 생활 속의 각종 반응이나 지시사항을 감지하기 위한 (　　　　　)가 주요 기능이다.

04 미래에는 진공청소기와 로봇, 세탁기가 (　　　　　)이라고 불리는 운영체제로 작동할 것으로 보인다. 이 운영체제는 스마트 기기와 가전제품, 즉 사물인터넷(IoT) 기기를 위한 운영체제다.

05 (　　　　　)이란 말은 요즘 TV 속 광고 매체를 통하여 흔하게 들을 수 있는 말이다.

06 (　　　　　)는 홈 네트워크에서는 원격 접속을 지원하기 위한 중앙 기기처럼 동작하면서 홈서비스에 대한 가입 · 등록 · 탈퇴 등을 지원해 주거나 집 안에 있는 서버, 장비들 간의 다른 프로토콜을 엮어 주는 교량 역할 등을 한다.

07 공동주택에 설치된 홈네트워크망과 스마트그리드, 전기차 충전인프라 등 신설되는 다양한 서비스망을 통합 관리하는 (　　　　　)에 대한 필요성이 제기됐다.

※ 다음 내용이 맞는지(T) 혹은 그렇지 않은지(F) 판별하시오.

01 다양한 의료기기 등이 인터넷에 연결되어 정보를 쌓고 이를 분석하며, 다양한 기기들이 연결되는 것이 바로 사물인터넷 IoT(Internet of Things) 기반 가전이다. (　)

02 IoT 플랫폼을 기반 가전은 연결성을 강조하고 관련 액세서리와 서비스 협력을 기반으로 한다. ( )

03 넓은 의미의 홈 네트워크는 일반적으로 현재 홈 네트워크라는 단어를 사용할 때 주로 전달되는 의미이다. 이것은 하나의 가정이 두 대 이상의 PC를 보유하고, 유선 혹은 무선 네트워크를 통해 이를 연결함으로써 자원을 공유하는 것을 가리킨다. ( )

04 스마트 홈의 미래는 스크린, 센서, 제어기술을 활용해 홈오토메이션과 보안, 건강관리, 에너지 절약과 쾌적의 주거환경까지 확보하는 방향으로 발전하고, 이를 가능하게 하는 데 커넥티드홈 그리드가 핵심 역할을 할 것이다. ( )

05 홈 게이트웨이는 가정을 중심으로 보안과 기기제어, 원격검침과 전기차 충전시스템 등을 하나의 인프라로 통합 관리하자는 측면의 접근이다. ( )

※ 다음 내용에 대해서 간략히 서술하시오.

01 IoT가 스마트와 다른 점을 설명하시오.

02 홈 네트워크는 네트워크를 제어하는 기능의 위치에 따라 분류하는데 이를 설명하시오.

※ 다음 주제에 대해서 토론하시오.

01 고객 맞춤형 광고와 서비스에 대해서 토의하시오.

02 지능형 가로등을 비롯한 스마트 기술이 활용된 혁신도시의 모습에 대해서 토의하시오.

Chapter

08

제품·서비스 융합

8.1 체내삽입형 기기

(1) 체내삽입형 기기란

신체에 착용이나 삽입한 디바이스로서 웨어러블 장치의 한 형태이고, 최초의 웨어러블 장치는 16세기 청나라의 반지형 주판이 그 시작이었다. 1960년데 MIT 미디어랩에서 초기 부착형 타입의 웨어러블 컴퓨팅에 대한 연구에서 1966년 최초로 컴퓨터를 이용한 헤드마운티드 디스플레이(HTM, Head Mounted Display)를 개발하였다. 1980년에는 현재 개념의 웨어러블 제품들이 출현하여 의류형 디바이스가 미국 군복으로 채택되었고, 1981년에는 배낭형 컴퓨터 등이 개발되었다.

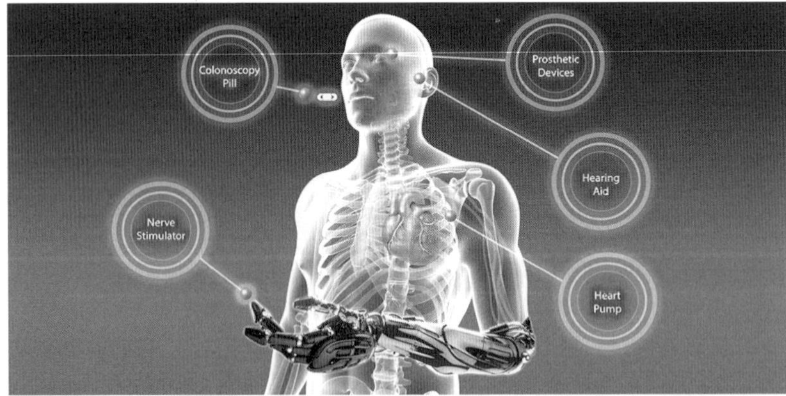

[그림 8-1] 체내삽입형 기기 위치

1990년대 유비쿼터스 컴퓨팅이 등장하고, 2000년대에는 부품의 초경량화와 모듈화, 무선기술의 발전으로 의복과 유사한 형태의 웨어러블 기기들이 나노소자 개발과 더불어 인체에 삽입하는 형태로 확대되었다.

① 신체 부착형

신체 부착형에는 크게 패치와 전자문신 형태가 있다. 신체에 부치는 패치는 통증완화, 근육치료, 자세교정 등의 의료장비에 활용되고, 심전도, 근전계 등의 상시 검사 및 기록에 이용된다. 대표적으로 IMEC의 Wireless ECG 패치와 iPosture 등이 있다.

전자문신은 심장, 두뇌, 근육 등의 활동 및 신호를 측정하거나 음성명령 인식, 이어폰 대용, 스마트폰, 게임장비, 태블릿, 기타 웨어러블 기술과 통신에 이용된다. 콜맨 연구실의 뇌-컴퓨터 인터페이스와 구글의 Throat Tattoo 등이 있다.

② 생체 이식형

콘텍츠 렌즈, 전신착용, 마이크로 칩 임플란트 등이 대표적이다. 콘텍트 렌즈는 눈물의 포도당 수치 측정을 통한 당뇨병 지수를 모니터링하거나 구글의 스마트 콘텍트 렌즈가 대표적이다.

전신착용은 스마트 시스템을 적용하여 군사지원이나 인간의 근력과 민첩성 증가의 효과가 있고, 걸음걸이 재활 시스템 등에 활용된다. 디자인붐의 eLEGS, Indego 등이 대표적이다.

마이크로 칩 임플란트는 규산염 유리로 싸여 신체에 이식되는 식별용 직접회로 장치 혹은 RFID 트랜스 폰터로 활용된다. 개인 식별, 병력, 복용약물, 알레르기, 연락처와 같은 외부 데이터베이스의 정보들과 연동되는 고유 ID 번호를 갖는다. 포지티브 ID의 베리메드 시스템이 대표적이다. 이외에도 다음과 같이 다양한 형태의 기기가 있다.

〈표 8-1〉 체내삽입형 기기

유형	명칭과 구조	작동 원리 및 효과
신체 부착형	전자피부	일리노이대학의 존 로저스 연구그룹과 서울대 김대영 교수는 피부에 붙여 생체신호를 측정하는 전자피부를 개발
	촉각골무	일리노이대학의 존 로저스 연구그룹은 접촉물질에 따라 착용자의 피부에 촉각을 전달하는 골무형태 센서를 개발
	콘텍트렌즈	워싱턴대학에서는 LED가 실장되어 정보를 표현할 수 있는 콘텍트 렌즈를 개발
생체 이식형	이식형 혈류측정 센서	미국 조지아공대 엘런 교수는 이식형 혈류 측정 센서를 개발, 혈압, 혈류 속도를 동시에 측정가능
	생체 이식형 압력 센서	독일의 Campus Micro Technologies는 이식 가능한 압력 센서를 개발. 수술 후 지속적으로 두개내압 측정이 필요한 수두증 치료에 이용
	칩 이식형 혈당 센서	코네티컷대학은 당료병 환자를 위한 칩 이식형 혈당 센서를 개발

자료 : KEIT, Web, 한화투자증권 투자컨설팅파트

(2) 체내삽입형 기기의 종류

① 마이크로 캡슐 내시경

캡슐 내시경은 인체 내 케이블을 삽입하는 기존 푸시 타입(Push-type) 내시경과는 달리 환자에게 공포와 고통을 주지 않는 시술로 인식되고 있다. 캡슐형 내시경을 구동하기 위하여 소형의 배터리 또는 충전기를 사용하는 것이 일반적이다. 그런데 이와 같은 배터리 또는 충전기는 그 사용기간이 극히 제한적이어서, 생체 내에서 배터리 또는 충전기가 방전될 경우에 그 교환 또는 충전이 어렵다는 문제점이 있다.

하지만 무선전력 전송 기술을 이용하여 유선을 통한 전력 공급에 비하여 이동성의 범위를 확장시킬 수 있을 뿐만 아니라, 배터리 또는 충전기에 대한 사용기간의 제한성을 극복할 수 있다.

② 인체삽입 태양전지

피부처럼 유연하면서도 성능이 좋은 고성능 태양전지를 6~7 마이크로미터(100만분의 1미터) 두께로 만들어 인체에 삽입한다. 이는 유연한 필름에 붙이는 방법으로 얇고 유연한 인체삽입용 태양전지이다.

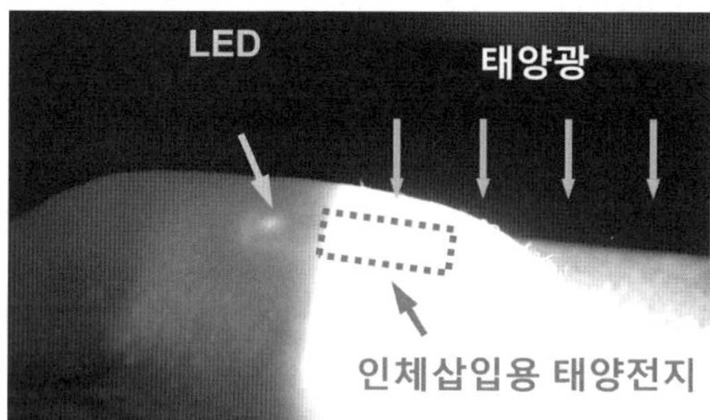

[그림 8-2] 인체삽입 태양전지

태양전지를 실험 쥐에 삽입해 실험한 결과 0.07㎠ 크기의 태양전지에서 647 마이크로와트(1마이크로와트=100만분의 1와트)의 전력을 생산하였다. 이는 하루 2시간 정도 태양을 쪼여 충전할 경우, 현재 쓰이고 있는 심박 조율기를 24시간 구동할 수 있는 전력량이다.

③ 인공심장 박동기

심장 박동이 불규칙한 부정맥이나 심부전 환자들은 체내에 인공심장 박동기를 삽입하게 되지만 일정 기간이 지나면 배터리를 교체하기 때문에 다시 수술을 받아야만 한다. 그런데 무선충전 방식을 적용해서 재수술 없이 무선으로 인공심장 박동기에 전력을 공급할 수 있다. 의료기기 소형화에 있어 문제가 됐던 배터리 문제를 해결하고 나아가 심장이나 뇌를 포함한 신체 거의 모든 부분에까지 확대 응용할 수가 있다.

④ 의료재활 장비

기술의 발달, 고령화의 심화, 장애인구 증가 및 사회참여 욕구 증가는 의료보조 장비 및 의료재활 장비시장의 성장을 가속화시키고 있다. 장애인이나 고령자에게 사용되는 재활 로봇과 보행근력지원 로봇장비는 무선전력 전송기술을 이용하여 혁신적 제품을 개발하는 데 중요한 역할하고 있다.

⑤ 나노 의료기기

고령화 및 만성질환자 증가로 인해 심박 조율기, 삽입형 심장박동 모니터기, 척추 신경 자극기 등 인체기관을 보조하거나 모니터링할 수 있는 체내 삽입형 의료장치가 나노 의료기기이다. 이는 생체와 유사한 물질로 만들어진 전극을 직접적으로 체내에 삽입하고, 인체의 체액 속에 존재하는 나트륨, 칼륨, 칼슘, 염소 이온 등이 전극에 흡·탈착함으로써 작동하는 반영구적인 생체 이식형 슈퍼커패시터(Supercapacitor)이다. 슈퍼커패시터는 축전용량이 대단히 큰 에너지 저장장치로, 전자의 물리적 흡·탈착을 이용해 충·방전을 하며 일반적인 2차전지에 비해 에너지 밀도는 적지만 순간적인 고출력을 낼 수 있는 장점을 갖는다. 생쥐를 이용한 실험에서 세포 독성이 없고 생체 적합성이 우수하고, 충전과 방전도 안정적으로 가능하다. 이는 생체 친화적 소재로 제작한 전극만을 삽입해 외장재 없이 체액으로 구동하는 생체 삽입형 전지여서 기존의 전지의 교체를 위해 이뤄졌던 수술의 번거로움을 줄여 반영구적인 사용과 안정적인 전원 공급이 가능하다. 즉 신개념의 나노 의료기기 개발 및 보급화를 가능하게 할 수 있는 원천기술이다.

⑥ 전자 문신

스마트폰의 마이크로폰으로 사용할 수 있는 목에 대는 전자 피부 문신을 개발하고 있다. 목에 대는 마이크로폰은 2차 대전 당시 전투기 조종사들이 시끄러운 비행기 안에서 지상과의 무선 통신을 개선하기 위해 처음으로 사용되었다. 구글의 모토로라 모빌리티는 전자 문신을 통해 일반 사용자의 목에 이런 식의 마이크로폰을 부착한다. 전자 문신은 NFC나 블루투스, 적외선 또는 다른 근거리 통신 기술을 통해 가까이에 있는 스마트폰이나 태블릿, 게임기 등과 연결된다. 모토로라 모빌리티는 전자 피부 문신을 모바일 통신 디바이스와 연결하여 미국 특허를 신청했다. 이 문신에는 가까이 있는 스마트폰과 무선 통신을 할 수 있는 수신기는 물론 내장 마이크로폰이 포함될 수 있으며, 인간의 신체 다른 곳으로부터 전력을 받을 수 있는 전원도 포함된다. 전자 문신에 내장된 마이크로폰은 거리의 소음이나 다른 사람의 목소리 등 마이크로폰으로 입력되어 통화에 미치는 영향을 줄이는 데 도움이 될 수 있다.

[그림 8-3] 전자문신

전자문신을 활용하는 다른 방법으로 동물의 목에 부착하여 소리를 수집하거나 사용자 인터페이스의 일부로 사용하는 것이다. 사용자 목의 특정 움직임으로 디스플레이가 켜지도록 하는 등의 조작이 가능한 것이다. 전자 문신은 전기 피부 반응 탐지기 기능을 담아 거짓말 탐지기로도 사용할 수 있다. 사용자가 긴장하거나 거짓을 말할 때는 확신을 가지고 진실을 말할 때와 다른 전기 피부 반응을 보이는 원리를 사용한다. 전자문신은 사용자에게 한층 향상된 핸즈프리 경험을 제공할 것이며, 군에서는 이미 목에 대는 마이크로폰을 적극적으로 활용하고 있다.

채내삽입형 기기를 사용하면, 실종 아동이 감소하고, 건강에 관한 더 많은 정보를 수집하여 건강관리 시스템 비용이 절감되어 긍정적 결과가 나타난다. 실시간 모니터링이 가능해져서 개인의 자신감을 기반으로 의사결정이 향상된다. 반면에 사생활 침해와 감시의 가능성, 데이터 보안성, 현실도피와 중독, 주의력 결핍장애 등과 같은 문제점이 있다. 체내삽입형 기기를 예측 불가능한 영역에 사용하면 이전보다 인간의 수명연장, 인간관계 변화, 문화적 변화 등의 결과를 얻을 수 있다.

8.2 자율주행차

(1) 자율주행차란

기존의 자동차의 주요 수송기능을 수행할 수 있는 자동운전 차량을 무인 자동차(Uncrewed Vehicle, Driverless Car, Self-driving Car, Robotic Car) 혹은 자율주행 자동차라고 한다. 자동운전 차량은 인간의 개입이 없이 주위의 환경을 감지하고, 자동항법 운행이 가능하며, 로봇 자동차인 프로토타입(Prototype)으로 제작되었다. 여기서 주행하는 차량은 레이더, 라이다(LIDAR), GPS, 및 컴퓨터 비전(Vision) 기술 등 활용하여 주변 환경을 감지하고, 보다 발전된 제어 시스템은 해당 내비게이션 경로뿐만 아니라 장애물과 관련된 표지 등을 식별하는 정보를 해석한다. 무인자동차는 등록되지 않은 환경이나 조건이 변한 상황에서도 경로를 유지할 수 있도록 센서 입력에 따라 지도를 자동 갱신할 수 있어야 한다.

출처 : VW AG

[그림 8-4] 무인 자율주행자동차

다임러 자율주행 트럭(Daimler Trucks)의 경우, 전면의 장거리 및 단거리 레이더와 입체 카메라 그리고 적응형 순항 제어기술 등을 통해 구현하는데, 액티브 크루즈 컨트롤(Active Cruise Control, ACC)과 액티브 브레이크 어시스트(Active Brake Assist, ABA)가 장거리 레이더와 단거리 레이더를 이용해 주행과 감속을 조정하며, 자동차 간 거리를 자동으로 조절한다. 대표적으로 하이웨이 파일럿(Highway Pilot) 시스템은 전면 레이더와 입체 카메라를 연결해 차선 유지, 충돌 회피, 속도 제어, 감속 등의 기능을 제공한다. 이러한 차량 자체적인 실시간 주변상황 감지 외에도 GPS(Global Positioning System) 등을 활용해 정밀지도를 통한 예측 시스템도 작동하고, 이 모든 것들을 종합적으로 판단해서 자동차 구동장치를 사람이 아닌 컴퓨터가 실제로 제어하도록 만든다.

(2) 자율 주행차의 발전과정

① 0단계

자동차가 달리기 위해 필요한 모든 입력과정을 직접 사람이 하는 단계로서 이전에 우리가 사용하는 자동차가 여기에 해당된다.

② 1단계

보조적 의미가 강한 단계로서 가속과 조향을 자동으로 처리할 수 있는 단계로서 인간의 보조적인 수준의 자율적 처리를 수행한다. 여기에 해당되는 기술에는 방향 지시등을 켜지 않고 차선을 넘을 때 자동으로 원래 차선으로 되돌려주는 레인 키핑 어시스트(Lane Keeping Assist)나 속도를 지정해 두면 알아서 속도에 맞추어 주행하는 쿠르즈 컨트롤이 있다. 이 단계는 사람이 직접 조정해야 하고 브레이크도 직접 조작해야 하는 소극적인 단계의 자율주행이다.

③ 2단계

1단계에서 조금 더 진화한 형태로 자동으로 감속하는 기능을 포함하여 브레이크까지 자동으로 개입하는 단계이다. 차선을 유지하면서 지정한 속도에 맞추어 주행하다가 도로 상황에서 앞차의 속도를 감지하고 스스로 속도를 줄인 후에 거리가 충분히 멀어지면 다시 속도를 높이는 기능을 포함한다. 또 일부분 운전에서 손을 대지 않아도 일정거리 차선을 유지하며 달리는 기능까지 포함되고, 물을 마시거나 물건을 집는 상황을 지속적으로 분석하여 안전하게 주행할 수 있도록 한다. 여기서 일정시간 주행을 하지 않고 있으면 경고음이 울리므로 완벽한 자율 주행이라고 하기는 어렵다.

④ 3단계

최근 프리미엄 승용차들의 단계로서 2단계에 비하여 좀 더 안전한 상태에서 주행한다. 반 자율주행의 단계로 2단계의 모든 기능을 포함하지만 조금 더 발달된 센서나 레이더를 통하여 도로 상황을 분석하여 운전자의 개입 없이 일정 구간 주행이 가능하다. 이 경우 운전자는 실내에서 운전 이외의 일을 할 수 있고, 이 과정이 2단계보다 길게 안전을 보장할 수 있다.

⑤ 4단계

이미 시장에 도입된 단계로서 여전히 극소수의 자동차에 한정되어 있고, 이 단계에서는 운전에 집중할 필요성이 낮아 전방을 주시하지 않고 책을 보거나 잠을 자는 것이 가능하다. 여기서부터가 진정한 자율주행자동차라고 하지만 모든 주행상황에서 완전한 안전을 보장하기 어렵다. 이를 보완하기 위하여 운전대와 가·감속 페달을 부착하여 위험한 상황에 운전자 개입이 자유로울 수 있도록 하고 있다. 현재 이 단계에 도달해 있으나 레이더, 카메라, 센서 등의 오류로 인해 사고가 일어나는 경우가 발생하므로 완전한 자율주행이라 하기는 어렵다.

⑥ 5단계

운전자의 개입 없이 탑승자만 있는 상태에서 주행이 가능한 단계이다. 운전대와 가속페달은 사라지고, 위급한 상황에서도 탑승자가 방향을 조정하거나 감속할 필요가 없다. 왜냐하면 도로에서 일어날 수 있는 모든 상황을 인공지능과 각종 센서들이 대응하여 주행하기 때문이다.

심지어 탑승자가 없더라도 차량의 소유자가 원하는 위치에 차를 보낼 수 있고, 도로가 아니어도 스스로 알아서 도로의 상태나 주변 환경을 분석하여 속도를 조절하거나 위험을 피할 수 있다. 마치 자동차를 대중교통처럼 타고 다는 진정한 자율주행자동차의 단계이다.

(3) 자율주행자동차 관련 기술

자율 주행 기술은 차선 이탈 방지 시스템, 차량 변경 제어 기술, 차선변경 보조 시스템, 장애물 회피 제어 기술 등 을 이용, 출발지와 목적지를 입력하면 최적의 주행 경로를 선택, 자율 주행토록 하는 시스템이다. 다음 표는 자율주행 기술을 구성하는 요소들이다.

〈표 8-2〉 자율주행 기술 구성요소

기술	설명
환경인식	- 레이다, 스테레오 카메라 등의 센서 사용 - 정적장애물, 동적장애물(차량/보행자 등), 도로표식(차선, 정지선, 횡단보도 등), 신호등 신호 등을 인식

위치인식 및 맵핑	- GPS/INS*/Encoder, 기타 맵핑을 위한 센서 사용 - 자차의 절대/상대 위치 추정
판단	- 목적까지의 경로 계획 - 장애물 회피 경로 계획 - 주행 상황별 행동 판단(차선유지, 차선변경, 좌우회전, 저속차량 추월, 유턴, 비상정지, 갓길정차, 주차 등)
제어	- 주어진 경로를 추종하기 위해 조향, 가감속, 기어 등 액츄에이터 제어
인터랙션	- HVI*를 통해 운전자에게 경고 및 정보제공, 운전자로부터 명령 입력 - V2X 통신을 통해 인프라 및 주변차량과 주행정보 교환

*INS(Inertial Navigation System)
*HVI(Human Vehicle Interaction)

① 정속주행 시스템

정속주행 시스템(Cruise Control System)은 운전자가 설정한 주행속도를 유지하도록 제어하는 시스템이다. 시스템은 주행속도센서, 서브모터가 설치된 스로틀 밸브, 컨트롤러 및 명령 입력부로 구성되어 있다. 운전자는 컨트롤 레버를 눌러 원하는 주행속도를 설정한다. 필요로 하는 혼합기의 체적유량은 스로틀밸브를 거쳐 기관에 유입된다. 주행속도가 변하면, 컨트롤러는 그에 상응하는 신호를 수신한다. 그러면 컨트롤러는 서브모터를 사용하여 스로틀밸브를 변화시켜 혼합기의 체적유량을 제어한다. 그 결과, 자동차는 가속 또는 감속되어 운전자가 설정한 주행속도를 유지하게 된다. 이 때 브레이크의 자동간섭(Automatic Brake Intervention)은 없다. 브레이크 페달 또는 클러치페달을 밟으면, 정속주행제어는 즉시 중단된다.

적응식 정속주행 시스템(Adaptive Cruise Control)은 주행속도와 차간거리를 자동으로 제어하는 시스템이다. 이 시스템은 주행속도 범위 약 30km/h~200km/h 범위에서 작동하며, 주행 중 운전자의 운전부담을 크게 경감시켜주는 역할을 한다. 레이더 센서를 이용하여 거리 약 100m까지의 전방을 주행하는 자동차와 그 자동차의 주행속도를 감지한다. 작동모드에는 선행주행모드와 추종주행모드가 있다. 선행 주행모드(Clear Driving Mode)는 주행차선의 전방에 장애물이 없을 경우, 적응식 정속주행시스템은 보통의 정속주행시스템과 동일하게 작동한다. 추종 주행모드(Following Driving Mode)는 적응식 정속주행시스템이 자신의 차선에서 선행하는 자동차를 감지하면, 선행 자동차의 주행속도에 맞추어 자신의 주행속도를 제어한다. 시스템은 운전자가 사전에 설정한 차간거리를 유지하도록 자동으로 제동 또는 가속한다. 적응식 정속주행시스템은 1차로 기관 토크를 감소시켜 자동차 주행속도를 낮추고, 필요하면 브레이크 간섭기능을 사용한다. 물체 감지(Object Detection)는 선행 자동차 감지용 레이더 센서는 라디에이터 그릴(grille)에 설치되어 있다. 레이더 센서에는 3개의 트랜시버(송/수신 유닛)가 포함되어 있는데, 이들의 유효각은 각각 3도로서 3개의 차선, 그리고 거리 100m 이내를 선행하는 자동차들을 감시할 수 있다. 이들은 레이더 펄스(77GHz)를 반사한다. 두 자동차 간의 차간거리와 상대 주행속도는 신호가 발신되고 수신되는 사이의 시간에 근거하여 계산된다. 선회(Cornering)하는 경우는 ESP(Electronic Suspension Programming)–센서의 도움으로 확인할 수 있으며, 동일 차선을 주행하는 관련된 차량들을 인식할 수 있다.

② 내비게이션 시스템

내비게이션 시스템(Navigation System)은 목적지까지의 정확한 거리 및 소요시간을 확인하고, 미지의 목적지까지의 길을 안내하는 기능을 수행한다. 이 시스템은 입력신호들은 내비게이션 컴퓨터에서 처리되고, 결과는 화면에 지도그림으로 또는 음성으로 출력된다.

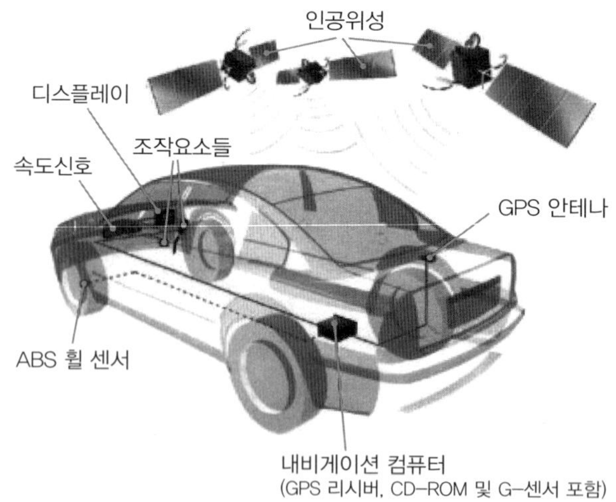

[그림 8-5] 내비게이션 시스템의 구성

시스템의 구조는 모니터가 고정, 설치된 형식, 자동차 라디오를 이용하는 형식,

PDA(Personal Digital Assistant)를 이용하는 형식 등 다양하다. 내비게이션 시스템은 고유의 위치 확인 기능, 위치 전송 기능, 실시간 교통상황을 고려하여 목적지까지의 최적 경로를 계산하는 기능, 계산한 최적경로를 따라 목적지까지 길을 안내하는 기능 등이 있다.

고유의 위치 확인 기능은 GPS(Global Positioning System)를 이용하여 자동차의 현재 위치를 확인할 수 있고, 이는 주행경로를 계산하기 위한 기초자료이다. 위치 전송 기능은 비상 시 또는 자동차 고장에 의한 긴급출동 서비스나 사고에 의해 구조가 필요할 경우에 자동차의 현재 위치를 알려주는 기능을 수행하고, 자동차 도난 시에 도난을 당한 자동차의 위치를 추적할 수도 있다. 실시간 교통상황을 고려하여 목적지까지의 최적 경로를 계산하는 기능은 운전자가 조작요소들을 조작하여 음성으로 목적지를 입력하면, 내비게이션 시스템은 자신의 현재 위치를 확인한다. 이를 바탕으로 내비게이션 컴퓨터는 지도메모리의 데이터에 근거하여 목적지까지의 최적경로를 계산한다. 내비게이션 컴퓨터는 주행속도 신호와 요인센서의 출력값을 이용하여 커브 부분의 곡률각 및 커브 부분의 길이를 계산할 수 있다. 주행거리로부터 센서들이 취득한 데이터를 도로지도 메모리의 소프트웨어 또는 DVD, CD-롬의 데이터와 비교한다. 이를 통해 현재 주행하고 있는 도로에서의 자동차의 현재 위치를 정확하게 파악할 수 있고, GPS-신호는 추가로 현재의 위치를 점검하는 데 사용할 수 있다. 다양한 정보통신시스템으로 TIM(Traffic Information System), RDS(Radio Data System) 등이 있고, 인터넷을 통해 수집한 실시간 교통정보로 목적지까지의 거리를 계산할 수도 있다. 계산한 최적경로를 따라 목적지까지 길을 안내하는 기능은 대부분이 음성으로 길을 안내하며, 도로지도 화면에는 화살표로 현재의 위치를 나타낸다. 설정된 도로를 벗어났을 경우, 즉시 대체경로를 계산하고 안내한다. 도로정보뿐만 아니라 제한속도 및 기타 다양한 정보도 제공한다.

③ 차선 이탈 자동 복귀 시스템

차선 이탈 자동 복귀 시스템(Lane Keeping Assist System)은 차 운전자가 졸음운전을 하거나 부주의로 차선을 벗어날 경우에 차가 자동으로 운전대를 돌려 원위치로 복귀시키는 시스템이다.

차선변경 보조 시스템은 운전자가 차선을 변경하고자 할 때, 해당 차선에 제2의 자동차가 뒤따라오고 있을 경우에 운전자에게 경고하는 시스템이다. 시스템 구성은 주파

수 약 25GHz이고, 도달거리 약 50m인 레이더 센서, 광학식 및 음향식 경고장치, 제어 유닛(ECU) 등으로 구성된다. 레이더 센서는 운전자가 백미러를 통해서 감시할 수 없는 영역, 즉 사각(Dead Angle) 지대를 감시하고, 센서들이 이 사각지대에서 근접하는 자동차를 발견한다. 이때 차선을 변경하고자 방향지시등을 조작하면, 표시등이 점멸하고, 경고음이 울리는데, 자동차의 조향핸들에 직접 간섭하지는 않는다.

시스템은 2가지 주행상황을 구분한다. 첫째, 자동차가 추월을 당하면, 좌측 외부 백미러의 경고등이 작동하고, 추월하는 자동차는 좌측 차선에서 우측 차선으로 진입하는 것을 원칙으로 한다. 둘째, 자동차가 저속, 약 15km/h 이하로 추월하면, 우측 백미러의 경고등이 작동한다.

차선유지 보조 시스템은 고속도로 및 고속화도로에서 고속주행 시에 의도하지 않은 차선변경이 이루어질 때 경고해 주는 기능을 수행한다. 시스템 구성은 적외선 센서(30MHz) 또는 카메라, 제어 유닛(ECU), 표시 등을 포함한 트리거링 스위치, 운전석 진동기(vibrator) 또는 조향핸들 진동기 등이다. 시스템은 자동차가 차선의 경계선 위를 무의식적으로 주행할 때, 이를 감지한다. 자동차가 연속된 백색선 또는 단속적인 백색선 위를 주행하게 되면, 적외선 센서·수신기 또는 카메라가 이를 감지하여, 제어유닛(ECU)에 신호를 전송한다. 운전자가 사전에 방향지시 레버를 조작하지 않았을 경우라면, 제어유닛은 운전자 좌석 또는 조향핸들에 장착된 진동기를 작동시키는 방법으로, 운전자에게 경고한다. 시스템에 따라 다르지만, 운전자에 의해 또는 한쪽 차륜들의 제동을 목표로 하는 ESP를 통해서 보정한다. 경우에 따라서는 조향보조 장치를 제어하여 도로 상의 표시선 위를 주행하는 것을 어렵게 할 수도 있다. 운전자가 진동에 반응하지 않고, 자동차가 계속해서 더 많이 차선을 이탈하면, 자동적인 제동펄스에 의해 자동차는 다시 원래의 차선으로 복귀한다.

④ 헤드-업-디스플레이

헤드–업–디스플레이(Head-UP-Display)는 운전자의 가시영역 내에 가상 화상(Virtual Image)을 투영한다. 자동차에 설치된 장치들에 따라 이 가상 화상의 내용은 달라질 수 있으며, 또 운전자가 필요로 하는 정보들에 따라서도 달라질 수 있다. 운전자의 가시영역 내에 운전에 필요한 정보를 제공하므로, 운전자는 1차적으로 도로교통 상황에만 정신을 집중할 수 있다. 그리고 운전자가 계기판과 도로를 번갈아가며 주시할 필요가 훨씬 줄어든다. 따라서 운전자의 피로경감 및 주행안전에 기여한다.

HUD는 투영장치(Projector)와 비교할 수 있고, HUD의 정보를 투사하는 광원으로는 LED-어레이(Array)를 사용한다. TFT(Thin Film Transistor)는 투영장치가 가상 그래픽(영상 콘텐츠)을 생성하고, 이는 빛을 차단하거나 통과시키는 필터와 비교할 수 있다. 광학 영상 요소들이 HUD의 크기와 형태를 결정하는데, 운전자가 주행 전방을 주시한 상태에서 필요한 주행정보를 직접 볼 수 있다.

(4) 자율주행차 현황

① 애플의 애플카

애플이 애플카 대신 자율주행 기술개발에 뛰어든 이유를 찾기 위해서는 먼저 미국의 자동차법 때문이다. 현재 미국에서는 자동차에 운전대와 같은 기본적 통제장치를 필수적으로 요구하고, 미국에서 운전대가 없는 자율주행차를 생산하기 어렵다.

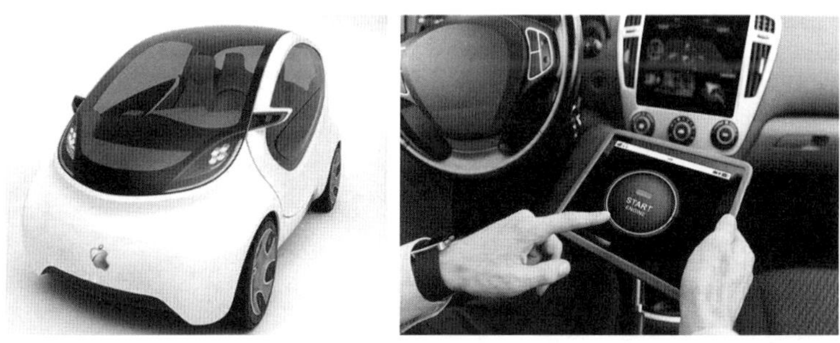

[그림 8-6] 애플카

또한 자율주행 차량은 현재도 나오지만, 안전성과 효율성을 완전히 검증받기 위해서는 자동차 주행, 환경, 도로 등 다양한 데이터를 더욱 충분히 수집하고, 빠르게 처리할 수 있는 데이터 기술을 개발하는 것이 필수 요소이다. 즉 차체보다 데이터 중심이고, 핵심을 차체 개발이 아닌 인공지능 기술 개발로 보고, 자체 자동차 생산이 아닌, 인공지능 소프트웨어 기술 개발에 집중하고 있다. 미국 경제지 포브스는 소프트웨어 개발은 IT 업체들이 가장 잘 할 수 있는 일이고, 하드웨어는 다른 업체에 맡겨도 상관없다고 생각한다. 더불어 자율주행차가 상용화된다면, 기존의 전통 자동차 업체들은 IT기업의 단순 부품 공급업체에 불과한 처지로 전락할 수 있다. 애플과 구글의 기술력과 자금력은 자율주행 기술 개발을 충분히 가속화할 것이며, 이는 곧 자동차 산업의 판도를 뒤바꿀 수 있다. 실제 애플은 자율주행차 개발 프로젝트에 상당한 공을 들이고 있고, 애플은 엔지니어 1,000여 명을 타이탄 프로젝트에 투입했으며, 지난 4월에는 NASA에서 목성의 달 탐사용 자율주행 차량 개발에 참여한 인도 출신의 여성 과학자와 로봇 공학자 6명을 영입했다. 애플의 최고경영자는 최근 인터뷰에서 가장 솔직하고 직접적인 발언을 했고, 자동차와 교통 분야의 파괴적 혁신에 대한 애플의 입장을 보여주고 있다.

IT기업의 움직임에 전통자동차업체들은 그들과 같은 위치에서 경쟁하기보다 함께 상생할 수 있는 길을 찾고 있다. BMW나 벤츠, 혼다 등은 애플이나 구글과 손을 잡고 미래 자동차 산업에서의 돌파구를 찾고 있다. 전통 자동차업체들이 가진 자산은 자동차 산업을 이끌어온 저력과 노하우, 엔지니어링 및 메뉴팩처링 등 자동차에 기본적으로 탑재되어야 하는 기술력이다. 노하우에서 나온 자동차업체들의 기술력과 미래를 이끌어갈 새로운 시스템을 개발하는 IT기업의 만남은 현 자동차 시스템의 판도를 바꾸는 것은 물론, 주도권을 쥐고 미래를 움직여나갈 것으로 전망된다.

② 테슬라의 자율주행자동차

테슬라는 모델 3을 포함한 모든 차량에 완전 자율 주행이 가능한 하드웨어를 탑재할 것이다. 오토파일럿 시스템의 경우 국내 기준 약 642만 원에 판매 중이며 업데이트 된 완전 자율 주행 소프트웨어는 국내 기준 약 380만 원에 판매 중이다.

[그림 8-7] 테슬라의 모델3

자율주행 차 모델 X를 보면 자율주행 동안 가속, 차선 주행, 교차로, 신호등 등 다양한 상황에 대해 완벽하게 운전을 했다. 테슬라의 자율주행 기술은 차량에 탑재된 8개의 카메라가 360도 각도로 최대 250m 전방의 문체를 인식하여 주행하게 된다. 또한 업데이트된 12개의 Ultra SONA와 레이저를 이용한 레이더 기술인 레이더 센서들을 통해 기존의 카메라 방식보다 2배 이상 먼 거리의 물체를 인식하여 자율 운전에 사용 가능하다. 결과적으로 보면 100% 자율주행 단계인 5단계라는 의미로 해석이 가능하나 전문가들은 2018~2019년은 돼야 완성될 가능성이 있다고 한다. 이는 인간이 감지할 수 없는 범위까지 동시 다발적이며 즉각적으로 보고 판단하기 때문에 기존의 자율 주행보다 40배 이상 성능이 향상되고, 이를 위해 그래픽 카드 제조사로 유명한 엔비디아(NVIDIA)의 GPU 타이탄(Titan)을 탑재시켰다.

③ 인텔의 자율주행자동차

인텔이 본격적으로 자율주행 자동차 솔루션 시장에 뛰어들었고, 이스라엘의 자율주행 자동차 기술사인 모바일아이(Mobileye) 인수를 완료했다. 반도체에 주력했던 인텔이 삼성 등 경쟁업체에 밀리자 새로운 사업을 시작한 것으로 이스라엘 스타트업이었던 모빌아이를 153억 달러(약 17조 원)에 인수하고 밝히면서 자율주행차 사업에 참여하였다. 이스라엘에 본사를 둔 모바일아이는 첨단 운전자 지원 시스템과 자율주행을 위한 컴퓨터 기술과 데이터 분석 등을 보유하고 있다. 2018년에 인텔–모바일아이 기술을 탑재한 차량으로 자사의 클라우드 기술과 자동차를 연결해 자율주행 솔루션을 개발할 계획이다. 이를 통하여 인텔은 이전의 자율주행 자동차 시장에서 엔비디아(Nvidia), 퀄컴(Qualcomm)에 본격적으로 경쟁하고, 운전자동화 그룹(ADG)에 모바일아이를 통합화할 계획이다. 모바일아이를 통해 인텔은 자동차 산업의 자율적인 미래를 위해 필요한 기술 기반을 창출할 수 있는 선두 주자로 부상했다.

④ 구글의 자율주행자동차

미국의 방위고등연구계획국(DARPA, Defense Advanced Research Projects Agency)의 무인차 대회에서 우승한 스텐포드 대학의 세바스찬 스런(Sebastian Thrun) 교수와 카네기멜론 대학의 크리스 엄슨(Chris Urmson) 교수를 포함한 핵심 연구원들을 영입하여 자율주행 자동차를 개발하고 있다. 구글차의 핵심은 구글 지도가 탑재되고, 차량 앞과 뒤편에 4개의 레이더, 천장에는 3차원 레이더, GPS가 실내에는 전방을 주시하는 2개의 카메라가 설치되어 차량, 보행자, 도로, 신호 등을 인식하며 자동으로 주행한다. 구글은 이미 토요타 프리우스 및 렉서스 RX450h차량 등 십여 대의 차량을 이용하여 도로에서 42만km, 약 지구 12바퀴 거리를 테스트 주행하였다. 다음 단계로 출근길을 주행하며 테스트할 예정이다. 그러나 고속도로 상의 사슴과 같은 동물, 눈이 덮인 도로, 경찰 수신호와 같은 실제 상황에서는 보완해야 할 상황이 많다.

구글, 인텔, 테슬라뿐 아니라 폭스바겐, 벤츠, BMW, 볼보, 토요타 등 전세계 주요 완성차 업계도 블루오션인 자율주행 시장 선점을 위해 경쟁에 나서고 있다. 국내 완성차 업체인 현대, 기아차도 2레벨에 해당하는 고속도로 자율주행(HDA), 자율주차(PAPS), 혼잡구간 자율주행(TCA), 자동차선 변경(PALS) 기술을 보유한 상태이며, 자율주행 선두경쟁에 동참하고 있다.

글로벌 IT업체 중에는 구글과 우버, 애플, 엔비디아, 인텔 등이 자율주행 자동차 상용화를 위한 기술 개발 중에 있다. 국내 IT기업 중에서도 네이버, 삼성전자, LG전자, SK텔레콤, KT 등이 자율주행차 개발을 위해 대규모 투자를 진행하고 있다.

8.3 구글 글래스

(1) 구글 글래스의 개요

구글에서 2017년 출시한 구글의 웨어러블 기기가 구글 글래스이다. 초기에는 웨어러블 기기의 혁명으로 간주되었으나 현재는 관심이 낮아진 상태이다. 이유는 기기의 출시 전에 성능이 비현실적으로 과장되어 정식으로 완성도 되지 않은 기기를 1635달러라는 가격에 판매했기 때문이다. 초기 개발은 구글 X가 담당했고, 2015년 1월에 구글의 정식 사업으로 인정되었으나 개발이 지지부진한 사이에 매우 막강한 경쟁자가 생겨서 미래가 불투명해지고 있다.

처음에는 미래형 증강현실 모바일 기기를 연상하게 하였고, 이후에는 구글 글래스로 얻은 정보를 실시간으로 전송하여 구글 플러스의 행아웃, 즉 사진, 그림 이모티콘, 무료 그룹 화상 통화 기능을 이용하여 공유하는 것을 보여주었다. 현재 헤드업 디스플레이 장치나 증강현실 장치는 있지만, 구글 글래스는 구글이 진행하고 있다. 그리고 프로토타입으로 나온 제품이 이전의 어떤 HUD(Head-Up Display)보다 가벼워보인다는 점 때문에 뜨거운 반응을 얻었고, 동영상을 통하여 이 기기를 유튜브 등의 인터넷에 공개하기 시작했다. BBC 등 외신들은 동영상 속의 내용 등을 포함하여 이 기기의 성능과 내용을 보도했고, 익스플로러 에디션(Explorer Edition)으로 불리는 얼리어답터 테스트용 시제품을 공개하면서 1,500달러(약 153만 원)에 판매되고 있다.

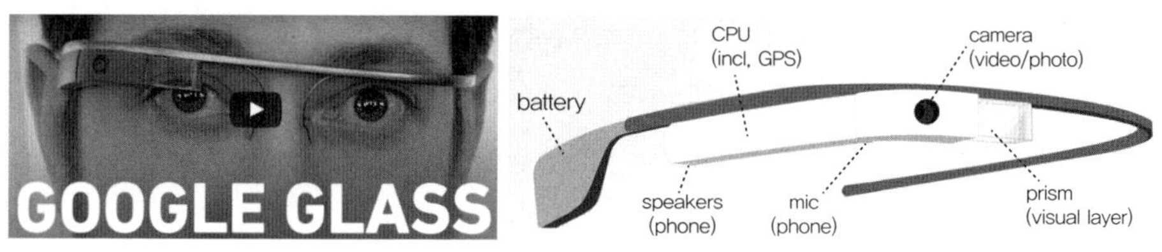

[그림 8-8] 구글 글래스

공개된 스펙은 안드로이드 4.0.4 이상이고, CPU는 OMAP 4430이며 램은 1GB이고, 구글 글라스 오른쪽 눈썹 위치에 프리즘이 돌출된 안경 형태의 모바일 기기이다. 글래스 OS(Glass OS)라는 운영체제로 동작하며, 내부의 부품 대부분은 스마트폰 부품과 유사하거나 같고, 2GB RAM과 16GB 플래시 저장장치뿐만이 아니라 카메라, 마이크, 가속도계, 자이로스코프, 환경광 센서 등으로 구성된다. 기본적으로는 모니터 역할을 하는 프리즘, 그리고 프로세서와 배터리가 들어 있는 안경테, 프리즘 반대편(뒤쪽)에 붙은 무게추로 구성된다. 하지만 익스플로러 에디션에서 선글라스처럼 추가로 부착할 수 있는 부품이 제공되어 안경알이 없는 걸 쓴 느낌을 지울 수도 있다. 프리즘은 시야 우측 상단에 모니터 화면을 제공하는데, 해상도는 640*380이어서 최초 홍보 영상처럼 시야 전체를 완전히 덮는 증강현실 모니터는 아니다. 처음에는 초점이 맞지 않을 수 있어서 안경코를 조절해 초점을 조절해줄 필요가 있다. 프리즘이 붙어있는 우측 테 전방에 소형 카메라가 장착되어 있어서, 착용자의 시선 시점에서 촬영할 수 있다. 또한 우측 테 내부에는 적외선 기반의 안구 추적 카메라가 있어서 이것이 시선 마우스 역할을 한다.

모션 센서가 있어 고개를 살짝 드는 등의 동작 등을 인식할 수 있고, 우측 안경테 부분에 터치패드로 스크롤을 인식하고 조작하는 것이 가능하다. 귀 근처에 골전도 스피커가 붙어있고, 음성인식 명령어로도 작동한다. 안드로이드 4.0 기반이고, 스마트폰 계열이고, 아직 배터리 수명은 알려지지 않았다. 서버사이드에서 대부분의 동작을 해결하므로 기기 자체의 전력 소모량은 많이 줄일 수 있다.

(2) 구글 글래스 관련 기술

스마트 안경은 혼합현실(MR, Mixed Reality) 환경을 기반으로 하며 그 개념 및 구성기술은 다양하다. 혼합현실은 현실과 가상영역 사이에서 현실성과 가상성의 증강(Augment)을 통해 현실에서 가상환경으로 확장되는 증강현실 연속체(ARC, Augmented Reality Continuum)이다. 이는 이중 현실(Dual Reality)과 혼합 현실(Mixed reality)로 설명되기도 한다. 최근 ARC 구현은 다양한 기술로 진화되었고, 과거 가상현실의 개념은 가상세계의 몰입이 키워드였으나 가상세계는 물리적 현실과의 한계가 있었다. 이를 극복하고자 현실과 가상세계가 통합된 기술, 즉 혼합현실 기술이 필요하게 되었다. 스마트안경 기술은 혼합현실 기반 환경의 증강현실(AR) 및 가상현실(VR)기술을 모태로 한다.

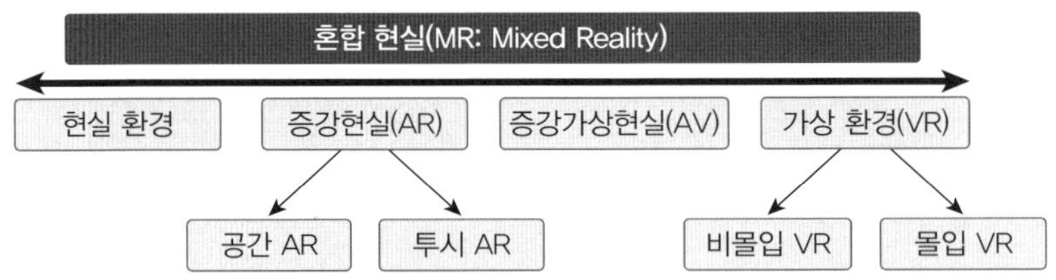

[그림 8-9] 현실환경과 가상환경의 연속성

혼합현실과 증강현실기술은 하드웨어와 소프트웨어 및 알고리즘으로 비교된다. 하드웨어기술은 디스플레이, 추적, 입력 및 컴퓨팅 관련기술이 핵심이고, 프로세서, 디스플레이, 센서 및 입력장치 등이 필수적인 구성요소이다. 디스플레이는 광 투사 시스템, 모니터, 휴대형 기기, 착용 디스플레이 등을 포함하며 다양한 기술형태가 존재한다. HMD는 헬멧이나 헤드셋 종류의 디스플레이 기기로 사용자 시야에 현실 및 가상 객체 이미지 양쪽을 보여주며, 현실에 대한 가상정보의 접목과 머리움직임에 의한 조절을 위해 자유도 모니터링 센서를 채택한다. 사용자에게 모바일 및 협력적 증강현실 경험을 제공한다. 안경형태의 AR 디스플레이는 안경렌즈 표면반사나 투시장치로 현실 및 증강 이미지 구현을 위해 카메라를 포함한다. 구글 글래스가 원래 증강현실용으로 개발되지는 않았으나 최근 동종업계 개발자들은 주로 안경형태의 증강현실의 기기 개발에 집중하는 경향이 있다. 디스플레이 대신 실제의 눈을 이용하려는 생체공학적인 콘택트렌즈 기술은 콘택트렌즈 안에 IC, LED, 무선통신 안테나를 포함한다. 가상 망막 디스플레이(VRD)는 사용자 망막에 직접 스캔하는 형태이며 아이 탭(Eye Tap)은 눈 자체가 디스플레이나 카메라 같이 작용하며 진화된 4세대 레이저 아이 탭은 VRD와 유사하다. 모바일 증강현실 시스템에서 추적기술은 디지털 카메라, 광센서, 가속도계, GPS, 회전, 고장방위, RFID, 무선센서 기술을 포함한다. 입력기기는 사용자 손의 추적이나 X(수평), Y(수직), Z(깊이), 피치(Pitch), 요(Yaw), 롤(Roll)의 자유도 기술을 제공하며 음성 및 제스처 인식시스템을 포함한다.

소프트웨어 및 알고리즘은 컴퓨터 영상추적에 관련된 시각별 이미지등록 관련 기술이 핵심이며 영상 위치추적(Visual Odometry) 기반의 증강현실 컴퓨터의 시각적 기술은 일반적으로 2단계 과정을 거친다. 1단계는 카메라 이미지에서의 홍미 지점, 기준 표시자, 광 방향 감지를 통해 코너 및 덩어리, 모서리, 기준점, 기타 이미지프로세싱 방법이다. 2단계는 1단계의 데이터로 장면 속에 현실 객체를 구성하고 동시적 위치지도형성(SLAM)을 통해 상대적 위치지도를 구성한다. 위치정보가 없으면 동작 구조를 사용하며 수학적 방법으로 투사위치, 기하학적 대수, 지수 함수적 회전 표현, 오차를 보정하는 칼만 필터, 비선형 최적화, 강력한 통계방법 등을 적용한다.

(3) 구글 글래스의 활용

다양한 활동을 하는 것이 가능한데, 프리즘이 시야 우측 상방의 모니터 역할을 해준다. 구글 글래스는 동영상에서 길을 걸으면 지도가 나타나기도 하고 하늘을 쳐다보면 날씨 정보 나타나는 기능도 보여주고 있다. 스마트폰 같은 것으로도 할 수 있는 일이지만, 손에 든 폰을 내려다보지 않고도 시야 내에 정보가 들어온다는 부분에서 이색적이면서도 활동성이 높다. 동영상에서 나오는 대표적 예는 열기구, 패러글라이딩, 체조, 롤러코스터 등이다. 구글 글래스는 과격한 활동을 하는 상태에서도 사용이 가능하다.

[그림 8-10] 구글 글래스 활용

사용법은 안경 타입의 기기를 착용한 후, 터치패드가 있는 안경테 측면을 건드리거나, 고개를 천천히 위로 들면 활성화된다. 활성화 상태에서 OK Glass로 시작하는 명령어를 내리면 작동한다. 기기 측면을 만져서 스크롤링을 조절할 수도 있고, Take a picture라고 말하면 사진을 찍고, Record a video라고 하면 10초 가량의 동영상을 촬영한다. Ok, Glass, 구글이라고 하면 구글 검색을 하고, 모니터 상에 카드 형태로 각 기능이 떠오르고 스크롤이나 음성명령을 통해 특정 카드를 작동시킬 수 있다. 카드 자체가 앱이고, 와이파이 또는 안드로이드와 아이폰을 포함한 각종 스마트폰과 블루투스 테터링, 즉 스마트폰과 PC를 연결하는 방법을 통해서 네트워크 연결이 된다. GPS가 내장되어 있고, 기기 자체가 데이터를 내장한 것이 거의 없으며, 내장 애플리케이션도 최소화되었다. 구글 계정을 통해서 외부의 각 서비스로 연결되며, 제 3자 개발자들은 미러 API를 제공받아 이를 통해 글래스와 서비스를 연결하게 된다. 즉 구글이라는 관문 없이는 구글 글래스를 제대로 써먹기 어렵다. 설정은 MyGlass라는 안드로이드 혹은 iOS 앱을 통해서 관리한다.

대부분의 기능을 서버측에 의존하기 때문에 기기 자체를 가볍게 만들 수 있었지만 네트워크 연결이 안 되면 사용이 어렵다. 또한 구글 서비스와 밀접한 연관이 있어서 구글 서비스가 제대로 자리잡지 못한 지역에서는 사용이 어렵다.

항공기 및 우주공학 기업 보잉은 구글 글래스로 항공기 설계 엔지니어를 지원한다. 구글 글래스는 보잉이 수 년 동안 겪었던 항공기 전선의 연결을 단순화하는 문제 등을 해결했다. 이 과정에는 엄청난 양의 서류 작업이 계속 필요한데, 항공기 조립 엔지니어들은 손으로 실제 제조 공정을 진행하는 동시에 구글 글래스의 음성 활성화 기능으로 손을 쓰지 않고도 필요한 정보를 얻는다. 보잉은 국제 우주 정거장에서도 구글 글래스를 사용할 계획이다.

모든 분야의 의사 및 외과 의사들이 구글 글래스로 수술을 녹화하고, 손을 쓰지 않으면서 의료 정보에 접근하고 다른 전문가와 상의할 수 있다. 미국 샌프란시스코에 위치한 디지털 의료 신생업체 오그메딕스(Augmedix)는 구글 글래스로 환자를 검사하면서 사용할 수 있는 의료 기록 서비스를 제공하고 있다. 오그메딕스에서는 수백 명의 의사가 해당 서비스를 이용하고 있다.

미국 스탠퍼드대학교(Stanford University)는 자폐증 환자들이 구글 글래스로 타인의 감정을 읽도록 하는 혁신적인 연구를 진행하는 것으로 알려져 있다. 자폐증 글래스 프로젝트(Autism Glass Project)라는 제목의 이 연구는 6~17세 아동 환자를 대상으로 특수 구글 글래스 앱을 시험하고 있다. 연구팀은 안면 인식 소프트웨어를 이용해 사람들의 얼굴에 표현되는 감정을 파악한 후 시험 대상에 표현되는 감정이 무엇인지 알려주는 앱을 개발하고 있다. 핵심은 글래스웨어(Glassware, 구글 글래스 소프트웨어)를 이용해 자폐증 환자를 훈련해 시간이 지나면서 스스로 글래스 없이도 감정을 파악할 수 있도록 학습하는 것이다. 연구 참가자들은 사람들의 얼굴을 더 자주 쳐다보고 눈을 마주치는 법을 배우기도 했다.

영국에서는 뉴캐슬대학교(Newcastle University)의 연구원들이 구글 글래스를 이용해 파킨슨병 환자들이 보행을 개선하고 작은 목소리로 대화할 때 이해를 돕는 다양한 방법을 고안했다.

구글 글래스는 멸종 위기 동물의 밀렵을 막고 데에서도 성공적인 성과를 거두고 있다. 네팔의 치트완 국립공원(Chitwan National Park)에서는 개, 드론, 구글 글래스를 사용해 밀렵을 막고 코뿔소를 연구하는 프로젝트를 진행하고 있다.

구글 글래스는 구글이 기존에 제공하던 구글 검색이나 길찾기 같은 각종 서비스를 안경형 인터페이스로 좀 더 밀착해서 전달하는 것에 집중되어 있다. 또한 평범하게 트윗 올린 영상이나 사진 공유하기 등 다른 디바이스로 가능한 실용 기능을 안경 인터페이스로 구현한다. 스마트폰이나 태블릿이 그랬듯 이러한 인터페이스의 차이가 가져올 가능성은 매우 크다.

구글 글래스의 문제점은 구글 글래스로 상시 촬영을 할 경우 생겨나는 일상 속의 프라이버시 침해로 인해서 구글 글래스에 관계된 사용자 에티켓 등의 문제도 많이 거론된다. 특히나 몰래카메라 등의 용도 범죄 우려가 있고, 이로 인해 미국 시애틀에 위치한 5포인트 카페는 구글 글래스를 착용자를 출입금지하고 있다. 웨스트버지니아주 입법부는 도로교통법에 머리에 쓰는 디스플레이 장비(Head Mount Display)와 입는 컴퓨터(Wearable Computer) 등을 금지하도록 했다. 이를 근거로 운전 중 구글 글래스를 착용하지 못하게 하는 법안을 준비 중이다.

8.4 디지털 DIY

(1) 디지털 DIY 개요

인류는 농업경제의 가내 수공업형 소량 맞춤 시대에서 산업혁명의 대량생산 시대를 거쳐 디지털 사회에서는 대량 맞춤 시대에 진입하고 있다. 이제 디지털 DIY(Do It Yourself)라는 새로운 사회는 과거의 자급자족 경제시대에 물건을 만드는 것이 스스로의 감성을 담은 DIY 시대이다. 공유 경제는 지식과 자원을 공유하면서 스스로의 것을 만드는 홀론(Holon)적 현상이 있다. 농업경제 시대에 물건을 만드는 자급자족에서 스스로의 감성을 담는 DIY로 진화하고 있다. 이러한 DIY는 메타 기술이라는 기술을 만드는 기술과 공유경제라는 지식과 자원을 공유하는 새로운 경제의 결합으로 탄생한다. 우선 메타 기술은 3D 프린터, 오픈소스 하드웨어 그리고 원격 지능으로 구현되고, 디지털 기술은 생산과 소비의 혁신을 이루고 이를 융합하고 있으며, 더 나아가서 DIY 상품을 생산하고 있다.

[그림 8-11] 디지털 DIY 개념

생산된 상품은 소셜 기반의 온라인 플랫폼이나 오프라인 마켓을 통해서 판매하는 프로슈머(Prosumer), 즉 생산+소비+인지의 새로운 고객을 창출하고 있다. 프로슈머의 활동은 개인이 직접 수공예로 작품을 만들어 판매하는 디지털 DIY 활동으로 나타나고 있다. 이는 과거 자급자족과는 완전히 다른 메이커 활동이며, 집단지능을 활용하여 개인의 창조성을 부가하여 개인화하는 새로운 시대의 패러다임을 형성하고 있다. 디지털 DIY는 소비자가 DIY를 요청하는 생산과정에 참여하고 생산의 결과를 디지털 기술로 공유하며, 구매와 판매도 디지털 기술을 통하여 공유하게 된다. 즉 온오프 마켓을 통하여 확산되고 있다.

[그림 8-12] 프로슈머 개념

디지털 DIY는 생산과정과 소비과정 전 분야에 걸쳐 집단과 개인이 융합되어 활동하는 초생명사회의 대표적인 현상인 프로슈머의 사례이다. 여기서 초생명 사회란 디지털 기술의 초융합을 의미한다. 개방 생태계에서 지식과 자원을 공유하여 나의 작품을 만들고 그 결과를 다시 모두와 공유한다. 부분의 혁신이 전체로 전파되고 전체의 지식과 자원이 부분에서 구현된다. 동시에 부분이 전체를 반영하는 생명체의 홀론 현상이 극적으로 디지털 DIY에서 발현되고 있다. 이렇게 만들어진 디지털 DIY 제품들은 공유사이트를 통해서 거래된다. 대량생산이 아니고 대량맞춤의 제품들이 거래되는 에트시닷컴(Etsy.com)과 같은 사이트들이 대표적이다. 이는 오직 하나뿐인 제품이 아닌 작품을 거래하는 장터로서 디지털 DIY는 대량 생산의 제품이 아닌 개별 맞춤의 작품 시장을 시작하고 있다. 이들이 개최하는 페스티발인 메이크 페어는 전 세계적으로 확산되고 있으며, 메이크 운동은 생산자와 소비자가 결합되는 프로슈머(Prosumer) 현상이 현실에 반영된 것이다. 이들은 부분이 전체가 되고 전체가 부분이 되며, 협력하는 개인이 작품을 만들고 작품이 다시 거래된다. 이제 DIY 사회는 가상현실과 결합되어 가정에 가구에 디지털 DIY의 진동기를 붙이고 나만의 가상현실을 만들 수 있다. 가상현실 속에서 남들과 만날 수도 있고, 모두가 다르면서도 서로가 다시 융합되는 홀론의 세상이 이루어진 것이다.

(2) 디지털 DIY 활용사례

기업들은 소비자를 참여시켜 제품을 생산하고 판매한다. 즉 소비자들을 기업의 제품 생산과 판매에 끌어들이는 프로슈머, 즉 참여형 소비자 마케팅을 실시하고 있다. 누구나 게임, 동영상 등을 팔아 수익을 올릴 수 있는 앱스토어는 기업이 소비자를 콘텐츠 생산에 참여시켜 수익을 올리는 새로운 사업 모델로 평가 받고 있다.

〈표 8-3〉 기업들의 프로슈머 활용 사례

기업	이름	비고
SK텔레콤	앱스토어	미국 애플 앱스토어, 구글 안드로이드 마켓, MS 윈도 마켓플레이스, 노키아 오비 스토어, 삼성전자 삼성 앱스토어 등
SK브로드밴드	브로드& TV 쇼핑	일반 주부 등이 손수제작물(UCC)을 만들거나 쇼 호스트로 직접 나와 생활용, 식료품 등을 판매
삼성전자	파워 블로거 마케팅	비용이 많이 드는 옥외광고 등을 줄이고 소비자를 마케팅에 참여시키는 파워 블로거 마케팅 확대
현대·기아차	오토 스로슈머, 오토 컴패니언	자동차 개발, 네이밍 등에 소비자 참여 확대

프로슈머 마케팅은 경기불황으로 인해 대규모 마케팅이 어려워진 최근 더욱 관심을 끌고 있다. 삼성전자는 해외시장에서 비용이 많이 들고 효과가 불확실한 옥외광고판 마케팅 등 대신에 파워 블로거를 육성하는 등의 방법으로 프로슈머 마케팅을 확대하고 있다. 현대, 기아자동차도 고객이 자동차의 이름을 짓거나 품목을 만드는 과정에 직접 참여시키는 오토 프로슈머, 오토 컴퍼니언 제도를 각각 운영 중이다. 프로슈머 마케팅은 저렴한 비용으로 소비자를 참여시켜 큰 효과를 볼 수 있는 방식이어서 불황기에 더욱 큰 힘을 발휘하게 될 것이다.

연습문제 EXERCISE

※ 다음 빈칸에 알맞은 말을 넣으시오.

01 (   )란 신체에 착용이나 삽입한 디바이스로서 웨어러블 장치의 한 형태이고, 최초의 웨어러블 장치는 16세기 청나라의 반지형 주판이 시작이었다.

02 피부처럼 유연하면서도 성능이 좋은 고성능 태양전지를 6~7 마이크로미터 (   ) 두께로 만들어 인체에 삽입한다. 이는 유연한 필름에 붙이는 방법으로 얇고 유연한 (   )이다.

03 기존의 자동차 주요 수송 기능을 수행할 수 있는 자동 운전 차량을 (   )라고 한다.

04 (   )은 차선 이탈 방지 시스템, 차량 변경 제어 기술, 차선변경 보조 시스템, 장애물 회피 제어 기술 등 을 이용, 출발지와 목적지를 입력하면 최적의 주행 경로를 선택, 자율 주행토록 하는 시스템이다.

05 (   )은 목적지까지의 정확한 거리 및 소요시간을 확인하고, 미지의 목적지까지의 길을 안내하는 기능을 수행한다.

06 (   )는 메타 기술이라는 기술을 만드는 기술과 공유경제라는 지식과 자원을 공유하는 새로운 경제의 결합으로 탄생한다.

07 기업들은 소비자 참여시켜 제품 생산과 판매, 즉 소비자들을 기업의 제품 생산과 판매에 끌어들이는 (   ) 마케팅이 각광받고 있다.

※ 다음 내용이 맞는지(T) 혹은 그렇지 않은지(F) 판별하시오.

01 체내 삽입형 기기 중 신체 부착형에는 크게 패치와 전자문신 형태가 있다. (   )

02 스마트폰의 마이크로폰으로 사용할 수 있는 목에 대는 전자 피부 문신을 개발하고 있다. 목에 대는 마이크로폰은 2차 대전 당시 전투기 조종사들이 시끄러운 비행기 안에서 지상과의 무선 통신을 개선하기 위해 처음으로 사용되었다. (   )

03 차선 이탈 자동 복귀 시스템(Lane Keeping Assist System)은 차 운전자가 졸음운전을 하거나 부주의로 차선을 벗어날 경우에 차가 자동으로 운전대를 돌려 원위치로 복귀시키는 시스템이다. ( )

04 초생명 사회란 디지털 기술의 초융합을 의미한다. 개방 생태계에서 지식과 자원을 공유하여 나의 작품을 만들고 그 결과를 다시 모두와 공유한다. ( )

※ 다음 내용에 대해서 간략히 서술하시오.

01 혼합현실에 대해서 설명하시오.

02 프로슈머에 대해서 설명하시오.

※ 다음 주제에 대해서 토론하시오.

01 인간의 신체에 내장된 스마트폰의 역할에 대해서 토의하시오.

02 기술이 주는 자동화와 건강에 대해서 토의하시오.

Chapter 09

웨어러블 컴퓨팅

9.1 IBM 왓슨

(1) IBM 왓슨이란?

2006년 IBM 개발부서의 수석 매니저 데이비드 페루치(David Ferrucci)가 주도한 IBM의 DeepQA 프로젝트에서 개발된 왓슨(Watson)은 자연어 형식으로 된 질문들에 답할 수 있는 인공지능 컴퓨터 시스템이다. 왓슨이라는 이름은 IBM 최초의 회장 토머스 J. 왓슨을 의미한다. 이는 1997년 딥 블루(Deep Blue) 대 가리 카스파로프(Гáррн Кѝмовнч Касиáров) 체스게임에서 IBM 딥 블루가 세계 챔피언 가리 카스파로프를 누르고 승리하였던 경험이 새로운 도전으로 연결된 결과물이다.

[그림 9-1] 왓슨의 제퍼디 출연

이전의 테스트에서는 최고득점자가 왓슨보다 절반의 시간 만에 95%를 맞히었는데, 왓슨은 15%만 정답을 맞히었다. 2007년 IBM 왓슨 개발팀은 이 문제를 해결하기 위해, 3~5년의 개발기간에 15명의 연구자들이 연구한 결과, 이후 2011년 왓슨은 기능시험에서 유일한 인간 대 컴퓨터 대결인 퀴즈 쇼『제퍼디!』에 참가하였다.

왓슨은 4테라바이트의 디스크 공간의 200,000,000페이지의 구조화 및 비구조화된 콘텐츠인 위키백과의 전문을 참조하였는데, 경기 중에는 인터넷에 연결이 어려웠다. 이를 해결하기 위하여 각 단서마다 왓슨의 가장 가능성 있는 세 개의 응답이 텔레비전 화면에 표시되었고, 게임신호 장치에서 자신과 경쟁하는 사람들을 지속적으로 앞질렀으나 몇 개의 단어로 된 소수의 단서만으로 일부분류에 응하는 데에는 문제점이 발생하였다. 이후에 왓슨 개발 커뮤니티는 17개 산업 및 학문 분야의 개발자 550명 이상으로 구성되었고, 그 중 100명 이상이 이미 상업용 인지 앱, 제품, 서비스를 도입하였고, 전세계 100만 명 이상의 개발자들이 IBM의 블루믹스(Bluemix) 플랫폼에서 WDC(Watson Developer Cloud)를 이용해 새로운 비즈니스 아이디어를 운영하고 있다.

(2) IBM 왓슨 관련 현황

엑소브레인(外腦, Exobrain)은 세계 최고의 인공지능 기술 혁신기술로서 개발형 국내 연구과제이다. 한국전자통신연구원(ETRI, www.etri.re.kr)이 총괄하며, 1세부 과제는 ETRI, 2세부 과제는 솔트룩스, 3세부 과제는 KAIST에서 주관하여 수행하고 있다. 엑소브레인은 내 몸 외부에 있는 인공두뇌라는 의미로서 컴퓨터가 인간의 언어를 이해하여 자연어로 질의응답을 제공할 수 있는 소프트웨어를 의미한다. 엑소브레인은 전문가 수준의 질의응답 서비스를 제공하고, ETRI, KAIST, POSTECH 서울대 등 최고의 연구진이 참여하여 2013년부터 2023년까지 3단계 프로젝트로 진행된다.

출처 : http://exobrain.kr/exointro

[그림 9-2] 엑소브레인 3단계 프로젝트

엑소브레인 3단계 프로젝트의 세부과제는 첫째, 자연어 이해와 질의응답 시스템 기술을 개발하는 것이고, 둘째, 지식생산을 통한 지식베이스 구축을 추진하고 있다. 셋째, 인간 모사형 자가 학습 원천기술 개발이고, 마지막 단계는 지식·기기 협업을 위한 지능형 프레임워크 개발을 진행하고 있다.

국내뿐 아니라 전 세계적으로 국가주관 대형 인공지능 프로젝트가 진행 중이고, 미국은 DARPA 주관 하에 인공지능이 자연언어를 이해시키기 위한 머신 리딩(Machine Reading) 프로젝트를 진행 중이다. 유럽은 인간의 두뇌와 동일한 지식을 처리할 수 있는 휴먼 브레인 프로젝트를 일본은 토다이(Todai) 로봇 프로젝트로 2020년 동경대학 입학이 가능한 인공지능 개발을 진행하고 있다.

(3) IBM 왓슨의 활용분야

현재는 단 한 종류의 왓슨만이 존재하는 것이 아니고 종양학 전문 왓슨, 방사선학 전문 왓슨, 내분비학, 법학, 세금 규정, 소비자 서비스 등 전문 왓슨이 다 분리되어 있다.

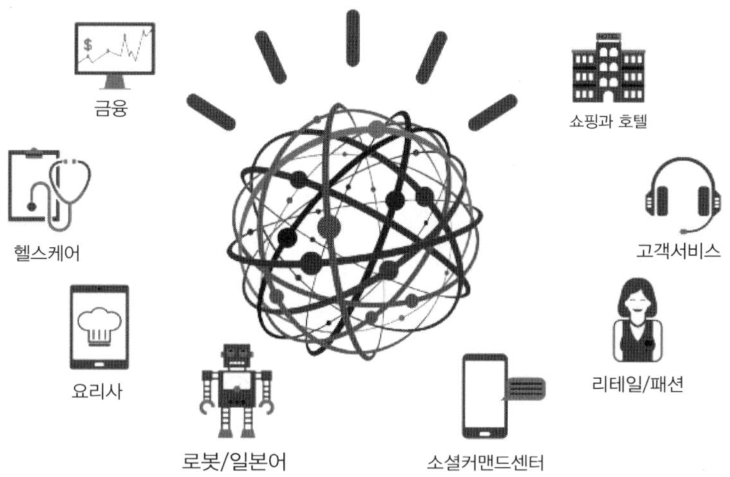

[그림 9-3] 왓슨의 활용분야

① 금융 분야

왓슨은 투자에 대한 판단을 내리는 금융 분야에 활용되는데, 미 증권거래위원회(SEC) 보고서, 각종 신문 기사와 경제자료를 읽는다. 수집된 자료에 따라 정치적, 사회적 리스크를 찾아서 투자에 대하여 리스크 분산 및 포트폴리오 관리업무에 활용될 것이다. 국내 카드사에서는 왓슨을 24시간 고객 응대에 활용하기 위해 테스트 중인데, 현대 카드는 최근 IBM의 왓슨을 들여왔다. 그리고 신한금융그룹은 왓슨을 도입하기 위한 태스크포스(TF)인 보물섬 프로젝트를 만들었고, 신한금융지주 차원에서 은행 자산관리 서비스를 제공할 때 왓슨을 활용하는 방안을 추진하고 있다.

② 방송 분야

2016년 왓슨은 약 100여 편의 공포영화 예고편을 학습한 다음 영화『모건(Morgan)』에서 가장 긴장감을 자아낼 수 있는 10여개 장면을 선택하고, 이를 편집하여 불과 24시간 만에 예고편을 만들어냈다.

[그림 9-4] 영화 『모건』 포스터

20세기 폭스가 만든 영화 『모건』은 공포 장르를 표방하여 강렬한 이미지를 전달하는데 예고편 편집을 IBM의 왓슨이 제작하였다. 영화 편집을 위해 왓슨은 머신러닝을 통해 100여 편의 공포와 스릴러 영화를 분석한 후 모건 필름에서 10개의 주요 장면을 추출했다. 그리고 전통적인 공포 영화 작법을 바탕으로 재배치하여 대중이 이해할 수 있도록 하였다. 영화 모건의 줄거리 또한 인간에게 반기를 든 인공지능 탑재 로봇에 대한 내용이다.

③ 의학 분야

왓슨 포 온콜로지(Watson for Oncology)가 2017년 암환자의 종양세포와 유전자 염기 서열을 분석해 맞춤형 치료법을 추천하는 왓슨 포 지노믹스(Watson for Genomics)가 부산대학교 병원에 도입되었다. 한국IBM은 부산대학교병원이 왓슨 포 온콜로지와 왓슨 포 지노믹스를 도입한다고 밝혔다. 부산대학교 병원은 우리나라에서 정밀의료 선도를 위해 두 가지 기술을 모두 도입한 첫 사례로서 이를 통해 부산대학교 병원의 의사들이 방대한 분량의 암 리서치 및 데이터를 환자의 유전체에 특정된 정보와 함께 평가해 환자

특성에 맞는 맞춤형 의료 서비스를 제공하는 데 도움을 줄 예정이다. 부산대학교병원은 1,400여개 병상을 가진 병원으로 부산, 경남 지역의 핵심 의료 서비스 허브 병원으로 의사들이 기존의 유전체 분석 기반의 진료 서비스의 질을 향상시키고 세계 수준의 정밀 의료 및 암 치료 서비스를 할 수 있도록 필요한 정보를 제공하는 데 도움을 준다는 계획이다.

2017년 4월에 중부권에서도 건양대학교 병원이 암 진단 왓슨 포 온콜로지를 도입한다. 호남권에서는 조선대학교 병원에서 왓슨을 도입하여 환자 진료를 할 예정이다. 중앙보훈 병원, 계명 대학교 동산병원과 대구가톨릭 대학교를 합하면 약 6개의 병원에서 왓슨을 사용해서 암 치료를 하고 있다.

다시 말하면, 왓슨 인지컴퓨팅을 적용하여 암치료에 혁신을 이루고 있다. 이로 인하여 의사들은 암센터의 방대한 임상정보, 공개된 연구자료, 의료적 증거, 환자신상정보를 활용하여 환자에게 가장 효과적인 치료법 제시가 가능해지고 있다. 왓슨은 60만 건 이상의 사례 및 2백만 페이지 이상의 의학저널 학습으로 암치료 혁신을 위한 정보를 제공하고 있다.

④ 교육 분야

주식회사 교원이 수학 디지털 교과서(태블릿PC)에 왓슨을 적용하는 방안을 추진하고 있다.

[그림 9-5] 요리사 왓슨

미국 최고의 요리학교에서 왓슨은 요리사와 협업하여 3만 5천 가지의 조리법과 1천 가지의 화학 향료 화합물을 분석하여 어떠한 재료가 어울리는지에 대한 학습으로 12~14

가지로 이루어진 새로운 요리를 소개하였다. 이를 바탕으로 세계적인 요리 전문 잡지인 보나베띠(Bonappetit)와 공동으로 요리사 앱을 출시하고, 왓슨의 기술력과 보나베띠의 9천여 가지 조리법 및 요리지식을 결합한 새로운 조리법을 소개하고 있다.

미국 조지아텍에 다니는 질 왓슨(Jill Watson)은 인공지능 관련 온라인 교과과정의 조교를 하고 있다. 질 왓슨은 학생들이 묻는 과제 마감, 강의 주제, 성적 관련 질문 등에 잘 응대하면서 조교역할을 잘하고 있다는 평가를 받고 있으며, 학생들은 질 왓슨이 박사과정을 준비하는 20대 백인여성이라고 생각했다. 더욱이 기존의 채팅봇과 다른 점은 다양한 질문에 정확하지 않은 답변을 쏟아내지 않는 점이고, 대답의 정확도가 97%에 달한다.

⑤ 쇼핑 분야

2016년 롯데그룹은 IBM의 AI 솔루션 왓슨을 도입해 백화점, 마트, 편의점, 면세점 등 다양한 경로에서 수집되는 고객 데이터를 활용해 대고객 서비스를 극대화하겠다고 밝혔다. 우선적으로 유통 관련 계열사에 지능형 쇼핑 어드바이저를 도입하여 전문가 지원 쇼핑은 70%의 장바구니가 정보부족(60%), 적절한 질의응답 불가(40%)로 인하여 구매로 연결되지 못하는 부분을 인지컴퓨팅 기반의 개인 쇼핑 도우미를 통하여 온라인 쇼핑 방식을 혁신하였다.

고객과 호텔 상황에 기반한 추천시스템으로 고객에게 가장 적합한 호텔을 추천하기도 한다. 더욱이 언어가 다른 고객과 직원, 기업이 소통하는 근본적인 혁신을 이루어서 매출증가와 수익 개선에 기여할 것이다.

⑥ 법률 분야

왓슨이 100여년 전통의 대형 로펌인 뉴욕 로펌에 취직을 하였다. 미국인의 80%가 변호사가 필요하지만 형편이 어려워 고용하지 못하는 현실에서 법률서비스를 제공할 예정이고, 변호사들은 전체 시간의 30%를 자료조사에 소비하는 데 인공지능 변호사 로스(ROSS)를 이용하면서 변호사들은 짧은 시간에 많은 일을 할 수 있게 되었다.

[그림 9-6] 법률서비스 중인 왓슨

최근 로스는 파산관련 판례를 수집하고 분석하는 업무를 주로 수행하였고, 투자자 모집 시연에서 직원이 무능하고 실적도 부진하다면 해고할 수 있다는 해답을 내놓는 등 좋은 평판을 만들고 있다. 로스는 왓슨을 기반으로 제작되었다.

⑦ 기타

자율주행 전기버스 드라이버 IBM 왓슨이 있는데, 최근 가장 핫한 IT 분야 중 하나는 자율 주행차이다. 이는 사람이 운전하는 것이 아니라 자동차가 스스로 운전하는 새로운 패러다임으로 이 분야에서는 구글이 대표적이지만 최근 IBM도 왓슨을 이용하여 자율 주행차 시장에 진출했다. 12인승 전기 버스인 올리(Olli)는 도심을 달릴 수 있도록 디자인되었다. 이 버스는 클라우드 컴퓨팅으로 교통 정보를 분석하고, 자동차 안팎에 30개의 센서를 탑재해 승객에게 더 편안한 승차감과 안정성을 제공한다. 더욱이 음성을 통해 왓슨과 승객이 소통할 수 있는데, 근처의 정보를 사람과 대화하듯 말로 주고 받을 수 있다.

[그림 9-7] 전기버스 올리

자율주행 전기버스 올리는 마이애미 데이드카운티(Miami-Dade County)와 라스베이거스(Las Vegas)를 왕복하는 노선에 투입될 예정이고, 탑승한 승객과 자연스럽게 대화를 하기 위한 음성-텍스트 변환 텍스트-음성 변환 자연어 구분 API가 사용된다. 그리고 주변 교통 상황을 분석하는 API가 사용되고, 자율 주행을 위한 30개 이상의 센서가 장착되어 있다. 올리는 아직 대량 생산 계획은 없지만 소량 생산을 위한 원가를 내리기 위하여 많은 부품이 3D 프린팅으로 제작되어 인공지능 전기 자동차에서 자율 주행차까지 최근 트렌드라고 할 수 있다.

IBM 왓슨 헬스(IBM Watson Health)는 최초의 상업화된 코그니티브(인지) 컴퓨팅 기능으로서, 컴퓨팅 기술의 새로운 시대를 대표한다. 클라우드를 통하여 제공되는 이 시스템은 다량의 데이터를 분석하여 자연이로 제시된 복잡한 질문들을 이해하고, 근거에 기반한 해답을 제안한다. 왓슨은 계속하여 과거의 상호작용으로부터 학습하고, 시간이 지날수록 가치와 지식을 얻는다. 2015년 4월, IBM 왓슨 헬스와 왓슨 헬스 클라우드 플랫폼을 출범하였다. 왓슨 헬스는 의사, 연구자, 보험사들이 매일같이 생성 및 공유되는 방대한 양의 개인 건강 데이터로부터 그들의 의료 통찰력을 구축하는 데 도움이 되어 혁신을 할 수 있는 능력을 향상시키는 데 도움을 줄 예정이다. 왓슨 헬스 클라우드는 이러한 정보가 역동적이고 지속적으로 증가하는 임상, 연구 및 사회 건강 데이터와 공유 및 결합할 수 있도록 할 것이다.

예술하는 구글 마젠타(Magenta)는 오픈소스 텐서 플로(TensorFlow)로서, 구글제품에 사용되는 머신러닝을 위한 오픈소스 소프트웨어 라이브러리를 바탕으로 만든 마젠타가 예술을 펼친다. 마젠타는 사람의 도움을 받지 않고도 완전히 새로운 음악이나 이미지를 만들어 낼 수 있도록 훈련을 받았고, 창조적인 일은 인간만이 할 수 있다고 생각해왔던 사람들의 인식을 깨는 계기가 되고 있다.

일본에서는 구글이 펼쳐 놓은 텐서 플로를 기반으로 자동차용 임베디드시스템(Embedded System)은 디자이너였던 마코토고이케(Kooto Koekke)에 의해서 개발되었다. 이는 구글의 딥러닝 기술과 초소형 PC인 라즈베리 파이를 이용해 인공지능 오이 선별기를 만들었다. 농작물 중에서 오이와 같은 작물 선별은 고난도 작업이어서 많은 농가가 최대한 표준화하기 위해서 나름의 기준을 가지고 분류하고 있지만, 많은 인력이 필요한 작업이다. 마코토는 이 작업을 스마트하게 자동화할 수 있도록 라즈베리 파이로 제어하는 카메라를 이용하여, 수확한 오이의 사진을 찍고 미리 구분해 놓은 규격에 맞게 인공지능이 분류하도록 한다.

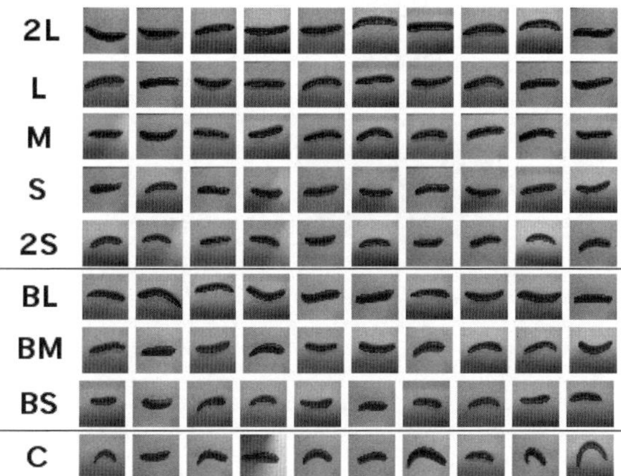

[그림 9-8] 오이 분별 과정

구글의 알파고가 끝내 이세돌을 이겼을 때, 인공지능이 보여주는 미래를 낙관하기보다는 우려하는 시선이 더 많이 있었다. 하지만 작은 오이 농장에서 시도된 인공지능 활용 사례처럼 당분간은 우리가 필요로 하는 것을 인공지능이 보조하는 풍경이 이어질 것이다. 인공지능이 우리의 일상에서부터 저성장, 고령화에 빠져들고 있는 전 세계의 상황을 개선하는 데 도움을 줄 수 있을 것이다.

9.2 머신러닝

(1) 머신러닝의 정의

학습(Learning)은 주어진 여건에 대한 행동이 되풀이되는 경험으로 생기는 환경에 대한 행동변화이고, 지식의 습득과 기존 지식으로부터 추론된 결과의 재학습 능력이 필요하다. 머신러닝(Machine Learning)이란 환경과의 상호작용에 기초하여 경험적인 데이터로부터 스스로 성능을 향상시키는 시스템을 연구하는 과학과 기술로 정의된다. 여기서 학습 시스템이 환경, 데이터, 성능의 요소를 가지고 있는데, 환경은 학습 시스템이 독립적으로 존재하지 않고 상호작용하는 대상으로서 방법에 따라서 경험하는 데이터의 형태가 다르다. 이는 대부분 컴퓨터 프로그램과 차이점은 이미 작성될 때 모든 가능한 입력을 고려하여 그 경우만을 다루도록 설계되지 않는 다는 점이다. 머신러닝의 학습 시스템은 문제해결을 수행하며 성능이 시간이 감에 따라 향상된다.

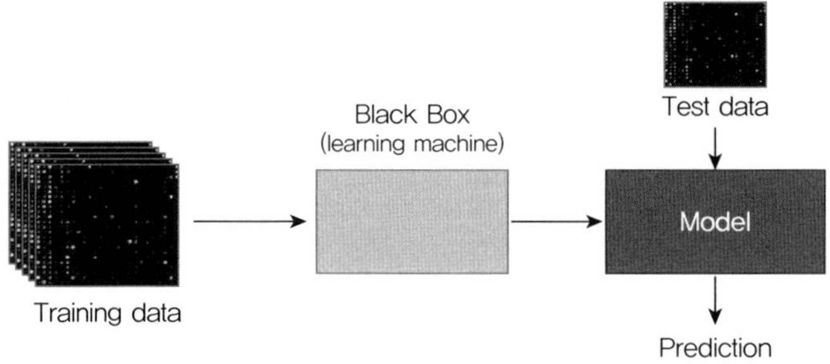

[그림 9-9] 머신러닝의 개념

학습의 형태는 데이터로부터 임의의 함수를 도출하는 것으로 입력에 대한 정답을 가지고 대조 및 학습하는 교사학습(Supervised Learning), 정답 없이 입력 값들만 주어지는 비 교사 학습(Unsupervised Learning), 입력 값에 대한 평가만 주어지는 강화 학습(Reinforcement Learning) 등이 있다. 다양한 기계학습 방법에는 인간의 뇌신경을 흉내 내는 방법인 신경망, 정보를 유전자로 인코딩하고 교배와 선택을 반복하여 진화시키는 유전자 알고리즘, 세상의 일을 if-then으로 반복하는 의사결정 트리 방법이 대표적이다.

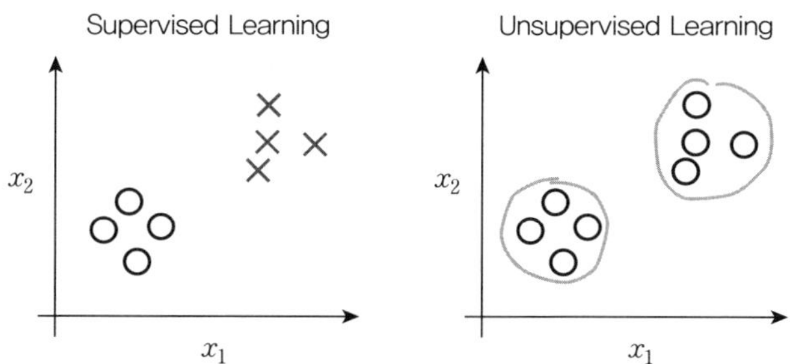

[그림 9-10] 기계학습 유형

① 교사학습(감독학습, 지도학습)

교사학습은 입출력의 쌍으로 구성된 학습 예제들로부터 입력을 출력으로 매핑하는 함수를 학습하는 과정이다. 미리 정해 놓은 정답이 달린 예제로 학습하고, 예제가 많은 경우에 효과적인 학습이 가능하다. 대표적인 예로는 인식, 분류, 진단, 예측, 회귀분석 등에 사용되는 다층신경망(퍼셉트론), 지지벡터머신(SVM), 커널 머신, 결정트리, 나이브베이스, K-최근접 분류기(KNN), 베이지안 망, 은닉마코프모델(HMM), 잠재변수모델 등의 확률그래프 모델이 있다.

② 비교사학습(무감독학습, 비지도학습)

데이터에 내제된 패턴, 특성 구조를 학습을 통하여 발견하고, 데이터는 고려하지 않는 학습법으로 학습 데이터는 개체에 대한 입력 속성만으로 구성된다. 입력은 주어지나 대응되는 출력이 없으며, 이 경우 입력 패턴들에 공통적인 특성을 파악하는 것이 학습의 목적이다. 무감독학습은 군집화, 밀도추정, 차원 축소, 특징추출에 사용되는 대표적인 예로는 K-Means, 계층적 군집화, 자기조직지도(SOM) 등이 있다.

③ 강화학습

시스템 동작이 적절성(Right 혹은 Wrong)에 대한 피드백이 있는 학습으로서 소프트웨어 에이전트가 환경 내에서 보상이 최대화되는 일련의 행동(Action)을 수행하도록 학습하는 기법으로 환경의 상태, 에이전트의 행동, 상태전이 규칙 및 보상, 관측범위를 고려한 학습이다. 대표적으로 계획, 정책학습, 행동 선택 등이 있다.

현재 가장 많이 사용되는 기계학습 모델은 주로 군집화를 위한 교사학습 알고리즘과 패턴 분류를 위한 교사학습 모델들이다. 교사학습과 비교사학습은 실제 산업적으로 많이 활용되고 있지만 강화 학습은 많은 이론적인 발전에도 불구하고 문제 자체의 어려움으로 인해 학습 에이전트와 로보틱스 분야에서 일부 활용되고 있다. 강화 학습은 기본적으로 시행착오에 기반 하므로 수렴하는 성능을 얻기까지 많은 학습 시간을 필요로 한다.

머신러닝의 단계의 처리 단계는 데이터 수집, 입력데이터 준비(데이터 클린징), 데이터 분석(데이터 관찰, 인사이트 찾기), 알고리즘 선택 및 훈련, 알고리즘 테스트 및 검증, 운영배포 등의 과정을 거친다.

(2) 머신러닝의 발전과정

① 1950년대

머신러닝 용어가 처음 등장은 1959년 사무엘(Samuel)의 논문 「체스 게임을 사용한 머신러닝에 관한 연구(Some Studies in Machine Learning Using the Game of Checkers)」에서이다. 그는 체스 게임방법으로 보드의 패턴으로 정의된 특징과 가중치의 곱의 합으로 평가함수를 정의하고 가중치를 변경함으로써 게임을 학습하는 방법을 제안하였다. 그의 알고리즘은 경험으로부터 배우기 위해 발견적 탐색 메모리를 사용하였고, 1970년대 중반까지 그의 프로그램은 인간과의 시합에서 승리하고 있다. 유사한 시기에 로젠블랫(Rosenblatt)은 신경망 모델의 일종인 퍼셉트론과 그 학습 알고리즘을 제시하였다. 뉴욕 타임스는 퍼셉트론(Perceptron)이 걷고, 말하고, 보고, 쓰고, 스스로 번식하여 그 존재를 인식할 수 있는 컴퓨터라고 보도하였다.

[그림 9-11] 퍼셉트론

1975년에 윈스톤(Winston)은 건축물의 아치모양을 예로부터 학습하는 기호적인 개념 학습 프로그램을 개발하였다. 하지만 이는 과대광고로 인하여 인공지능의 첫 번째 어려움을 겪는 시기가 된다.

② 1980년대

태동기를 지나 기계학습이 하나의 새로운 연구 분야로 자리 잡은 것은 1980년대 중반이고, 기호적 기계학습 연구의 기반이다. 다른 한편, 1980년대 중반부터 기계학습에 대한 수학적, 확률통계학적인 기반이 마련되면서 기계학습이 학문 및 기술 분야로 정립되기 시작했다. 1987년에서 1993년에는 인공지능(AI)의 신경망(Neural Network)은 좋은 이론이 부족하고 너무 과한 경향이 있어 호의적이지 않았다.

③ 1990년대

1990년에는 머신러닝에 대한 통계적 접근 방식인 SVM(Support Vector Machine)의 신개념이 소개되었다. 이는 엄격한 수학적 분석을 위한 최신의 성능을 제공하였다. 1990년대 중반 이후에는 인터넷과 웹이 활성화되고 데이터마이닝이 등장하면서 기계학습은 그 핵심 기술로 자리잡았다. 1997년 IBM의 딥 블루 대 체스 그랜드 마스터와 게리 카스파 로프게임에서 IBM의 딥블루(Deep Blue)가 승리했다.

[그림 9-12] IBM의 딥블루와 체스 그랜드 마스터 Gary Kaspárov의 대결

④ 2000년대

2006년에는 빅데이터, 빠른 컴퓨팅, 성숙 된 신경망 모델은 머신러닝에 대한 관심을 다시 불러 일으켰다. 디지털 변환, 머신러닝을 통한 빅데이터는 경쟁우위를 위해 회사 프로세스, 제품 및 서비스에 통합된다. 머신러닝을 위한 신경망(Neural Network)을 개발한 제프리 힌튼(Geoffrey Hinton)은 딥러닝(Deep Learning)을 유행어로 확신시켰다. 더욱더 개선된 모델을 학습할 수 있는 신경망의 새로운 아키텍처를 설명하기 위해 신경망을 다시 브랜드화를 진행했다.

2011년은 IBM 왓슨 컴퓨터가 참가자들이 자연 언어로 질문에 답하는 제퍼디(Jeopardy) TV 프로그램에서 우승했다. 2012년에는 머신러닝 과정을 개발한 스텐포드의 Jeff Dean과 Andrew Ng는 구글 Brain Project를 시작했고, 구글의 모든 인프라를 사용하여 이미지와 비디오의 패턴을 감지하는 심층신경망을 개발했다. 제프리 힌튼은 성숙단계에 이르렀고, 관심을 끌고 있는 심층신경망(DNN, Deep Neural Network)을 사용하여 큰 차이로 ImageNet 대규모 시각적 인식 챌린지 ILSVRC2012 경연 대회에서 우승하는데, 이를 계기로 DNN을 기반의 머신러닝의 현재의 전성기로 이어진다. 구글 X 연구소는 16,000대의 컴퓨터 클러스터에서 실행되는 심층신경망을 구축하여 유튜브의 1,000만 개의 이미지를 기반으로 고양이를 인식했다. 2013년 딥 마인드(Deep Mind)라는 영국의 딥러닝 스타트업은 Atari 게임에서 인간을 이길 수 있도록 Deep Reinforcement Learning 모델을 설계했다. 2014년 페이스북은 인간처럼 사람을 인식할 수 있는 DeepFace DNN을 개발한다. 구글은 딥마인드를 인수·합병했고, 2015년 아마존은 Amazon Machine Learning을 출시했으며, 마이크로소프트는 GPU 및 컴퓨터 클러스터에서 머신러닝 문제를 효율적으로 해결할 수 있는 DMTK(Distributed Machine Learning Toolkit)를 발표했다. 엘론 머스크(Elon Musk)와 샘 알트만(Sam Altman)은 비영리단체인 OpenAI 를 설립하여, 인공지능(AI)이 인류에 긍정적인 영향을 미치게 한다는 것을 목표로 10억 달러를 제공했다. 2016년 마이크로소프트는 자사의 오픈 소스 심층 학습 툴킷 인 CNTK(Computational Network Toolkit)을 출시했다. 구글의 알파고(AlphaGo)가 바둑 천재 이세돌과 시합하여 승리하였다. 알파고의 알고리즘은 창조적인 수의 기보를 보여주었다. 2017년 구글은 TensorFlow를 발표하고, 마이크로소프트는 자사의 오픈소스 심층학습 툴 킷인 Microsoft Cognitive Toolkit를 출시했다.

(3) 머신러닝 활용분야

현재 기계학습은 인터넷 정보검색, 텍스트 마이닝, 생물정보학, 바이오메트릭스, 자연언어처리, 음성인식, 컴퓨터 비전, 컴퓨터그래픽, 로보틱스, HCI, 통신사업, 서비스업, 제조업 등 거의 모든 분야에서 활용되는 핵심 기반 기술이다.

① 인터넷 정보검색

텍스트 마이닝, 웹로그 분석, 스팸필터, 문서 분류, 여과, 추출, 요약, 추천 등에 활용되는데, 상호작용으로 고객을 위해 각 고객의 이전 습관을 기반으로 한 실시간으로 개인 맞춤화된 콘텐츠를 추천한다. 머신러닝은 수십억 개의 내역 기록을 사용해 각 고객별로 고유한 취향 프로필을 작성하고, 공통적인 취향을 가진 고객을 클러스터로 분류한다. 각 고객 클러스터를 대상으로 가장 인기 있는 콘텐츠를 실시간으로 추적, 표시하여 고객이 현재 인기 있는 콘텐츠를 볼 수 있고, 좀 더 정확한 추천으로 사용률을 높이고 고객 만족도를 향상시킨다.

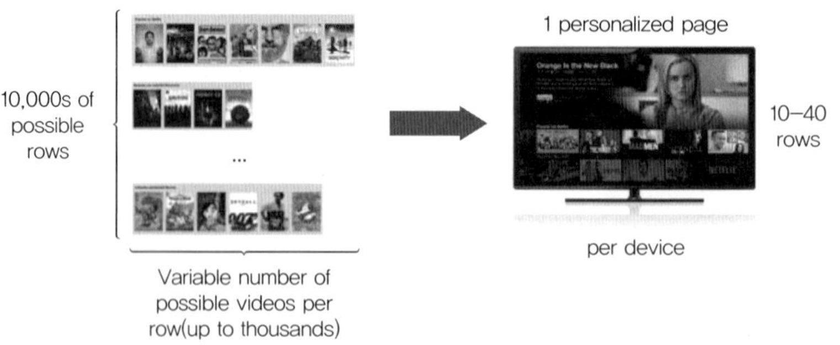

[그림 9-13] 넷플릭스의 개인화 페이지 구성

예를 들면, 넷플릭스는 5,700만 명 고객에게 개인별로 최적화된 홈페이지 구성을 위하여 어떤 기기로 로그인을 하던지 홈페이지를 통해 고객과 접촉할 수 있도록 하였다.

② 컴퓨터 시각

문자 인식, 패턴 인식, 물체 인식, 얼굴 인식, 장면전환 검출, 화상 복구 등에 활용된다. 서비스의 핵심은 여러 사진에서 사람의 얼굴을 정확히 인지할 수 있는 알고리즘을 사용하는데, 얼굴 인식률은 98% 정확성을 갖고 있고, 8억 건의 사진을 5초 이내 확인 가능하다. 정면 사진이 아니어도 머신러닝 알고리즘으로 사진 내 다른 요소들과 사진 데이터를 연계해서 분석 가능하다.

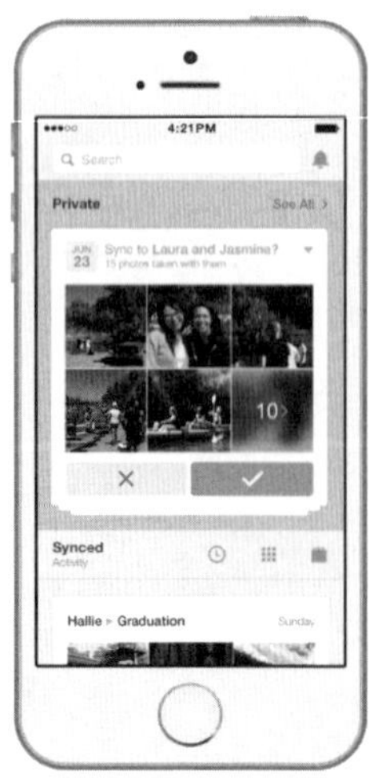

[그림 9-14] 페이스북 얼굴 인식 서비스

③ 음성인식 및 언어처리

음성 인식, 단어 모호성 제거, 번역 단어 선택, 문법 학습, 대화 패턴 분석 등에 활용된다. 예를 들어 Skype 기능으로 영상통화 시 영어, 스페인어, 중국어, 이탈리아어 간 실시간 통역이 가능하다.

④ 모바일 HCI

동작 인식, 제스처 인식, 휴대기기의 각종 센서 정보 인식, 떨림 방지 등에 활용된다.

⑤ 생물정보학

유전자 인식, 단백질 분류, 유전자 조절망 분석, DNA 칩 분석, 질병 진단 등에 활용된다.

⑥ 바이오메트릭스

홍채 인식, 심장 박동수 측정, 혈압측정, 당뇨 측정, 지문 인식 등에 활용된다.

⑦ 컴퓨터 그래픽

데이터기반 애니메이션, 캐릭터 동작제어, 역운동학, 행동 진화, 가상현실 등에 활용된다.

⑧ 로보틱스

장애물 인식, 물체 분류, 지도 작성, 무인자동차 운전, 경로 계획, 모터 제어 등에 활용된다.

⑨ 서비스업

고객 분석, 시장 클러스터 분석, 고객관리(CRM), 마켓팅, 상품 추천 등에 활용되는데, 마케터들은 최적의 판매와 마케팅 기회 그리고 최적의 제품을 판단하기 위한 도구로 구매 성향(propensity to buy) 모델을 사용한다.

⑩ 제조업

이상 탐지, 에너지 소모 예측, 공정 분석 계획, 오류 예측 및 분류 등에 활용된다.

9.3 스마트 헬스케어

(1) 스마트 헬스케어의 정의

기존 u-헬스의 개념이 포괄하고 있는 u-메디컬, u-실버, u-웰니스를 모두 포함하고, 여기에 건강관리, 영양, 운동처방, 환자교육 등을 포함하는 것이 스마트 헬스케어이다.

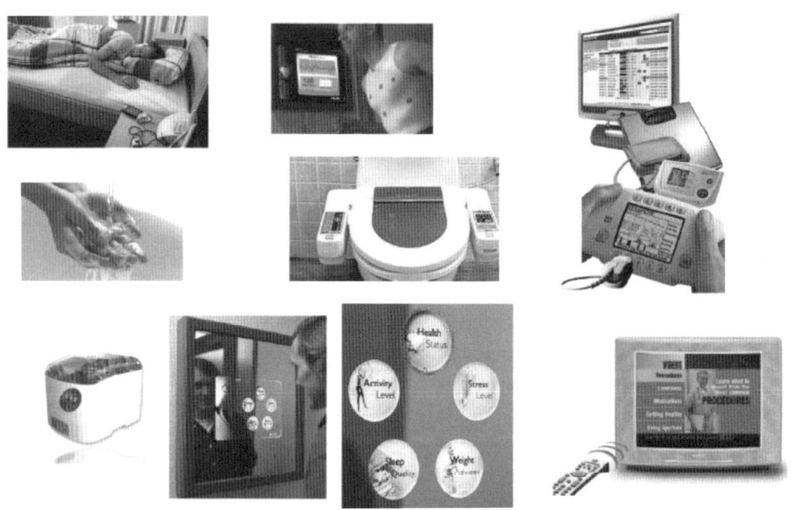

출처 : 삼성경제연구소 "유헬스(u-Health)의 경제적 효과와 성장전략"(2007. 7. 25) 재인용

[그림 9-15] 스마트 헬스케어 개념

테라바이트급 용량의 최신기술을 활용하여 병원과 가정 등 언제 어디서나 환자의 상태를 지능적으로 모니터링하면서 관리하고 환자와 질병정보들을 분석하여 실시간으로 맞춤형 서비스가 제공된다. 개인의 건강과 의료에 관한 정보, 기기, 시스템, 플랫폼을 다루는 산업분야로서 건강관련 서비스와 의료IT가 융합된 분야이다. 개인 맞춤형 건강관리 서비스를 제공하고, 개인이 소유한 휴대형, 착용형 기기나 클라우드 병원정보시스템 등으로 확보된 생활습관, 신체검진, 의료이용정보, 인공지능, 가상현실, 유전

체정보 등의 분석을 바탕으로 제공되는 개인중심의 건강관리 생태계이다. 즉 의료서비스(Medical)와 건강관리(Care)서비스가 모두 제공되어 의료서비스를 요구하는 환자는 물론 건강에 관심을 가지고 있는 일반인 대상의 상시적인 케어서비스와 필요에 따라 제공되는 의료서비스를 포함한다. 스마트 헬스케어는 1994년 텔레-헬스를 시작으로 진행되었다.

〈표 9-1〉 스마트 헬스케어의 역사

구분	Tele-헬스(1994)	e-헬스(2000)	u-헬스(2006)	smart-헬스(2011)
정보화 수준	병원정보화	병원간 정보교류	병원간/병원 · 환자	의료/복지/건강관리종합
기반 통신기술	네트워킹 기술	초고속 인터넷	무선 인터넷	스마트기기 앱스토어
주요 IT시스템	HIS/OCS/PACS	EMR/웹사이트	HER/건강모니터링	PHR, CBR 기반맞춤서비스
서비스 범위	원내 치료중심	치료 및 정보제공	치료/관리/예방	치료/관리/예방/복지/안전
서비스 동향	최초 원격진료시범사업	의료포털 등장	u-헬스 시범사업	스마트케어 시범사업

텔레-헬스 시대의 주요 시스템으로 HIS(Hospital Information System)는 병원정보시스템으로 병원업무의 효율화를 위한 정보시스템이고, OCS(Order Communication System)는 처방전달시스템으로 종이 처방전 대신 전산시스템으로 처방을 전달한다. 그리고 PACS(Picture Archiving and Communication System)는 의료영상저장전송 시스템으로 병원의 각종 영상장치들로부터 얻어진 아날로그 영상들을 네트워크를 통해 저장장치에 저장관리, 조회하는 시스템이다. e-헬스 시대의 EMR(Electronic Medical Record)은 전자의무기록으로 기존에 종이차트에 기록했던 인적사항, 병력, 건강상태, 진찰, 입·퇴원기록 등 환자의 모든 정보를 전산화하여 입력, 관리, 저장하는 형태이고, EHR(Electronic Health Record)은 전자건강기록으로 EMR은 특정업체에 의해 개발되고 병원 간 데이터 공유가 힘들지만, 개인의 건강기록에 접근해 데이터를 관리하고 특정 환경에 종속되지 않는 형태이다. u-헬스시대의 PHR(Personal Health Record)은 개인건강기록으로 다양한 의료기관에서 제공되는 개인진료정보와 스스로 기록한다. 스마트헬스 시대의 CBR(Community Based Rehabilitation)은 지역사회중심재활로서 장애인의 재활과 사회통합을 달성하기 위해 지역사회를 기초로 채택되어진 모든 재활방법이다.

(2) 스마트 헬스케어의 특징

스마트 헬스케어의 구성은 크게 개인건강기기(PHD, Personal Heath Device), 개인건강 정보(PHI, Personal Heath Information) 플랫폼, 이들을 활용한 건강관리 및 의료 서비스 등이다. 여기서 개인 건강기기는 가정용 또는 휴대용 기기에 센서를 내장하여 개인 건강상태 측정하는 웨어러블 디바이스 등이고, 개인 건강 애플리케이션(PHA, Personal Health Application)은 진단기기, 센서 등을 통해 건강상태를 측정·관리할 수 있는 애플리케이션이다. 개인 건강정보(PHI, Personal Heath Information) 플랫폼은 PHD, PHA를 통해 수집된 심박수, 활동량 등 개인 데이터를 통합, 저장, 관리하는 데이터 플랫폼이다. 이들은 다음과 같은 특징이 있다.

① 지능적(Intelligent)

지능적으로 분석된 정보의 전달이 지식에서 지혜로 변화는 과정에 있는 형태로 지능형·맞춤형 Healthcare서비스, 즉 지식과 지혜가 혼재된 정보전달 형태이다.

② 전인적(Holistic)

모든 헬스케어 서비스에 완전하고, 안전하게 표준화되면서 보안이 철저한 스마트 IT기술 적용한다.

③ 복합적(Complex)

스마트 시대의 헬스케어서비스는 의료와 복지, 안전 등이 복합되어 제공된다.

④ 양방향성(Bi-directional)

수요자와 공급자의 구분이 없어져 가는 상태로서 프로슈머의 진행 상태로서 다수의 수요자가 공급자간의 상호지식을 주고받는 형태이나 공급자 위주의 지식제공이 많은 상태이다.

⑤ 연속적(Seamless)

상호전달된 정보나 지식은 사례기반 추론을 통하여 재사용되고 새로운 지식으로 생산되어 지식이 끊임없이 재창출되는 형태이다.

⑥ 개방적(Open)

모든 규제가 제거된 형태로서 서비스에 대한 제도가 대부분 개방(Open)된 형태이며, 완전한 스마트 헬스는 통제 없는 완전한 지식소통일 경우 가능하다.

⑦ 환경 친화적(Green)

보다 더 Green, 즉 초절전, 초소형 플랫폼 등으로 진화된 상태이다.

스마트 헬스케어는 통신, 제조업(의료기기, 단말기, 가전 등), 의료업, 서비스업 등이 연계된 융합 산업으로 새로운 시장 창출 예상되고, 인구고령화와 만성질환(고혈압·당뇨 등)의 증가는 의료비 상승, 국가재정 부담으로 이어져 헬스케어 분야 투자 확대가 긴요하다. 특히, 의료서비스 패러다임은 전통적인 질환 치료 중심에서 저비용·고효율로 평가되는 예방·관리 중심의 헬스케어서비스로 전환될 것이다.

(3) 스마트 헬스케어의 주요 기술

스마트 헬스케어는 센서 기술, 데이터 분석기술, IoT(Internet of Things)와 빅데이터(Big Data) 등이 기초가 된다.

초기 센서 기술은 가정용 혹은 개인용 의료기기에 통신기능을 추가한 단순 측정 센서이다. 현재는 편의성과 사용성이 중심이 되는 웨어러블 센서와 다수의 복합분석기술로 발전하고 있다. 수집된 센서 값으로부터 여러 복합적인 정보를 추론해 내는 데이터 분석기술과 환자의 상태를 감지, 예측, 추론하는 데 필요한 가장 중요한 기술로서 IoT(사물인터넷)는 환자의 실시간 건강상태 변화에 대한 정보를 파악할 수 있게 해준다. 그리고 환자의 행동변화와 반응에 관련되는 Life-log 정보와 헬스케어 서비스에 대한 수용성 정보를 제공할 수 있다. IoT에 Big Data 기술이 접목되면 헬스케어 서비스에 대한 이용자의 반응과 행동양태의 예측 가능하다. 이들을 세분화하면 다음과 같다.

[그림 9-16] 스마트 헬스케어 주요기술

① 센서 및 SoC 기술

인체로부터 Health에 필요한 각종 신호의 획득을 위한 소형 디바이스 기술이다.

② 영상정보처리 기술

CT, MRI 등에서 필요한 고해상도의 기술이다.

③ 인지기술

각종 데이터를 기반으로 판단하는 기술이다.

④ 시험인증 기술

각종 기기 및 계측기의 인증을 위한 시험 기술이다.

⑤ DB 기술

환자의 각종 데이터의 효율적 보관 및 추출을 위한 기술이다.

⑥ 개인 보건의료 정보관리 기술

고객중심의 정보관리 서비스 실현하는 기술이다.

⑦ 유무선 네트워크 기술

유선 및 무선 통신 기술로 정확한 전달, IPv6, WLAN, ZigBee 등이다.

⑧ 정보 보호 기술

환자의 정보에 대한 의사, 간호사의 인증각종 DB에 대한 접근 제어하는 기술이다.

(4) 스마트 헬스케어의 활용분야

① 바이오센서 기반 헬스케어

바이오센서는 유전자, 암세포, 환경호르몬 등 특정 물질의 존재 여부를 확인하거나 감지할 수 있는 바이오 소자를 의미한다. 이는 특정 물질과 선택적으로 반응 및 결합할 수 있는 생체감지물질(Bioreceptor)과 이를 측정할 수 있는 신호로 전환하는 신호변환기(Signal Transducers)로 구성된다. 생체감지 물질에는 효소, 항체, 세포, DNA 등이 있으며, 신호변환 방법에는 전기화학, 형광, SPR, FET, 열 센서 등 다양한 물리화학적 방법을 사용한다. 바이오센서를 통해 분석대상 물질을 보다 간편하고 신속 정밀한 측정이 가능해 의료, 환경 분야 등에서 크게 주목 받고 있는 추세이다.

U-헬스케어 시장이 본격화되면 치료에서 예방 및 진단으로 의료소비의 형태가 변화되고 있다. 신체 건강의 이상 유무를 별도의 측정 없이 실시간으로 파악하고 관리해주는 PHR(Personal Health Records)과 같은 개인건강정보 관리시스템이 보급 확산되고 있다. 의료분야 서비스가 소비자 중심으로 이동이 가속화되고 있는데, 바이오센서 기반의 개인용 의료기기 보급 확대와 함께 이를 활용한 차별화된 의료서비스 개발 경쟁으로 이에 대한 소비자의 선택 폭 확대되고 개인에 맞춤화된 온라인상의 개인 트레이너 및 개인 주치의 서비스가 등장하고 있다.

② 모바일 헬스케어(Mobile Health Care)

환자와 의사가 시공간·장소 등에 구애 받지 않고 자유롭게 의료 서비스를 받는 것으로 스마트폰과 의료 측정 액세서리나, 의료 관련 앱 등을 이용해 개인이 스스로 운동량 심전도, 심장 등 현재 몸의 상태 등 건강 상태를 체크하여 관리하는 것이다. 넓은 의미로는 스마트폰이 아니어도 인터넷, 휴대폰, 쌍방향 케이블 TV 등 정보통신 기기를 이용해 실시간으로 건강관리를 해주는 서비스인 U-헬스(유비쿼터스, Ubiquitous)와 건강(health)의 합성어이다. 세계 모바일 헬스케어의 시장 규모는 약 24억 달러로 2018년에는 80억 달러 수준까지 성장할 것이다.

③ 사물인터넷 헬스케어

사물인터넷 관련 기술의 발전으로 언제 어디서나 사물들 간의 연결이 가능한 사물인터넷 시대(anytime, anyplace connectivity for anything)이다. 신기술과의 융합을 통해 새로운 시장과 사업 영역을 지속적으로 창출해 온 헬스케어 산업도 사물인터넷과 융합을 통해 한 단계 더 성장할 수 있는 계기를 마련할 것으로 기대한다. 사물인터넷 기술은 고령층 홈케어나 만성질환 치료 및 관리 등 의료서비스 부문에 접목되어 의료비 절감 및 서비스 품질 향상에 기여할 것으로 예상된다.

헬스케어 웨어러블 디바이스는 실시간 생체정보 측정 등 사물인터넷 실현을 위한 수단에 불과한 반면, 사물인터넷 기술과 헬스케어의 융합은 측정한 생체정보의 분석 및 활용을 모두 포괄함으로써 새로운 경제적 부가가치 창출의 원천이다.

④ 웨어러블 헬스케어

웨어러블 디바이스는 신체에 부착하여 컴퓨팅 행위를 할 수 있는 모든 것을 지칭하며 일부 컴퓨팅 기능을 수행할 수 있는 애플리케이션까지 포함한다. 웨어러블 디바이스는 크게 휴대형(Portable), 부착형(Attachable), 이식 및 복용형(Eatable)으로 분류한다. 휴대형은 스마트폰과 같이 휴대하는 형태의 제품으로 안경 및 시계, 팔찌 형태의 디바이스로 제공하고, 부착형은 패치(Patch)와 같이 피부에 직접 부착할 수 있는 형태로 5년 이후에는 본질적으로 상용화가 될 것으로 예상된다. 또한 이식 및 복용형은 웨어러블 디바이스의 가장 궁극적인 단계로 인체에 직접 이식하거나 복용할 수 있는 연결된 디바이스 수단으로 사용한다.

헬스케어 웨어러블 디바이스는 사용 주체에 따라 활용 범위가 달라지는데 개인의 경우, 질병 예방 및 건강관리 서비스 영역에서 사용자가 주도적으로 자신의 건강정보를 수집, 분석하는 추적기기로 활용된다. 헬스케어 웨어러블 디바이스는 wBAN(wireless

Body Area Network)을 기반으로 신체에 착용한 기기들을 무선으로 연결해 생체 정보를 측정하고 전송하는 방식으로 의료 분야에 활용된다. 시중에 출시된 헬스케어 웨어러블 디바이스의 65% 이상이 손목시계나 밴드형 기기로 파악되며, 피트니스 및 웰빙을 주요 기능으로 한다.

〈표 9-2〉 헬스케어 서비스 비교

	모바일 헬스	사물인터넷	웨어러블
정의	모바일, 무선기기를 사용하여 건강결과, 헬스케어 서비스, 보건의료분야 연구 등을 향상	유선통신 및 모바일 인터넷, 센싱 기술을 활용하여, 언제 어디서든 개인의 건강상태를 모니터링하고 실시간으로 맞춤형 서비스 제공	신체에 착용한 기기들을 무선으로 연결하여 생체 데이터를 측정하고 전송
주요특징	인간과 인간 연결	인간과 인간, 인간과 사물, 사물과 사물간 연결 모두 포함	
통신기술	무선 인터넷	유무선 인터넷, 스마트기기 및 앱스토어	
주요 IT 서비스	HER(전자건강기록) 건강 모니터링	PHR(개인건강기록) 실시간 건강 모니터링 및 맞춤 건강, 의료 서비스	
서비스 범위	치료, 관리, 예방	치료, 관리, 예방, 복지, 안전	

9.4 스마트 의류

웨어러블 컴퓨터를 신체에 착용할 수 있는 컴퓨터 기기를 말하며, 웨어러블이라고 줄여 말하기도 한다. 넓은 의미에서의 컴퓨터는 데스크톱뿐만 아니라 데이터의 연산 및 저장기능을 수행할 수 있는 기기를 말한다. 따라서 웨어러블 컴퓨터는 우리가 일상적으로 휴대하고 다닐 수 있는 다양한 형태의 정보 기기를 뜻하며 이런 의미를 포함하여 웨어러블 디바이스라고 통용된다.

스마트 의류는 입는 컴퓨터(Wearable Computer)로 불리며 특수 소재나 컴퓨터 칩을 사용해 전기신호나 데이터를 교환하거나 외부 스마트 기기와 연결해 다양한 기능을 수행한다. 즉 디지털화된 의류로 웨어러블 컴퓨터가 패션에 적용된 경우이다. 좁은 의미로는 의류에 디지털 센서, 초소형 컴퓨터 칩 등이 들어 있어 의복 자체가 외부 자극을 감지하고 반응할 수 있는 형태에서 넓게는 미래 일상생활에 필요한 각종 디지털 기능을 의복 내에 통합시킨 신종 의류이다. 1990년대 중반 미국에서 군사용으로 처음 개발되었으며 초기 스마트웨어, 후기 스마트웨어로 구분된다.

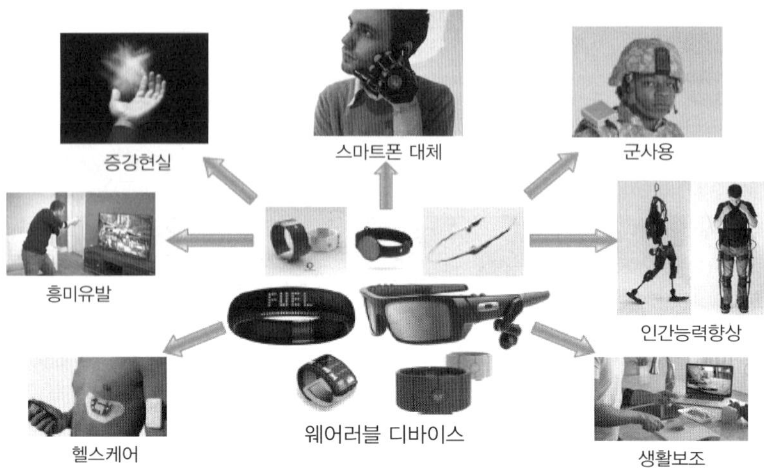

[그림 9-17] 웨어러블 디바이스의 다양한 활용 사례

초기 스마트 의류는 주로 섬유나 의복 자체가 외부 자극을 감지하고 스스로 반응하는 소재의 기능성에 중심을 둔다. 초기 스마트웨어를 대표하는 옷으로는 미국의 센사텍스사(社)가 군사용으로 개발한 스마트 셔츠가 있는데, 이는 고기능을 갖춘 플라스틱 광섬유가 일정한 간격으로 배열되어 있어 사람의 심장박동, 체온, 혈압, 호흡 등을 감지할 수 있고, 총상과 같은 부상도 알 수 있다.

후기 단계에 이르러서는 의복 및 직물 자체가 갖지 못한 기계적 기능을 결합한 개념으로, 의복 자체가 모든 것을 알아서 처리하는 미래형 최첨단 의복을 의미한다. 즉 각종 신기능들이 부가된 미래형 무선 단말기와 칩을 내장하여 의복 자체가 하나의 컴퓨터이다. 가령, 스마트웨어에 부착된 기기들은 초소형으로 옷 속에 내장되어 있기 때문에 단지 평소처럼 옷만 챙겨 입기만 하면 된다. 별도로 이어폰 같은 것도 챙길 필요가 없다. 특히 의류 자체가 필요한 기능을 스스로 알아서 일을 수행하게 된다는 것이 가장 큰 특징이다. 종류로는 생체신호 측정의류, 광섬유기반 의류, 환경신호 측정의류, 무전기 기능의류, 운동량 측정의류, 발광 의류 등이 있다.

[그림 9-18] 리바이스& 필립스 ICD+

웨어러블 디바이스의 역사는 매우 넓은 의미의 웨어러블 컴퓨터의 시작은 16세기 청나라의 반지형 주판으로 볼 수도 있지만, 컴퓨터의 의미를 전자계산기로 좁히면 1966년에 MIT에서 수행된 HMD(Head-Mounted Display)가 적용된 이반 서더랜드(Ivan Sutherland)의 연구가 웨어러블 컴퓨터의 시초이다. 초기의 웨어러블은 컴퓨터의 각 부품을 모듈화하여 몸에 분산하는 형태로 구현되었고, 1970년대에는 간단한 계산기능이 포함된 손목시계의 수준에서 1980년대에 이르러 배낭형 컴퓨터와 같은 형태의 웨어러블 컴퓨터가 등장하였다. 1990년대에 이르러 유비쿼터스의 개념이 등장하고 부품의 소형화가 시작되면서 웨어러블 컴퓨터의 발전이 가속화되었다. 2000년대에는 부품의 초 경량화와 모듈화, 무선 기술의 발전으로 최초의 상업용 의류형 웨어러블 재킷인 ICD+가 청바지 업체인 리바이스와 전자 업체인 필립스에 의해 개발되었다. 2009년 애플의 주도로 시작된 모바일 컴퓨팅과 무선 인터넷의 발전은 웨어러블 컴퓨터가 발전할 수 있는 기반 기술이 발전하는 데 지대한 영향을 미쳤다.

웨어러블 디바이스의 공통된 목적은 소유한 사람의 미세한 동작을 인식하고, 주변 정보와 상황을 인지함으로써 궁극적으로 필요한 것을 제공하는 것이다. 현재는 디바이스의 유형에 따라 그 목적이 구분되어 있으며, 군사, 소방, 제조업 등의 특수한 목적을 위한 것부터 스마트폰 대체, 인간능력 향상, 생활보조, 헬스케어, 흥미 유발 등 일상생활에서의 편의제공까지 우리 생활 깊숙이 관여되어 있다.

(1) 스마트 의류의 형태

스마트 섬유는 스마트 직물(Fabric), 즉 천으로 구현되고, 스마트 직물은 스마트 의류로 재탄생한다. 이에 새로운 종류의 웨어러블 기술이 시장에 속속 등장하면서 지금까지 출시된 헤드셋이나 시계, 휘슬밴드보다 그 기술은 우리의 피부에 더욱 가까워지고 있다. 이는 센서 기반으로 제작된 스마트 의류는 웹 연결 기능을 활용한 휘트니스와 건강 산업은 물론 폭넓은 IT 산업 범위를 확장시킨다.

스마트 의류는 주위 환경이나 인체의 자극에 대한 감지 및 반응 시스템을 적용한 섬유제품 혹은 다양한 기능을 복합적으로 수행하거나 IT 등 첨단 신기술과 결합해 새로운 기능을 구현하는 다기능성 기반 고기능 섬유제품으로 정의한다. 즉 직물로 만들어지는 옷, 즉 겉옷, 속옷, 특수 작업복, 환자복 등과 장신구, 즉 스카프, 장갑 등의 섬유(실)에 인체의 변화를 감지하는 IT기술(센서)을 접목시킨 것이라 할 수 있다.

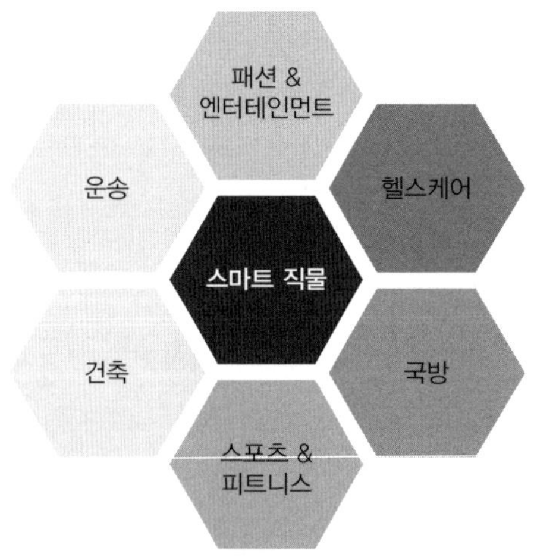

출처 : 프로스트앤 설리반의 '테크놀로지 이노베이션 인스마트 패브릭' 제공

[그림 9-19] 스마트 직물의 활용분야

스마트 의류를 만드는 스마트 직물은 1990년대에 기술개발이 시작됐고, 2001년도부터 본격적인 제품의 형태를 갖추게 되면서 현재까지도 기술개발이 활발히 이루어지고 있다. 초기 스마트 직물의 경우에는 하이테크 디지털 장치와 기능을 섬유제품에 내장시키기 위해 전도성 소재의 개발이었다면, 최근 다양하게 진보되고 있는 IT제품들을 이

용해 다기능(휴대성, 디자인 등)을 갖춘 섬유제품 개발로의 연구가 진행되고 있다. 현재 스마트 직물은 패시브(Passive), 액티브(Active), 인텔리전트(Intellignet) 등 3가지로 분류하고 있다. 패시브는 환경적인 변화나 자극과는 상관없이 추가특성을 나타내는 것으로 폴리아라미드 직물은 자외선을 감지해 직물이 늘어나는 정도인 인장강도를 저하시킨다. 자외선에 60시간 이상을 직접적으로 누출시키면, 인장강도는 초기보다 80% 이상의 저하시킨다. 액티브 직물은 환경적인 변화나 자극을 감지해 반응하고, 인텔리전트 직물은 의류 또는 액세서리에 미리 프로그램화된 매뉴얼을 장착해 특정한 기능을 한다.

① 패시브 스마트 섬유(Passive Smart Textile)

환경적인 변화나 자극과는 상관없이 수동적으로 추가특성을 나타내는 것을 의미한다. 예로 폴리아라미드 섬유는 자외선을 감지하여 인장강도를 저하시키는데, 자외선에 60시간 이상을 직접적으로 누출시키면, 인장강도는 초기보다 80% 이상의 저하를 나타낸다. 그 외에도 다층 복합사, 플라즈마 처리직물, 전도성 섬유, 광센서 직물 등이 패시브 스마트 섬유에 속한다.

② 액티브 스마트 섬유(Active Smart Textile)

환경적인 변화나 자극을 감지하여 반응하는 섬유로, 일반적인 스마트 섬유에 속한다. 예를 들면, 친수성 멤브레인이 습한 환경이 되면, 투습성을 발현하거나, 온도를 조절하며 형상기억의 특성을 가지는 직물 등이 이에 속한다.

③ 인텔리전트 스마트 섬유(Intelligent Smart Textile)

인텔리전트 스마트 섬유는 의류 또는 액세서리에 미리 프로그램화된 매뉴얼을 장착하여 특정한 기능을 수행하거나 반응하도록 만든 섬유를 의미한다.

최근에 섬유제품의 속성을 유지하면서 첨단 디지털 기능이 구비된 스마트 섬유는 많은 사람들의 관심 속에 상용화가 이루어지고 있으며, 일반적으로 전도성 섬유를 활용하여 많은 개발이 진행되고 있다.

(2) 스마트 의류의 사례

① 코오롱스포츠의 라이프택

패션과 IT기술을 접목한 아웃도어 등산 재킷 라이프택의 최선 버전을 선보였다. 라이프택은 산행에서 조난을 당하거나 극한 상황에 처했을 때 착용자의 생명을 구할 수 있도록 설계된 옷이다.

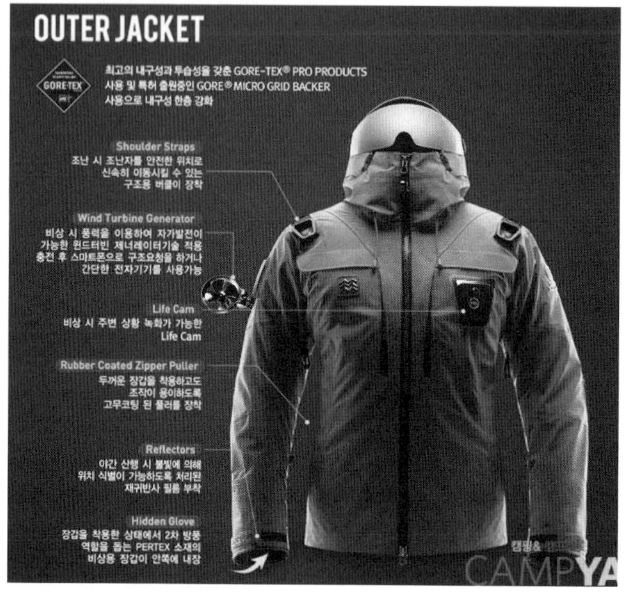

[그림 9-20] 코오롱의 라이프텍

왼쪽 팔에 부착되어 있는 바람개비 형태의 윈드터빈 제너레이터는 자연 바람을 이용한 풍력으로 전기를 생성해 스마트폰 등 모바일 기기 충전을 가능하게 해준다. 오른쪽 팔에는 70g 무게에 8기가 메모리를 자랑하는 블랙박스가 탑재되어 있다. 이 블랙박스는 스마트폰에 연동해 실시간 촬영 기능이 제공되며 LED 조명이 달려있어 조난시 구조 신호를 보낼 수 있다. 라이프텍 재킷에는 다용도 카고백을 함께 구성해 수납공간을 다양화했다. 서바이벌 킷과 히텍스를 보관할 수 있다. 서바이벌 킷은 말 그대로 위급 상황시 필요한 비상용 물 정수제와 식량, 반창고, 일자형밴드, 압박붕대, 응급가위, 핀셋, 관절밴드 등 다양한 응급처치 제품들이 들어있다.

② 아이리버의 아발란치

IT기기 회사인 아이리버는 스스로 발열하는 스마트 의류 아발란치를 개발했는데, 아발란치는 A4 용지보다 약간 작은 크기의 원단에 탄소 섬유를 프린팅하는 방식으로 제작되어 있다.

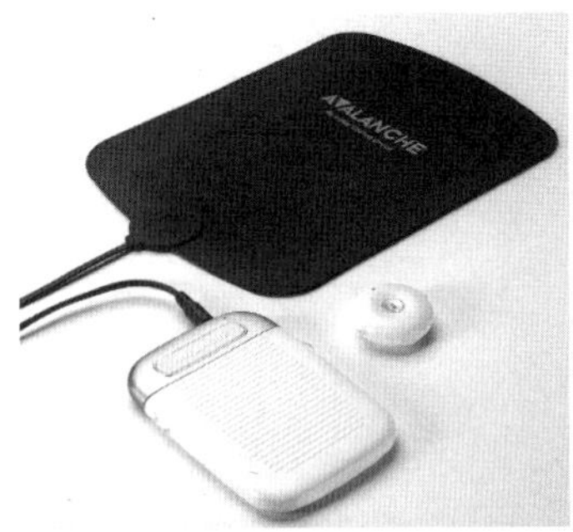

[그림 9-21] 아이리버 아발란치

내장 열선이 없기 때문에 구겨지거나 접혀도 손상 위험이 없다. 옷에 내장되어 있는 발열체와 연결된 주머니 수납용 컨트롤러는 1분 이내에 최대 52도까지 온도를 조절할 수 있어 외출하면서 따뜻한 외투를 바로 입을 수 있게 해준다. 자동 센서는 알아서 온도를 감지해 일정 온도에서 전력 소모를 억제해 과열 위험을 방지한다. 컨트롤러는 스마트폰을 충전하는 보조 배터리로도 활용 가능하다.

③ 제일모직의 로가디스 스마트수트

제일모직은 근거리무선통신(NFC)을 탑재한 로가디스 스마트수트 2.0을 출시했다. 이는 재킷 안쪽에 부착된 스마트폰 전용 주머니에 무선통신 모듈 NFC 태그를 넣어 옷과 스마트폰 애플리케이션이 연동된다.

[그림 9-22] 제일모직의 로가디스 스마트수트

수트 주머니는 휴대폰을 넣을 경우, 무음과 함께 전화 수신도 차단되는 에티켓 모드가 작동한다. 스마트 슈트에 들어간 IT기술은 스마트 슈트에 들어간 NFC(Near Field Communication)이고, 이는 NFC란 10cm의 가까운 거리에서 데이터를 전송하는 무선통신 모듈로 최근 결제를 비롯하여 출입통제, 잠금장치, 마켓, 교통 등에서 광범위하게 활용되고 있다. 로가디스 스마트 슈트 2.0은 업계 최초로 NFC 태그를 슈트 재킷의 포켓 안에 삽입하여 자동 에티켓 모드와 SMS, 이메일로 명함을 전송하는 등 스마트한 서비스를 제공하고 있다.

④ 구글과 리바이스의 스마트 자켓

구글과 청바지의 대표 브랜드인 리바이스(Levi's)가 함께 스마트 재킷을 출시했는데, 이는 웨어러블 기기가 기존 스마트워치 등을 넘어 옷으로도 확대되고 있는 것이다.

스마트 청재킷은 커뮤터(Commuter)로 ATAP의 자카드(Jacquard) 기술이 최초로 접목 되었다. 자카드 기술이란 센서 역할을 하는 데님 천에 전류를 흘려, 천이 사용자의 제스처나 행동을 읽을 수 있게 하는 기술이다. 사용자는 소매를 터치해 듣고 있는 노래를 바꾸거나 전화를 받는 등 스마트폰 조작을 할 수 있는 일종의 터치패드 역할을 하는 옷감이 블루투스로 연결된 스마트폰을 조작하는 원리다. 스마트 청재킷 커뮤터의 기능이 스마트 워치와 흡사할 수 있지만 눈에 덜 띄며 세련되어 보인다.

[그림 9-23] 구글과 리바이스의 청자켓

⑤ 라이크어글로브의 스마트 의류

미국 라이크어글로브(LikeAGlove)는 입기만 하면 정확한 신체치수를 알려줘 옷을 구매할 때 편리하게 사용할 수 있는 스마트의류를 출시할 예정이다. 라이크어글로브의 스마트 의류는 전도성 섬유로 만든 재질의 옷으로 안감에 신체 치수를 측정해주는 센서를 넣었다. 사용자의 신체치수는 자동으로 측정되자마자 모바일 기기의 애플리케이션에 전달되고 이 정보는 사용자 프로필에 저장된다.

스마트웨어는 첫째, 섬유와 직물 사이의 부가가치 제품개발 수요가 많은 스마트 소재 응용분야로 확장되어 나갈 것이다. 새로운 첨단 소재 자체의 개발이 중요해진다는 의미다. 둘째, 섬유와 패션이 다른 산업과 만나 그 영역을 확장해나갈 것이다. 건강보조와 환자 모니터링과 관련된 헬스 영역, 게임 및 스포츠와 접목한 일상적 라이프스타일, 그리고 작업 보호복이나 군복 등과 접목한 안전과 공공의 영역에서 응용될 것으로 예상된다. 마지막으로 기술적 분야에서 IT업계와 지속적으로 연계함으로써 별도의 단말기 없이 옷을 입는 그 자체로 IT 기술의 플랫폼이 되는 등 향후 웨어러블 디바이스의 핵심적 역할을 담당할 것이다.

연습문제 EXERCISE

※ 다음 빈칸에 알맞은 말을 넣으시오.

01 ( )은 자연어 형식으로 된 질문들에 답할 수 있는 인공지능 컴퓨터 시스템으로 IBM 최초의 회장 토머스 J. 왓슨에서 이름을 작성하였다.

02 2016년 롯데그룹은 IBM의 AI 솔루션 왓슨을 도입해 백화점, 마트, 편의점, 면세점 등 다양한 경로에서 수집되는 고객 데이터를 활용해 대고객 서비스를 극대화하겠다고 밝혔으며 우선적으로 유통 관련 계열사에 지능형 ( )를 도입한다.

03 ( )이란 환경과의 상호작용에 기초하여 경험적인 데이터로부터 스스로 성능을 향상시키는 시스템을 연구하는 과학과 기술로 정의된다.

04 1990년대 중반 이후에는 인터넷과 웹이 활성화되고 ( )이 등장하면서 기계학습은 그 핵심 기술로 자리잡았다.

05 기존 u-헬스의 개념이 포괄하고 있는 u-메디컬, u-실버, u-웰니스를 모두 포함하고, 여기에 건강관리, 영양, 운동처방, 환자교육 등을 포함하는 것이 ( )이다.

06 ( )는 입는 컴퓨터( )로 불리며 특수 소재나 컴퓨터 칩을 사용해 전기신호나 데이터를 교환하거나 외부 스마트 기기와 연결해 다양한 기능을 수행한다.

※ 다음 내용이 맞는지(T) 혹은 그렇지 않은지(F) 판별하시오.

01 1997년 체스게임에서 딥 블루 대 가리 카스파로프에서 IBM 딥 블루가 체스 세계 챔피언 가리 카스파로프를 누르고 승리하였던 것이 IBM은 새로운 도전이다. ( )

02 20세기 폭스가 만든 영화 모건(Morgan)은 공포 장르를 표방하여 강렬한 이미지를 전달하는데 예고편 편집을 IBM의 왓슨이 제작하였다. ( )

03 머신러닝을 위한 신경망(Neural Network)을 개발한 Geoffrey Hinton은 딥러닝(Deep Learning)을 유행어로 확신시켰다. ( )

04 고객 분석, 시장 클러스터 분석, 고객관리(CRM), 마켓팅, 상품 추천 등에 활용되는데, 마케터들은 최적의 판매와 마케팅 기회, 그리고 최적의 제품을 판단하기 위한 도구로 왓슨을 사용한다. ( )

05 스마트 헬스케어는 센서 기술, 데이터 분석기술, IoT(Internet of Things)와 빅데이터(Big Data) 등이 기초가 된다. ( )

06 초기 스마트 직물의 경우에는 하이테크 디지털 장치와 기능을 섬유제품에 내장시키기 위해 전도성 소재의 개발이었다면, 최근 다양하게 진보되고 있는 IT제품들을 이용해 다기능(휴대성, 디자인 등)을 갖춘 섬유제품 개발에도 불구하고 침체기를 맞고 있다. ( )

※ 다음 내용에 대해서 간략히 서술하시오.

01 머신러닝의 학습 형태를 설명하시오.

02 스마트 헬스케어의 특징을 설명하시오.

03 스마트 직물의 종류에 대해서 설명하시오.

※ 다음 주제에 대해서 토론하시오.

01 당신이 기업의 대표라면 왓슨과 같은 컴퓨터를 채용하는지 여부를 토의하시오.

02 뇌파로 사람의 마음을 읽는 기술이 생활에 주는 변화를 토의하시오.

Chapter

10

빅데이터 활용

10.1 빅데이터의 개요

(1) 빅데이터란?

① 빅데이터의 정의

빅데이터는 디지털 환경에서 생성되는 모든 데이터를 의미하며, 규모가 방대하고 생산 주기가 짧은 정보폭발(Information Explosion)이라 정의된다. 더그 레이니(Doug Laney)는 2001년 빅데이터를 3차원 데이터 관리(3D Data Management)로서 통제된 자료의 용량(Controlling Data Volume), 속도(Velocity), 다양성(Variety)이라고 정의하였다.

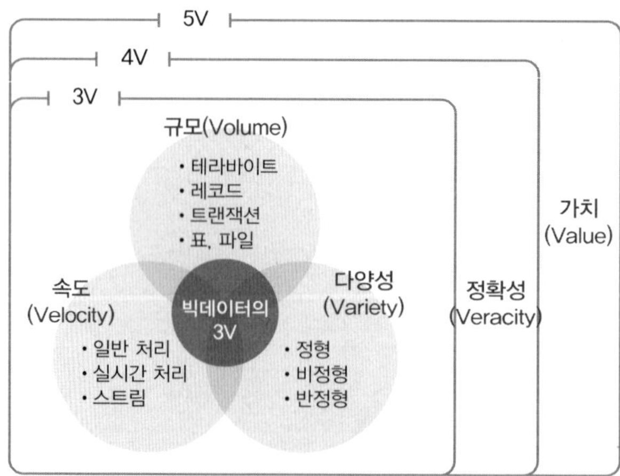

[그림 10-1] 3Vs로 정의된 빅데이터

빅데이터를 소셜미디어(SNS)의 데이터로 잘못 판단하기도 하지만 1990년 이후 인터넷이 확산되면서 정형화된 데이터와 비정형화된 대량의 데이터가 발생하면서 등장하여 현재의 빅데이터 개념으로 이어지고 있다. 이는 개인화 서비스와 소셜미디어의 확산으로 기본 인터넷 서비스 환경이 재구성된 것이고, 세계 디지털 데이터 양이 제타 바이트(Zettabyte, ZB), 즉 10^{21}을 의미하는 단위로 2년마다 2배씩 증가하여 2020년에는 약 40 제타 바이트가 될 것이라고 예측하였다. 특히 스마트폰의 보급으로 데이터가 매우 빠르게 축적되어 제타바이트 시대를 스마트 시대라고도 불린다. 여기서 디지털 데이터의 단위를 살펴보면 다음과 같다.

〈**표 10-1**〉 디지털 데이터 단위

- 1테라바이트(TeraByte: TB) = 10^{24}GB
- 1페타바이트(PettaByte: TB) = 10^{24}TB
- 1엑사바이트(ExaByte: EB) = 10^{24}PB
- 1제타바이트(ZetaByte: ZB) = 10^{24}EB
- 1요타바이트(YottaByte: YB) = 10^{24}ZB

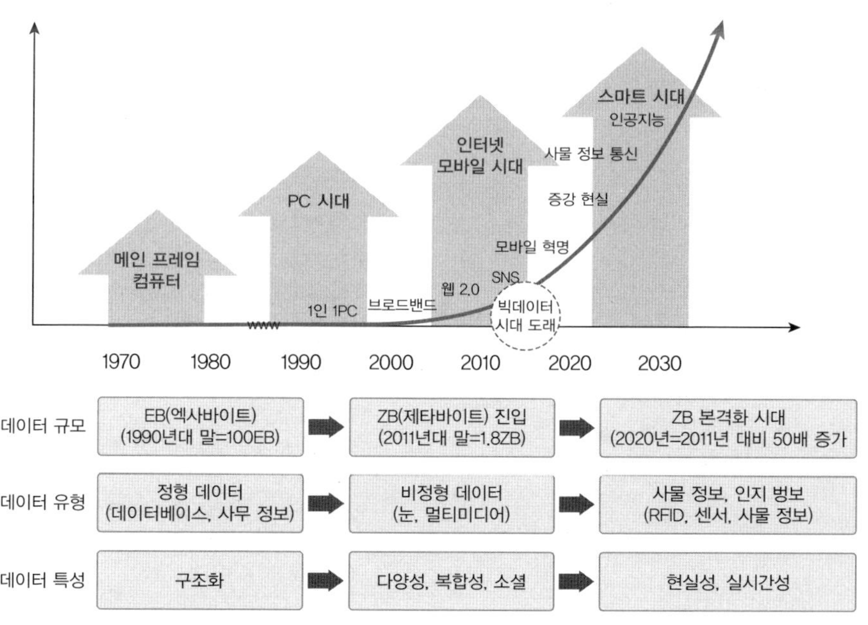

[그림 10-2] 데이터의 변화 방향

2008년 브렛 스완슨(Bret Swanson)과 조지 길더(George Gilder)는 2015년 미국의 인터넷으로의 교환 정보가 1제타바이트가 될 것이며, 저장 규모는 2006년과 비교하여 최소 50배 이상 커진다고 주장하였다. 2010년 케네스 쿠키어(Kenneth Cukier)는 Data, data everywhere!라는 슬로건을 통하여 세계는 상상할 수 없을 만큼의 디지털 정보를 가지고 매우 빠르게 커져가고 있다고 주장하였다. 이는 빅데이터의 범위가 비즈니스에서 과학자, 정부에서 예술까지 넓어질 것을 예측한 것이다.

2012년 가트너에서 빅데이터는 빠른 용량, 빠른 속도, 다양성이 높은 정보이고, 이를 바탕으로 의사결정이나 새로운 관점의 통찰을 찾아내고, 프로세스의 최적화를 향상시키기 위해서는 새로운 형태의 처리 방식이 필요한 자료라고 정의하였다. 여기에 IBM은 정확성(Veracity) 요소를 추가하고, 최근에는 데이터의 가치(Value)를 포함하여 그 의미를 확장하여 활용하고 있다.

② 빅데이터의 특징

전통적인 데이터와 빅데이터의 특징을 비교하면 다음과 같다.

〈표 10-2〉 전통데이터와 빅데이터의 비교

구분	전통적 데이터	빅데이터
데이터 원천	전통적 정보 서비스	일상화된 정보 서비스
목적	업무와 효율성	사회적 소통, 자기표현, 사회 기반 서비스
생성 주체	정부 및 기업 등 조직	개인 및 시스템
데이터 유형	• 정형 데이터 • 조직 내부 데이터(고객 정보, 거래 정보 등) • 주로 비공개 데이터	• 비정형 데이터(비디오 스트림, 이미지, 오디오, 소셜 네트워크 등 사용자 데이터, 센서 데이터, 응용 프로그램 데이터 등) • 조직 외부 데이터 • 일부 공개 데이터
데이터 특징	• 데이터 증가량 관리 가능 • 신뢰성 높은 핵심 데이터	• 기하급수로 양적 증가 • 쓰레기(Garbage) 데이터 비중 높음 • 문맥 정보 등 다양한 데이터
데이터 보유	정부, 기업 등 대부분 조직	• 인터넷 서비스 기업(구글, 아마존 등) • 포털(네이버, 다음 등) • 이동 통신 회사(SKT, KTF 등) • 디바이스 생산 회사(애플, 삼성전자 등)
데이터 플랫폼	정형 데이터를 생산 · 저장 · 분석 · 처리할 수 있는 전통적 플랫폼 예 분산 DBMS, 다중처리기, 중앙 집중 처리	비정형 대량 데이터를 생산 · 저장 · 분석 · 처리할 수 있는 새로운 플랫폼 예 대용량 비정형 데이터 분산 병렬 처리

빅데이터는 활용되는 데이터의 다양성을 기준으로 정형, 반정형, 비정형 데이터로 분류한다. 여기서 정형 데이터는 데이터의 형태에 따라서 고정된 필드에 저장된 데이터를 의미하고, 예로서 관계형 데이터베이스나 스프레드시트 등이 있다. 반정형 데이터는 고정된 필드에 저장되어 있지는 않지만 메타 데이터나 구조(스키마)를 포함하는 데이터고, 예로서 HTML 텍스트 등이 있다. 비정형 데이터는 고정된 필드에 저장되어 있지 않은 데이터로서 텍스트 분석이 가능한 텍스트 문서, 이미지, 동영상, 음성데이터 등이 해당된다.

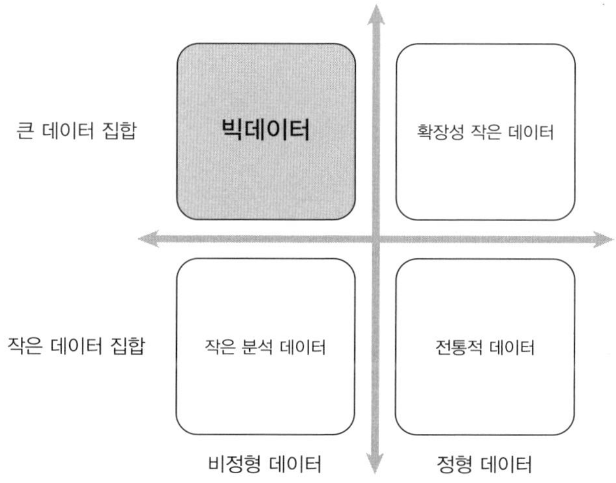

[그림 10-3] 빅데이터의 분류

빅데이터를 기반으로 사람들의 행동이나 위치 정보 등의 패턴을 분석하고, 이들 간에 유용한 상관관계를 유추하여 유용한 정보를 추출하고 의사결정에 활용하는 것이 데이터 마이닝(Data Mining)이다.

빅데이터는 관점에 따라서 네 가지 측면이 있다. 첫째, 소스(Source)로서 빅데이터는 대용량 자료나 문제해결 및 분석을 위한 원천 자료를 의미한다. 둘째, 분석(Analytic)으로서 빅데이터는 자료의 분석과 해석에서 어떠한 의미를 도출하는 과정이다. 셋째, 시각화(Visualize)로서 빅데이터는 데이터의 시각화나 시각화 이전 현상을 구조화하거나 패턴화하는 것이다. 넷째, 문화(Culture)로서 빅데이터는 문화를 발견하고 이해하고 예측하는 도구를 의미한다.

빅데이터는 검증된 소비자에서 추출된 자료들을 통하여 추측이나 상상이 아닌 소비자의 라이프스타일과 행동을 자연스럽게 조사하도록 하여, 그 객관화된 자료들을 기반으로 미래 현상의 예측을 가능하게 함으로써 정확하고 효율적인 기업의 의사 결정에 중요한 역할을 한다.

③ 빅데이터 분석 과정

마케터에게 빅데이터를 기반으로 한 소비자 행동의 패턴을 파악할 수 있다는 것은 커다란 무기이고, 이는 소비자가 시장을 주도하는 형태로 마케팅 패러다임의 변화에 원천이 되기도 한다. 또한 이 과정은 기업이 시장을 점유하기 위해 소비자들을 이해하고, 원활한 커뮤니케이션을 지원하는 원천(Source)을 제공하는 마케팅의 중요 포인트가 되고 있다.

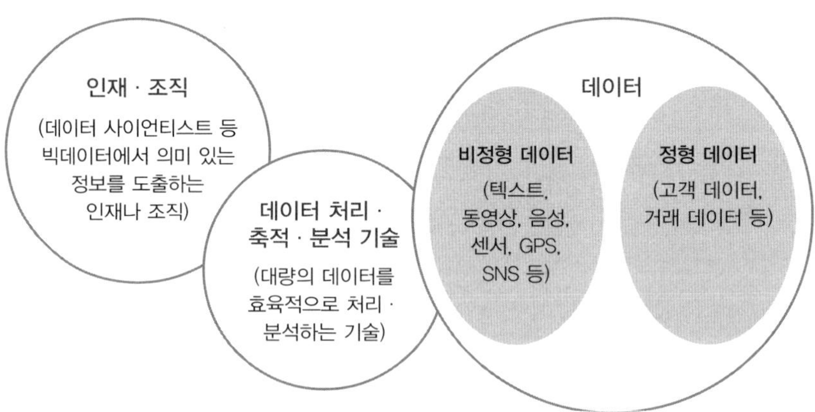

[그림 10-4] 빅데이터 처리 개념

빅데이터 분석 과정에서 가장 우선되어야 하는 것은 데이터를 어디로부터 가져오는가(Where), 데이터 분석 결과가 왜 필요한가(Why), 누구를 위해 사용할 것인가(Who)를 정의하여 활용기준을 삼는 것이다. 일반적으로 많이 사용되는 분석 방법은 Eye Tracking, 로그 분석(Goole Analytics), Scrolling Heatmap Analysis, Confetti Analysis, Video Recording Analysis, On–line 포털사이트, SNS, Community 등이 있다.

빅데이터를 처리하는 과정은 기존의 데이터와 속성이 다른 데이터를 수집, 저장, 처리,

분석, 표현을 하는 단계로 이루어지고, 이는 새로운 접근들을 포함한다.

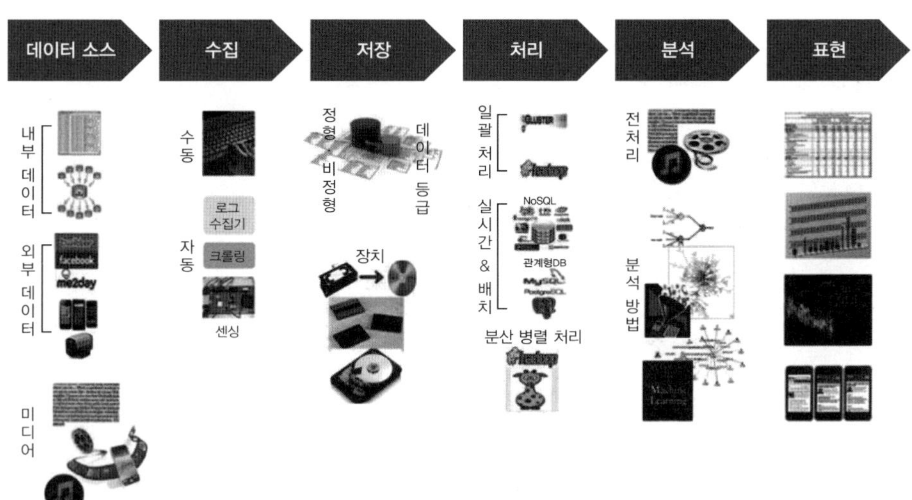

[그림 10-5] 데이터 처리과정

각 과정별로 새롭고 다양한 기술들이 등장하고 있는데, 대부분의 기술들이 자료의 수집 단계에 많이 집중되어 있다. 여기서는 IT 기반의 기술들이 많이 활용되고 있다. 대표적인 방법으로 검색엔진을 통한 데이터 수집 기법인 크롤링(Crawling)이 있고, 수집된 소스 데이터에서 원하는 정보를 추출, 전송, 변환, 적재를 위한 적합한 방법론들이 개발되고 있다. 빅데이터 분석에 사용하는 기술은 대부분 통계학과 컴퓨터 분야의 기계학습 및 데이터 마이닝 기법들이다.

첫째, 텍스트 마이닝(Text Mining)은 자연적으로 사용된 비정형 텍스트에서 유용한 정보를 추출하거나 다른 데이터의 연계성을 파악하여 분류나 군집화 등을 통해서 텍스트에 숨겨진 의미와 정보를 찾아내는 방법이다.

둘째, 웹 마이닝(Web Mining)은 인터넷에서 수집한 정보를 데이터 마이닝 기법으로 분석하는 방법이다.

셋째, 오피니언 마이닝(Opinion Mining)은 다양한 온라인 뉴스나 소셜미디어의 댓글 또는 사용자가 생성한 콘텐츠에 표현된 의견들을 분석해내는 방법으로 텍스트 내의 감정과 상태를 분석하는 데 사용된다. 이를 대부분 바이럴(Viral)이라고 한다.

넷째, 리얼리티 마이닝(Reality Mining)은 휴대용 기기들을 활용하여 소비자들의 행동을 추론하는 방법으로 통화 정보 등을 기반으로 소비자들의 행동 특성을 추출한다.

다섯째, 소셜 네트워크 분석(Social Network Analysis)은 그래프(Graph Theory)를 기반으로 소셜 네트워크 서비스의 연결 구조와 연결 강도를 분석하여 소비자의 영향력 등을 분석하는 방법이다.

여섯째, 분류(Classification) 및 군집화(Clustering)는 미리 알려진 클래스들을 분류하고 새로이 추가되는 데이터를 속할 만한 데이터 군으로 나누는 방법이며, 이들을 다시 비슷한 데이터로 그룹화하는 방법이 군집화이다.

일곱째, 기계 학습(Machine Learning)은 인공지능 분야에서 인간의 학습 방법을 모델링하는 것으로 컴퓨터가 학습할 수 있도록 하는 알고리즘과 기술을 개발하여 수신한 정보를 판단하는 방법이다. 여기에 의사 결정 트리(Decision Tree), 베이지언(Bayesian), 마르코프(Markov) 등이 있다.

(2) 빅데이터 활용

① 빅데이터 활용이란?

빅데이터란 단순히 대용량의 데이터만을 의미하는 것이 아니라 대용량의 데이터를 활용·분석하여 가치 있는 정보를 추출하고, 생성된 지식을 바탕으로 능동적으로 대응하거나 변화를 예측하기 위한 정보화 기술을 의미한다. 여기서 초기에 데이터 규모와 기술적인 측면에서 출발했으나, 빅데이터의 가치와 활용효과 측면으로 의미가 확대되는 추세이다.

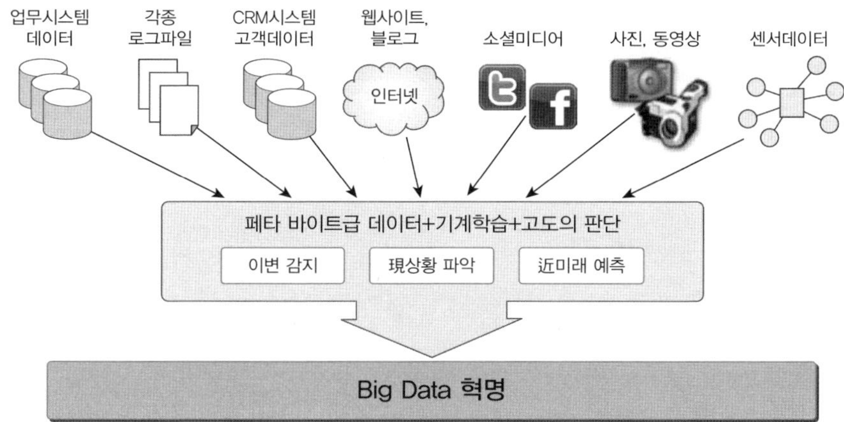

[그림 10-6] 빅데이터 활용

빅데이터의 처리 특징으로는 의사결정 속도, 처리 복잡도, 데이터 규모, 데이터 구조, 분석 유연성, 처리량 등이 있다.

첫째, 의사결정의 속도에서 신속한 의사결정이 상대적으로 덜 요구되어 장기적이고 전략적인 접근이 필요하다. 둘째, 처리 복잡도는 다양한 데이터 소스, 복잡한 로직 처리, 대용량 처리로 처리 복잡도가 높아서 분산처리 기술이 필요하다. 셋째, 데이터 규모에 있어서는 처리할 데이터 규모가 방대하여 고객정보 수집 및 분석을 장기간에 걸쳐 수행해야하므로 처리해야 할 데이터의 양이 방대하다. 넷째, 데이터 구조에 있어서는 비정형 데이터의 비중이 높아 소셜미디어 데이터, 로그파일, 스트림 데이터, 콜센터 로그 등 비정형 데이터 파일의 비중이 높다. 다섯째, 분석의 유연성 측면에서는 처리나 분석 유연성이 높아 잘 정의된 데이터 모델, 상관관계, 절차 등이 없이 기존 데이터 처리방법에 비해 처리 및 분석의 유연성이 높다. 마지막으로 처리량에서는 동시 처리량이 낮은데, 대용량이고 복잡한 처리가 가능하여 동시에 처리할 수 있는 데이터양이 적어 실시간 처리가 보장되어야 하는 데이터 분석에는 부적합하다.

빅데이터를 활용한 분야에는 다음과 같다.

〈표 10-3〉 빅데이터 활용분야

도메인	분석 대상 데이터	예상 효과
미국의 의료 산업	제약사 연구 개발 데이터, 환자 치료 · 임상 데이터, 의료 산업의 비용 데이터	연간 $3조로, 0.7% 생산성 향상
유럽의 공공 행정	정부의 행정 업무에서 발생하는 데이터	연간 $4.1조로, 0.5% 생산성 향상
소매업	고객의 거래 데이터, 구매 경향	• $1조+서비스 업자 수익 • $7조 소비자 이익
제조업	고객 취향 데이터, 수요 예측 데이터, 제조 과정 데이터, 센서 활용 데이터	• 60% 마진 증가 • 0.5~1.0% 생산성 향상
개인 위치 데이터	개인과 차량의 위치 데이터	• 개발 및 조립 비용 50% 감소 • 운전 자본 7% 감소

공공 분야는 국가적 차원에서 방대한 양의 데이터로 수자원 관리, 스마트 그리드, 재난 방재 영역 등을 포괄적으로 포함한다. 과학 분야에서는 산발적으로 흩어진 과학 데이터를 국가 차원에서 수집, 가공, 유통, 재활용할 수 있는 기반을 마련한다. 의료 분야에서는 의료기록의 전자화, 병원 간 연구 데이터 공유로 빅데이터 도입과 활용이 확대되고 있다. 도소매 분야에서는 이미 데이터를 활용 중이며 빅데이터 분석으로 수요 예측 및 선제적 경영 지원에 초점을 두고 있다. 제조분야에서는 보유 데이터양이 많고, 불량품 개선비용 등의 적용효과를 계량화하여 빅데이터의 유용성을 확인할 수 있는 분야이다. 정보통신 분야에서는 이동통신의 발전과 개인 단말기의 증가로 생성된 디지털 공간의 개인 데이터로 목표 마케팅, 개인화 서비스 확대되고 있다.

빅데이터를 활용하여 얻을 수 있는 기대 효과로는 우선, 이상 현상 감지이다. 이는 업무에서 발생하는 이벤트를 기록하여 정상 혹은 비정상 상태를 표시하는 패턴을 파악하고, 이 패턴을 기초로 새로운 이벤트가 발생할 경우 이상 현상 여부를 판단한다. 마케팅 분야에도 활용 가능하고, 고객 이탈을 사전에 감지하거나 위키 리스크 데이터 분석으로 효과적인 전술 정보 제공한다. 아마존 닷컴의 추천 상품 표시, 구글 및 페이스북의 맞춤형 광고 등이 대표적이다.

② 국내 · 외 빅데이터 활용 현황

빅데이터 분석을 위한 솔루션 개발은 다양한 분야에서 활발하게 이루어지고 있다. 빅데이터 솔루션 구현의 기본 방향은 활용되는 빅데이터의 영역에 적합하도록 분석 기능을 포함하는 것이다. 왜냐하면 빅데이터의 분석 결과를 바탕으로 응용되어야 할 영역이 다양하기 때문에 전체를 포괄할 수 있는 대표 솔루션 개발은 현실적으로 어려운 상황이다. 대중적인 포털 사이트인 네이버는 기업이나 개인이 빅데이터를 활용할 수 있도록 자체 사이트에서 데이터 랩(Data Lab)을 구축하여 서비스하고 있다. 온라인 바이럴 마케팅을 하는 기업들을 중심으로 여기서 제공된 분석 결과가 다양하게 활용되고 있다. 네이버 데이터 랩의 핵심은 이용자들이 다양한 민간 및 공공 데이터를 제공받아 자신이 보유한 데이터에 융합하여 활용할 수 있다는 점이다. 데이터 랩은 네이버 검색 데이터를 개인 이용자가 보유한 데이터와 융합·분석할 수 있는 데이터 융합 분석 기능이 있다. 그리고 위치 정보를 기반으로 지역별 특정 분야의 데이터를 시각적으로 보여주는 지역 통계 기능과 현재 인기 검색어들의 기간별 트렌드를 파악할 수 있는 검색어로 알아보는 국내 정보 등으로 구성되어 있다.

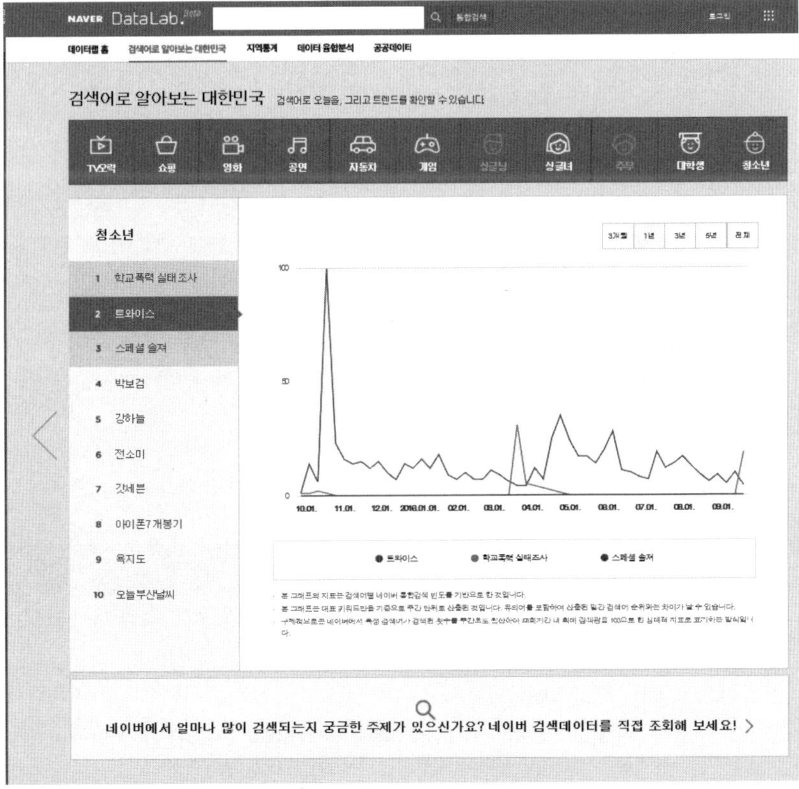

[그림 10-7] 데이터 랩의 검색 화면

데이터 융합분석 기능은 이용자의 데이터를 네이버 검색 데이터에 융합하여 분석하는 기능이 제공된다. 이는 새로운 사업 방향이나 아이디어를 모색하는 중소기업이나 스타트업 등 사용자들에게 유용하다. 예를 들어, 의류 쇼핑몰 관련 업체는 데이터 랩의 테스트를 통해 특정 상품의 구매 기간을 예측하고, 재고 확보 및 온라인 판매의 적정 시기 등에 대한 주요 데이터 분석이 가능하다. 민간 기업의 정보와 공공 데이터를 시각적으로 결합한 지역 통계 기능은 네이버의 지역 서비스에 등록된 업체와 해당 지역의 검색 사용자 수를 비교하여 업종별 분포도를 네이버 지도상에서 시각화한 정보를 제공한다. 이는 공공 기관이 제공하는 데이터가 네이버 지도에 융합된 서비스이다. 현재는 국토교통부가 제공하는 실거래가 공개 시스템과 연계하여 이용자들이 읍·면·동 단위로 세분화된 아파트 실제 매매가와 전·월세 거래량 등을 지도상에서 확인할 수 있다. 검색어로 알아보는 대한민국 기능은 2007년부터 현재까지 각 분야별로 라이프스타일에 따라 분류한 10여 년간의 인기 검색어 데이터를 바탕으로 한다. 이는 사용자가 관심 있는 검색어에 대해 최소 3개월에서 최대 10년까지의 변화 추세를 확인할 수 있다. 이 기능은 설정 기간 내 해당 검색어의 최대 검색량을 100으로 산출한 상대적 수치 형태로 결과가 제공된다. 예를 들어, 현재 공연 분야의 인기 검색어에 오른 특정 뮤지컬이 최근 3개월 내의 검색량을 그래프로 보여 준다.

이외에도 데이터 랩은 통계청, 공공 데이터 포털 등이 제공하는 13만 건 이상의 공공 데이터를 제공한다. 네이버의 데이터 랩은 포털 사이트 이용자를 기준으로 제공되는 정보로서 소비자의 트렌드 전체를 대표하기에는 제한이 있지만 소비자 행동 분석을 위한 기초 데이터로서 활용할 수 있다. 이외에도 다음과 같이 다양한 분야에서 빅데이터가 활용되고 있다.

〈표 10-4〉 국내 빅데이터 활용 현황

구분	내용
국민권익위원회, 민원정보분석 시스템	• 홈페이지 민원, 제안, 콜센터 상담 등을 통해 축적된 민원 데이터를 종합적 · 체계적으로 분석하여 정책에 환류할 수 있도록 지원 • 과거 민원 발생 현황 등을 월별, 지역별 주요 민원 캘린더를 제작하여 사회적 이슈를 민원 지도 형태로 제공
한국도로공사, 고객 목소리 분석 시스템	• 콜 상담서비스, 민원관리 시스템, 채팅 상담 시스템을 고도화된 언어처리 기법으로 분석하여 고객만족 활동에 도움이 될 수 있는 지표와 이슈 도출 • 주요 이슈 사항이나 불만을 사전에 파악하여 대응할 수 있는 기반을 마련하고 서비스 전략 수립이나 정책 수립을 위한 의사결정 지원

한국수자원공사, 스마트 워터 그리드	• 수도관 중간에 유량, 수질, 유수율(물공급량과 수도요금의 비율) 등을 관측하는 센서가 설치되어 있어 수도관의 정보를 실시간으로 관저 컴퓨터에 전송 • 수도관 파손으로 누수가 발생하면 수도관에 설치된 센서에서 누수량 감지 및 누수 위치 파악
포스코, 원자제 구매 시스템	• 철광석 가격에 영향을 미치는 남미, 호주 광산의 상황과 런던 금속거래소(LME)를 통해 수집한 광물 가격 데이터를 실시간으로 분석 • 고객사의 수요 데이터와 전 세계 철광산 및 현물 거래소의 가격 데이터를 포함한 후 비교하여 철광석 구매의 최적 타이밍과 가격대 결정
SK텔레콤, 스마트인사이트 시스템	• 기업들이 원하는 키워드를 중심으로 온라인 여론을 분석하여 실시간으로 제공 • 기업의 평판을 실시간으로 모니터링하여 기업의 대응전략 마련을 지원
보건복지부, 수용자 중심의 시스템	• 지방 자치단체에서 집행하는 약 120여 개의 복지급여 및 서비스 이력을 개인별, 가구별로 통합 관리 • 복지급여 지급과정에서 지급내역의 임의수정을 통한 부정 소지 차단 및 실명 확인 후 입금으로 재정의 투명성
분당 서울대병원, 임상의사결정지원 시스템	• 현재 보유한 진료기록이 60TB 규모로 처리속도가 느려짐에 따라 빅데이터 분석으로 시간 단축 및 자연어처리 기능 강화 • 분당 서울대병원에서 부적절한 용량의 신독성 처방률이 30.6%로 감소

빅데이터 해외사례로 대표적인 것은 구글 flu Trends로 구글이 2008년 11월부터 선보인 독감 트렌드 서비스이다. 이는 전 세계 각지에서 독감증세, 독감치료 등 독감과 관련된 검색어의 입력 빈도를 지역별로 파악해 독감 유행 수준을 매우 낮음에서 매우 높음까지 5개 등급으로 구분해 표시한다. 특정 지역에서 발열이나 기침 등 독감 관련 검색이 늘어나면 검색어와 관련된 IP주소를 지도에 추가해 해당 지역의 독감 유행 수준 등급이 거의 실시간으로 표시된다. 구글의 독감 트렌드가 지난 2009년 2월 대서양 연안 중부지역 주에서 감기가 확산될 것이란 정보를 미국 질병통제예방센터(CDC, Centers for Disease Control and Prevention)보다 2주 먼저 예측한 것은 지금도 화제가 되고 있다. 앞서 구글은 미국 CDC의 관련 보고서보다 1주에서 2주 정도 더 빨리 독감 바이러스의 활성을 정확히 예측하는 실시간 감시 시스템으로 변환시켜주는 컴퓨터 모델을 제시했으며, 그 결과가 네이처(Nature)지에도 게재됐다. 이번에도 구글의 독감 트렌드는 미국 CDC의 독감 감시 리포터와 거의 일치하고 있다. 게다가 CDC보다 앞서 독감의 확산 경로를 보여주고 있다. 이외에도 해외에서 다양한 분야에서 빅데이터가 활용되고 있는데, 이를 정리하면 다음과 같다.

〈표 10-5〉 해외 빅데이터 활용 현황

구분	내용
미국 국세청, 탈세방지시스템	• 방대한 자료로부터 이상 징후를 찾아내고 예측 모델링을 통해 과거의 행동 정보를 분석하여 사기 패턴과 유사한 행동 검출 • 페이스북이나 트위터를 통해 범죄자와 관련된 소셜 네트워크를 분석하여 범죄자 집단에 대한 감시 시스템 마련
뉴욕주 시라큐스시, 스마터 시티	• 데이터 분석을 통해 낙후된 지역에서 공통적으로 나타나는 현상을 파악 • 수집된 정보를 분석 · 통합하여 낙후지역의 특성에 맞춘 새로운 도시 개발 모델 제시
덴마크, 배스타스 윈드 시스템	• 바람의 방향 및 높이에 따른 변화요소, 날씨, 조수 간만의 차, 위성 이미지, 지리 데이터, 날씨 모델링 조사 등의 데이터 이용 • 동력을 얻기 위한 터빈의 관리 및 배치를 위해 데이터 분석 시스템을 이용하여 에너지 효율성을 높일 수 있는 방안 마련
월마트, 월마트랩	• 월마트랩을 이용한 소비자 소비 패턴 조사를 통해 점포 운영에 반영 • 소셜 미디어를 통해 대규모 데이터를 수집하여 리얼타임으로 해석된 추출된 정보를 이용하여 상품판매를 촉진하는 기법
FBI, 범인 검거 체계	• 미제 사건 용의자 및 실종자에 대한 DNA 정보를 포함한 12만 명의 범죄자 DNA 정보 저장 • 1시간 내에 범인 DNA 분석을 위한 주정부 데이터베이스 연계 및 빅데이터 실시간 분석
코카콜라, 마케팅 전략	• 트위터, 페이스북에서 발생하는 코카콜라 관련 데이터를 수집 분석 • 코카콜라에 비우호적인 정보가 증가하는 국가나 지역을 대상으로 홍보를 강화하는 등 실시간 대응 가능
헐리우드, 흥행 수익 예측	• 트위터 등 소셜 네트워크서비스(SNS)가 미국 할리우드에서 영화의 흥행 여부를 미리 판단 • 영화사들은 개봉 전 SNS를 면밀히 검토해 영화에 대한 고객들의 관심 정도를 파악하고 홍보 예산 책정
미국 국립보건원, 유전자 분석	• 1,700명의 유전자 정보를 아마존 클라우드에 저장하여 누구나 데이터 이용 가능 • 난치병 및 불치병과 관련된 유전자 정보를 공유하고 분석함으로써 새로운 치료제 개발 가능성 제시

10.2 빅데이터 활용사례

(1) 고객 맞춤형

① 신한카드의 고객 맞춤형

신한카드는 카드 이용자의 패턴 분석으로 최적화된 맞춤형 마케팅 전략을 수립하여 효과를 보고 있다. 이는 카드 사용고객의 관점에서 생각하는 소비 생활 서비스 및 상품 제공으로 하는 것이다. 특정 고객을 타깃으로 설정하는 마케팅 보다 현재 보유하고 있는 고객의 성향을 분석하여 영업 전략 수립한다. 또한 카드 비즈니스의 본원적인 경쟁력을 강화하고, 고객만족경영을 위해 공익성을 담은 빅데이터 기반 사업의 강화한다. 이를 위하여 고객의 다양한 요구와 최신의 니즈를 명확하게 반영하여 상품에 반영하고, 브랜드 가치 및 고객만족도 제고, 사업 포트폴리오 강화, 차별화된 금융상품 및 서비스 제공한다.

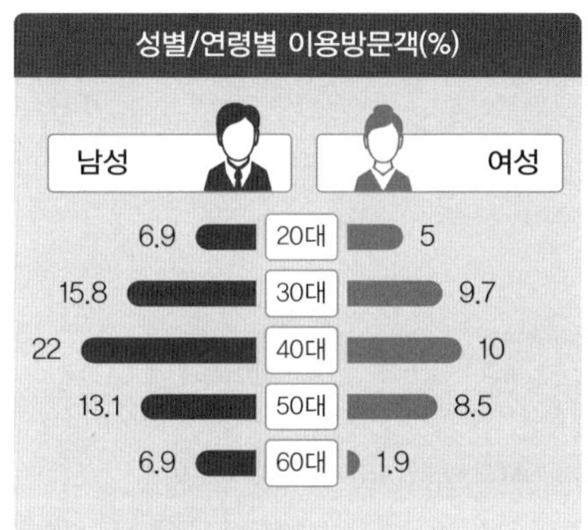

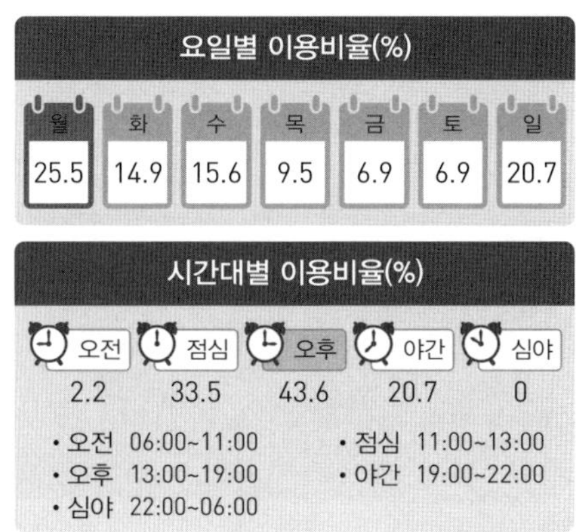

[그림 10-8] 카드 이용자 분석

구체적인 전략으로 우선, 트렌드 분석이 있는데, 이는 고객의 다양한 요구와 최신의 요구를 명확하게 파악하고 상품에 반영하고, 카드 결제 내역을 분석해서 기존 고객의 이용 특성을 분석하여 현 상황 파악 및 향후 고객 유치 과정에서 알맞은 카드 서비스를 제공할 수 있는 전략 수립하는 것이다. 다음으로 카드 사용처를 분석하는데, 특정 지역의 업종을 음식, 관광·레저, 편의점·쇼핑으로 구분하여 소비자가 결정하도록 지원한다. 그리고 제한 상점에 대해 분석한 것으로 고객의 소비 성향과 카드 사용 집중 지역을 다룬 정리된 데이터 확보를 확보하여 가맹점에서 파악하기 어려운 고객의 주 소비지역 거리 데이터 확보를 통헤 정확도나 이용도가 높은 타깃 찾아낸다.

② 올레TV의 맞춤형 콘텐츠

올레TV의 맞춤형 콘텐츠 추천은 콘텐츠 종류가 다양화, 세분화되면서 취향에 맞는 콘텐츠 검색이 점점 어려워지거나 소요 시간이 많이 필요하게 되는 불편함을 해소하기 위하여 기획되었다. 다양한 콘텐츠와 채널이 발전하면서 선택 범위가 매우 넓어졌으나 오히려 수요가 분산되는 현상 발생하는데, 수요보다 공급이 훨씬 많은 환경에서 콘텐츠 구성 전략 및 적용이 중요하다. 더욱이 대용량 데이터에 실시간으로 대응해 정보를 분석하고 사용자에게 콘텐츠나 상품 추천이 필요하다.

개인의 취향과 성향에 맞춤화된 콘텐츠를 제공하거나 기획 혹은 개발하는 추세에 있고, 매출 증대를 위한 직접적인 수단으로 접근하는 것 보다 시청자에게 제품을 인식시켜 자연스럽게 다음 단계에 연결되는 방법으로써 활용 가능성 대두되고 있다.

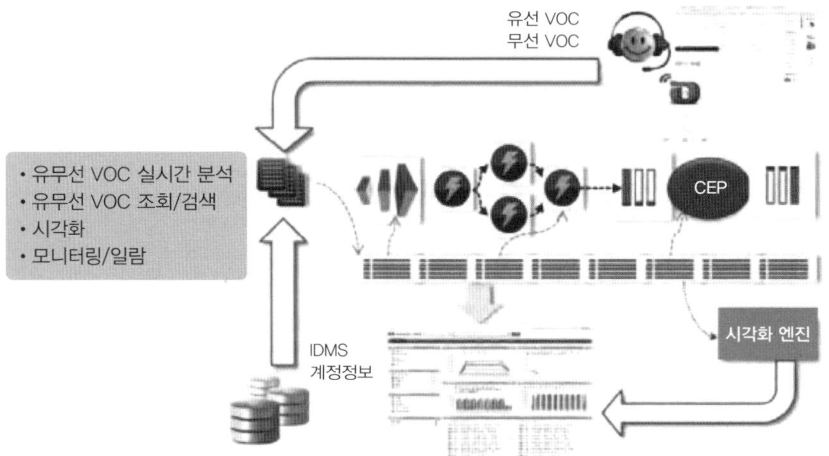

[그림 10-9] 올레TV의 소비자 분석과정

추진 내용으로는 우선 사용자 행동 분석이 있는데, 실시간 빅데이터 기술을 활용하여 수백만의 올레TV 셋톱박스 채널 로그를 초 단위 미만으로 분석한다. 이는 CEP 아키텍처 기반으로 데이터가 수집되는 즉시, 실시간 전 처리, 실시간 계산, 실시간 패턴분석을 통해 데이터 분석 제공한다. 다음으로 맞춤형 콘텐츠 추천이 있는데, 6백만 가입자의 채널, VOD 시청정보를 실시간으로 수집 및 분석하여 요구사항에 대해 실시간 채널이나 VOD 시청률 분석 시스템 구축하여 실시간 방송 채널과 VOD 시청 이력 등 콘텐츠 이용 방식을 분석해 가구 구성원을 추론하여 최적화된 콘텐츠 노출하는 서비스이다.

③ 테스코의 맞춤형 카드

CRM(Customer Relationship Management)을 이용한 고객 관리 시스템은 대부분의 대기업뿐만 아니라, 많은 중소기업에서도 도입하여 실행하고 있다. 유통, 금융, 서비스, 통신에서 CRM 기법을 도입하여 고객을 관리하는 시스템을 도입하였다. 하지만 고객 지향, 고객 중심적 사고방식이 확실히 자리 잡지 못함에 따라 고객이 만족할만한 수준의 서비스 제공은 미흡하고, 우수 고객 중심의 마케팅으로 인해 중상위층 고객들이 구매할만한 품목을 제대로 파악하지 못함으로써 직접적인 매출로 연계되지 못하는 상황이 발생하였다. 더욱이 고객의 구매, 구매로부터 얻는 이익과 가치 그리고 고객의 상태 변화를 분석함으로써 고객의 성향에 맞는 마케팅 전략 마련 필요하다. 이를 해결하기 위해서는 고객의 정보와 정보통신 기술을 결합하여 효율적으로 고객의 성향을 분석할 수 있는 시스템 개발하고, 다양한 성향을 갖춘 고객 맞춤형 마케팅을 통한 프로그램 개발해야 한다.

[그림 10-10] 테스코의 클럽카드

테스코는 테스코의 클럽카드를 이용한 고객의 구매행동 분석하기 위하여 1995년 업계 최초로 출시한 클럽 카드라는 고객 로열티 프로그램 개시하였다. 이를 통해서 고객의 식품 구매 성향에 따라 20개의 특성군으로 분류하였으며, 지금도 매주 1,500만 건이 넘는 거래 데이터 분석하였다. 고객이 이용한 식품군을 세밀하게 분석하여 고객의 구매 식품 리스트를 추적함으로써 고객의 쇼핑 성향, 구매 패턴, 라이프 스타일 파악이 가능하다.

④ 맥도날드의 쿠폰

맥도날드는 2011년 3월 안드로이드 기반의 모바일 지갑을 지원하는 스마트폰을 계산대의 카드 판독기에 터치하면 주문이 가능하다. 2011년 12월 18일 일본 맥도널드 모바일 사이트의 회원 수가 2,600만 명을 돌파하였고, 과거에는 회원제 모바일 사이트와 회원제 애플리케이션을 통해 쿠폰이나 상품정보, 점포 검색, 스탬프 캠페인 등을 제공하였다. 이 과정에서 고객 한 사람 한 사람의 구매 이력을 상세히 분석하여 구매 패턴에 맞춰 각각 내용이 다른 할인 쿠폰을 고객의 휴대전화로 전송하고, 고객의 점포 방문 상황에 따라 쿠폰 내용은 물론 전송 빈도도 변화시켜 일대일 맞춤형 고객 서비스 제공하는 서비스로 변화되었다. 이를 위하여 고객의 상황에 따른 맞춤형 쿠폰을 제공하는데, 토요일, 일요일 낮 커피를 자주 마시는 고객에게 주말 아침 커피를 무료로 제공하는 쿠폰, 일정 기간 방문하지 않은 고객에게 전에 자주 사던 햄버거 등을 할인해 주는 쿠폰, 방문 빈도는 높지만 신제품 햄버거를 사지 않은 고객에게 신제품 햄버거를 대폭 할인해 주는 쿠폰 등을 서비스한다.

[그림 10-11] 맥도날드의 안면 인식 기술

맥도날드는 안면 인식 기술을 활용한 비디오로 고객의 매장 내 움직임을 분석하여 매장의 구조를 개선하고 있다. 이로 인하여 고객의 대기시간을 줄였고, 직원 스케줄과 업무는 최적화되었다. 결과적으로 비용절감과 고객 만족도 증가로 이어졌다.

(2) 기업 전략형

① 자라의 재고 분석

자라는 의류업체로서 저가격, 스피드, 패션성, 고품질, 신뢰성을 바탕으로 차별화, 글로벌화된 업체로 소비자로부터 각광받고 있다. 이는 백화점 중심의 시장구조에서 대형쇼핑몰 등으로의 시장 다변화의 형태로서 유통의 다단계성에 기인하는 종래 의류 브랜드들의 재고 관리 비용 감소로 가능한 모델이다. 자라는 자사 기획 상품만 취급하기 때문에 판매시점의 시장 트렌드에서 벗어나거나 사전예측이 빗나가는 경우 대량재고 발생 및 판매 기회의 상실 위험을 감소하고 패션과 같이 매우 빠르게 변화하는 제품에 대한 효율적인 제품 관리 시스템을 구축하였다. 그리고 다양한 매장에서 판매되는 의류정보를 실시간으로 분석하여 불필요한 재고를 관리하도 감소시키는 데 빅데이터를 활용하고 있다.

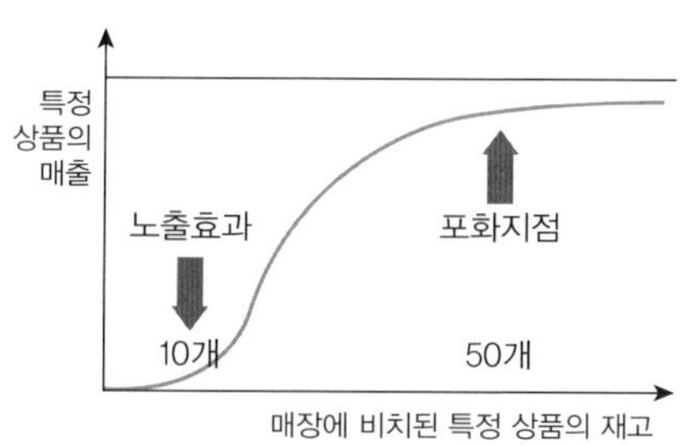

Problem
- 본사에서 A제품 100개를 50개 매장에 공급계획
- 매장별 최소 10개의 상품이 노출효과 발생
- 매출포화 지점은 50개

Solution
- A제품 100개를 2개 매장에만 50개씩 공급
- 2개 매장의 매출 극대화를 통해 전체 매출 극대화

[그림 10-12] 자라의 마케팅 전략

자라는 최대 매출을 달성하기 위한 재고 최적 분배 시스템 개발하였고, 미국 MIT 대학과 함께 전 세계 매장의 판매와 재고 데이터를 분석하여 최대 매출을 달성할 수 있는 재고 최적 분배 시스템 개발하였다. 그리고 인기 있는 제품에 대한 분석을 통해 생산 시스템에 직접적으로 연결함으로써 빠르게 변화하는 트렌드에 맞추어 의류 제공할 수 있는 시스템 마련하였다. 점포 매니저가 요구하는 보충 수량, 과거 매상실적, 점포 진열 방침을 고려하여 각 점포의 다음 주 매상을 예측하고, 다음 주 매상 예측에 기반

한 전 점포의 매상이 최대가 되도록 물류창고에서 각 점포로 상품별 출하량 산출하고 있다.

② 카탈리나 마케팅

카탈리나(Catalina) 마케팅은 미국의 소비재(CPG, Clinical Practice Guidelines) 기업과 유통업체를 고객사로 하는 글로벌 마케팅 기업이다. 미국 내 대형 할인매장, 약국, 기타 유통업체가 소비자를 대상으로 효율적인 마케팅을 할 수 있도록 지원하고 있고, 미국 내 1억 9,500만 명 소비자의 구매 이력 정보를 가진 거대기업인 카탈리나 마케팅의 데이터는 약 2.5페타바이트에 달한다.

[그림 10-13] 카탈리나 마케팅에 의한 쿠폰

이 서비스는 장기간 구매자의 거래 이력이 축적됨에 따라 고객 데이터를 기반으로 맞춤형 마케팅으로 구매자의 구매 행동을 분석하고 예측하여 맞춤형 판매 시점(POS, Point of Sales) 컬러 쿠폰, 광고 및 전국 소매 매장과 약국에 대한 정보지 등을 제작한다. 이를 위하여 포인트 카드 등으로 고객을 식별하고 판매시스템과 연동하여 고객의 과거 3년간 구매 이력 데이터를 축적하고, 고객이 계산대에서 계산할 때 고객의 구매 패턴을 다른 수천만 명의 구매 패턴과 비교 분석하여 가장 관심이 높을 만한 쿠폰을 즉석에서 찾아 발행한다. 즉 소비자는 쿠폰을 사용하면 더 많은 정보가 발생하고 더욱 정확하게 맞춤 마케팅 서비스 제공하고 있다.

③ 페이팔의 사기방지 시스템

온라인 사기가 갈수록 증가하고, 지능적으로 진화하고 있다. 소비자의 개인정보를 불법으로 취득하려는 피싱(Phishing) 사기가 유명 온라인 쇼핑몰이나 은행 그리고 소셜미디어 사이트로 교묘하게 위장하여 소비자들을 혼란에 빠뜨리고 있다. 그리고 신종 온라인 피싱은 불특정 다수를 향한 기존 행태에서 피해 대상이 되는 개인의 이메일 주소 등 개인정보를 미리 확보한 후 해당 사이트와 동일한 로고와 이메일 형식으로 개인정보의 변경을 요청하거나 결제를 요구하는 행태를 보여 피싱 사이트와 정식 웹사이트의 구분이 갈수록 어려워지고 있는 실정이다. 지능화된 피싱 메일의 링크를 의심하지 않고 눌렀을 경우 일차적인 정보누출의 피해뿐 아니라 스파이웨어나 해킹프로그램에 감염될 위험성이 높아 소비자들의 각별한 주의가 필요한데, 스마트폰을 통한 피싱 사기도 점차 증가하고 있는데, 대부분의 소비자들이 스마트폰의 앱을 다운로드 받을 때 특별한 경계를 하지 않는 점과 스마트폰에서는 웹페이지에 입력된 정보를 지우지 않고 저장하는 습관이 있는 점에 착안하여 범죄자들이 스마트폰 앱 해킹 프로그램을 설치하는 사례가 증가하고 있다.

[그림 10-14] 페이팔 사기방지 시스템 전시

페이팔은 결제 사기 대응책으로 이전보다 복잡해진 사기수법을 분석 및 예방하기 위해 딥러닝(Deep Learning) 기술을 도입하였다. 이는 국내에서 논의가 한창인 이상금융거래 탐지시스템(FDS, Fraud Detection System)의 원조로 페이팔은 사람의 뇌와 유사한 방식

으로 분석업무를 수행하는 딥러닝(Deep Learning) 기술까지 적극 도입이다. 페이팔 글로벌 리스크 사이언스 담당 선임디렉터인 후이 왕(Hui Wang)은 사기 수법이 이전보다 훨씬 복잡해지면서 사기분석 및 예방을 위해 딥러닝 기술을 도입하고 있다고 밝혔다. 빅데이터를 활용한 딥러닝 기술은 빅데이터 융합 인식기술은 딥러닝 기술의 머신러닝(Machine Learning) 혹은 인공지능(Artificial Intelligence)에 대한 또 다른 접근법 중 하나이며, 구글, 페이스북, 마이크로소프트, 바이두 등이 수년간 연구해 온 분야이다. 사람의 뇌가 정보를 처리하는 방식과 유사한 인공 신경세포 네트워크 알고리즘을 사용하며, 이 알고리즘은 뇌에서 영감을 얻어 유사한 분석시스템을 마련하는 것으로 뇌 자체를 모델링하는 것과는 차이를 보인다. 딥러닝을 구성하는 인공 신경세포 네트워크는 이를 구현한 시스템이 얻은 데이터의 패턴이나 특징을 이해하는 데 뛰어나며, 컴퓨터 비전, 음성인식, 텍스트 분석, 비디오 게임 등의 발달이 모두 여기에 영향을 미치고 있다. 따라서 복잡한 패턴과 특징을 가진 사이버 범죄 혹은 온라인 결제사기를 확인하는 데에도 도움을 준다.

페이팔이 도입한 딥러닝 기술, 사이버범죄와 온라인사기를 확인하는 데 효과적인데, 사기방지 전문가와 결합해 탐정이 하는 것과 같은 방법론(Detective-like Methodology)을 적용할 수 있게 한다. 그리고 전 세계에서 이뤄지는 온라인 결제에서 발견된 수만 개의 잠재적인 특징을 분석해 특정 사기유형과 비교하거나 사기방식을 탐지하고, 다양한 유사 수법을 파악할 수 있게 한다. 또한 다양한 사기수법들은 누군가 X라는 일을 했을 때, Y라는 결과가 나오는 것보다 훨씬 복잡하며 이에 따라 사람이 할 수 있는 것보다 훨씬 높은 수준의 분석이 필요하고, 딥러닝을 통해 사기가 가능한 모델이 탐지되면 사기방지 전문가는 현실에서 일어날 수 있는 일과 다음에 무슨 일이 발생할 수 있는지를 파악 가능하다. 온라인 사기 사이트의 데이터를 딥러닝의 알고리즘을 통해 분석하여, 사기 사이트 여부를 보다 정확히 판단할 것으로 기대한다.

④ 파리바게트의 날씨판매 지수

최근 케이웨더, 웨더뉴스 등 기상정보 제공업체를 통해 고정적으로 날씨 정보를 회원들에게 제공하는 업체 증가하고 있다. 기업에서는 기상 정보를 분석하여 이를 적극적으로 마케팅에 활용하고 있고, 날씨에 따른 전략상품으로 차별화하고 있다. 파리바게트는 기상 특징이 서로 다른 지역은 지역의 기후에 적합한 제품군을 선별해 전략상품으로 활용하였다. 이를 위하여 전국 기상 관측 자료와 점포별 판매 데이터를 분석하는데, 날씨에 따라 제품 선호도가 바뀌는 점을 활용하여 재고 관리 및 마케팅에 활용하였다. 파리바케트는 날씨 판매지수, 즉 날씨 판매지수는 날씨에 따른 판매율을 나타내는 지수를 사용하여 최근 5년간 전국 169개 지점의 일별 매출과 기상자료를 통계기법으로 지수화한 지수 개발에 성공하였다.

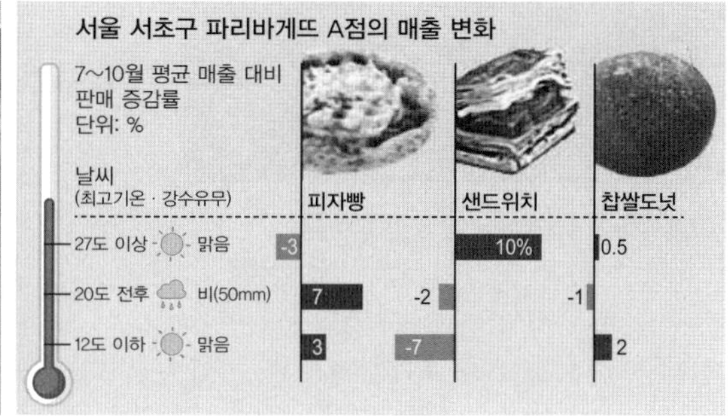

[그림 10-15] 파리바케트 날씨 판매 지수

가맹점에서는 판매량을 예측하고 주문량을 조절하여 재고 부담 감소하고, 기상관측자료와 10억 건 이상의 점포별 상품 판매 데이터를 분석하여 실시간으로 전국 3,100여 개 파리바게트 점포의 단말기에 제공하고 있다. 또한 날씨 예측을 통해 판매 수요 예측 및 생산 관리로 날씨별로 판매가 높은 빵을 파악하여, 점포 단말기로 주문량 권장이 가능하고, 이는 매장의 계산대 단말기 화면에는 일별 날씨 판매지수 최대 변동이라는 항목에 제품 이름이 표기되고 있다. 결과적으로 날씨 지수를 도입한 지 한달 만에 조리빵 매출 30% 증가하게 되었다.

⑤ 존스킨 화장품의 신제품 발굴

존스킨 한의원이 2008년에 출시한 존스킨화장품은 한의원의 연구자료를 바탕으로 한방 화장품을 제조 및 판매하는 업체로서 전문 한방 코스메슈티컬 브랜드로 시작되어 2009년부터 고객확대를 위해 유통을 확대하였다. 존스킨화장품의 고객들은 주로 한의원을 방문하는 고객들과 치료와 개선 효과를 필요로 하는 고객에게 지속적인 성장과 한방 화장품의 시장 확대를 위하여 대중들에게 쉽게 다가갈 수 있는 제품 개발이 시급하고, 대중적이면서도 한방 화장품의 특성을 살린 신제품 출시가 필요하였다.

[그림 10-16] 존스킨 남성용 화장품

신제품 출시를 위한 타깃 고객과 이들이 원하는 요구를 분석하기 위하여 어떤 고객층을 대상으로 해야 할지와 고객의 욕구는 무엇인지에 대한 고객 분석을 실시하였다. 이를 위하여 소셜미디어 데이터를 분석하고, 고객 트렌드 분석결과 중 존스킨화장품의 눈길을 끈 것은 우선 남성고객에 대한 언급량이 지속적으로 증가하고 있는 추세가 있음을 발견하였다. 남성들도 외모를 잘 가꾸어야 성공할 수 있다는 사고가 사회전반에 형성되면서, 패션과 미용에 아낌없이 투자한다는 점에 집중하였다. 그리고 고객의 화장품 구매 목적 분석을 위하여 고객들이 화장품을 살 때 어떤 목적을 가지고 구매하는지를 분석하고, 구매목적과 관련된 키워드를 분석한 결과, 어머니와 선물에 대한 키워드가 가장 많았지만, 아버지, 남편, 남친, 부모님도 주요 키워드로 분석되었다. 이를 위하여 제품 기능을 도출하여 타깃을 남성으로 한 신제품을 기획하였다. 그리고 화장품 구입의 목적을 분석한 결과, 피부, 여드름, 피부 관리, 트러블키트 등이 주요한 키워드로 피부 트러블에 대한 수요가 많은 것으로 파악하고, 이를 관리하기 위한 것이라는 빅데이터 분석결과를 가지고 피부 트러블을 주제로 한 남성전용화장품을 기획하여 커다란 성과를 이루었다.

⑥ **스테디톡의 핵심고객 선별**

화상영어 교육을 운영하는 스테디톡은 대기업처럼 홍보비를 충분히 사용하기 어려운 상황이다. 대부분 직장인과 대학생을 대상 고객으로 정한 스테디톡은 이들이 쉽게 접근할 수 있는 채널을 중심으로 서비스를 홍보가 필요하고, 대학생들의 경우에는 무료 수업에는 열심히 참여하지만 유료수업 전환이 낮았다. 더욱이 직장인들의 경우에는 직장에서 수강료를 지원하는 전화영어 서비스를 이용하기 때문인지 홍보에 대한 반응이 높지 않았다. 이를 해결하기 위해서 제한된 홍보 자원의 효과성을 극대화하기 위한 방안이 필요하였다. 스테디톡은 해결책으로 핵심 고객군 선정을 위한 2가지 질문, 영어회화의 필요성이 가장 높은 고객은 누구인가, 영어회화 수업료를 지불할 여력이 높은 고객은 누군가를 고민하였다. 결과는 타깃층으로 생각하던 고객군과 전혀 다른 고객군을 선별하게 되었다.

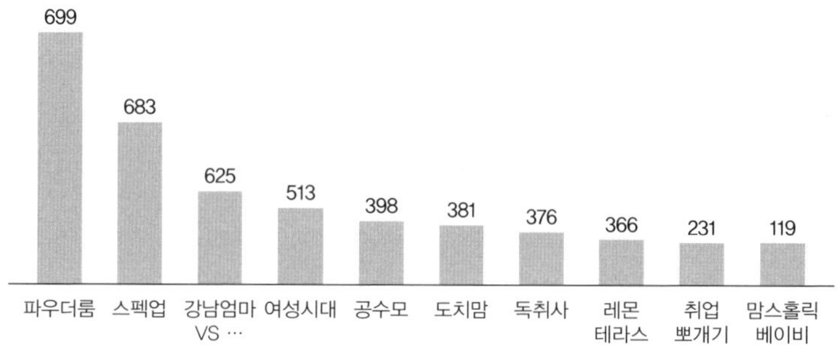

[그림 10-17] 스테디톡 채널 분석

짧은 기간이지만 가시적인 성과를 확인한 스테디톡은 데이터 수집과 분석 시스템을 강화하고 데이터 기반의 의사결정에 활용하게 되었다. 구체적인 추진 내용으로 고객분석이 있는데, ㈜리비의 온라인 데이터 분석 미디어렌즈 솔루션을 활용하여 1년간의 소셜미디어 데이터를 분석하여 집중해야 할 고객군을 찾기 위하여, 화상·전화영어와 함께 언급된 고객군 정보를 분석하였다. 그리고 스테디톡은 초등화상 영어 시장에도 관심을 가지고 있었지만, 관심도가 매우 높다는 사실을 예상을 하지 못하게 되었다. 홍보를 진행할 때 어떤 메시지를 핵심적으로 전달하는 것이 효과적인가를 파악하기 위한 분석하였고, 효과적인 홍보키워드 선정을 위해 화상·전화영어와 함께 언급되는 서비스 선택기준에 대한 키워드를 분석하였다. 그리고 홍보 진행 시 수강료나 과정에 대한 자세한 설명보다는 실력 있는 선생님과 좋은 내용의 교재사용을 강조하였다. 또한 홍보 채널 선정에 있어서는 효과적인 홍보채널 선정에 대한 아이디어를 얻기 위해서는 화상, 전화영어 언급량을 채널별로 분석하고, 채널별 언급량은 블로그, 카페, 커뮤니티, 뉴스 순으로 높게 나왔다. 블로그의 경우 홍보성 글이 대다수이며 광고성 블로그를 제외한 세부채널을 분석하였고, 아이와 초등학교 자녀를 둔 엄마들이 모이는 온라인 카페를 통해 홍보하게 되었다.

(3) 제품 추천

① 노스페이스의 상품추천

기본적인 온라인 추천 서비스 제공은 이제 더 이상 새롭지 못해 온라인 쇼핑몰에서는 데이터를 활용해 고객들이 많이 찾는 제품들만 선정해서 보여주거나 평소와 비교하여 저렴하게 책정된 가격의 상품을 한 곳에 모아 보여주는 핫딜(Hot-deal) 추천 서비스가 대다수이다. 다른 방법으로는 소비자가 이전에 선택했던 상품을 모아서 한 번에 제공하는 개인 큐레이션 서비스를 제공하기도 한다. 상품의 기능성에 대한 이해가 필요한 아웃도어용품의 경우 오프라인 매장을 방문하는 소비자가 많은 이유는 일반 소비자에게 수많은 기능이 집약되어 있어 상품에 대한 지식이 대부분 없기 때문이다. 그리고 의류 매장에 경우 단순히 소비자가 원하는 디자인을 고르면 되지만 아웃도어용품의 경우 산악 관련 상품의 기능에 대한 전문적 지식이 필요하기 때문에 사이트를 방문한 개인이 관심 제품 정보만을 노출하는 것은 실제 구매까지 연결하는 데 한계를 가지고 있다. 이처럼 단순한 개인화된 사이트 구성뿐만 아니라 방문하고자하는 지역과 용도, 그에 맞는 기능을 갖춘 상품을 전문 지식과 함께 제공하는 추천 서비스가 필요하게 되었다. 이를 위하여 소비자 욕구에 특화된 목적 지향 상품 추천 서비스를 구현하는데, 기능성 이해도 증진을 위해 상품과 관련된 빅데이터 수집 및 분석을 위하여 해당 상품에서 제품을 선택할 때 소비자가 따라가는 상품에 대한 쇼핑몰 고객의 판매 내역과 해당 사용자의 리뷰 등 상품 관련 데이터에 대한 정보 수집 및 분석했다. 그리고 쇼핑몰 내에 수집되는 데이터 외에도 기존 오프라인 매장 판매자의 상품 판매와 관련된 소비 패턴을 데이터화하고, 상품과 관련된 개인블로그 및 산악 잡지, 아웃도어 간행물의 데이터 수집을 통한 상품 분석했다. 인공지능(AI) 대화상자를 통한 특화된 상품 추천하기 위하여 구매자가 원하는 특정 상품을 바탕으로 인공지능 기반의 대화 상자에서 구매하고자 하는 상품의 세부 내용을 입력하여 상품을 추천하였다.

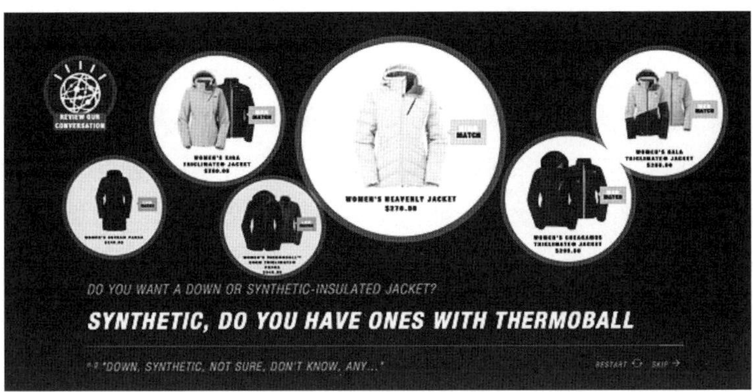

[그림 10-18] 노스페이스 추천시스템

인공지능 대화 상자를 통해 방문하고자 하는 지역과 필요한 상품의 요건 등 구매하고자 하는 상황을 파악하고, 해당 지역의 날씨 및 지형 등의 환경적 요인을 분석하고, 전문가의 사용 평가 및 산악용품 사용 후기 등을 종합적으로 분석하여 조건에 충족하는 상품을 화면에 제공하기 위하여 오프라인 매장에서만 얻을 수 있었던 정보와 지식을 온라인 쇼핑몰에서도 소비자에게 제공하게 되면서 온라인 쇼핑의 이용률을 높일 수 있고, 사이트를 방문하는 고객의 쇼핑몰 이동, 클릭, 탐색 데이터와 인공지능 커뮤니케이션 데이터를 통해 보다 적합도가 높은 상품 및 지식 제공이 가능하도록 시스템을 구축하였다.

그 결과, 추천 상품 클릭률 평균 60% 달성하였는데, 2014년 카카오에서 발표한 자료에 따르면 평균 업종별 광고 클릭률은 7.4%, 최적화 광고 클릭률은 8.5%를 기록하였는데, Fluid의 Expert Personal Shopper의 경우 추천 상품에 대한 클릭률은 60%로 소비자의 취향을 정확하게 저격하는데, 온라인 쇼핑몰에서 고객들이 대화박스에 참여한 시간은 평균 2분을 기록한다. Fluid의 Expert Personal Shopper를 사용했던 소비자들은 대부분 높은 만족도를 나타내며 해당 사이트를 다시 사용할 것이라고 평가했다.

② K쇼핑의 상품추천

K쇼핑의 기술력을 T-커머스에 접목하여 보다 혁신적인 서비스를 선보이기 위해 빅데이터 기반의 맞춤형 상품 노출을 기획하였다. 기존 홈쇼핑이나 다른 T-커머스 업체들

과 다른 가장 큰 차별점을 만들어내기 위해 애플리케이션(앱) 개발, 포털 운영 등 ICT 기술력을 T-커머스에 접목해 더 편리하고 혁신적인 서비스를 개발하였다. 이를 위하여 고객행동 분석 데이터를 이용하여 고객별 최적화된 콘텐츠 및 상품 추천기법을 개발하고 적용하였다. 수많은 고객의 관심과 취향을 정교하게 분석하여 상품 노출에 활용하여 현재는 고객의 취향을 정확하게 분석하고 소비자가 필요한 화면 및 상품을 선택할 수 있게 고객의 취향 및 행동 분석을 시작하고 있다. 데이터는 IPTV 시청, 구매 이력데이터, 모바일 이용 데이터를 기반으로 광범위하게 수집되고, 상품 특성 분석과 고객 성향 기반 분석을 구분하여 TV와 모바일로의 연계를 추진하고 있다.

[그림 10-19] K쇼핑의 상품추천

구체적인 추진 내용은 고객을 세분화하고 그에 맞는 맞춤형 프로모션 제공 전략인데, 모바일 앱을 제공하여 이용자의 이용로그 및 구매 상품 정보를 분석, 찜하기, 장바구니 정보, 검색 이력 등을 종합적으로 분석한다. 그리고 고객 충성 행동에 따른 프로모션, 상위 고객 행동 패턴 연구, 이탈 고객 재유입 전략 개발의 기초 자료로 활용하고, 개별 고객별 추천 시스템을 통해 상품에 대한 고객관심 증가를 유도한다. 또한 상품 관계, 고객 성향 분석을 토대로 한 추천 시스템을 구축하여 상품 간 연관관계 분석 및 대체·보완 상품을 추천함으로써 고객의 관심 및 라이프 사이클에 맞는 구매 활동을 지원한다. 또한 지역별·가구별 맞춤형은 물론 관심과 분석 결과를 토대로 한 차별화된 콘텐츠를 전송하여 고객 구매 확률을 높이는 방향을 선택하도록 지원한다.

③ Trip Advior 여행지 추천

매달 5,000만 명의 여행객이 방문하는 Trip Advisor는 100% 여행객들의 자발적인 참여와 리뷰로 유지되고 있는 소셜 사이트이다. 여기서는 여행 정보가 필요한 사람들은 웹사이트에 접속한 후 원하는 지역을 선택하고, 지역을 다녀온 수많은 사람들의 상세한 설명과 사진을 제공한다. 그리고 해당 지역 숙소와 식당은 가격대별로 순위가 매겨져 제시하고, 개인화된 여행지 및 여행지 정보 제공이 요구된다.

이를 위해서 개개인의 텍스트와 이미지 리뷰 분석을 통해 여행 목적별, 지역별, 취향별 등에 대한 개인 선호 스타일을 분석하고, 비슷한 지역의 비슷한 연령대가 선호하는 여행 형태를 파악하며 각 여행자의 구미에 맞는 여행 상품을 제안하고 자세한 여행 정보를 함께 제공한다.

[그림 10-20] Trip Advisor 여행지 추천

추진 내용으로는 내가 방문한 도시 애플리케이션을 제공하여 페이스북과 파트너십을 통해 자신이 거쳐 갔던 도시에 빨간 핀을 꼽아 표시한다. 그리고 페이스북 지인들에게 그 곳의 여행 경험을 공유하기 위하여 사이트 접속자의 위치를 파악하여 접속자 인근 장소들의 이름을 나열하며 대한 평가를 요청한다. 이를 통해서 개개인의 텍스트와 이

미지 리뷰, 즉 방대한 비정형 데이터의 분석한다.

맞춤형 여행지 추천을 위해서 여행 목적별, 지역별, 취향별 등에 대한 개인 선호 스타일을 분석하고, 비슷한 지역의 비슷한 연령대가 선호하는 여행 형태도 쉽게 파악하며, 여행자의 성향에 맞는 여행 상품을 제안하고 자세한 여행 정보를 함께 제공한다.

④ Travelbasys의 안전여행 알림

1972년 설립되어 여행 산업에 대한 중요한 IT 시스템 솔루션을 간단하고 저렴하게 공급하고, 1,200개 이상의 여행 회사와 IT 통합 및 자동화 서비스를 성공적으로 지원하고 있다. 여기서 1,200만 관광지 데이터와 2,200만 명 이상의 여행자 프로파일을 보유하고 있으며 매월 새로운 정보가 갱신된다. 그리고 여행 중 사고를 당하는 여행자가 증가함에 따라 실시간 여행객 보호를 위한 자동 경보 시스템 개발 필요성이 높아지고 실시간으로 관련 정보를 최신화하여 공급하여 여행자들이 자신의 환경에 맞도록 상황 반영 가능하다. 또한 안전한 여행을 위한 정보 안내를 위하여 오랜 시간 축적된 데이터를 환경에 따라 체계적으로 분석하여 여행객에게 위협이 되는 요소를 사전에 인지한다.

추진 내용으로는 지역 정보 및 관련 정보를 통해 위험도 분석하고, 언론 보도나 소셜 네트워크에서 확보된 데이터에 폭동, 자연 재해, 전염병 등의 위험 요소를 입력한다. 그리고 실시간 데이터 처리를 통해 여행 경로에 대한 위험도 확인하기 위하여 데이터 분석을 거쳐 위험 요소를 도출하여 현재 여행객의 위치 등 상황에 맞는 정보를 제공한다. 또한 실시간 업데이트를 통해 신속하게 적용하여 실시간 안전 상황을 확보한다. 실시간 상황인식으로 여행 위험성을 경고하는데, 페이스북, 트위터 등의 소셜 네트워크 서비스와 보도 자료에서 수집된 최신 데이터를 자체 알고리즘에 따라 분류 검증하고, 이들 대량의 데이터를 분석하여 여행의 대체 노선(경로) 제시한다. 여행에 위험을 미칠 수 있는 요소들을 특정 주제나 키워드를 통해 실시간으로 메시지 탐지한다.

빅데이터를 활용한 소비자 행동 예측은 대부분 과거의 데이터 분석을 통해서 소비자들이 어떤 서비스와 제품에 관심을 갖는지에 대한 포괄적인 지도인 인지 맵(Cognitive Map)을 활용한다. 이를 통하여 제품을 만들기 전부터 소비자들의 욕망을 분석하여 적합한 제품을 추천하는 일이 가능하다. 인지 맵을 형성하기 위해서는 과거 소비자들이 보여준 자료, 즉 빅데이터를 기반으로 사람들 행동에 선행된 심리적인 맥락(Context)을 파악하여 인지 맵을 작성하는 과정이 필요하다. 과거 사회학이나 문화 인류학은 소비자들의 잠재 심리와 문화 등을 이해하기 위하여 소개된 맥락을 찾아볼 수 있는데, 이는 의사결정을 하는 데 기초가 되는 인지 맵의 틀이 되었다. 현재는 이를 기반으로 소비자 행동을 예측하여 기업의 마케팅에 활용하는 사례들이 증가하고 있다.

연습문제 EXERCISE

※ 다음 빈칸에 알맞은 말을 넣으시오.

01 ( )는 디지털 환경에서 생성되는 모든 데이터를 의미하며, 규모가 방대하고 생산 주기가 짧은 정보폭발(Information Explosion)이라 정의하였다.

02 ( )에서 가장 우선되어야 하는 것은 데이터를 어디로부터 가져오는가(Where), 데이터 분석 결과가 왜 필요한가(Why), 누구를 위해 사용할 것인가(Who)를 정의하여 활용 기준을 삼는 것이다.

03 빅데이터 분석에 사용하는 기술은 대부분 통계학과 컴퓨터 분야의 기계 학습 및 ( ) 기법들이다.

04 빅데이터 해외사례로 대표적인 것은 구글 flu Trends로 구글이 지난 2008년 11월부터 선보인 ( )이다.

05 카탈리나(Catalina) 마케팅은 미국의 소비재(CPG) 기업과 ( )를 고객사로 하는 글로벌 마케팅 기업이다.

06 페이팔은 결제 사기 대응책으로 이전보다 복잡해진 사기수법을 분석 및 예방하기 위해 ( ) 기술을 도입하였다.

07 빅데이터를 활용한 소비자 행동 예측은 대부분 과거의 데이터 분석을 통해서 소비자들이 어떤 서비스와 제품에 관심을 갖는지에 대한 포괄적인 지도인 ( )을 활용한다.

※ 다음 내용이 맞는지(T) 혹은 그렇지 않은지(F) 판별하시오.

01 빅데이터를 3차원 데이터 관리(3D Data Management)로서 통제된 자료의 용량(Controlling Data Volume), 속도(Velocity), 다양성(Variety)이라고 하였다. ( )

02 시각화(Visualize)로서 빅데이터는 대용량 자료나 문제해결 및 분석을 위한 원천 자료를 의미한다. 둘째, 분석(Analytic)으로서 빅데이터는 자료의 분석과 해석에서 어떠한 의미를 도출하는 과정이다. ( )

03 빅데이터를 처리하는 과정은 기존의 데이터와 속성이 다른 데이터를 수집, 저장, 처리, 분석, 표현을 하는 단계로 이루어지고, 이는 새로운 접근들을 포함한다. ( )

04 기계 학습(Machine Learning)은 인공지능 분야에서 인간의 학습 방법을 모델링하는 것으로 컴퓨터가 학습할 수 있도록 하는 알고리즘과 기술을 개발하여 수신한 정보를 판단하는 방법이다. 여기에 의사결정 트리(Decision Tree), 베이지언(Bayesian), 마르코프(Markov) 등이 있다. ( )

05 파리바케트의 일일 판매지수는 날씨에 따른 판매율을 나타내는 지수를 사용하여 최근 5년간 전국 169개 지점의 일별 매출과 일일자료를 통계기법으로 지수화한 지수 개발에 성공하였다. ( )

※ 다음 내용에 대해서 간략히 서술하시오.

01 빅데이터에 활용되는 데이터의 종류에 대해서 설명하시오.

02 빅데이터의 처리 특징을 설명하시오.

※ 다음 주제에 대해서 토론하시오.

01 의사결정에 빅데이터를 활용함으로써 발생하는 장단점 중에서 비이성적인 측면에 대해서 토의하시오.

02 빅데이터를 기반으로 한 개인 생활의 변화에 대해서 토의하시오.

Part

04

4차 산업혁명과 스마트 기술의 영향력

Chapter

11

개인생활 속 영향력

11.1 디지털 정체성

(1) 증강인간

증강인간(Human Augmentation)이란 현실과 가상이 결합된 증강현실에서 실제보다 능력이 커진 사람을 말한다. 제4차 산업혁명은 우리가 살아가는 모습을 사물인터넷, 바이오 산업, 증강 현실, 인공지능(AI) 분야를 활용하여 광범위하게 근본적으로 바꾸고 있다. 향후에 증강인간을 구현하는 것이 가능해지면 사람과 사람 간 관계까지도 재정의해야 하고, 증강현실 기술은 사람이 존재한다는 것의 의미를 변화시킬 것이다.

[그림 11-1] 증강인간

제4차 산업혁명은 컴퓨터, 인터넷의 보급과 생산 자동화를 기반으로 한 3차 산업혁명을 토대로 경제, 정치, 사회, 문화, 환경에 걸쳐 광범위하게 일어나는 기술 혁명이다. 이는 제3차 산업혁명에 비해 혁신 속도가 훨씬 빠르고 방대한 규모와 범위에 걸쳐 이뤄질 것이다. 또한 그 영향이 특정 지역이나 분야에만 국한되지 않고, 개인과 커뮤니티에서 세계적인 차원에서 일어날 것이다. 하지만 문제는 소수 커뮤니티가 밀려나고 불평등이 심화될 수 있다. 인터넷 기술의 발달로 온 세상이 점점 더 연결되면서 예상치 못했던 위험이 생기거나 사람과 사람 간의 관계가 퇴보하는 문제가 발생할 수도 있다. 이전의 경제 성장과 사회 발전의 개념에서 인격체, 소유권, 프라이버시, 가치에 대하여 우리는 개개인으로 또 집합체로서 계속 의문을 가져야 한다.

인공지능과 바이오 산업이 성장할수록 수반되는 윤리적 문제에 의문을 제기하고, 인간의 수명을 연장하고 맞춤형 태아를 만드는 것이 가능한 시대가 될 것이다. 더욱이 인간의 기억을 추출하는 것이 가능해짐에 따라서 인간의 경계를 모호하게 만들 수 있는 기술에 대한 고민이 필요하다.

자율 자동차와 화성 이주를 계획하고 있는 엘론 머스크(Elon Musk)의 남은 꿈은 증강된 인간이다. 이는 기존 인간보다 뛰어난 미래 인공지능과 경쟁하기 위해서 진화된 인간으로서 뇌를 증강(增强)시키는데, 인간의 뇌를 증강하기 위한 핵심 기술 중 하나가 최근 개발된 신경그물 이론(Reticular Theory)이다.

스위스 로잔 공대(EPFL, Ecole polytechnique fédérale de Lausanne) 연구팀이 하반신이 마비된 원숭이를 다시 걷게 했다. 여기에는 뇌파 측정 기술, 기계 학습을 통한 뇌 신호 판독, 그리고 정확한 하반신 근육 자극 등 이미 알려진 기술을 적용하였다. 하지만 다양한 기술의 조합, 무선 통신 기술을 이용한 뇌파 신호 전달, 그리고 인간과 가장 비슷한 원숭이 실험에서의 성공이라는 큰 의의가 있다.

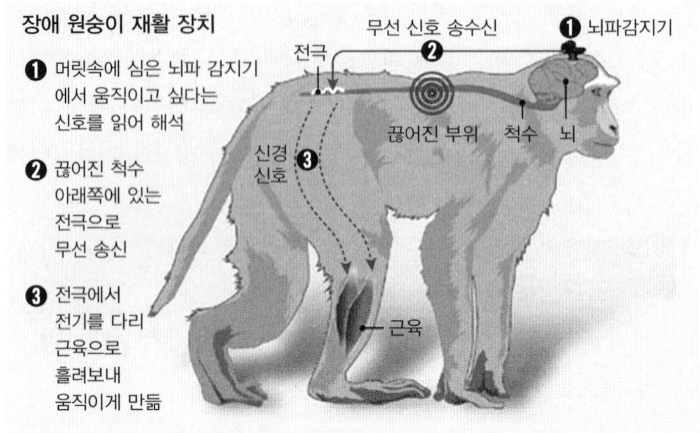

출처 : 로잔공과대

[그림 11-2] 장애원숭이 재활장치

할리우드 영화에서 단골 주제로 등장하는 기계와 결합된 인간, 사이보그의 시대가 오지만 여전히 극복해야 할 기술적 한계가 존재한다. 우선 두개골을 열고 뇌에 전극을 심어야 하는 어려움이 있다. 특히 뇌는 수많은 뇌파의 시공간적 패턴을 통해 정보를 처리하는데, 정확한 신호 측정을 위해 최대한 많은 신경세포의 신호를 측정해야 한다. 하지만 두부처럼 부드러운 뇌에 수백, 수천 개의 전극을 심는 경우, 뇌는 치명적인 상처를 입게 된다. 뇌를 파괴시키지 않고 정확한 뇌파를 측정할 수 있는 방법이 네이처지에 소개한 신경그물이다. 유연한 전자 재료로 만들어진 신경그물은 주사기를 통해 뇌에 투입이 가능하고, 그물은 뇌 안에서 펼쳐진 넓은 영역에서의 신경세포 측정이 가능하다.

기술은 인간을 증강하고, 신체의 기능을 향상시키며 상상력을 토양으로 인간의 육안을 뛰어넘는 새로운 세계를 창조한다. 실제 인간의 몸과 똑같이 작동하는 생체공학적 의수나 의족은 증강인간을 탄생시킬 것이다. 더불어 외골격(엑소 스켈레톤), 웨어러블 로봇 등을 통해 신체의 기능이 향상되고, 인지기능과 감정까지 확장된 것이 증강인간이다.

증강인간의 목표는 장애 극복에 있는데, 이는 신경전달의 입출력, 말초신경계의 입출력, 인공신체의 제작, 생체 재생 등 총 4개의 단계로 나눠 실제 신체 부위처럼 작동하는 기구를 제작한다. 이를 위하여 뇌를 지도처럼 볼 수 있도록 시각화(매핑)하고, 뇌신경이 어떤 형태와 방식으로 정보를 전달하는지를 파악하게 된다. 즉 뇌세포에 태양광 패널을 설치해 빛을 쬐면 반응하는 세포를 찾아내는 방식으로 시력을 잃은 쥐를 활용해 동물실험에 성공했다.

장애 부위로의 신경전달을 위하여 전극을 부착해 신경을 전달하는데, 의수나 의족과 신체가 신호를 주고받을 수 있을 정도까지 발전하고 있다. 이를 통해 착용자가 생각하는 대로 신호가 전달되어 이전보다 말을 잘 듣는 의수·의족 제작이 가능하다. 여기에 전기 작동이나 발광다이오드(LED), 무선 커뮤니케이션 기능 등 기계적인 기능까지 추가할 수 있다. 즉 착용자 개개인한테 맞는 맞춤형 의수나 의족이 가능해진 것이다. 이러한 기술의 수혜자는 장애·비장애인을 가리지 않을 것이다. 비장애인도 외골격, 웨어러블로 운동을 하거나 이동을 더 빨리할 수 있고, 스스로 몸을 디자인하는 맞춤형 신체의 시대가 올 것이다.

증강인간 구현에 핵심요소는 현장감과 몰입감 제공이고, 증강현실이 정보와 경험을 전달하는 새로운 매체라면 실제와 유사한 스토리가가 되어야 가능하다. 현재 다양한 VR(Virtual Reality) 기기가 나오게 된 원동력이 게임이고, 주요 가상현실 애플리케이션도 게임에서 출발하였다. 최근 360도 VR 영상을 시작으로 다양한 영상 콘텐츠에 VR이 적용되기 시작하면서 활용 범위가 넓어지고 있다. VR은 다양한 경험을 제공할 수 있는데, 현장에서 직접 관람하는 느낌 등을 동시에 얻을 수 있는 것이 VR의 장점이여서 심리치료 등 의학적인 용도로도 활용 가능하다. VR이 스마트폰이나 웨어러블 같은 모바일기기를 뛰어넘는 플랫폼이 될 수 있다고 전망하는데, 삼성전자를 비롯해 오큘러스, 마이크로소프트(MS), 소니, HTC 등 제조사들이 헤드 마운트 디스플레이(HMD, Head-Mounted Display)형 기기를 제작하고 있다. 하지만 HMD가 거추장스럽게 머리에 써야 하고 휴대도 불편한 점은 해결해야 할 숙제가 남아있다.

(2) 개인이 보이는 소셜미디어

웹 2.0 시대는 포털 중심의 독점적 소통 생태계에서 탈피하고 개방, 공유, 자율의 패러다임을 강조하며, 블로그와 같은 개인 미디어의 급속한 확산을 가져왔다. 이를 기반으로 한 소셜미디어(Social Network Service)의 등장은 소셜미디어의 확산을 가능하게 하였고, SNS는 소셜미디어, 소셜네트워크 사이트, 소셜 네트워킹 등 다양한 용어와 혼용되어 사용되고 있고, 그 종류도 다양하여 통일된 정의를 내리지 못하고 있다.

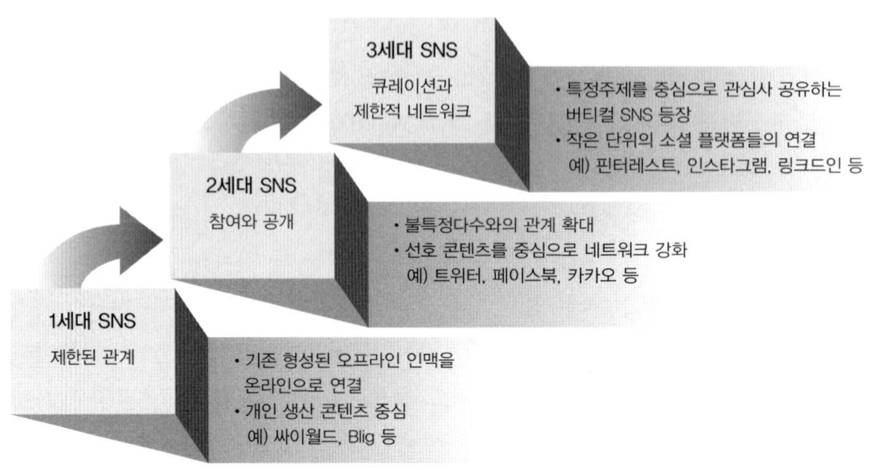

출처 : 한국정보화진흥원(2012)

[그림 11-3] SNS의 진화

소셜미디어는 오프라인 관계를 온라인으로 연결하고, 문서를 디지털로 저장하는 소극적 미디어의 역할에서 이용자의 생각과 감정을 전파하는 적극적 미디어로 발전하고 있다. 이는 소셜미디어가 단순히 사용자에게 인터넷상의 관계 형성뿐 아니라, 정보(Contents) 경제의 과정인 생산, 유통, 소비의 핵심주체로 기회를 제공하였음을 의미한다. 즉 이전 대부분의 정보가 기업이나 CP(Content Provider) 중심으로 생산, 유통되는 구조에서 사용자 스스로 정보를 재생산하고, 자신의 관계 네트워크를 통해 유통하고, 소비하는 구조로 변화되는 것이다. 이는 중앙 집중적이고 일방적이던 이전의 정보 경제 구조를 사용자 중심의 수평적 구조로의 변화를 의미한다.

소셜미디어의 가장 특징은 인간의 사회활동을 그대로 온라인 공간으로 이동한 점이다. 필연적으로 지리적, 계층적 제약을 받을 수밖에 없는 개인의 사회적 인맥형성 과정이 온라인으로 옮겨졌고, 이에 따라 이전에 없는 거대한 소셜네트워크를 소유하게 되었다. 개인을 중심으로 주변의 인맥이 형성되고, 이렇게 형성된 인맥은 사람과 사람을 거치며 점층 더 누적되고 확대된다. 소셜미디어가 만들어내는 소셜네트워크를 통해 전달되는 가장 중요한 대상은 정보이다. 거미줄처럼 연결된 소셜미디어를 통해서 정보는 빠르게 확산되고, 이는 평범한 개인 또한 정치인이나 유명인사 못지않은 영향력을 가질 수 있어서, 평범한 개인이 만들어낸 정보가 많은 사람들에게 수용될 수 있고, 평범한 개인이 자신이 가진 인맥을 통해 많은 양의 정보를 주고받을 수 있다. 여기서 주목해야 할 점은 소셜네트워크 상에서 주고받는 정보의 질이다.

스마트폰은 커뮤니케이션 외에도 개인의 은행 업무는 물론 직장의 업무까지, 일상의 많은 일을 처리할 수 있다. 또한 스마트폰은 고정된 데스크톱에 비해 편하게 들고 이동할 수 있기 때문에 더욱 각광을 받고 있다. 이를 활용하는 이유 중에서 가장 커다란 비중을 차지하는 것이 소셜미디어 기능이다.

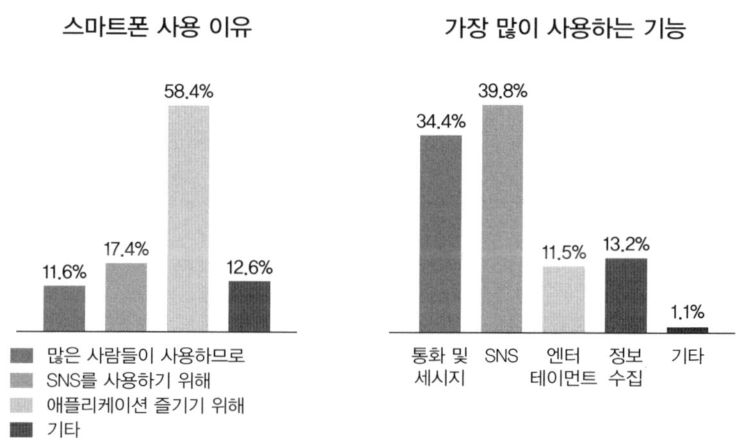

[그림 11-4] 스마트폰과 소셜미디어 사용

인터넷을 통해 개인이 목소리를 가지게 되었고, 소셜미디어 기반에서 개인의 목소리는 더욱 커지고, 개인이 무엇을 말하는지에 주목해야 한다. 개인이 말하는 그 무엇이 소셜미디어가 사회에 미치는 긍정적 혹은 부정적 영향이다.

소셜미디어의 기본적인 긍정적 측면은 새로운 인맥을 쌓고, 기존의 인맥을 두텁게 하는 것이다. 이는 사람들이 소셜미디어를 이용하는 이유이고, 자주 만나지 못하는 친구들끼리 서로 연락을 하고 사진을 통해 서로의 소식을 알 수 있다는 점이다. 즉 네트워크를 이용해서 자신의 친구뿐만이 아닌 그 이상의 친구를 만날 수도 있다는 점이다.

싸이월드가 우리나라에 한정 된 소셜미디어의 사례라면 페이스북은 전 세계적으로 인맥을 쌓을 수 있어 해외에 사는 친구를 만들 수 있다는 점에서 긍정적 효과가 있다. 또한 자신의 개성을 표출해 낼 수 있는 새로운 방법이 생겼고, 또래끼리 자신만의 색을 표현할 수 있는 장이 생겨난 것이다. 소셜미디어는 모바일과 결합되면서 실시간으로 바로바로 피드백이 가능해졌다. 이는 개인적 보다는 사회적으로 많은 영향을 미쳤는데, 정치인들의 홍보 수단, 뉴스 제보 경로 등이 대표적이다. 소셜미디어는 사람들을 정보를 제공하는 능동적인 참여자로 바꾸고, 사소한 글도 서로 피드백을 하면서 스스로의 의견을 내는 긍정적인 효과를 만들었다.

소셜미디어의 부정적인 측면은 사생활이 너무 많이 공개된다는 점이고, 자신이 공개하고 싶지 않은 사람에게도 정보가 노출될 수 있고 이러한 정보는 한 번 공개된 후에 급속도로 퍼지게 된다. 그리고 소셜미디어를 사용하지 않는 사람들이 느끼는 사회적 박탈감과 정보의 부족은 사회적으로 생겨난 부정적 측면이다. 인맥을 쌓고 정보를 얻게 되는 것이 소셜미디어 사용자들 사이에서만 나타나는 효과이기 때문이다.

Chelsey Hale/Cherished Moments Photography

[그림 11-5] 투명해지는 사회

소셜미디어는 사회적 관계를 형성하는 도구 혹은 새로운 매스미디어의 역할이 있는데, 이는 기존의 어떤 매체보다 신속한 정보 전달이 가능하다는 점이다. 그리고 정부나 대기업의 통제가 거의 불가능하기에 개인의 발언권은 극대화될 수 있다. 또한 마케팅 비용 대비 효과를 극대화시킬 수 있는 통로로 경제적 자본으로써의 소셜미디어가 활용되고 있다.

소셜미디어 이용과 관련해 자주 논의되고 문제시되는 이슈 중 중요한 것이 프라이버시 침해이다. 소셜미디어 이용자들은 자신의 생년월일, 학교, 직업, 이메일 주소 등 개인 정보뿐 아니라 의식주 소소한 일상생활까지 소셜미디어에 기록하고 공유한다. 소셜미디어 공간에서는 이 모든 것이 친구는 물론 친구의 친구로 이어지는 네트워크를 통해 거의 무한대로 전달되며, 이는 사생활 노출에 대한 부담과 동시에, 사생활 엿보기 문제를 함께 야기한다. 실제로 페이스북과 트위터 등 국내 소셜미디어 사용자 절반 정도가 이름과 학력만으로 식별이 가능할 정도로 소셜미디어에서의 개인정보 노출이 심각하다.

[그림 11-6] SNS의 기능

개인정보 자기결정권의 보장의 문제인데, 소셜미디어의 확산의 가속화로 사용층이 더욱 대중화되고, 검색 등을 통해 콘텐츠의 공유가 본격적으로 이루어지면 개인의 프라이버시가 노출되거나 타인의 프라이버시 및 인격권을 침해하는 사례가 발생할 우려가 크다. 소셜미디어에서 프라이버시 침해 문제가 제기되는 것은 서비스의 특성이 노출에 기반을 두고 있기 때문이다. 소셜미디어를 이용하기 위해서는 먼저 회원가입을 하고 일정 수준의 개인정보를 공개해야 하며, 공개된 정보는 회원뿐 아니라 일반 인터넷 이용자나, 휴대전화 이용자도 검색엔진을 통해 언제든 검색할 수 있도록 설정되어 있다. 물론 이용자는 서비스제공자가 임의로 공개 설정해 놓은 개인정보 공개 범위를 확대하거나 축소할 수 있지만, 이용자가 스스로 개인정보의 공개범위를 조정하지 않으면 서비스이용자가 임의로 구분한 기준에 따라 개인정보가 공개되어 사생활 침해 위험이 매우 높다.

이와 같은 문제점들을 해결하기 위해서는 기술적 방안과 함께 소셜미디어의 개인정보 보호기준 마련도 필수적이다. 불특정 다수 및 특정 다수에 대한 개인정보의 공개 또는 공유 기준을 마련해야 한다. 서비스제공자가 임의로 개인정보를 공개로 설정해 놓는 행위를 금지하고, 이용자가 언제든지 공개할 개인 정보의 범위와 항목을 조정할 수 있는 권한을 부여해야 한다. 또한 미국, EU 등에서는 온라인 맞춤형 광고에 대한 규제 수단으로 제도화하고 있는 추적 차단기능(Do-Not-Track) 도입을 의무화하여 이용자가 언제든지 소셜미디어 이용으로 발생하는 자신의 정보에 대한 온라인 추적을 차단할 수 있어야 한다.

(3) 디지털 양극화

양극화는 경제 환경의 급변과 산업 고용구조의 취약성, 과거 정책적 대응의 미흡으로 인해 생겨난 개념이다. 이는 글로벌화, 중국의 급부상, IT 등 기술의 진보 등을 비롯해 경제구조개혁의 지체가 급속으로 진행되고 인력투자 및 사회안전망 대책 미흡이라는 세세한 사회적 환경에 따라 생겨나게 되었다. 또한 저출산, 고령사회 시대가 본격 도래되면서 생산가능 인구 및 취업자 수 증가율 둔화에 직접적인 영향을 미치고 있다. 정보 격차(Digital Divide)는 교육, 소득수준, 성별, 지역 등의 차이로 인해 정보에 대한 접근과 이용이 차별되어 경제사회적 불균형이 발생하는 현상이다. 직업이나 연령에 따라 인터넷 사용자의 비율에서 차이가 나는 현상이나 농촌지역이나 산간지역의 경우 초고속 인터넷 등의 정보습득 매체의 낙후성을 보이는 현상이 정보격차의 실제 사례들이다.

〈표 11-1〉 디지털 양극화 비교

일반국민	항목	소외계층
82.30	PC보유율	68.70
78.40	인터넷 이용률	46.80

43.90	정보생산활동률	23.40
43.00	정보공유활동률	23.80
57.20	SNS이용률	28.80
27.90	온라인커뮤니티 활동	14.40
61.50	스마트폰보유율	21.70

정보 격차의 문제점은 산업사회에서 탈산업사회로 접어들면서 정보와 지식이 기존의 자본과 상품을 대신하는 주요한 사회적 기제로 등장하였다. 그러나 정보와 지식의 특성상 자본주의 체제 속에서 하나의 상품화 과정을 겪으며 생각보다 큰 문제를 야기할 수 있다. 즉 정보와 지식은 기존의 일반적 상품과는 달리 창출과 활용 그리고 소멸에 이르는 순환과정이 신속하게 진행되고 있다. 더욱이 양적인 질적인 변화 모두 예측을 뛰어넘는 범위에 있어 사회적 불평등의 정도도 커다란 격차를 보인다.

정보격차의 가장 기본적인 원인으로 우선 하드웨어의 보급을 들 수 있다. 정보화 시대에서 가장 기본이 되는 하드웨어는 컴퓨터라고 할 수 있는데, 컴퓨터 구입에 어려움이 있는 자들과 그렇지 않은 자들 사이에서 정보격차가 발생한다. 유비쿼터스가 보편화되면서 소형 하드웨어 등의 보급 차이는 더욱 커질 것으로 예상된다.

두 번째 원인은 교육인데, 소프트웨어를 구매할 수 있는 구매력의 유무로 정보격차가 발생한다. 오픈소스–리눅스, 공개 소프트웨어의 활성이 필요하며, 소미자의 창작활동이 요구된다.

마지막으로 학력은 소득과 관련하여 가장 관련이 깊은 부분이다. 저학력자보다 고학력자의 소득이 높은 것이 일반적이며, 저학력자의 자녀는 부족한 수입에 의해 고학력자의 자녀보다 교육 기회가 적다. 정보화는 자본주의 위에 마련되어 악순환은 지식사회에서도 이어질 가능성이 크다. 개인의 하드웨어, 소프트웨어 사용능력 정도에 따라 정보격차가 발생한다. 정보화에 대한 교육이 없으면 정보의 빈곤을 초래하고, 이는 경제적 불이익으로 연결된다. 이는 사회적 불평등이 더욱 심화될 것을 의미한다.

정보격차는 주로 경제적, 지역적, 신체적 또는 사회적 기회의 불균등으로 인하여 발생한다. 이로 인해 정보에서 소외된 계층은 정보화 진전으로 인한 혜택을 충분히 받지 못하고 오히려 행정, 복지 등 사회적 서비스의 정보화에 적응하지 못함으로 인하여 기본적인 일상생활과 사회 참여 기회가 제한되는 결과를 초래한다.

정보격차 현상은 처음에는 주로 경제적인 이유로 인하여 인터넷이나 PC를 사용하기 위한 초기비용 유무의 차이로 발생하였으나, 최근에는 인터넷 사용자 사이에서 정보의 활용 정도에 따른 격차가 발생하고 있다.

11.2 노동력의 변화

(1) 디지털 실업

기술의 발전으로 인한 실업의 문제는 이 시대 가장 뜨거운 논쟁거리이다. 실질적인 실업의 위협에 어떻게 대응할지에 대한 구체적인 논의는 부족한 실정이다. 일자리가 대량으로 사라지는 사태가 오고, 정부와 사회 각계에서는 이런 가능성에 대비해야 한다. 기술의 진보가 너무 빠른 컴퓨터와 경쟁에서 인간이 지는 결과로 고용이 회복되지 않는 결과를 낳고 있다. 컴퓨터 기술과 로봇의 비약적인 발전은 고용의 양극화를 초래하고 있으므로 지금까지 없었던 새로운 사업을 만들거나, 감동적인 음악과 문학을 낳는 직관적이고, 창조적인 일의 영역과 고급 문제해결 능력을 필요로 하는 분야를 만들어

로봇에 의해 사라질 직업들 (Source: Guardian)	2020년 이후 유망한 직업 (Source: U.S. News and World Report)
1. 군인(45%)	1. 자료분석가
2. 공장노동자(33%)	2. 상담치료사
3. 우주인(33%)	3. 과학연구가
4. 가사도우미(23%)	4. 컴퓨터 공학기술가
5. 운전사(20%)	5. 수의사
6. 경찰(10%)	6. 환경 · 보존 과학자
7. 트럭, 기차, 비행기 등 운전기사(8%)	7. 건강관리전문가
8. 서비스업(8%)	8. 매니지먼트
9. 성인산업 종사자(4%)	9. 재정전문가
10. 요리사(3%)	10. 사업가

[그림 11-7] 직업군의 변화

야한다. 예를 들면, 간호사와 미용사, 배관공 등과 같이 반복 작업이 아닌 육체노동은 컴퓨터와 로봇에 약한 영역이다. 고용은 이러한 높은 소득을 얻을 수 있는 창조적 인 직장과 저임금 육체노동으로 양극화되고 중간 계층의 일은 빠르게 컴퓨터로 옮겨진다. 이는 현재 총 고용 감소의 한 요인이 되고, 디지털 실업의 시대가 온 것이다.

IT 혁명의 영향으로 혜택을 받고 있는 것은 고도 기술 인력이고, 컴퓨터 과학자와 데이터 과학자, 프로그래머 등의 하이테크 분야의 일에서 아마존과 애플, 페이스북, 구글의 사원은 학력도 능력도 매우 높다. 한편, 컴퓨터 덕분에 문서 업무가 줄어든 것이 한 요인으로, 사무 및 비서, 영업 등 화이트 칼라의 업무가 감소하였다. 또한 계산 소프트웨어 개발로 회계사, 세무사의 수요는 지난 몇 년 동안 8만 명이나 줄었고, 이전의 기술은 기업과 고용을 창출한다고 생각했지만 이제는 다른 전략을 세워야 할 시점이다.

기술의 발전으로 인한 실업 사태에 대비하기 위해서는 우선 현재 경제상황에 맞는 교육이 필요하다. 정보를 암기하는 교육에서 벗어나 정보를 지식으로 바꾸고 창의적, 분석적, 사회적 기술을 쌓을 수 있도록 교육해야 한다. 단순한 기술은 금방 사라져도 창의력이나 적응 능력, 평생 배움을 이어나갈 수 있는 능력은 가치를 잃지 않을 것이다. 둘째, 만일 대량 기술 실업 사태가 일어나면 일에 대한 재배치가 필요하다. 일주일에 15시간만 일하게 되는 것이 가능하도록 부분적인 조정이 정책적으로 이루어져야 한다. 셋째, 정책 입안자들은 기존의 노동시장을 보완할 수 있는 일자리 보장 제도에 대해서도 고민해야 한다. 사람들은 계속해서 일을 할 수 있고 자신의 기술을 활용할 수 있도록 정부가 최후의 고용주 역할을 해야 한다. 넷째, 제도를 만드는 데 필요한 재정을 확보하기 위하여 노력해야 하는데, 모든 일을 로봇이 하는 세상이 온다면 우리는 보다 근본적인 질문, 즉 로봇을 누가 소유하는가라는 질문을 가져야 한다.

(2) 디지털 워크

디지털 워크는 소셜네트워크를 활용해 정보를 더욱 빠르고 유연하게 찾아 업무 능력을 향상시키는 방법을 의미한다. 이는 장소와 시간에 구애받지 않고 자신에게 필요한 업무 역량을 강화할 수 있기 때문에 스마트 워크(Smart Work)의 일종이다. 스마트 워크란 사무실이 아니더라도 언제 어디서나 업무를 효율적으로 볼 수 있는 유연한 근무이다. 여기서는 자투리 시간을 활용해 모바일 활동으로 업무 효율성을 높이는데, 디지털 워크는 시간과 공간에 구애받지 않고 업무 역량을 강화하고 효율적인 일 처리를 돕는다.

[그림 11-8] 디지털 워크

특히 요즘 디지털 워크는 자신이 일하는 분야에서 영향력 있는 전문가가 되기 위해선 필수로 관리해야 하는 커리어가 되고 있다. 대표적으로 링크드인(LinkedIn)은 단순 구직, 구인 사이트를 벗어나 프로들을 위한 소셜네트워크로 발전하고 있으므로 철저한 소셜네트워크 관리가 자신의 직무 커리어에 영향력을 끼칠 수 있다. 직장인들에게 디지털 커뮤니케이션은 단순한 친목을 위해 활용하는 도구가 아닌 자신의 커리어 개발을 위해 꼭 익숙해져야 할 일 중 하나이다.

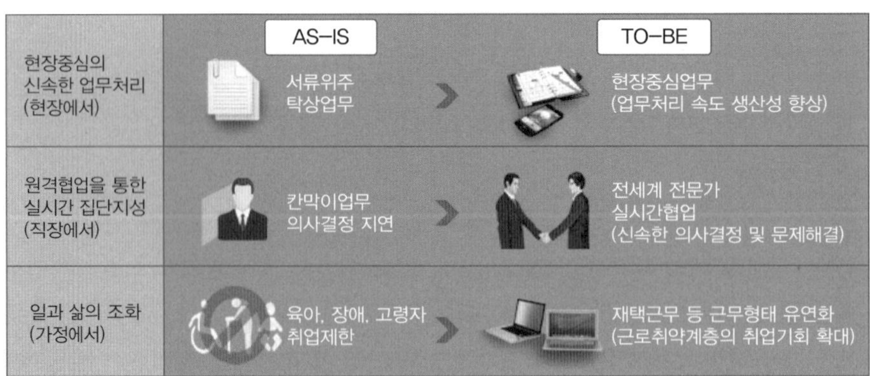

[그림 11-9] 디지털 워크를 통한 일하는 방식의 변화

스마트워크의 유형과 효과를 정리하면 다음과 같다.

〈표 11-2〉 스마트워크의 유형

구분		유형	근무방식	도입효과
장소	현장/이동	1. 현장/이동 근무 (모바일오피스)	이동 또는 현장에서, 모바일 단말을 활용하여, 공간 제약 없이 실시간 업무처리	• 현장업무 신속 처리 • 메일, 결재처리 단축
	고정	2. 재택근무 (홈 오피스)	자택에서, 업무공간 및 필요한 시설과 장비를 구비하고, 재택근무 및 1인 창업	• 장애/노인 취업 확대 • 기업의 비용절감
		3. 센터 근무	스마트워크 센터에서, 사무실 환경과 유사하거나 보다 창의적인 환경에서 근무	• 출퇴근 거리 감소 • 창의적 사고 증진
		4. 직장 근무	직장에서, 현재보다 더 업무효율성을 높일 수있는 시설환경을 구축하여 근무	• 업무 생산성 증진 • 소통/커뮤니케이션 강화
5. 원격 협업			자택/이동/센터/직장 등 장소에 관계없이 어디서나, 스마트워크 솔루션을 활용하여, 상호 원격협업	• 출장감소 • 집단지성, 신속 의사결정

여기서 유연 근무제는 사무실이 정해져 있으나 근로자의 생활패턴에 맞추어 유연하게 근무하는 방식으로서 탄력 근무제, 선택적 근무제, 집약 근무제, 재량 근무제 등이라고도 한다.

스마트 워크의 기대효과는 기업업무 생산성 향상과 고객만족도 증가이다. 이는 영상회의로 출장과 외부 미팅 감소, 이동 시간 감소, 출퇴근 시간 절약하고, 이동 중에서도 적극적인 고객 응대가 가능하다. 그리고 비용이 절감되는데, 단기적으로는 IT 환경 구축 및 정비 등에 대한 투자비용 발생하지만 중장기적 측면에서는 사무 공간비용과 운영비, 출장 및 교통비 감소한다. 또한 우수한 인재 확보 및 활용이 가능한데, 일과 삶의 조화를 통해 근로자의 만족도 증가로 인재 유출을 방지하고, 능력 있는 여성, 고령자, 장애인의 활용이 가능하다.

디지털 워크를 위해서 중요한 점은 다음과 같다. 첫째, 자신만의 필터링을 통해 원하는 정보 얻어야 한다. 소셜미디어는 최대한 자신이 원하는 정보를 얻고자 하는 내용으로 최적화시켜야 한다. 소셜미디어는 맞춤형 콘텐츠를 실시간으로 접할 수도 있으니 많은 정보가 있는 디지털 영역에선 자신이 어떤 정보를 선택하고 수집할지 목표를 분명히 정하는 것이 중요하다. 둘째, 자신의 전문성을 키우기 위한 콘셉트를 정해야 한다. 소셜미디어에 자신이 하고 싶은 직무와 연관된 주제를 주로 올려 전문성을 키워야 한다. 자신의 전문성을 키울 수 있는 소셜미디어 콘셉트를 정해야 한다. 셋째, 커리어가 아닌 자신을 위해 소셜미디어를 이용해야 한다. 무조건 디지털 커뮤니케이션을 커리어 향상을 위한 목적의 일부로 만들어서는 안 된다. 즉, 자신의 브랜딩 파워를 만들기 위한 목적을 가장 최우선으로 해야 양질의 정보를 소셜미디어 상에 올리고, 새로운 정보를 찾게 되면서 선순환이 반복된다. 넷째, 업무에서 콘텐츠를 적극적으로 활용해야 한다. 기발한 아이디어를 제공하는 능력 있는 사원이 되고 싶다면, 디지털 커뮤니케이션을 통해 얻은 아이디어를 적극적으로 개발해보는 것이다. 특히 마케팅팀이나 커뮤니케이션을 담당하고 있는 담당자라면 소셜 채널을 더욱 적극적으로 활용하고 참고할 수 있다. 다섯째, 소셜미디어 특징을 파악한 후 한 가지 매체를 선택해야 한다. 블로그, 페이스북, 트위터 등 다양한 소셜미디어 종류가 존재하지만, 각각의 특징을 잘 파악하고 자신에게 적합한 매체만을 집중적으로 성장시키는 것이 필요하다. 정보의 창작이 주가 될 경우엔 블로그, 정보의 유통이 필요할 땐 트위터, 인맥관리와 함께 자신이 원하는 정보를 집중적으로 받아보고 싶다면 페이스북을 활용하는 것이 좋다.

(3) 휴먼 커넥션

인간과 모바일 기술 간의 관계가 대표적인 휴먼 커넥션(Human Connection)의 사례이다. 우리는 항상 연결되어 있기 때문에 잠시 멈춰 사색하는 시간이나 기술 및 소셜미디어의 도움 없이 대화를 나누는 시간을 잃어가고 있다. 두 사람이 대화할 때 모바일 폰이 단지 테이블 위에 있거나 주변 시야에 있는 것만으로도 대화의 주제와 유대감의 정도가 달라진다. 우리가 디지털 홍수에 빠져 있는 시간이 길어질수록, 우리는 스스로 주의력을 통제하지 못해 인지능력이 퇴화하게 된다. 인터넷은 의도적으로 구축한 방해 체계(Interruption System)로서 우리의 집중력을 분산시키기 위해 만들어진 기계다. 잦은 방해는 우리의 생각을 흩뜨리고, 기억력을 약화시키며 우리를 긴장하고 불안하게 한다. 생각의 흐름이 복잡해질수록, 우리의 집중에 방해가 되는 요소는 사고에 더 큰 손해를 입힌다.

[그림 11-10] SNS를 통한 커뮤니케이션

정보의 풍요는 집중력의 결핍으로 이어지게 되고, 특히나 할일이 너무 많아 과부하가 걸리고, 지나치게 무리하며, 지속적인 스트레스를 받고 있는 의사결정자들의 경우 집중력의 결핍이 더욱 뚜렷하게 나타난다. 가속화 시대에서는 느리게 가는 것만큼 행복한 일은 없고, 집중을 방해하는 일이 많아진 시대에서 집중하는 것만큼 사치스러운 것은 없다. 계속해서 움직이는 세상에서 가만히 앉아 있는 것만큼 시급한 일도 없다.

디지털 기반의 휴먼 커넥션의 보편화에 따라서 감성이 결여되고 정보홍수에 따르는 디지털 스트레스도 증가하고 있다. 휴먼 커넥션이 면대면에서 디지털화된 방식으로 변화하여 타인과 공감할 수 있는 능력이 저하되고 있다. 스마트 라이프와 관련기술 개발을 기반으로 성장 동력을 확보하여야 하며 스마트기기의 지나친 의존을 방지하기 위한 전략이 필요하다.

연습문제 EXERCISE

※ 다음 빈칸에 알맞은 말을 넣으시오.

01 (　　　　　)이란 현실과 가상이 결합된 증강 현실에서 실제보다 능력이 커진 사람을 말한다.

02 증강인간의 목표는 (　　　　　)이고, 신경전달의 입출력, 말초신경계의 입출력, 인공신체의 제작, 생체 재생 등 총 4개의 단계로 나눠 실제 신체 부위처럼 작동하는 기구를 제작한다.

03 이전 대부분의 정보가 기업이나 (　　　　　) 중심으로 생산, 유통되는 구조에서 사용자 스스로 정보를 재생산하고, 자신의 관계 네트워크를 통해 유통하고, 소비하는 구조로 바뀌었다.

04 (　　　　　)는 교육, 소득수준, 성별, 지역 등의 차이로 인해 정보에 대한 접근과 이용이 차별되어 경제사회적 불균형이 발생하는 현상이다.

05 (　　　　　)는 소셜네트워크를 활용해 정보를 더욱 빠르고 유연하게 찾아 업무 능력을 향상시키는 방법을 의미한다.

06 인간과 모바일 기술 간의 관계가 대표적인 (　　　　　)의 사례이다.

※ 다음 내용이 맞는지(T) 혹은 그렇지 않은지(F) 판별하시오.

01 인공지능과 바이오산업이 성장할수록 수반되는 윤리적 문제에 의문을 제기하고, 인간의 수명을 연장하고 맞춤형 태아를 만드는 것이 가능한 시대가 될 것이다. (　)

02 뇌는 수많은 뇌파의 시공간적 패턴을 통해 정보를 처리하는데, 정확한 신호 측정을 위해 최대한 많은 신경세포의 신호를 측정해야 한다. (　)

03 증강인간 구현에서 핵심요소로 현장감과 몰입감 제공이고, 증강현실이 정보와 경험을 전달하는 새로운 매체라면 실제와 다를 것이 없으며 빠져들 수 있을 만한 설비가 마련되어야 가능하다. (　)

04 SNS에서 프라이버시 침해 문제가 제기되는 것은 서비스의 특성이 노출에 기반을 두고 있기 때문이다. ( )

05 인터넷은 의도적으로 구축한 방해체계(Interruption System)로서 우리의 집중력을 분산시키기 위해 만들어진 기계다. ( )

※ 다음 내용에 대해서 간략히 서술하시오.

01 정보격차의 가장 기본적인 원인을 설명하시오.

02 디지털워크의 중요한 점을 설명하시오.

※ 다음 주제에 대해서 토론하시오.

01 디지털 실업에 노동계에 영향을 토의하시오.

02 지나친 휴먼 커넥션이 개인생활에 미치는 영향에 대해서 토의하시오.

Chapter

12

산업 속 영향력

12.1 디지털 제조혁명

(1) 스마트 팩토리

스마트 팩토리(Smart Factory)는 설계, 개발, 제조, 유통, 물류 등의 생산 과정에 디지털 자동화 솔루션이 결합되고, 여기에 정보통신기술(ICT)을 적용하여 생산성, 품질, 고객 만족도 측면을 향상시키는 지능형 생산 공장이다. 또한 공장 내 설비와 기계에 사물인터넷(IoT)이 설치되어 공정 데이터가 실시간으로 수집되므로, 데이터에 기반한 의사결정이 가능하여 생산성을 극대화할 수 있다.

독일의 인더스트리4.0은 다품종 대량생산이 가능한 가볍고 유연한 생산 패러다임으로 진화하는 것이 핵심이다. 이들은 중심기술들을 활용한 스마트 팩토리를 구현하고, 인터넷 서비스와 사물인터넷, 표준화 플랫폼을 상호 연결한다. 즉 스스로 의사결정하고 움직일 수 있는 기기와 시스템이 현실세계의 물리적 장치들과 가상세계의 시스템이 하나로 연결되는 것이다. 구현된 팩토리4.0의 콘셉트는 데이터가 공급사를 통해 수집되어, 고객과 기업은 실시간으로 생산과정에 연결되기 전에 다양한 평가와 시도가 가능하다. 여기서 생산의 후반부에는 센서, 3D프린팅, 차세대 로봇 등과 같은 신기술이 사용되므로 생산과정은 미세하게 조정이 가능하고, 실시간으로 대량생산과 고객화(Mass Customization)가 가능해진다.

4차 산업혁명에서 대표적인 인더스트리4.0은 제조업의 생산 방식을 새롭게 진화하여 제조업과 ICT 간 융합을 통하여 최적화된 생산이 가능한 지능형 스마트 팩토리 체계를 구축하였다. 이는 기존 공장은 설비나 공구로서 소재 가공 또는 부품 조립하는 장소였으나 스마트 공장은 공장 내·외부가 네트워크에 연결되어 외부변화에 기계들이 즉각적인 반응으로 자율적 최적 생산 솔루션을 제안한다.

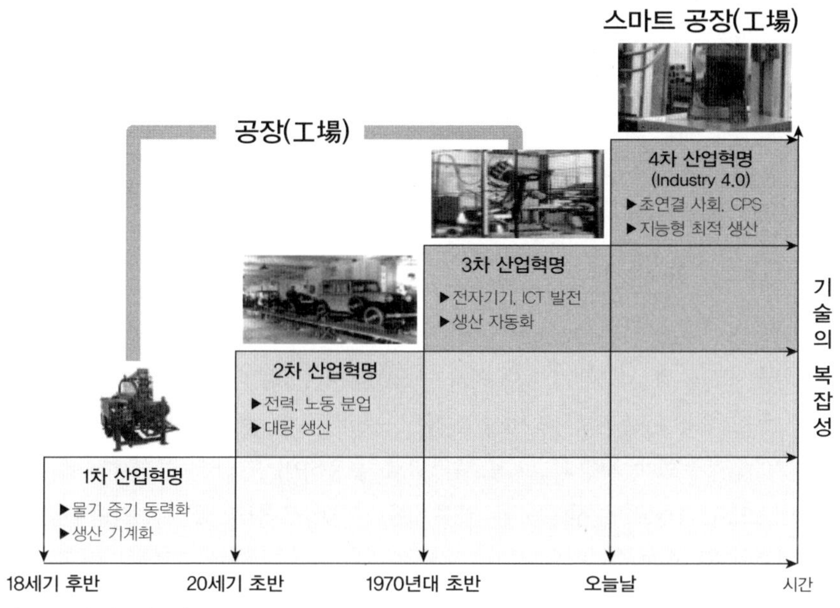

참고 : 독일 인공지능연구소(DFKI)

[그림 12-1] 스마트 팩토리 역사

스마트 팩토리에서는 사물인터넷(IoT) 확산, 최적화된 생산을 유도하는 사이버물리시스템(CPS, Cyber Physical System) 구축이 중요하다. 그리고 서비스인터넷과 사물인터넷을 통한 빅데이터 수집, 클라우드 컴퓨팅으로 정보를 공유하고, CPS 플랫폼은 수집된 정보를 통한 가상 생산으로 실제 공장에서 최적화된 생산을 유도하게 된다. 여기서 사이버물리시스템이란 가상 생산과 실제 공장을 연결하여 자율적이고 최적의 생산을 유도하는 제조 소프트웨어 플랫폼이다. 이러한 4차 산업혁명을 통한 스마트 팩토리 구축은 스마트, 그린, 도심형 생산 체계로 전환이 가능하다.

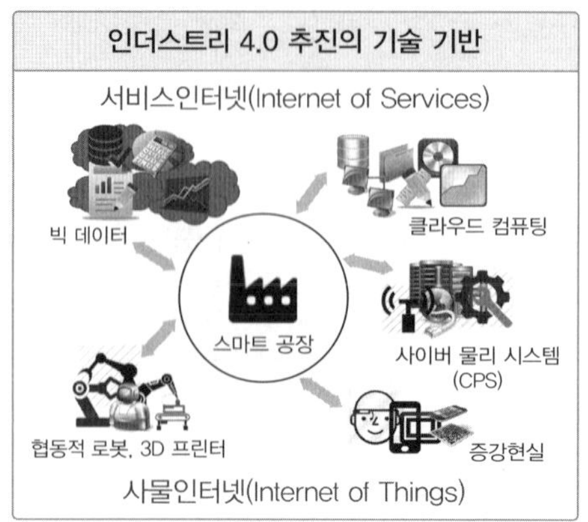

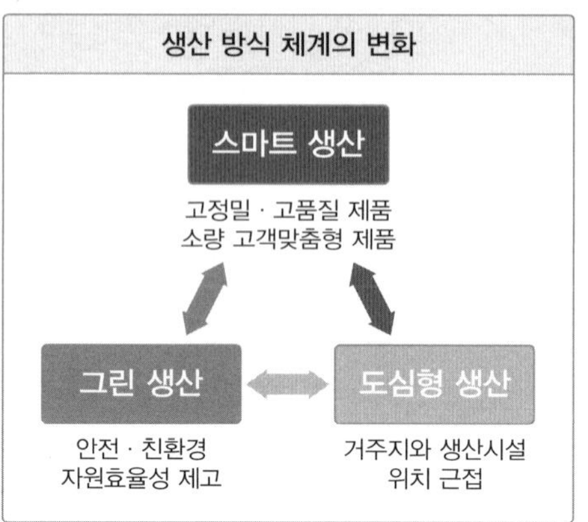

[그림 12-2] 스마트 팩토리 기반 기술

스마트 팩토리는 모든 생산 주체가 네트워크가 연결되어 개방형이면서 최적화되고, 유연한 생산을 유도한다. 이를 위하여 생산 과정, 물류, 서비스 등이 모두 네트워크에 연결되어 정보가 클라우드에 저장되고, 정보를 서로 공유하며, 생산은 클라우드에 저장된 정보를 바탕으로 가상으로 진행된 후 최적화된 방식으로 실제 공장이 가동된다.

〈표 12-1〉 스마트 팩토리 관련 기술과 요구사항

기술분야	기술 요구사항
빅데이터와 분석	스마트공장에서 만들어지는 데이터를 해석하여 다양한 의사결정에 활용
자율적인 로봇	지적 사고능력이 향상된 로봇이 지금의 단순 작업 외에도 다양한 역할을 수행
시뮬레이션	빅데이터, 클라우드 등을 활용하여 제조 프로세스에 대한 시뮬레이션 설계
수평 · 수직 통합형 시스템	기업 내외부의 모든 데이터를 수평 · 수직적으로 연계 및 활용
IoT	탑재형 디바이스, 센서 등을 활용하여 모든 기기가 실시간 통신 및 응답을 제공
사이버 보안	통신 네트워크에 의해 움직이는 스마트공장이므로 사이버보안 문제 해결이 필수
클라우드	방대한 데이터를 처리하고 다수의 기기를 지원할 수 있는 클라우드
3D Printing	주문제작, 특수 제품 등의 소량생산에 활용 가능성이 높을 것으로 전망
가상현실	가상현실은 의사결정, 생산력 향상 그리고 교육훈련 등의 추가활용 역시 가능

참조 : BCG perspective 홈페이지: 정보통신기술진흥센터(2016), p.19에서 재인용

최신 제조업 혁명을 통해 제조업의 생산성은 약 30% 향상될 전망이고, 동시에 디지털 제조 강국, 제조업의 창조 산업화 및 업무환경 개선도 기대된다. 독일은 스마트 팩토리의 실제 구현이 2020년 이후 본격화될 것으로 전망하고 있으며, 우리나라도 2020년까지 중소기업에 스마트 공장 1만 개를 보급할 예정이다. 그리고 스마트 팩토리 구현으로 기계, 전기전자, 화학 산업을 주요 대상으로 할 계획이다. 독일은 인더스트리4.0 추진으로 2013년부터 2025년까지 6대 산업의 부가가치가 787억 유로로 증가하고, 특히 기계, 전기전자, 화학 산업의 생산성은 약 30% 상승할 것으로 전망한다.

대표적인 사례로 세계적인 스포츠 의류 업체 아디다스의 스피드 공장(Speed Factory) 프로젝트가 있다. 아디다스 스피드 팩토리는 디자인과 기술력의 결합으로 자동화와 유연한 생산이 가능하다. 이 시스템은 기존의 업계의 제품 생산 장소, 제조 방법, 시간 등의 경계를 모두 허물 수 있는 혁신적인 방법이다. 아디다스는 생산 방식 변화 프로젝트를 기획하고, 동남아 등 아웃소싱을 지역 단위의 첨단 미니 공장(Mini-factory)으로 전환하였다. 이를 통해서 하이테크 섬유, ICT 융합의 고부가 의류제품 생산기지를 운영하였으며, 독일의 인더스트리4.0 지원 프로그램을 2013년부터 2016년까지 진행하였다. 2015년 독일 아디다스 그룹 본사 부근의 도시인 안스바흐(Ansbach)에 첫 번째 아디다스 스피드 팩토리(Speed Factory)가 설립되었고, 미국 조지아주 애틀랜타 도시에 최첨단 설비를 갖춘 아디다스 스피드 팩토리가 시작되었다. 미국의 스피드 팩토리는 2017년 하반기부터는 미국 내에서 신발 생산을 시작하여, 연간 50,000족의 생산을 목표로 하고 있다.

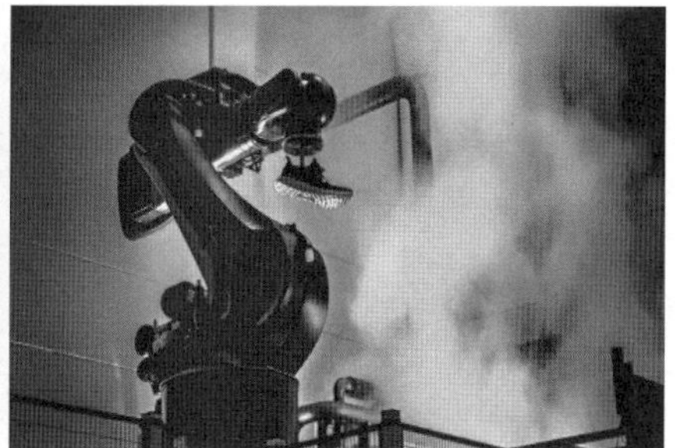

[그림 12-3] 아디다스의 스피드 팩토리

나이키나 아디다스 등과 같은 글로벌 브랜드들은 아시아에 생산 공장을 두고 전 세계에 공급하던 이전의 방식을 탈피하기 시작한 것이다. 현재 아디다스는 중국, 베트남 등에 생산 공장을 갖고 있으며 약 100만 명의 노동자들을 고용하고 있다. 그러나 높은 운송비용, 아시아 노동자 인건비 상승 등으로 기업 이익률은 점차 낮아지는 상태이다. 이를 해결하기 위하여 신속한 트렌드 반영과 마켓의 피드백, 로봇 기술의 발달 등의 추가적인 이유가 스피드 팩토리 계획이 추진의 계기이다. 아디다스의 스피드 팩토리(Speed Factory)에서는 로봇을 이용하여 5시간 만에 운동화 1켤레를 생산하는데, 이는 기존 아시아 공장에서 같은 운동화를 생산하면 소요되는 최소 몇 주의 시간에 비해 커다란 생산성 향상을 보여주는 것이다. 생산성 증가와 비용 절감으로 이어지는 순환은 아디다스의 마케팅이나 제품 개발연구에 많은 투자 여건을 마련할 수 있게 한다. 보통 아디다스의 제품이 신상품 개발에서 출시까지 약 18개월이 걸리는 기간을 최대한 줄이고, 나이키와의 영업 이익률이 약 2배 가까이 차이를 보이는 점도 커다란 차이이다.

지멘스(SIEMENS)의 스마트 팩토리도 제조혁신의 대표적 사례이다. 이들은 각 설비에 센서를 부착하고 IoT 소통체계를 구축하여 데이터를 수집하였다. 그리고 조립 공정 간의 가동정보, 생산정보, 품질정보를 실시간으로 자동분석하고 저장하기 위하여 클라우드와 빅데이터를 사용하였다. 또한 실시간 공장운영의 현황분석과 제어를 위하여 인공지능을 활용하여 가치를 창출하고, 불량률을 1/40로 줄였으며 에너지 비용 또한 30% 감소하는 최적화 성과를 내었다.

[그림 12-4] 지멘스의 스마트 팩토리

지멘스는 하드웨어에 제품 설계부터 최종 제품 생산에 이르는 전체 과정을 일관적으로 관리해주는 PLM(Product Lifecycle Management)으로 실제 생산을 위한 TIA Potal 등의 생산 툴과 상위까지 모든 소프트웨어를 통합할 수 있는 유일한 벤더이다.

스마트 팩토리는 제조업의 경쟁력이 강화되는 것을 의미하고, ICT가 융합된 제품개발로 인하여 고부가 가치화 추진, 에너지 효율성 제고 등을 통하여 생산비용 감축을 위한 노력이 강화된다는 것을 의미한다. 이는 신 제조업혁명의 대응방안으로 신 제조혁명과 연계된 기술 개발의 지원 확대, 차세대 제조업 모델에 필요한 전문 인력 양성, 독일이나 미국 등 선발 국가들과 산·학연 공동연구가 강화의 계기가 된다. 마지막으로 스마트 팩토리는 아시아 국가들 사이에 협력을 가능하게 하는데, 스마트 공장, 아시아 표준 개발, 국제 표준 적극적 참여, 사물 간 인터넷 확산에 따른 네트워크 보안 공동대응, 스마트 공장 기술 확보를 위한 R&D 협력 강화 등이 가능하다.

(2) 메이커 스페이스

메이커스(Makers)는 새로운 산업혁명을 주도하여 제품 제작이나 판매의 디지털화를 주도하는 사람이나 기업을 의미한다. 이는 강력한 디지털 도구를 갖추고, 스스로 DIY(Do It Yourself)로 고객이면서 사업의 주체이기도 하다. 이러한 흐름을 메이커스 운동(Makers Movement), 1인 기업이라고 한다. 인터넷은 주로 무형이나 콘텐츠 서비스 분야에 한정되어 제품을 생산하는 제조업과의 연계성은 제한적이다. 그러나 최근의 혁신 제품들은 제조단계에서부터 인터넷과 관련되고, 기존과는 다른 방식으로 생산되고 있다. 기존의 대량생산 체제를 탈피하고 제품을 생산하는 공정 그 자체도 혁신의 방법을 도입하고 있어 비용의 혁신을 만들어 내고 있다.

메이커 스페이스(Maker Space)란 3D 모델 파일과 다양한 재료들로 소비자가 원하는 사물을 즉석에서 제작할 수 있는 작업 공간을 의미한다. 이는 전통적 제조업의 과정을 넘어 가상 세계의 객체를 현실화하는 방법이다. 또한 메이키 스페이스는 컴퓨터, 기계, 기술, 과학, 디지털 혹은 일렉트로닉 아트 등의 공통된 관심사를 지닌 이들이 모여 관계를 형성하고 함께 협업할 수 있는 커뮤니티 공간을 의미하기도 한다. 결과적으로 제조업 자체의 패러다임을 전환으로 개인도 최종 완제품을 생산하는 개인 제조업의 부상을 지원하는 개념이다.

[그림 12-5] 메이커 스페이스

최근에는 3D 프린트 기술이 상용화되면서 이를 이용하여 제품을 만드는 사람을 메이커(Maker)라 하고, 이들이 쉽게 사용할 수 있도록 3D 프린터, 레이저 커터 등을 갖춘 공동 작업실을 메이커 스페이스라고 한다. 즉 메이커들을 위한 창작활동을 지원하고 동시에 작업을 하는 협력자들을 구할 수 있는 시·공간 장소를 의미하기도 한다.

최초의 메이커 스페이스는 독일의 헤커 스페이스인 c-base이다. 이들은 기술 기반 제작을 위한 공동 작업공간을 만들고, 해커(Hacker) 혹은 핵(Hack)이라는 부정적인 단어에 메이커라는 말을 붙여서 사용했다. 이러한 배경에는 MIT 미디어랩의 제작 실험실인 팹랩(FabLab)이 있는데, 이들은 메이커 스페이스를 활성화하는 계기가 되었다.

국내에서 대표적인 메이커 스페이스는 전문적인 지식이나 기술을 가진 공학자들만 아니라 일반인에게 기초 교육까지 제공하는 장소인 팹랩이 서울과 부산에 있다.

[그림 12-6] 팹랩(서울과 부산)

더불어서 많은 메이커 스페이스가 수도권과 부산, 대구 지역에 설치되어 있고, 전국 어디서나 사용할 수 있는 무한상상실도 메이커 스페이스의 또 다른 형태이다. 해외에서는 대표적으로 미국의 뉴욕주립대(SUNY)와 MIT 등에 개설되어 있다.

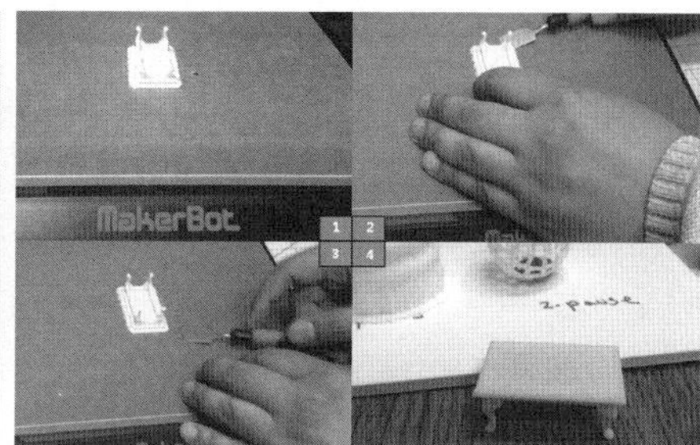

[그림 12-7] 뉴욕대 메이커 스페이스

뉴욕에 설치된 메이커 스페이스는 10대에서 70대까지 다양한 연령들이 이 공간을 사용하고 있고, 새로운 기술에 대한 기초 지식이 없어도 교육을 받고 바로 메이커가 되는 경험을 할 수 있다는 특징이 있다.

이전에는 제품생산은 대규모의 자금이 필요했고, 작은 규모의 상점도 투자를 받지 못하며 창업이 어려웠다. 하지만 최근에는 킥스타터(Kickstarter), 인디고고(Indie Gogo), 텀블벅(Tumblbug) 등과 같은 클라우드 펀딩을 이용하여 많은 부분이 해결되고 있다. 더욱이 프로토타입을 미리 공개하여 미케팅과 동시에 주문하여 제작하는 방식이 메이커 스페이스를 통해서 가능해졌다.

제조업이 디지털화되면서 이전에 계획에 따라 생산되던 제품들이 전 세계 어디로든 수출될 수 있는 디지털 파일로 제작이 가능하다. 이전에 주문예상에 맞추어 제품이 생산되는 것이 아니라 3D 프린팅을 사용하여 필요한 만큼 주문으로 생산이 가능해졌다. 그러나 전통적인 제조방법에 익숙해진 엔지니어와 디자이너들의 생각이 3D 프린팅의 채택을 제한하여 이러한 자율적 생산을 막는 현상도 나타나고 있다. 즉 제조업에 3D 프린팅이 도입됨에 따라 부품이 JIT(Just-In-Time) 생산으로 변형되고, 이렇게 생산된 부품들에 내장센서로 프로세스의 품질 향상을 위한 실시간 피드백 제공이 가능하게 되었다. 디지털 제조와 연결된 몇 가지 새로운 트렌드는 제품을 만들기 위한 최선의 방식을 결정할 때 가격대비 성능비의 정도를 고객이 결정할 수 있다는 점이다.

12.2 유통혁명

(1) 배달 드론

적은 비용으로 신속한 물건을 배송이 목적인 물류배송에서 드론은 중요한 수단이다. 세계적인 기업인 구글, 아마존, DHL 등은 가장 먼저 정부의 물품 배송 허가를 받아 상용화를 앞두고 있다. 드론이라고 하면 여러 개의 로터(프로펠러)가 하늘 방향으로 설계된 비행체이고, 수직으로 이착륙할 수 있고 방향전환 등 비행 제어가 쉬운 가장 대중화된 모습이다. 하지만 DHL 혁신센터는 작은 비행기로서 드론에 속하긴 하지만 날개가 있고 그 끝에 여러 개의 로터가 추가된 독특한 모습의 드론을 사용한다. 이는 날개가 고정된 비행기와 로터가 회전하는 멀티콥터의 장점을 모두 취한 설계이다. 기존의 멀티콥터 드론은 눈보라가 심한 지역이나 고도가 높은 산악 지역에서 비행이 어렵지만 새로 개발한 드론은 산악 지역에서 8.3km 거리를 시속 최고 126km로 날 수 있다.

세계적인 배송업체 UPS가 미국 플로리다주 리티아에서 무인 드론 배송을 시연하였다. 8개의 날개가 작동하는 호스플라이(HorseFly)라는 이름의 드론은 잠금장치가 풀리면 곧장 목적지로 날아간다. 앞서 택배기사는 탑 아래 구멍을 통해 드론에 배송품을 탑재하고 배송 주소를 입력하면, 밴으로 돌아온 드론은 다음 비행까지 충전을 하게 된다. UPS의 이 배송시스템은 드론이 물건을 배송하는 동안 택배기사는 다음 배송지로 움직일 수 있어 시간을 단축시킬 수 있다. 더욱이 드론 배송품의 무게는 10파운드(약 4.5kg)까지 가능하다.

[그림 12-8] UPS의 배달드론

UPS의 택배기사 1인의 운전 거리를 1년에 1마일씩 줄인다면 최대 5,000만 달러까지 비용을 절약할 수 있다. 더욱이 농촌 지역 배송이 시간과 차량 비용 측면에서 가장 많은 비용이 든다는 측면에서 더욱 효과적이다.

드론은 외형의 성능도 중요하지만 각종 안전규격과 자율주행 기술, 빅데이터, 레이다·센서 등 다양한 기술을 접목시켜야하므로 상용화 개발에 시간이 필요하다. 드론에 탑재될 첨단 기술은 최근 주목을 받고 있는 무인 자율운행 자동차 기술과 흡사하나 문제는 드론의 자율주행 능력과 소프트웨어다. 국내의 경우 드론 본체를 제작하는 기술은 정상급이고, 세계에서 두 번째로 수직 이착륙에 고속 드론인 틸트로터를 개발했다. 그러나 충돌회피 및 자율주행 기술은 개발 중이고, 아직 민간 드론의 핵심 기술이나 투자는 미미하다.

[그림 12-9] 월마트의 드론 배송

유통회사 월마트도 드론을 야외에서 자택 배달과 길거리 픽업, 창고 재고 관리용으로 시험 운행할 수 있도록 연방 항공청에 승인을 요청한 상태이다. 미국은 이미 드론이 집 앞까지 물건을 배송하는 기술을 상용화하는 단계이다. 그러나 사생활 침해 문제와 군사적 보안 문제로 제도적 장치 개선에 비온적인 태도를 보이는 우리 정부와 군 당국도 국내 드론 산업의 어려운 요인 중 하나이다. 미국연방통신위원회(FCC, Federal Communications Commission)는 아직 드론에 대한 규제를 완전히 풀지 않은 상태이지만 드론을 이용하려는 기업들이 점점 늘어날수록 FCC의 규제는 더욱더 까다로워질 것으로 예정된다.

(2) 옴니채널

최근까지도 유통환경에서 언급되던 멀티채널은 독자적으로 운영되는 복수의 개별 채널을 의미하고, 일반적으로 소비자들이 무의식중에 활용하던 크로스채널은 채널의 조합을 통해 복수의 채널 중 하나에서 시작해 다른 채널에서 완료하면 다른 채널을 통해 소싱과 배송이행을 하는 교차 운영을 말한다. 현재 가장 이슈가 되고 있는 옴니채널은 이러한 모든 복수 채널이 전체 브랜드와 상호작용을 하면서 끊임없이 전달되는 총체적인 브랜드 경험을 의미한다. 옴니채널(Omni-channel)은 온오프라인, 모바일 등의 다양한 쇼핑채널을 유기적으로 연결하여 고객이 어떠한 채널을 사용하여도 동일한 매장을 이용하는 것처럼 느낄 수 있도록 한 매장의 쇼핑환경을 의미한다.

[그림 12-10] 옴니채널 개념

옴니채널은 고객들이 이용 가능한 온오프라인의 모든 쇼핑채널(Channel)들을 대상으로 하고, 이러한 채널들이 통합(Omni)되어야 한다. 그리고 고객(Customer)을 중심으로 채널들이 유기적으로 연결(Connect)되어 연속적(Seamless)이고 일관된 경험(Experience)을 제공하는 것이다. 즉 옴니채널은 고객중심으로 모든 채널을 통합하고 연결하여 일관된 커뮤니케이션 제공으로 고객경험 강화 및 판매를 증대시키는 채널 전략이다.

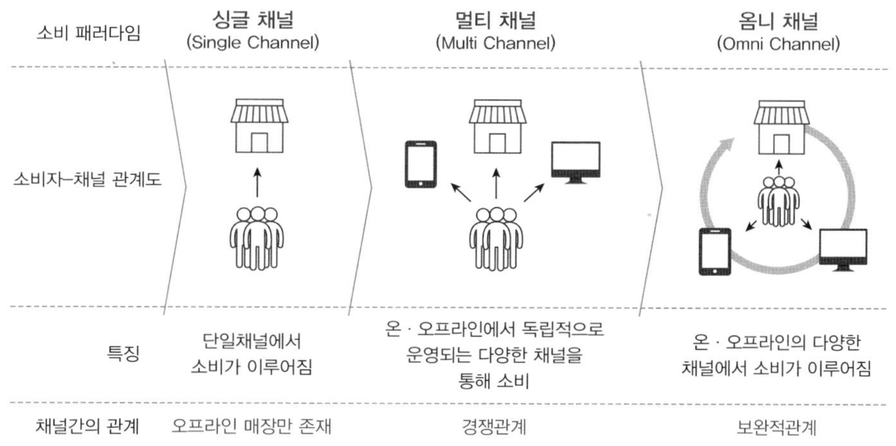

[그림 12-11] 유통채널 비교

기존 유통채널 방식이 기업 주도적인 채널운영이라면 옴니채널은 고객이 중심이 되어 고객경험 강화에 중심을 두고 각 채널 간에 유기적인 연결을 통한 시너지를 발생시키는 것을 주요 목적으로 한다. 옴니채널 환경에서 소비자는 시간과 장소에 구애받지 않고 상품정보를 얻을 수 있고, 다양한 채널을 비교해 가장 합리적인 구매를 할 수 있다. 또한 기업은 소비자와의 다양한 접점을 만들어내고 브랜드와 상품을 효과적으로 노출하며, 일관된 메시지를 각인시켜 고객 경험을 극대화할 수 있다.

옴니채널을 구축하기 위해서는 다양한 채널에서 유통되는 상황을 실시간으로 체크하여 분석해야 한다. 어떤 매장에 어떤 물건이 있고 구입하고자 하는 소비자의 위치는 어디이며 각 매장의 재고상태는 어떤지 등을 실시간으로 파악하고, 여기에 들어가는 기술이 빅데이터 수집 및 분석 기술이다. 각 유통업체에서 실시간으로 제공하는 다양한 형식의 데이터들을 수집하고 분석해서 소비자의 위치 및 성향 등도 같이 분석한다. IBM은 이런 옴니채널을 위해 자사의 빅데이터 분석 기술을 유통업체에 잘 적용하고 있고, 온라인 시비스에서 제공하는 정보들을 오프라인 매장에서도 그대로 적용시키기 위해서 다양한 센서 기술들이 적용되고 있다. 스마트폰이나 태블릿PC를 이용하여 해당 매장의 제품의 바코드(1차원, QR 코드 포함하여)를 읽으면 해당 제품의 정보가 온라인 서비스의 자신 계정에 등록되고 사용자는 매장에서 금액을 지불하는 것이 아니라 스마트폰이나 태블릿PC의 해당 앱을 통해서 계산을 하고 사용자의 배송을 원하는 위치를 파악한다. 그리하여 가장 가까운 매장에서 배송할 수 있도록 하는 시스템이 구축되어 운영되고 있다. 아마존의 대시(Dash)가 이와 비슷한 UX를 제공해주는데 스마트폰은 아니지만 대시 단말기를 통해 바코드를 인식하여 아마존에서 해당 제품과 매칭하고, 결제 및 배송을 진행한다. 여러 기업들이 자사의 앱을 통해서 이런 시스템이 가능하도록 현재 기술을 개발하고 구축하고 있는 중이다.

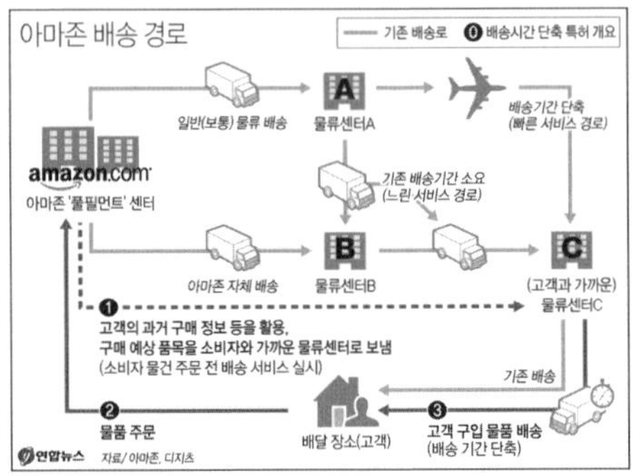

[그림 12-12] 아마존의 유통과정

아마존의 대시 서비스는 가구나 옷과 같은 제품이 아닌 신선도가 중요한 식품 분야에 옴니채널을 구축하여 효과를 보고 있다. 식품의 경우도 신선도를 유지하기 위해 다양한 패킹 방식을 이용하지만 하루 이상 걸리는 배송으로 인해 신선도 유지에 어려움이 많다. 아마존은 출하와 제품 수령까지의 배송기간을 최대한으로 줄이기 위하여 제품을 받고자 하는 지역에서 가장 가까운 매장에서 물건을 배송하여 가장 신속하게 물건을 배송할 수 있도록 했다. 드론을 이용하기도 하나, 뉴욕에서 자전거로 1시간 안에 배송하는 아마존 프라임 나우 서비스도 대표적인 사례이다.

옴니채널의 최근 사례는 우선 O2O(Online to Offline) 마케팅을 들 수 있다. 오프라인 매장은 고객들이 매장 방문이 가장 중요한데, 여기서는 쇼루밍 등 온라인에 의한 오프라인의 기회 손실을 해결하기 위하여, 오프라인으로 고객들을 유인하는 것이 중요하다.

현재는 온라인을 경쟁의 대상이 아니라 적극적으로 활용해야 할 전략채널로 간주하며, 많은 브랜드들이 구글맵(Google Maps)을 활용하여 다양한 마케팅 활동을 하고 있다. 그러나 단순히 매장 위치를 알려주거나, 다른 사이트와 연동하여 부수적인 요소로 활용된 경우가 대다수였다. 구찌는 새로운 플래그십 스토어를 통해 기존의 관점을 뒤엎고 구글 맵을 활용한 옴니채널의 가능성을 보여주었다. 구찌는 밀라노에 새롭게 남성복 플래그십 스토어(Flagship store)를 오픈하면서 구글 맵의 내부보기(See Inside) 기능을 도입하여 매장 안까지 온라인 맵을 도입하였다. 구글 맵에서 내부보기만 클릭하면 구찌 매장 전 층을 360도로 둘러보고 확대 기능으로 세부 상품까지 확인할 수 있다. 사람들은 매장에 방문하지 않고도 전반적인 분위기를 확인할 수 있고, 또 새로운 매장에 대한 호기심을 갖게 된다. 구찌의 이번 시도가 특별한 이유는 온라인 플랫폼을 통해 소비자들을 매장 안으로 끌어들였다는 점이다. 특히 매장을 통해 특별한 스토리를 전달하는 명품 브랜드에게는 매장 경험을 온라인까지 확대한 것은 큰 의미를 지닌다.

옴니채널 활용하는 롯데백화점과 같은 오프라인 유통 업체들은 반대로 온라인으로 채널을 확장하면서 O2O를 추진하고 있다. 이들은 온라인 창구를 개방해 다수의 채널을 확보하는 멀티채널 전략에서 고객의 쇼핑 경험을 향상시키기 위해 모든 채널을 유기적으로 연결하는 옴니채널 전략을 활용하고 있다. 고객의 매장 안내를 도와주는 스마트 비콘 서비스, 사은행사, 쿠폰 등의 각종 쇼핑 정보를 제공하는 스마트 쿠폰북 앱 등은 고객에게 최적화된 오프라인 쇼핑 경험을 제공하기 위해 온라인 채널을 활용하는 전략이다. 한편, 온라인으로 상품을 주문하고 오프라인 점포나 편의점 내 설치된 24시간 보관함에서 수령할 수 있게 해주는 서비스인 픽서비스도 있다. 이는 온라인 주문 후 상품 수령까지의 대기 시간을 해소하며 오프라인 채널을 통해 온라인 쇼핑 경험을 보완하는 역할을 하고 있다.

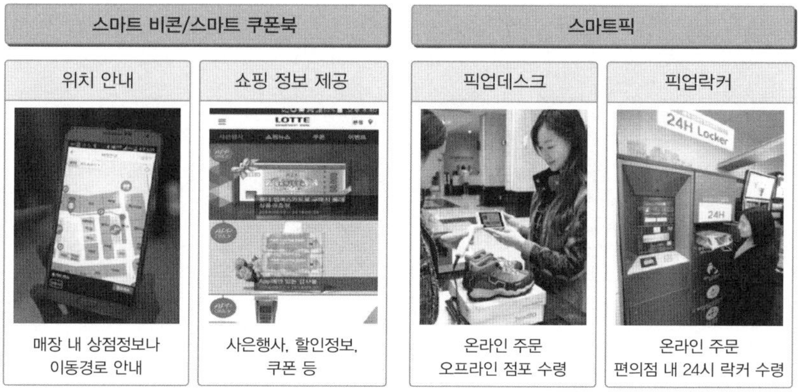

스마트 비콘/스마트 쿠폰북		스마트픽	
위치 안내	쇼핑 정보 제공	픽업데스크	픽업락커
매장 내 상점정보나 이동경로 안내	사은행사, 할인정보, 쿠폰 등	온라인 주문 오프라인 점포 수령	온라인 주문 편의점 내 24시 락커 수령

출처 : KT 경제경영연구소

[그림 12-13] 롯데백화점 옴니채널 전략

다음으로 옴니채널의 사례로 M2O(Mobile to Offline) 마케팅이 있다. 소비자와 모바일을 떼어놓고는 생각할 수 없고, 기업들은 소비자에게 보다 가까이, 보다 많은 순간을 함께하기 위해 모바일을 적극적으로 활용하고 있다. 유통사들은 분기마다 수많은 모바일 광고를 집행하지만 커다란 성과를 거두지 못한다. 이유는 광고가 너무 작거나 안 보이는 곳에 게재되는 경우도 있지만, 대부분 소비자의 경험과 무관한 내용이기 때문이다. 소비자들은 단순히 보고 끝나는 광고에는 관심을 기울이지 않는다. 미국의 유명 백화점인 메이시스(Macy's)는 모바일광고로 온라인과 오프라인 매장의 매출을 이끄는 선도적인 역할을 해왔다. 특히 판도라TV와 함께 진행한 캠페인에서는 간단한 참여로 브랜드와 제품을 동시에 알리고자 했다. 메이시스 로고를 넣은 이 배너광고를 클릭하면 메이시스 로고 옆에 의류 사진이 보이고, 연상되는 단어를 입력하는 창이 뜬다. 정답인 메이시스를 맞추면 모바일 홈페이지로 연결되어 한정 세일 상품을 확인할 수 있다.

12.3 금융혁명

(1) 핀테크

핀테크(FinTech)는 금융(Financial)과 기술(Technology)의 합성어로, 금융과 IT의 융합을 통한 금융서비스 및 산업의 변화를 의미한다. 금융서비스의 변화로는 모바일, 소셜미디어, 빅데이터 등 새로운 IT기술 등을 활용하여 기존 금융기법과 차별화된 금융서비스를 제공하는 기술기반 금융서비스 혁신이다. 최근에 모바일뱅킹, 앱카드 등이 있고, 애플페이(Apple Pay), 알리페이(Alipay,支付宝) 등이 대표적 사례이다.

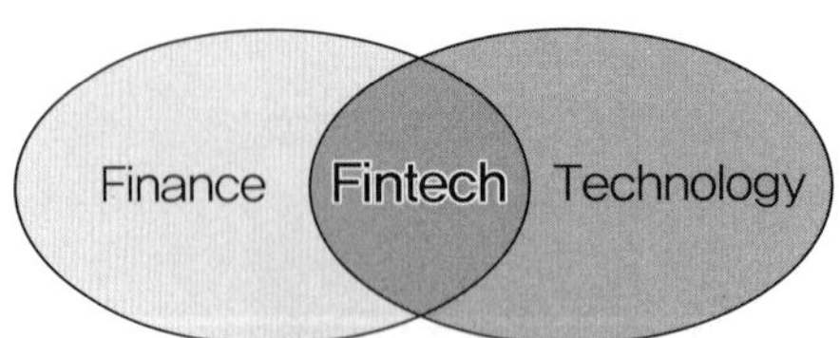

[그림 12-14] 핀테크의 개념

핀테크는 금융혁명이라 하는데, IT기술을 기반으로 한 모든 금융서비스로 폭넓게 발전하고 있고, 대체로 비 금융회사나 IT 스타트업이 주도한다. 분야로는 지급결제, 외환송금, 크라우드 펀딩, P2P(Peer-to-Peer network) 대출, P2B(People to Business) 대출, 자산운용, 인터넷은행, 비트코인 등이 있다. 핀테크와 혼동되는 개념으로 전자금융이 있는데, 전자금융을 핀테크의 범위로 보는 경우에는 이를 전통적 핀테크라고 한다. 전자금융은 기존 금융사의 가치사슬 내에서 IT를 통해 효율적으로 금융서비스를 제공하는 방식으로, 스마트폰 뱅킹을 비롯한 금융사의 직접 제공 서비스로서 전자금융의 영역이다. 그리고 기존 전통적 핀테크인 전자어음에 P2B 대출을 결합시킨 중소기업 지원형 전자어음 플랫폼도 등장하고 있다.

핀테크의 등장배경은 우선 소비환경의 변화를 들 수 있다. 첫째, 소비자는 모바일로 인하여 컴퓨터에서 시·공간적 제약을 해소하고 언제든지 물건 구매가 가능해졌다. 동시에 모바일 소비시장이 폭발적으로 성장하면서 핀테크의 성장 잠재력에 대한 기대감이 상승하게 되었다.

둘째, 기술의 혁신속도의 가속화이다. 빠른 기술혁신으로 시장 잠재력이 현실화되고 모바일 시장이 확대되었고, 융합기술의 발달로 결제, 송금, 대출, 증권, 자산 운용 등 서비스 제공 범위가 확대되어 소비자 편익제공의 기반이 조성되었다.

셋째, 현재 금융시장의 한계이다. 글로벌 금융위기 이후에 미국이나 유럽 등 글로벌 금융시장의 성장이 정체되고, 은행 대출 수익확대에 한계가 들어나면서 증권업 거래대금 감소로 수익성이 저하되어 새로운 수익모델에 대한 고객의 니즈가 발생하였다.

넷째, 글로벌 IT 기업들의 경쟁이 심화되었기 때문이다. 핀테크를 활용한 금융시장 진출과 e-커머스와 스마트폰 확산으로 IT기업의 금융 분야 진출이 가능해졌다. 더욱이 애플이나 구글 등 글로벌 IT 기업들의 경쟁이 심화되었다.

전통적 핀테크 강자로서 페이팔(Paypal)이 있는데, 이들은 약 1억 5천만 명의 회원을 보유하고 있다. 여기서는 일반신용카드에 비해서 매우 간단하고 편리하게 사용할 수 있는 강점으로 현재 온라인결제 플랫폼 중 가장 광범위하게 활용되고 있다.

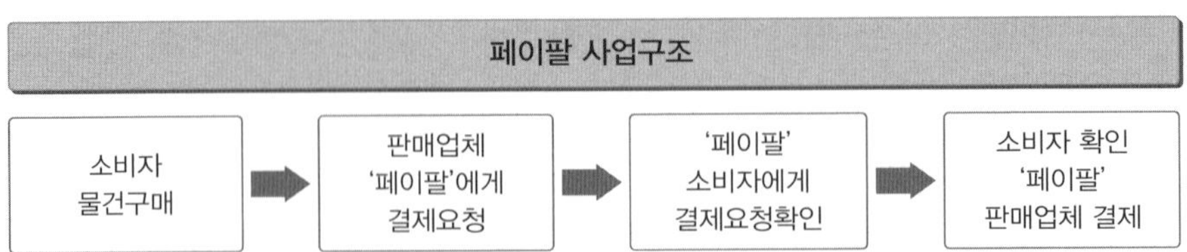

[그림 12-15] 페이팔의 사업구조

페이팔은 국내 시장을 공략하고 있는데, 글로벌 온라인쇼핑업체인 아마존과 함께 우리나라 진출을 확정하였고, 옥션과 G마켓에 페이팔 방식의 결제시스템을 적용할 예정이다. 그리고 금융당국과 인허가 여부를 협의하였고, 하나은행, KG이니시스와 제휴 중에 있다. 이로 인해서 국내 온라인쇼핑몰이용과 송금편의에 대한 기대감을 형성하고 있다.

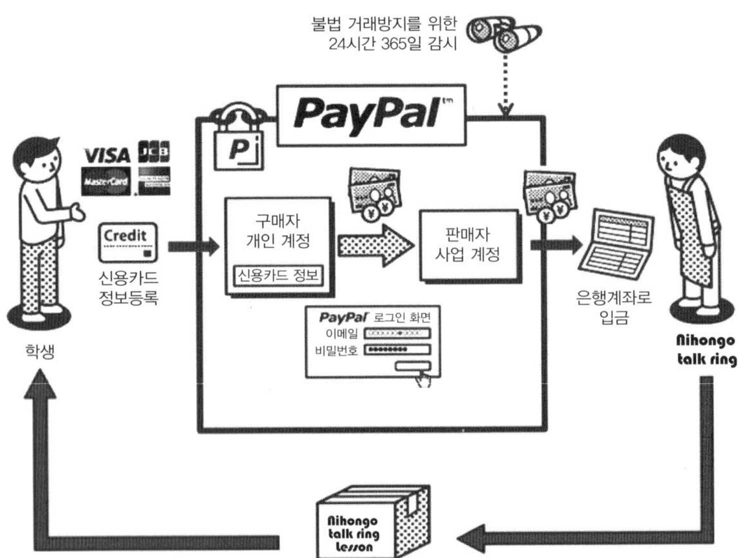

[그림 12-16] 페이팔 결제과정

전 세계 가입자수 3억 명, 하루 평균 결제규모 106억 위엔, 한화 1조 8,000억에 달하는 알리페이는 기업 설립 10년 만에 미국 이베이의 페이팔을 뛰어넘어 결제시스템을 구축하고 있다. 알리바바의 알리페이는 중국 온라인결제시장의 51%(2014년 기준)를 차지하고 있다. 알리바바 그룹은 종합 쇼핑몰 지원으로 급성장하여 송금 및 공과금 납부, 대출, 복권 구입 등 다양한 형태의 결제가 가능하다.

[그림 12-17] 알리페이 결재

더 나아가 소비자가 물건을 확인 후에 판매업자에게 돈을 보내는 결제시스템 구축하는데, MMF 금융투자 상품인 위어바오를 개시한다. 여기서는 각종 비용절감을 통해 은행보다 빠르게 시장 단기상품을 편입하여 운용하고 있다. 알리페이는 글로벌 시장 공략을 위하여 호주에 6번째 글로벌 지사를 설립하였다.

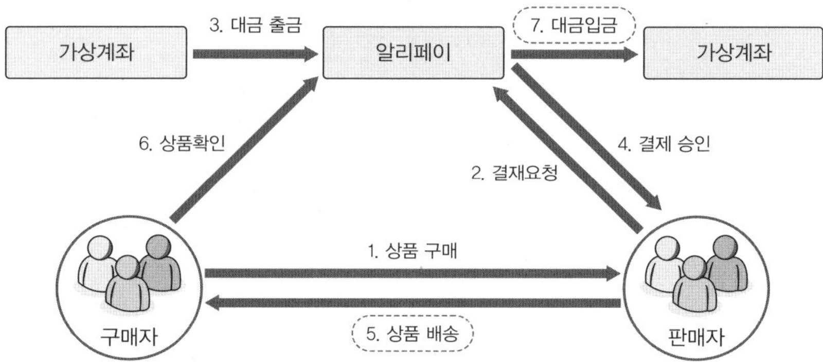

[그림 12-18] 알리페이 결재과정

알리페이는 에스크로, 즉 지급 보증 방식의 안심결제 서비스로, 2002년 출시된 C2C 쇼핑몰인 타오바오의 결제를 보완하기 위해 출시되었다. 당시 중국 전자상거래 환경은 신용카드 보급이 활성화 되어있지 않고, 개인 간 거래에서 잦은 결제 및 배송 사고가 일어나 전자상거래가 크게 활성화되지 못하는 상황이었다. 알리페이는 판매자와 구매자 중간에서 결제를 보증하고 구매자가 배송을 확인하면 판매자의 계좌에 돈을 입금해주는 방식으로 신뢰를 구축하여 C2C(Customer to Customer) 거래 환경을 조성하였다.

국내를 찾는 중국인 관광객의 90%가 알리페이를 통하여 면세점쇼핑을 하고 있어 인터넷 환경이 잘 갖추어져 있는 우리나라 시장 진출을 위하여 노력하고 있다. 이들은 국내의 하나은행, KG이니시스와 업무협약 체결하였고, 한국정보통신(KICC)과 함께 국내 오프라인 시장 진출을 준비 중이다. 알리페이는 이미 글로벌 최대 결제 플랫폼으로 자리 잡았으며, 여전히 빠른 성장세로 페이팔의 1억 5,000만 명을 크게 앞서고 있다.

애플페이는 애플이 제공하는 모바일 결제 및 전자지갑 서비스로서 애플페이를 통해 애플기기를 이용하여 결제가 가능하다. 애플페이는 특유의 비접촉 결제 터미널이 필요하지 않으며 기존의 비접촉 방식의 터미널과도 동작하는 특징이 있다.

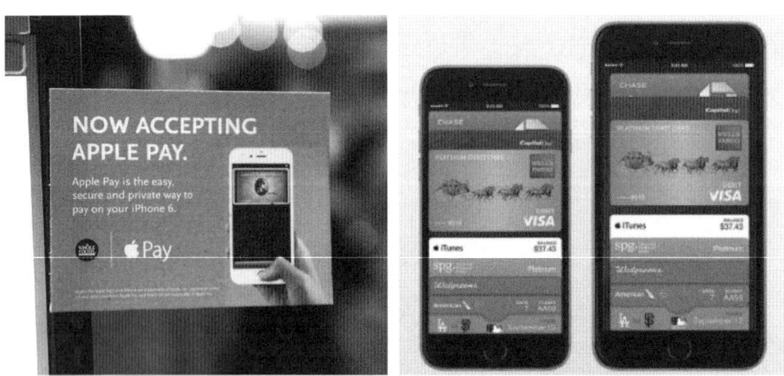

[그림 12-19] 애플페이

애플의 작동 과정은 우선 사용자 스마트폰이 매장 결제 단말기(POS)가 내보내는 전자기 신호를 인식하는데, 여기에 아이폰6와 아이폰6플러스에 실린 NFC칩이 사용된다. POS와 스마트폰이 서로 인증되면 결제 시스템은 사용자의 결제정보를 암호화해 결제 단말기에 전달하고, 이 과정에서 결제정보는 토큰화 기술을 활용해 암호화된다. POS

는 사용자 결제정보를 해독할 수 없고, 암호를 풀 수 있는 건 결제 시스템을 제공하는 신용카드 회사뿐이다. 이들이 직접 암호를 해독해 결제를 승인하고, POS는 암호화된 정보를 중간에서 전달하기만 한다. 해커가 중간에 결제정보를 가로채도 소용없고, 사용자는 애플페이를 사용할 때 맨 처음에만 패스포트 앱에 카드 정보를 저장한다. 이 정보는 아이폰으로 넘어가지 않고, 아이폰에 실린 보안칩(Secure Element)에 저장되고, 상점 결제 단말기와 통신은 모바일 기기에서 신용카드 기술 표준인 TSM(Trusted Service Manager)칩이 스스로 처리한다. 이런 시스템을 활용해 애플은 스마트폰만이 아니라 주변기기에서도 신용카드 결제기능을 구현하고, 보안칩과 TSM 기능을 실은 기기라면 아이폰 없이도 애플페이를 사용할 수 있다. 애플은 애플페이를 발표하며 애플워치에서도 애플페이를 사용할 수 있다.

애플은 비자, 마스터카드, 아메리칸 익스프레스 등 3대 신용카드사와 뱅크오브아메리카, 캐피탈원, 체이스, 시티, 웰스파고 등 500개 이상 금융사, 22만 개 유통업체를 애플페이 제휴하고 있다. 애플 아이폰6와 6플러스 사용자는 미국 대부분 중대형 매장에서 애플페이 서비스를 이용할 수 있다. 애플페이는 이용 고객인 소비자와 매장주에게 결제 수수료를 받지 않고, 이 수수료를 은행이나 카드사에게 받고 있다. 은행과 카드사는 모바일 결제 서비스가 확산될수록 현금이나 신용카드 제작비용을 줄일 수 있다는 점이 금융권에서 애플이 긍정적인 이유이며, 애플은 수수료를 시중보다 훨씬 저렴한 1.5%만 받고 있다.

(2) 블록체인과 비트코인

블록체인은 암호화폐인 비트코인에서 처음 나타난 개념으로, 모든 암호 화폐는 각각의 블록체인을 가지고 있다. 암호 화폐는 화폐를 따로 조폐하는 중앙은행이 존재하지 않고 일정한 주기마다 블록(Block)을 찾아내고 보상을 받아가는 식으로 화폐가 생성된다. 블록은 해당 암호화폐가 사용하는 해시 함수로 이루어져 있으며 사용자는 컴퓨터의 연산 능력을 이용해 일일이 맞는 함수를 대입하는 식으로 해시를 찾게 되는 과정을 채굴(Mining)이라 한다.

블록에는 해당 블록이 발견되기 이전에 사용자들에게 전파되었던 모든 거래 내역이 기록되어 있고, 이는 P2P 방식으로 모든 사용자에게 똑같이 전송되므로 거래 내역을 임의로 수정하거나 누락시킬 수 없어서 보안에서 강하다. 블록은 발견된 날짜와 이전 블록에 대한 연결고리를 가지고 있는데, 이런 블록들의 집합을 블록체인(Block Chain)이라 칭한다.

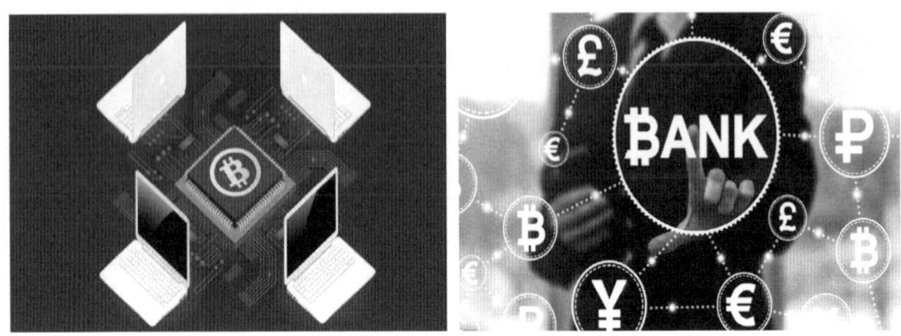

[그림 12-20] 블록체인

암호 화폐로 거래할 때 발생할 수 있는 해킹을 막기 위해 만들어진 기술로 공공 거래 장부라고도 한다. 기존에는 서버에 거래기록을 보관하는데 블록체인은 모든 사용자에게 거래기록을 보여주며 서로 비교하여 위조를 방지한다. 블록체인은 비트코인 및 기타 토큰과 같은 가치 교환 거래가 블록 단위로 순차적으로 분류된 형태의 분산 장부로서 각 블록은 기존 블록에 연결되고 P2P 네트워크를 통해 기록되며, 암호화 트러스트 및 인증 방식을 사용한다.

만약에 화폐 발행을 담당자가 없다면 화폐가 자동으로 발행되어 모두에게 골고루 나눠지게 하거나 복권처럼 주기적으로 누군가 한 명에게 무작위로 지급되게 해야 할 것이다. 비트코인에서 화폐를 발행하는 방식을 마이닝(Mining)이라 부른다. 금을 캐는 것과 유사하다고 해서 채굴한다는 의미를 가지기도 한다. 비트코인의 화폐는 10분에 한 번씩 일정량이 생성되며 마이닝에 참여한 사용자 중 한 명에게 지급되는데, 참여자들은 해쉬캐시(Hashcash)라는 문제를 풀어야 하는데, 이는 특정한 조건을 가지는 해시값을 찾는 것이다.

블록체인은 크게 퍼블릭(Public) 블록체인과 프라이빗(Private) 블록체인으로 나눌 수 있는데, 일반적인 블록체인은 퍼블릭 블록체인이다. 비트코인, 이더리움(Ethereum), 라이트코인(Litecoin, LTC, Ł)이 작동하는 블록체인은 모두 퍼블릭 블록체인을 활용한 가상화폐나 스마트 금융 플랫폼이다. 이로 인해서 퍼블릭 블록체인은 공개성, 분산성과 같이 흔히 블록체인에 대해 이야기할 때 언급하는 특성들을 모두 가지고 있다. 반면 프라이빗 블록체인은 특정한 기관, 업체들이 자신들의 목적과 특성에 맞게 설계한 블록체인이다. 이로 인하여 블록체인이 가지는 공개성, 분산성과 같은 특성을 모두 다 구현하지 않을 수 있다. 그리고 프라이빗 블록체인은 정보의 흐름을 확인하는 방법 역시 다를 수밖에 없으며 활용방식 역시 상이할 수 있다.

〈표 12-2〉 블록체인의 종류

	No Native Currency	Native Currency
Closed Membership	공유장부 : 데이터관리 최적화 (은행간 블록체인)	혼합 시스템 (리플, 사이드체인...)
Open Membership	불가능?	암호화 화폐 : 결제 최적화 (비트코인, 이더리움)

프라이빗과 퍼블릭으로 구분했을 때 블록체인 활용이 달라서 비트코인, 이더리움과 같은 퍼블릭 블록체인은 공개 네트워크를 운용하기 위해 고유한 화폐(Native Currency)를 발행하는 것이 일반적이다. 퍼블릭 블록체인은 블특정 다수의 참여를 통해서 운용되어야하기 때문에 참여와 충성도를 유도하기 위한 경제적 인센티브가 필요하기 때문이다. 이를 위해 비트코인, 이더리움과 같은 공개 블록체인은 참여자(채굴자)들에게 블록체인 상에서 발행된 코인을 지불한다. 반면 프라이빗 블록체인의 경우 네트워크 상의 운용 노드가 제한되어 있고, 코인을 발행할 이유가 비교적 명확치 않고, 발행한다고 해도 이를 통용할 수 있는 경제적 토대가 마련되기 어렵다. 그래서 프라이빗 블록체인의 경우 고유 화폐를 통한 네트워크 유지나 지불 혹은 결제와 같은 용도로 사용되기보다는 데이터를 분산 관리하는 데 더 적합하다.

12.4 공유경제

(1) 플랫폼 비즈니스

공유 경제(Sharing Economy)는 기존의 소비 패턴을 완전히 바꾸고, 기존 물건을 구하여 소유하는 소유 경제에서 불필요한 소비자원의 낭비를 줄이고 사회 공동의 이익이 기여한다.

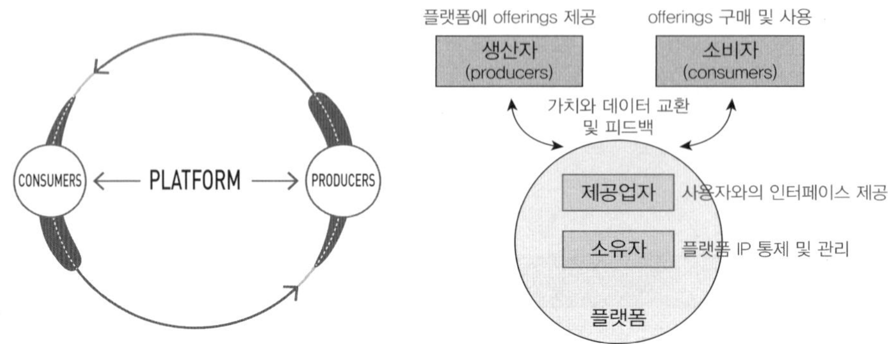

출처 : Van Alstyne 외, 2016

[그림 12-21] 플랫폼 비즈니스 개념도

플랫폼 비즈니스는 외부 생산자와 소비자 간의 상호작용을 통해 가치를 창출할 수 있게 하는 비즈니스로 정의한다. 이를 위해 플랫폼은 구성원 간 상호작용을 가능케 하는 개방적인 참여 인프라를 제공하며, 관리 조건을 설정한다. 플랫폼의 목적은 사용자 간의 최적 조합을 찾아내고, 제품과 서비스, 그리고 소셜 화폐 등의 교환을 촉진함으로서 모든 참여자들의 가치를 창조하는 것이다. 이러한 플랫폼은 다양한 형태로 존재하지만, 소유자(Owner), 제공업자(Providers), 생산자(Producers), 소비자(Consumers)로 구성된 생태계를 형성하고 있다는 점에서 동일한 구조를 가진다.

플랫폼 비즈니스 모델의 가치창출 과정을 전통적인 파이프라인(Pipeline) 모델과 대비하여 제품 및 서비스의 제조에서 판매를 거쳐 소비자에 이르는 선형적인 단계를 거치면서 가치를 창출하는 선형 가치 사슬(Linear Value Chain)의 구조를 가진다. 그러나, 플랫폼 모델에서는 생산자와 소비자, 플랫폼 간의 복잡한 관계를 통해서 가치사슬(Complex Value Chain)이 창출된다.

〈표 12-3〉 플랫폼의 역할

플랫폼의 역할	작동 방식	이점
gatekeeper 제거	gatekeeper의 역할을 시장의 피드백으로 자동적으로 대체 gatekeeper에 의한 bundling 효과 제거	신속성 확보 효율성 확보(노동비용절감) 소비자에 개별선택 가능
새로운 가치창출의 원천 및 공급	개인 참여자들의 참여 확대 공급방식의 변화(수요자가 공급자로)	자본 및 물리적 자산 관리 비용 절감 거래비용 감소(평판시스템, 보험계약)
데이터 기반 피드백 과정	기존의 감시, 관리를 통한 통제 과정이 사용자들의 피드백으로 대체	품질 유지와 범위 확대 가능

자료 : Parker, Van Alstyne, and Choudary(2016)

플랫폼 모델이 다양한 산업에 적용되면서 기존의 선형 비즈니스 모델을 넘는 파괴적 혁신이 진행되어 기존 파이프라인 비즈니스에 비하여 유리하다. 이를 가능하게 하는 것은 플랫폼이 전통적인 게이트키퍼의 역할을 시장의 피드백으로 대체함으로서 서비스의 신속성과 효율성을 확보하고, 번들링 효과(Bundling), 즉 묶음 판매를 제거하여 소비자의 개별적인 선택을 가능하게 하기 때문이다. 또한 개인 참여자들의 확대를 통한 공급 방식의 변화로 기존 파이프라인 모델에서의 물리적 자산 관리 비용 및 거래 비용을 감소시키면서 새로운 가치를 창출한다. 이 과정에서 데이터 기반 피드백을 활용함으로서 서비스의 범위를 확대하고 기존 파이프라인 비즈니스 수준의 품질을 유지할 수 있다는 것이다.

플랫폼 비즈니스의 형태는 8가지가 있다. 첫째, 서비스 플랫폼으로는 우버, 에어엔비가 있다. 둘째, 입점몰 형태는 이베이, 타오바오가 있으며, 소셜커머스로는 쿠팡과 티몬이 있다. 셋째, 결재 플랫폼으로는 알리페이, 페이팔이 있다. 넷째, 투자 플랫폼으로는 렌팅클럽이 있고, 다섯째, 소셜네트워크로는 페이스북과 카카오톡이 있다. 여섯째, 커뮤니케이션 플랫폼은 스카이프, 왓츠앱이 있고, 일곱 번째, 개발 플랫폼으로는 안드로이드, 리눅스, ios가 있으며, 마지막으로 콘텐츠 플랫폼은 유트브, 킨들 등이 대표적이다.

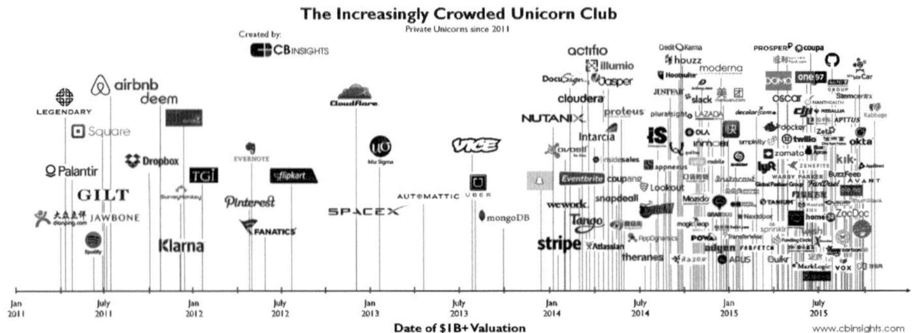

[그림 12-22] 유니콘 기업들

유니콘(Unicorn) 기업이란 2013년 여성 벤처 투자자인 에일린 리(Aileen Lee)가 처음 사용한 용어로서 기업 가치가 10억 달러, 즉 한화 1조 원 이상인 비상장 스타트업 기업을 의미한다. 유니콘은 뿔이 하나 달린 말처럼 생긴 전설의 동물인데, 스타트업 기업이 상장하기도 전에 기업 가치가 1조원 이상이 되는 것은 마치 유니콘 처럼 상상 속에서나 존재할 수 있다는 의미로 사용되었다. 유니콘 기업에는 미국의 우버, 에어비앤비, 핀터레스트, 깃허브, 몽고DB, 슬랙, 에버노트, 중국의 샤오미, 디디추싱, DJI, 우리나라의 쿠팡, 넷마블 등이 있다.

〈표 12-4〉 글로벌 상위 30대 유니콘 기업 현황 (단위: 억 달러)

순위	업체명	기업 가치	국적	산업	분야		
					IT	융합	기타
1	Uber	680		공유경제(차량)		●	
2	Xiaomi	460		스마트폰/디바이스	●		
3	Didi Chuxing	338		공유경제(차량)		●	
4	Airbnb	300		공유경제(부동산)		●	
5	Palantir Technologies	200		빅 데이터 분석 소프트웨어/서비스	●		
6	Lu.com	185		핀테크(P2P 대출)		●	
7	China Internet. Plus	180		전자상거래(소셜 커머스)		●	
8	Snapchat	180		소셜(모바일 이미지 메시징 앱)		●	
9	WeWork	168		공유경제(사무실)		●	
10	Flipkart	160		전자상거래		●	

11	SpaceX	120		항공우주			●
12	Printerest	169		소셜(이미지 공유 및 검색)		●	
13	Dropbox	100		웹 기반 파일공유 서비스	●		
14	Infor	100		비즈니스 애플리케이션 소프트웨어	●		
15	DJI Innovations	100		상업용/개인용 드론	●		
16	Stripe	92		핀테크		●	
17	Spotify	85		온라인 음악 스트리밍 서비스		●	
18	Zhong An Insurance	80		핀테크(인터넷 보험)		●	
19	Snapdeal	70		전자상거래		●	
20	Lianjia(Homelink)	62		전자상거래		●	
21	Global Switch	60		대규모 데이터센터 구축/운영	●		
22	Lyft	55		공유경제(차량)		●	
23	Intarcia Therapeutics	55		바이오 제약			●
24	Olacabs	50		온라인 운송 네트워크 서비스		●	
25	Coupang	50		전자상거래(소셜 커머스)		●	
26	One97 Communications	48		전자상거래		●	
27	Meizu Technology	46		스마트폰/미니플레이어	●		
28	Ele.me	45		온라인 음식 배달 서비스		●	
29	Magic Leap	45		증강현실	●		
30	Cloudera	41		빅 데이터 소프트웨어/서비스	●		

출처 : CB Insight

더 나아가 데카콘(Decacorn) 기업이란 미국의 경제통신사인 블룸버그가 처음 사용한 용어로 기업 가치가 100억 달러, 즉 한화 10조원 이상인 비상장 스타트업 기업을 말한다. 데카콘은 머리에 10개의 뿔을 가진 상상 속의 동물로 정의된다. 기업 가치가 1조원 이상인 비상장 스타트업 기업을 머리에 뿔이 1개인 상상 속의 동물인 유니콘에 비유했듯이, 기업 가치가 10조원 이상인 비상장 스타트업 기업을 머리에 뿔이 10개인 상상 속의 동물인 데카콘에 비유하여 정의하였다. 데카콘 기업에는 미국의 우버, 에어비앤비, 중국의 샤오미, 디디추싱 등이 있다. 이들 중 플랫폼 비즈니스 모델로 성공한 사례가 많이 포함되어 있다.

(2) 온디맨드

온디맨드(On-Demand)는 수요자가 원할 때, 고객의 개인화된 니즈에 맞춰 즉각적으로 반응하는 수요중심 시스템이나 전략을 의미하고, 공급이 아닌 수요가 모든 것을 결정한다. 대표적인 사례로 비디오(VOD) 서비스는 이용자들은 방송사가 제공하는 편성표에 따르는 것이 아니라, 자신들이 필요로 하는 프로그램을 원하는 시간에 시청한다. 다시 말하면, 고객이 원하는 때에 필요로 하는 서비스나 재화를 공급받는 방식을 통틀어 온디맨드라 한다.

2002년 10월 IBM CEO 샘 팔미사노가 새로운 차세대 비즈니스 전략으로 디맨드라는 개념을 처음 제시한 후, 2008년 금융위기에 공유경제라는 테두리에서 기술 발전이 이뤄지면서 온디맨드란 개념은 최근 IT업계를 중심으로 새롭게 강조되고 있다. 새로운 경제의 패러다임인 온디맨드 경제(On-Demand Economy)를 출현하게 되었다.

3C의 변화와 On-Demand Economy

Consumer
On-Demand Economy
Channel
Community

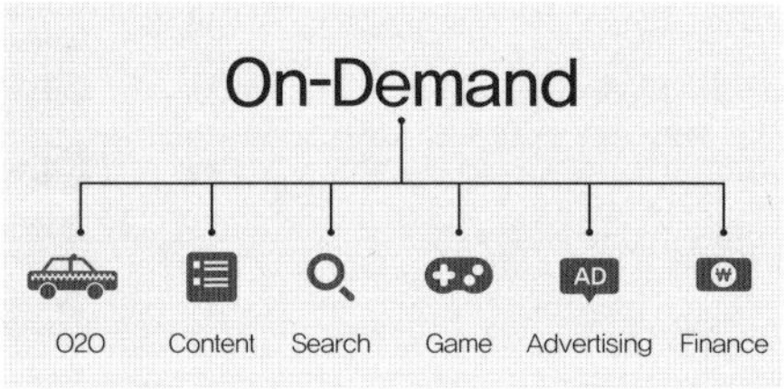

On-Demand
O2O
Content
Search
Game
AD
Advertising
Finance

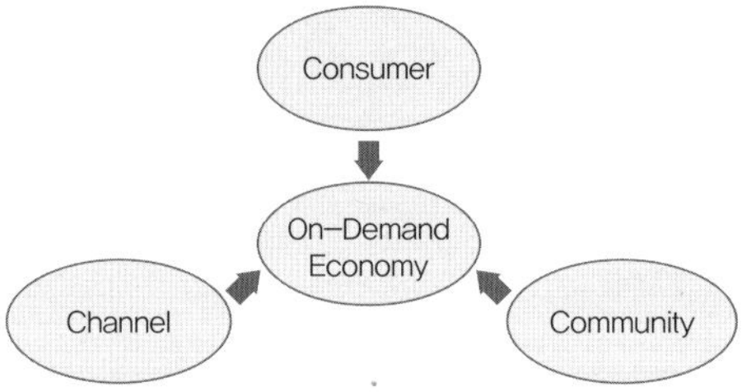

출처 : KT 경제경영연구소

[그림 12-23] 온디멘드의 개념

1900년대 초에는 소수 생산자가 공장에서 상품을 제조하고, 판매하는 과정에 개입하던 시기로서 소비자 권력이 거의 존재하지 않았다. 여러 상품 중에서 비교를 통해 한 가지를 골라 구매한다는 개념은 없었고, 상품 선택의 폭과 구매 방식은 제한적이었다. 상품이 거래되는 주요 채널도 오프라인 매장으로 한정되어 있었다. 그러나 20세기 말과 2000년대로 진입하면서 e-커머스의 개념이 생기고, 오프라인을 넘어 온라인 채널, 즉 인터넷, TV, 전화 등이 새로운 거래 채널 역할을 하였다. 따라서 생산자에 몰려있었던 권력은 각종 채널의 주체인 유통업자로 분산되기 시작하고, 소비자는 오프라인 매장에 찾지 않아도 다수의 채널에서 상품정보를 탐색할 수 있게 되었다. 2000년대 후반부터는 인터넷이 기술적인 진화하고, 모바일이 도입되면서 시장 주도권이 소비자로 옮겨가고, 실시간으로 정보 및 가격 검색이 가능하고, 시간과 공간의 제약을 받지 않고 언제 어디서나 구매 활동을 할 수 있게 되었다. 결국 소비자는 수요와 공급의 결정에 막대한 영향력을 행사하는 주체가 되었다.

권력을 가진 소비자의 니즈를 충족하기 위해 소비자 접점 관리가 중요해지면서 채널 전략의 중요성이 부각되고, 온라인 채널이 생겨남과 동시에 쇼루밍(Showrooming) 현상이 유행하기 시작했다. 쇼루밍은 오프라인 매장에서 상품을 보고, 집에 돌아와 온라인에서 가격 비교를 하여 최저가로 해당 상품을 구매하는 행위이다. 반대로 온라인에서 미리 제품의 정보와 가격을 비교하여 가장 좋은 혜택을 제공하는 오프라인 매장을 찾아서 직접 구매하는 역쇼루밍 현상도 등장하였다. 최근에는 오프라인 매장에서 제품을 살피고 모바일로 구매하는 모루밍, 즉 모바일(Mobile)에 쇼루밍(Showrooming)을 합친 현상까지 나타나고 있다. 이러한 쇼루밍, 역쇼루밍, 모루밍 행태의 등장은 소비자 접점 관리 방식을 재설정해야 할 필요성을 제기하는 것이다. 특히 대형 오프라인 유통업체들의 경우, 제품이 판매되는 채널의 종류보다 고객들이 자사의 채널을 이용한다는 사실이 더 중요하게 되었다. 즉, 채널을 독립적으로 운영하던 방식에서 모든 유통 채널을 유기적으로 통합하여 운영하는 시스템 옴니채널이 중요해졌다.

빅데이터를 활용한 맞춤형 정보 제공은 온디맨드 서비스에 중요요소이다. 가령 한 소비자가 특정 지역에서 음식점을 이용한 카드결제 기록이 많을 경우, 해당 소비자가 동일한 지역에 들어섰을 때 스마트폰에 자동으로 음식점 할인 쿠폰을 제공해줄 수 있다. 즉 특정 상황에서 소비자의 행동 패턴을 예측해 미리 서비스를 이용하도록 유도하는 방식이다. 핵심 타깃에게 보다 정확히 메시지를 전달하는 것은 빅데이터를 기반으로 한 온디맨드의 장점이다.

이전의 오프라인 커뮤니티 기반 비즈니스는 지역적으로 파편화되어 제한적인 정보 공유만 가능하나 플랫폼 기반 사업자의 O2O 서비스 등장으로 커뮤니티 기반 비즈니스의 정보가 소비자에게 제공되기 시작했다. 더욱이 사업자들 간에도 정보 교류가 원활해지고 해당 산업이 활성화되는 계기가 되었다. 공인중개사, 배달 업체 등 중·소상공인들을 보면 유망한 O2O 비즈니스가 향후에는 개별 사업자의 규모는 작지만 커뮤니티 내 동종 사업자의 수가 많아 전체 시장 규모가 큰 비즈니스가 될 가능성이 높다. 대표적 사례로는 소매업, 의류업, 인테리어, 학원 등이 있다. 현재 이들을 지원할 만한 국내 플랫폼 서비스로는 옐로아이디, 모두, 얍 등이 있는데, 업종에 더욱 특화된 O2O 서비스가 등장한다면 중소 상공인들을 엮어 고객에게 정보를 전달할 수 있다.

(3) 우버와 카카오택시

우버(Uber)는 운송 서비스를 이용하고자 하는 승객과 유휴시간에 자신의 차를 다른 사람에게 제공하고자 하는 기사를 연결해주는 서비스이다. 이는 모바일 기반으로 수요자와 공급자를 연결하여 중개해 주는 모델로 혁신적인 공유경제의 대표적 적용사례이다. 모바일 차량 예약 서비스인 우버(Uber) 운전자로 일하면서 빨래를 대신해주는 워시오(Washio)에 참여할 수도 있고, 짐가방을 싸주는 더플(Dufl), 요리를 대신해주는 스프릭(Sprig), 심부름 서비스인 태스크 래빗(Task rabbit) 등에서도 서비스 제공자로 나설 수 있다.

우버는 카풀링 서비스인 우버 풀(Uber Pool)을 공식 명칭으로 지정하고, 기존 운송서비스 중 가장 저렴한 서비스로 이용자는 아주 저렴한 가격으로 택시 서비스를 이용할 수 있는 장점이 있다.

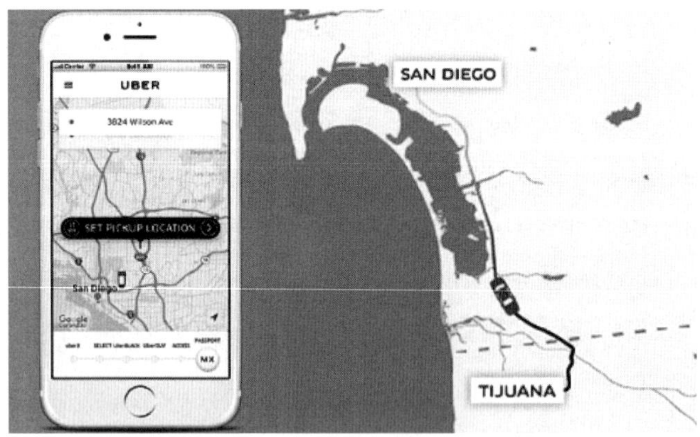

[그림 12-24] 우버 풀 서비스

우버 풀 서비스는 우버에 존재하는 GPS 데이터, 개인 여행데이터, 드라이버 및 고객 DB, 지도 및 상세 주소 데이터 등 대량의 데이터를 구축한다. 이들 중 비슷한 경로, 근접 목적지 및 출발지를 실시간으로 매칭을 하는 방법으로 단순 택시 북킹 서비스가 아닌 빅데이터를 활용한 우버 만의 서비스를 제공하고 있다.

카카오택시는 국내에서 많은 모임으로 늦게 귀가하는 승객이 택시를 잡는 어려움을 해결하는 모델이다. 2015년에 정식 서비스를 시작하였고, 모바일 앱을 이용하여 출발지와 목적지를 입력하면 해당 메시지가 카카오택시 기사에게 전달되고 이를 기사가 수락하면 기사와 고객이 서로 연결된다. 여기서 고객은 탑승할 차종, 기사관련 정보를 알 수 있고, 탑승 시 가족 혹은 지인에게 택시정보를 카카오톡 메시지로 전송 할 수 있다. 이 서비스는 공급중심으로 운영되던 택시 서비스를 수요중심으로 변화한 대표적인 온디멘드의 사례이다. 카카오택시는 3개월 만에 가입자 수 500만을 돌파하였고, 이용자수도 상승하고 있다.

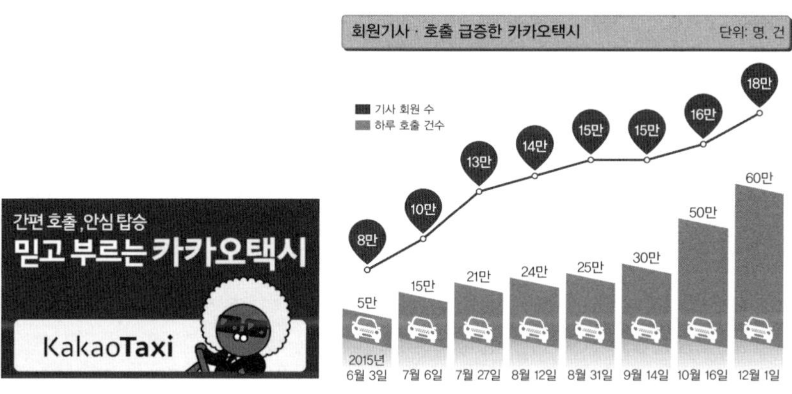

출처 : 카카오

[그림 12-25] 카카오택시 이용자 수

온디맨드 서비스 구현을 위한 빅데이터 활용은 개인정보보호 이슈와 관련이 깊다. 개인 정보나 보안과 관련된 각종 범죄와 어느 정도 수준까지 개인의 정보를 이용할 수 있을 것인지 혹은 개인의 프라이버시는 어느 수준까지 존중받아야 하나가 향후 논의가 필요한 부분이다. 온디맨드 서비스 확장은 기존 사업영역과도 충돌된다.

우버의 경우도 국내에서 기존 택시사업자들의 강력한 반발과 당국과의 충돌로 결국 서비스를 중단하게 되었다. 이러한 문제들을 해결하기 위해서는 우선 고객의 의사결정 과정과 행동을 추측하고 고객의 요구사항을 만족시킬 수 있는 경험요소를 확장하여야 한다. 이를 통해서 수집된 자료들의 잠재적 상호작용을 적절히 활용할 수 있는 프로세스를 세워서 현재 상황에 맞는 형태의 모델을 확립하여야 한다.

연습문제 EXERCISE

※ 다음 빈칸에 알맞은 말을 넣으시오.

01 (   )는 설계 · 개발, 제조 및 유통 · 물류 등 생산과정에 디지털 자동화 솔루션이 결합된 정보통신기술(ICT)을 적용하여 생산성, 품질, 고객만족도를 향상시키는 지능형 생산 공장이다.

02 (   )으로 명명되는 인더스트리4.0은 제조업의 생산 방식을 새롭게 진화하면서 제조업과 ICT간 융합을 통해 최적화된 생산이 가능한 지능형 스마트 팩토리 체계를 구축하였다.

03 스마트 팩토리는 사물인터넷(IoT) 확산, 최적화된 생산을 유도하는 (   ) 구축이 중요하다.

04 스포츠 의류 업체 아디다스의 (   ) 프로젝트가 대표적인 사례로 아디다스 스피드 팩토리는 디자인과 기술력의 완벽한 결합으로 자동화와 유연한 생산이 가능하다.

05 (   )는 새로운 산업혁명을 주도하여 제품제작 및 판매의 디지털화를 주도하는 사람이나 기업을 의미한다.

06 제조가 3D 프린팅이 계속해서 제조업으로 들어옴에 따라 부품이 (   ) 생산으로 변형되고 있고, 이렇게 생산된 부품들에 내장된 센서들이 구축 프로세스의 품질 향상을 위해 실시간 피드백을 제공할 수 있게 되었다.

07 (   )은 온오프라인, 모바일 등의 다양한 쇼핑채널을 유기적으로 연결하여 고객이 어떠한 채널을 사용하여도 동일한 매장을 이용하는 것처럼 느낄 수 있도록 한 매장의 쇼핑환경을 의미한다.

08 (   )는 금융(Financial)과 기술(Technology)의 합성어로, 금융과 IT의 융합을 통한 금융서비스 및 산업의 변화를 의미한다.

09 (   )는 화폐를 따로 조폐하는 중앙은행이 존재하지 않고 일정한 주기마다 블록(Block)을 찾아내고 보상을 받아가는 식으로 화폐가 생성된다.

10 블록은 해당 암호화폐가 사용하는 해시 함수로 이루어져 있으며 사용자는 컴퓨터의 연산 능력을 이용해 일일이 맞는 함수를 대입하는 식으로 해시를 찾게 되는 과정을 (   )이라 한다.

11 (   )는 외부 생산자와 소비자 간의 상호작용을 통해 가치를 창출할 수 있게 하는 비즈니스로 정의한다.

12 (   )를 이해하는 핵심은 수요자가 원할 때이다. 고객의 개인화된 니즈에 맞춰 즉각적으로 반응하는 수요중심 시스템이나 전략을 의미하고, 공급이 아닌 수요가 모든 것을 결정한다.

13 (   )은 오프라인 매장에서 상품을 보고, 집에 돌아와 온라인에서 가격 비교를 하여 최저가로 해당 상품을 구매하는 행위이다.

※ 다음 내용이 맞는지(T) 혹은 그렇지 않은지(F) 판별하시오.

01 독일의 인더스트리4.0은 다품종 대량생산이 가능한 가볍고 유연한 생산 패러다임으로 진화하는 것이 핵심이고, 포함된 중심기술들은 스마트 팩토리의 구현이다. (   )

02 스마트 팩토리는 모든 생산 주체가 네트워크가 연결되어 개방형이면서 최적화되고, 유연한 생산을 유도한다. (   )

03 나이키나 아디다스 등과 같은 글로벌 브랜드들은 아시아에 생산 공장을 두고 전 세계에 공급하던 이전의 방식을 고수하고 있다. (   )

04 메이커 스페이스(Maker Space)란 3D 모델 파일과 다양한 재료들로 소비자가 원하는 사물을 즉석에서 제작할 수 있는 작업 공간을 의미한다. (   )

05 제조업이 디지털화되면서 이전에 계획에 따라 생산되던 제품들이 이제는 전 세계 어디로든 수출될 수 있는 아날로그 파일로 제작되고 있다. (   )

06 멀티채널 환경에서 소비자는 시간과 장소에 구애받지 않고 상품정보를 얻을 수 있고, 다양한 채널을 비교해 가장 합리적인 구매를 할 수 있다. (   )

07 구찌는 밀라노에 새롭게 남성복 플래그십 스토어(Flagship store)를 오픈하면서 구글맵의 내부보기(See Inside) 기능을 도입하여 매장 안까지 온라인 맵을 도입하였다. (   )

08 알리페이는 에스크로(지급 보증 방식의 안심결제) 서비스로, 2002년 출시된 C2C 쇼핑몰인 타오바오의 결제를 보완하기 위해 출시되었다. (   )

09 공유 경제(Sharing Economy)는 기존의 소비 패턴을 완전히 바꾸고, 기존 물건을 구하여 소유하는 소유 경제에서 불필요한 소비자원의 낭비를 줄이고 사회 공동의 이익이 기여한다. ( )

10 유니콘(unicorn) 기업이란 기업 가치가 10억 달러(=1조원) 이상인 비상장 스타트업 기업을 의미한다. ( )

11 기존 오프라인 커뮤니티 기반 비즈니스는 지역적으로 파편화되어 제한적인 정보 공유만 가능하나 플랫폼 기반 사업자의 드론 등장으로 커뮤니티 기반 비즈니스의 정보가 소비자에게 제공되기 시작했다. ( )

12 우버(Uber)는 운송 서비스를 이용하고자 하는 승객과 유휴시간에 자신의 차를 다른 사람에게 제공하고자 하는 기사를 연결해주는 서비스이다. ( )

13 온디맨드 서비스 구현을 위한 빅데이터 활용은 개인정보보호 이슈와 관련이 없다. ( )

※ 다음 내용에 대해서 간략히 서술하시오.

01 기존 유통채널과 옴니 채널을 비교하여 설명하시오.

02 전자금융과 핀테크의 차이를 설명하시오.

03 블록체인의 종류에 대해서 설명하시오.

※ 다음 주제에 대해서 토론하시오.

01 개인별 소량생산시대의 흐름에 대해서 토의하시오.

02 우버택시와 카카오택시의 차이점에 대해서 토의하시오.

Chapter

13

사회 속 영향력

13.1 비트네이션

(1) 비트네이션의 정의

비트네이션(Bitnation)은 최초의 블록체인(Blockchain) 기술 방식의 가상 국가로, 4차 산업혁명 정신에 입각하여 운영되는 통치 방식을 활용한다. 2014년 스웨덴 출신 해커인 수잔 타르코프스키 템펠호프(Susanne Tarkowski Tempelhof)와 지식재산권법 철폐를 주장하는 해적당을 창당한 릭 팔크빙(Rick Falkvinge)이 설립하였다. 해적당은 지적재산권을 폐지하고, 기술적 혹은 문화적으로 변화에 적합한 법률 개선을 목표로 하는 운동을 제안하여 시민의 자유와 표현의 자유추구라는 디지털시대에 맞는 원칙을 주장하였다. 여기에는 시민의 권리와 개인 정보보호, 문화적 자유, 특허권과 독점권 등은 국가에 운영에 유해하다는 강한 신념을 포함한다.

비트네이션은 기존 국가가 국민의 출생, 사망, 결혼, 부동산 등기, 법적 문서 등의 기록을 관리하고 통제하는 중앙관료들을 고용하는 것과 달리 블록체인 방식을 활용하여 중앙 관료가 없어도 운영 가능하다. 이로 인해서 국가를 구성하는 국민들은 주민등록번호 등과 같은 식별번호가 불필요하고, 이들을 중재할 법도 필요하지 않다. 다만, 국민이 자발적으로 개인 간 문서를 블록체인에 올려서 공증 받는 방식으로 이전의 업무가 운영된다. 예를 들어 결혼 사실을 등록하기 위해서는 비트네이션 신분증으로 결혼증명서 블록을 생성하고, 이 블록이 다른 참가자들의 컴퓨터로 전송되며, 이를 받은 모든 컴퓨터가 이를 인증하면 블록이 등록된다. 이 블록은 체인(사슬) 형태로 구성되어 저장되므로 조작이 거의 불가능하여 안전하다고 평가한다.

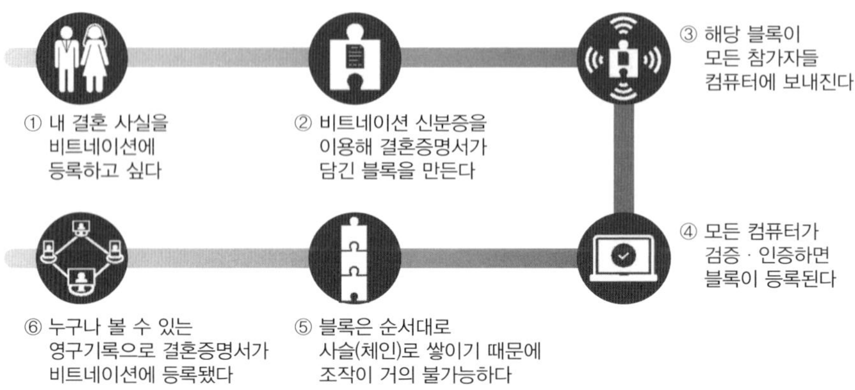

[그림 13-1] 비트네이션의 결혼 증명 과정

이외에도 비트네이션은 컴퓨터 프로그램의 소스코드를 다 함께 공유하면서 더 좋은 프로그램을 만드는 오픈소스 운동을 기반으로 하며, 국경이 없어 국민이 어디에 있더라도 정부의 서비스를 받을 수 있다. 만약, 대사관의 대사들이 자신의 집이나 사무실을 공유하겠다고 등록하면 국민 누구나 그 대사관을 이용하고 교류할 수 있다.

(2) 비트네이션의 특징

비트네이션은 최초의 블록체인 기술(Blockchain Security Technology)을 이용한 가상 국가이다. 블록체인은 일종의 공공 거래장부인데, 특정인에게 거래 장부를 관리하도록 맡기는 것이 아니라 모두에게 공개해 함께 관리하도록 하는 것이다. 모든 기록은 참여자의 컴퓨터마다 암호화되어 분산 혹은 저장된다. 블록체인은 엄격한 입증 절차를 가지고 있으며 네트워크가 일정한 임계량에 도달하게 되면 해킹도 불가능하다. 그러므로 이 기술은 어느 누가 정보를 독점하거나 통제할 수 없다는 점에서 다 중심 지배구조를 가진다. 또한 모든 사람이 참여해 의사결정을 하는 방식이어서 직접 민주주의와 유사하고, 독점 대신 공개를 통해 개인의 주권과 자율성을 보장한다.

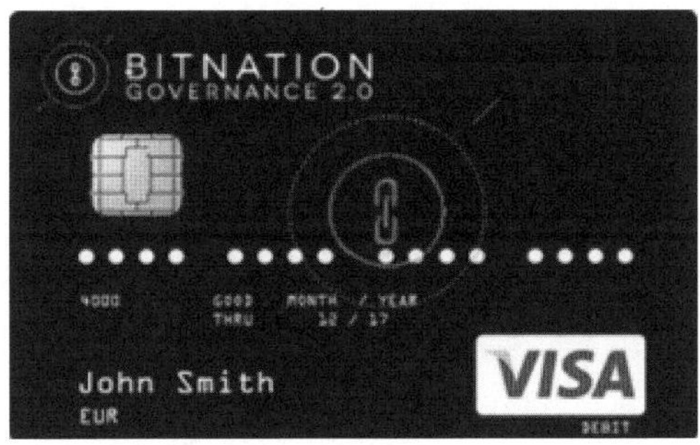

[그림 13-2] 비트네이션 직불카드

비트네이션은 다음과 같은 특징이 있다. 첫째, 비트네이션에서는 모든 사람이 최고의 정부 서비스를 받을 권리가 있다. 이는 국경이 없으므로 시민이 어디에 있더라도 상관없이 정보의 서비스를 받을 수 있고, 이를 위한 법은 따로 정하지 않고, 개인 간의 약속이나 문서를 블록체인에 올려 공증 받으면 성립된다. 이를 위하여 보안 컨설팅과 드론 등이 시민의 위치를 파악하여 개인보호 서비스를 제공한다. 둘째, 탈 중심적인이어서 개인의 자치권을 보장한다. 이는 비트네이션이 블록체인을 기반으로 작동하므로 수백만 명이 사용하는 분산장부가 있고, 이는 개인 대 개인의 자치권을 보장할 수 있다. 이를 위하여 마스터 카드와 제휴하여 은행 직불카드처럼 쓸 수 있는 비트코인 카드를 판매하고, 누구나 공유하여 사용할 수 있는 대사관이 세계 곳곳에서 난민보호나 긴급 신분증 발급사업 등을 진행한다. 셋째, 비트네이션의 시민들은 완전히 새로운 정부 시스템을 스스로 개발하고 만드는 자발적인 플랫폼으로서 역할을 한다. 이를 위하여 교육기업들과 제휴하여 창업 기술 등의 교육을 진행하고, 디지털 화폐를 모든 국민에게 지급하는 보편적인 기본소득 실현을 계획하고 있다. 현재, 비트네이션이 국가로 인정받기는 어렵지만 대안국가의 역할수행은 가능하다. 예를 들어, 시리아 내전으로 인해 난민들이 겪는 문제 중 하나는 법적인 신분을 보장하는 신분증이 없다는 점이다. 왜냐하면, 신분이 불분명하면 구호 서비스를 받는데 제약이 많다. 하지만, 비트네이션은 자국의 신분증과 함께 비트코인이 든 직불카드를 지급하므로 기존 국가들에게 실현하기 어려운 서비스를 신속하게 제공할 수 있다.

(3) 비트네이션의 사례

① 세컨드 라이프

2000년대 중반 큰 인기를 끈 세컨드 라이프(Second Life)는 온라인게임처럼 3차원 가상 공간에서 아바타(Avatar)를 만들어 제2의 인생을 살아보는 서비스였다. 원래 세컨드 라이프는 휴가기간이나 사이버 공간을 통해 또 다른 삶을 사는 것을 의미하고, 현재 직장 외에 다른 직업을 체험하고자 하거나 하는 욕구가 인터넷의 보편화로 가상의 삶을 경험하려는 사람들이 증가하는 추세를 반영한 대표적인 서비스였다. 세컨드 라이프(www.secondlife.com)는 미국 샌프란시스코에 본사를 둔 벤처기업 린든 랩(Linden Lab)이 2003년 선보인 인터넷 기반의 가상 현실공간이다. 여기서 사람들은 자신의 아바타를 이용하여 집을 사고 물건을 만들어 파는 등의 경제활동을 한다. 이러한 사이버 활동으로 모인 돈, 린든 달러(271린든 달러=1달러)를 실제 미국 달러로 환전하여 현실과의 경계를 허물었다고 평가한다. 게임의 맵은 사용자가 돈을 주고 사서 자신만의 세계를 만들 수 있고, 일부분을 다른 사용자에게 임대해서 장사를 하거나 자신들만의 영역을 꾸밀 수 있었다. 세컨드라이프에는 다양한 맵이 존재하고, 다양한 콘셉트의 맵들을 사용자들이 만들어가는 세상이었다. 영화관을 운영하거나, 콘서트를 열거나, 자신이 만든 아이템, 아이디어 상품 등을 팔 수도 있었다.

[그림 13-3] 세컨드 라이프 로고

세컨드라이프는 현실세계와 가상세계의 경계가 없는 곳이고, 자본주의의 신천지(Frontier Capitalism)라고 평가하기도 하였다. 이 서비스는 현실세계로부터의 일탈을 꿈꾸는 사람들의 욕구를 자극하며 2007년 기준으로 가입자가 870만 명으로 급성장하였다. 세계 주요 기업들도 이곳에 가상 지점을 내어 광고 효과를 실현하였고, 특히, 네티즌뿐 아니라 IBM, AMD 등의 기업들도 가상공간에 사옥을 짓고, 직원들이 근무할 수 있는 환경을 조성했다. 네티즌들은 이곳에서 마치 현실처럼 근무를 하고 동료들과 삶을 살아갔다. 세컨드라이프 주민들이 창출하는 국내총생산(GDP) 규모는 5억~6억 달러에 달하여 아프리카 라이베리아의 GDP 규모와 유사했다.

세컨드라이프는 소셜 커뮤니케이션의 형태로서 다른 사람과 소통하지 않고서는 게임의 재미를 느끼기 어렵고, 세계를 무대로 하는 세컨드라이프의 취지와는 다르게 영어권 사람들 중심으로 게임이 장악될 수밖에 없는 문제가 있었다. 그리고 게임이 어렵고, 복잡하여 마치 제작 툴이나 개발 툴과 같은 느낌을 주어서 단지 즐기러 오는 사람들 입장에서는 진입장벽이 높은 단점이 있었다. 세컨드라이프의 맵의 규모는 마치 인터넷과 같고, 주소창에 맵의 주소를 치면 해당 맵으로 이동하였다. 여기서 맵이란 현실과 비교할 때, 소유자가 있는 땅이고, 하나의 맵이더라도 주인에게 임대료 형식으로 일부 땅을 사서 자신의 영역을 만들 수 있다. 그러나 너무 방대한 맵으로 인하여, 커뮤니케이션이 중요한 게임이 집중도가 떨어지는 경우가 많았다. 이로 인하여 매니아 층의 친목위주로 게임이 흘러서 점점 더 초보자들은 진입하기가 힘들다는 문제가 있었다.

[그림 13-4] 세컨드 라이브 내부 모습

세컨드라이프의 가장 큰 장점은 자신이 만든 아이템을 팔아서 돈을 버는 것이고, 실제 현금으로 교환이 가능하다는 점이다. 하지만 맵이 넓고 장사할 곳이 너무 많아서 흩어져서 소비하는 사용자를 찾아가기가 힘들었고, 만족할 만한 곳을 찾기가 어려웠다. 일종의 상점 형식으로 아이템를 사고파는 거래소 같은 곳이 너무 많았다. 그리고 건전하고 재미있는 콘텐츠를 만들어낸 유저들도 있지만 포르노와 같은 콘텐츠를 만들어 가상의 섹스 서비스도 논란이 되었다. 이로 인하여 청소년들에게 제공되는 서비스를 중지하게 되는데, 이는 세컨라이프가 활성화되지 못한 원인이 되었다.

비트네이션이 세컨드라이프와 다르다고 평가 받는 결정적 이유는 블록체인 기술에 기반을 두어 개인의 자율성 보장과 다양한 시너지를 전체적인 시스템 안에서 만들 수 있다 것이다.

② 아스가르디아

2016년 10월 오스트리아의 민간단체 항공우주국제 연구센터(AIRC)는 우주 국가 건설 프로젝트를 공개하였다. 세계의 과학자들이 인공위성을 쏘아 올린 뒤 그곳으로 사람들을 이주시켜 만든 우주국가 아스가르디아(Asgardia)를 건설하겠다는 것이다. 이는 인공위성을 쏘아 우주 이주주권을 가진 독립국의 새로운 틀이며, 인종과 국적 초월한 윤리적으로 독립된 국가로 이름, 주소, 이메일만으로 시민권을 인정받는 가상 국가이다.

아스가르디아는 북유럽 신화에 등장하는 고대 신들의 아홉 개 세계 중 하나이다. 과학자들은 이 국가가 자체적인 법체계를 갖추어 향후에 UN으로부터 국가로 승인받기를 희망했다. 이 프로젝트의 목적은 우주시대에 걸맞게 우주에서의 주권이나 독립국 지위에 대한 새로운 틀을 세우는 것이다. 그리고 인종, 국적, 종교를 초월한 윤리적이고 평화로운 독립체로 인류의 우주정착을 위한 노력이다. 또한 아스가르디아 프로젝트는 지금까지 우주 개발에 참여하지 못한 국가에 우주기술에 접근할 기회를 제공하고, 우주 기술이 부족한 국가도 우주로 나아갈 발판을 제공할 수 있다.

[그림 13-5] 아스가르디아 신청자 수

아스가르디아의 본질은 누구든지 독립적이고 자유롭게 활동할 수 있는 철학적이면서 과학적인 틀을 제공하고, 평화를 지키는 것이다. 현재, 아스가르디아는 실질적인 영토가 없음에도 불구하고 시민권 등록 신청이 시작된 지 이틀 만에 10만 건이 넘는 사람들이 신청했고, 3주가 되자 50만 명이 넘는 사람들이 신청했다. 아스가르디아의 시민을 위한 신청방법은 이름, 국적, e메일 주소 등을 입력하면 되고, 이들 중 약 20만 명이 국민으로 선발되었다.

향후에 인류가 우주 정착을 위하여 우주공간과 달에 정거장을 건설하고, 사람이 거주할 수 있는 시설을 갖출 계획이고, 최근 공개된 우주정거장 상상도를 보면 내부엔 투명한 유리벽과 녹지 등도 있다. 오스트리아는 최초의 인공위성 아스가르디아-1을 발사하여 국민을 우주로 이동하기 위한 예행연습을 시작하였다. 아스가르디아는 자체 헌법에 대한 국민투표를 진행 중에 있으며, 이를 통해 정부 부처와 의회 등의 조직이 구성되면 과학부를 중심으로 구체적인 이주 계획을 수립하고, UN에 국가 지위를 인정을 신청할 예정이다.

13.2 스마트 롱테일 현상

(1) 롱테일 현상의 개요

스마트 롱테일(Smart Long-Tail)의 원칙은 4차 산업혁명을 설명하는 대표적인 법칙인데, 이는 오프라인 경제에서 상위 20%가 80%의 매출을 담당한다는 파레토 법칙(Pareto's Law)에 반대되는 개념이다. 즉 온라인 경제의 롱테일 법칙은 80%의 사소한 다수가가 20%의 핵심 소수보다 뛰어난 가치를 창출한다는 것이다. 디지털 경제는 시공간의 제약을 극복하고, 자원의 제약과 연결비용을 줄여 소수의 수요에 대한 원가를 더욱더 절감시키는 스마트 롱테일 법칙을 탄생시켰다.

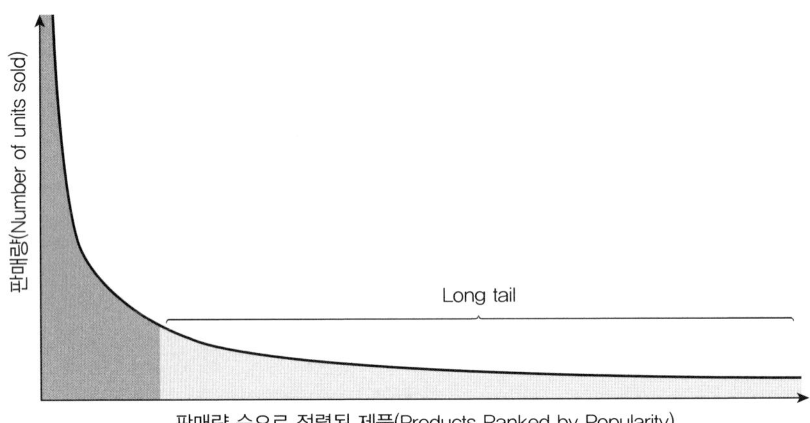

[그림 13-6] 일반적인 롱테일 현상

롱테일 현상은 파레토 법칙을 그래프에 나타냈을 때 꼬리처럼 긴 부분을 형성하는 80%의 부분을 일컫는다. 여기서 꼬리와 머리라는 용어가 사용되는데, 예를 들어 서적 판매의 경우 머리는 현재 매장에 많이 진열되어 있는 많이 팔리는 상품들이고, 꼬리는 상대적으로 판매량이 적은 그 이외의 상품을 의미한다. 이전의 파레토 법칙에서는 80, 20으로 20%에 대한 집중현상으로 그래프에서는 발생확률 혹은 발생량이 상대적으로 적은 부분이 무시되는 경향이 있었다. 그러나 인터넷과 새로운 물류기술의 발달로 인해 이 부분이 경제적으로 커다란 의미가 있을 수 있게 되었다. 이를 롱테일 현상이라고 하고, 이는 기하급수적으로 줄어들며 양의 X축으로 길게 뻗어나가는 그래프의 모습에서 나온 말이다. 이 현상은 2004년 와이어드지 20월호에 크리스 앤더슨(Chris Anderson)에 의해 처음으로 소개되었고, 이러한 분포를 보여주는 통계학적 예로는 부의 분포, 단어의 사용빈도 등이 있다.

롱테일 현상의 등장은 인터넷과 디지털의 발전에 의한 유통혁명과 소비자의 개성 추구로 인한 다양한 수요에서 비롯되었다. 무한대의 제품 전시 공간, 즉 오프라인에서는 제한된 공간 때문에 모든 제품을 전시할 수 없지만, 온라인에서는 매우 적은 비용으로 상상을 초월하는 수많은 틈새 상품을 전시하고 손쉽게 검색할 수 있게 되었다. 음악 앨범 진열의 경우를 살펴보면, 오프라인 월마트는 55,000곡을 진열하지만 온라인 랩소디는 150만곡 진열이 가능하다. 그리고 소비자의 개성 추구에 의한 다양한 수요로 인한 것인데, 자신의 취향과 편의를 중시하는 개성시대의 풍조와 맞물려 소비자들은 소수의 히트상품에 만족하지 않고 다양한 종류의 제품을 추구하게 되었다. 여기에는 대량 고객화(Mass Customization), 대량배제(Massclusivity), 소수청취(Silvercasting) 등의 트렌드 등장이 원인이 되었다.

소비자 입장에서 인터넷의 등장으로 자신의 개성에 맞게 원하는 상품을 마음대로 선택할 수 있는 무한선택의 시대가 열렸고, 공급자 입장에서는 과거 수요가 없었다고 생각되었던 영역에서 많은 잠재적인 고객이 존재하는 틈새시장의 시대를 맞이하게 된 것이다.

(2) 롱테일 현상의 배경

스마트 경제는 공간 경제(Space Economy), 정보 경제(Information Economy), 네트워크 경제(Network Economy)의 3가지 관점이 있다. 공간의 경제는 시간과 공간의 개념이 재구성된 연결공간의 관점이고, 정보의 경제는 물리적인 재화가 아니라 정보재의 관점이며, 네트워크의 경제에서는 형태와 크기 등 차원이 다른 생산자, 판매자, 구매자 간의 네트워크의 관점에서 시장과 경제를 본다.

첫째, 공간 경제(Space Economy)는 단순하게는 언제(Anytime), 어디서나(Anywhere)라로 요약할 수 있다. 하지만 디지털 기술은 우리가 언제, 어디서나 정보를 검색하고, 상거래를 하는 것 이상의 현상을 만들어 내고 있다. 이러한 현상 중 대표적인 것이 롱테일(Long-tail) 현상이다. 이는 와이어드(www.wired.com)의 편집자였던 크리스 앤더슨에 의해서 주장되었는데 아마존과 같은 온라인 마켓플레이스의 경우 오프라인 매장에 비해 팔리는 제품의 종류가 수십 배 내지 수백 배에 달한다. 이로 인하여 주요 제품보다는 그렇지 않은 제품이 전체 매출의 대부분을 차지하는 현상을 발견한 것이다. 왜냐하면 온라인 마켓플레이스의 경우 제품을 진열할 장소의 제약이 없고 추가되는 재고비용이 매우 작거나 거의 없기 때문에 오프라인 매장의 수십 배에 달하는 제품을 갖출 수 있다는 것이 롱테일 현상의 주요한 요인이라 할 수 있다. 하지만 이는 롱테일 현상의 필요조건을 될지언정 충분조건이라 할 수는 없다. 월마트와 같은 오프라인 매장은 잘 팔리는 제품을 중심으로 진열을 하고, 이 중에서도 대부분의 매출은 20~30%의 제품에서 발생한다. 오프라인 매장에서는 팔지 않는 제품들이 어떻게 온라인 마켓플레이스에서 팔리는 것인가에 대한 솔루션은 공간의 재구성에서 찾을 수 있다. 온라인 마켓플레이스에서의 제품의 추가는 제품을 중심으로 하는 새로운 공간이 생성되는 것으로 생각할 수 있고 이러한 공간에 기반하여 기존에 오프라인 매장에서 충족시킬 수 없었던 듣도 보도 못한 제품에 대한 수요와 공급을 충족시킬 수 있게 되는 것이다.

둘째, 정보 경제(Information Economy)는 인터넷을 통해 뉴스, 책, 음악, 영화 등과 같은 콘텐츠를 소비할 뿐 아니라 블로그, 이메일, 소셜 네트워크와 같은 다양한 서비스를 사용한다. 이를 물리적인 재화(Physical Goods)와 반대 개념인 정보재(Information Goods)라고 한다. 이는 물리적인 재화와는 다른 성격을 가지고 가격을 결정하는 방법이나 프로모션 혹은 수익을 창출 등이 기존에 물리적인 재화에 적용하던 방법과는 다르다. 인터넷 상의 정보재 거래에서 나타나는 대표적인 현상 중 하나가 대부분의 콘텐츠 혹은 서비스가 무료이다. 대부분의 넷티즌은 비용을 내지 않고 네이버, 구글 검색, 지메일, 구글 드라이브 등을 사용하고, 만족도는 매운 높은 편이다. 롱테일 현상을 주장한 크리스 앤더슨은 이러한 무료 현상이 기존에 우리가 알고 있는 무료 서비스와 다르며 앞으로 시장과 경제 전반에 걸쳐 지대한 영향을 미친다고 주장하였다. 근본적으로 모든 정보재는 무료이고, 정보재의 한계비용이 0이기 때문에 가능한 현상이지만 이는 사회적, 심리적, 전략적 원인 등이 복합적으로 작용하여 무료 현상을 유발하게 될 것이다.

셋째, 네트워크 경제(Network Economy)에서 인터넷은 컴퓨터 간의 연결을 위하여 만들어진 기술이지만 이러한 기반 위에 문서 간의 연결, 사람간의 연결, 판매자와 구매자간의 연결 등 세상의 모든 것을 연결하는 기술이 되고 있다. 현재는 이 결과를 네트워크라 하며 네트워크는 스마트 경제를 이해하는 데 있어 가장 핵심적인 개념이다. 인터넷 기반의 비즈니스를 네트워크를 형성하는 비즈니스를 네트워크 비즈니스(Networked Business)라 한다. 인터넷은 과거에는 상상할 수도 없는 형태와 규모의 네트워크를 만들었고, 이는 구성원들에 의해 마치 생명체처럼 성장하고 진화한다. 이러한 현상이 대표적으로 위키노믹스(Wikinomics)이다. 이는 네트워크 구성 간의 대규모의 협업을 통해 재화, 즉 주로 정보재를 생산하고, 유통하고, 소비한다. 인터넷 백과사전인 위키피디아(www.wikipedia.org)는 백과사전의 대명사라 할 수 있는 브리태니커의 사용자를 넘어섰다. 위키피디아는 수만 명의 자발적인 참여자에 의해 작성되며 지금도 누군가에 의해 새로운 주제가 추가되고 있으며, 기존의 주제는 수정되고 있다. 위키피디아가 작성되고 유지되는 방식은 기존 방식과는 완전히 다르다. 가장 큰 차이는 누구든지 로그인 없이도 작성할 수 있으며, 브리태니커에 비해 정확성에 있어 크게 차이 나지 않는 것으로 알려져 있다. 이는 기존에는 불가능했던 수많은 참여자의 네트워크가 형성되어 네트워크를 기반으로 재화를 생산하고, 유통하고, 소비하는 방식이다. 향후 위키피디아는 백과사전과 같은 콘텐츠뿐 아니라 모든 비즈니스와 산업에 커다란 영향을 미칠 것이다.

(3) 스마트 롱테일의 사례

① 아마존닷컴

아마존닷컴의 전체 매출은 절반 이상이 랭킹 13만 등 이하의 책에서 올리고 있는데, 이는 잘 팔리는 책보다 잘 팔리지 않는 방대한 양의 책들의 판매량이 더 많다는 것을 의미한다.

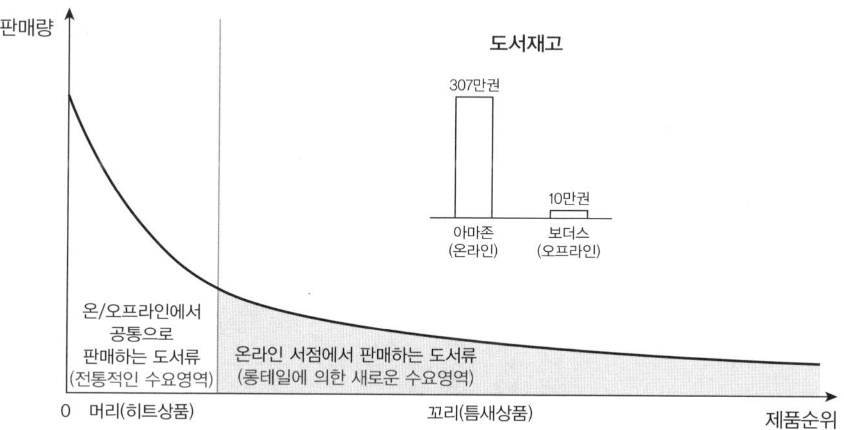

[그림 13-7] 아마존의 롱테일 현상

결론적으로 아마존닷컴은 20%의 베스트셀러가 아닌 일 년에 몇 권 팔리지 않는 80%의 수복 받지 못한 책들이 모여서 많은 수익을 내고 있다. 즉, 판매 순위 상위 10만종을 제외한 98%의 비히트 상품이 전체 매출의 25%를 내고 있다. 이는 틈새상품의 시장이 지속적으로 유지되고 있고, 수요곡선의 꼬리부분이 머리 부분보다 길어져서 그동안 무시되었던 상품들이 중요해지는 변화를 의미한다. 이러한 변화는 생산도구의 대중화와 유통방법의 대중화로 인한 것이고, 수용과 공급의 연결이 이를 가능하게 한 것이다. 첫째, 생산도구의 대중화란 전문가들의 영역의 작업을 일반인들도 할 수 있게 된 것이다. 둘째, 유통구조의 대중화는 유통비용을 줄여서 누구나 콘텐츠를 생산하고 이를 공유하여 즐길 수 있다는 점이다. 인터넷은 사람들이 접근 비용을 줄이고, 꼬리 부분에 위치한 시장의 유동성을 증가시켰다. 마지막으로 수요와 공급의 연결의 의미는 고객들에게 신제품을 소개함으로써 꼬리 부분의 수요를 높이는 것이다. 더불어 고객이 리뷰를 쓸 수 있도록 장치를 제공하면서 틈새 콘텐츠를 찾는데 비용을 절감하게 된 것이다. 이를 활용한 서비스가 아마존의 추천기능이다. 이는 이전에 자신이 구입했던 서적에 대한 사용자 성향 분석을 기반으로 호기심을 불러일으키는 책들을 추천하는 서비스이다.

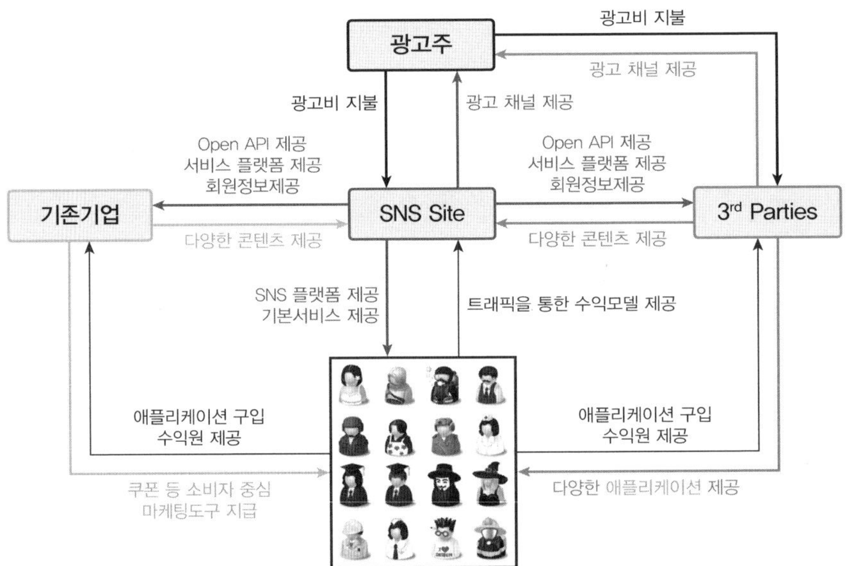

[그림 13-8] 아마존의 Open API

아마존의 이러한 성공에는 기반이 되는 Open API 정책은 2002년부터 채택되어 아마존의 DB와 서비스를 개방하게 되었다. 이는 아마존이 가지고 있는 방대한 양의 상품과 서비스를 다른 웹 사이트 내에서도 이용할 수 있게 된 것을 의미한다. 이와 같은 Open API 정책 시행은 사람들의 다양한 욕구를 충족시키는 수많은 애플리케이션을 탄생시켰고, 많은 참여가 이루어져 기업의 영향력을 강화시키는 계기 되었다. 그리고 다양한 곳에서 아마존의 DB로 접근하는 사람이 많아질수록 그들의 롱테일은 더욱 강화될 수 있으므로 소비자들에게 큰 반응을 일으켰다.

② 구글

검색 포털사이트 구글의 애드센스(AdSense)는 무한을 포함하여 만들어진 대표적인 롱테일 현상의 전략시스템이다. 이는 포춘 500대 기업 같은 대형 광고주가 아닌 꽃 배달업체, 빵집 같은 작은 광고주들이 모여서 엄청난 이익을 만들어내는 전략이다. 이들은 적은 비용으로 누구나 구글의 광고주가 될 수 있다는 전제를 바탕으로 저비용의 인터넷 광고는 소규모 사업자들의 광고를 가능하게 하였고, 그 수익은 구글 성장의 가장 커다란 원동력이 되고 있다.

[그림 13-9] 구글의 애드센스

애드센스(ADSense)는 광고주를 위한 애드워즈(ADWords)와 반대되는 광고 프로그램으로 웹사이트 소유자는 애드센스에 가입함으로써 광고수익을 구글과 나눌 수 있다. 광고수익은 사용자가 애드센스 광고를 클릭함으로써 구글에 광고비를 지급하고, 구글은 그렇게 적립된 광고비를 웹사이트 제작자와 나누는 정책이다. 애드센스는 구글에 가입된 광고 중 가운데 웹페이지와 가장 연관성이 높은 광고가 나오게 되고, 그렇지 못한 경우에 공익광고가 나오게 된다. 공익광고는 사용자가 클릭을 했다고 해도 수익이 생기지 않는다.

애드워즈는 2002년 2월 구글이 발표한 자체제작 광고 프로그램으로 구글을 성공하게 만든 원동력이다. 이는 광고를 한 두 줄로 제한하는 것을 특징이 있고, 기술만 있었던 기업들이 애드워즈라는 비즈니스 모델을 사용하여 수익과 성과를 내기 시작하였다.

애드센스 종류는 크게 4가지로 분류되는데, 첫째, 콘텐츠를 위한 애드센스가 있는데,

웹사이트 소유자가 스크립트 코드를 자신의 웹사이트에 게시함으로써 광고를 진행하는 방법이다. 여기에는 구글에서 제공하는 광고 창에는 콘텐츠와 연관성이 있는 광고가 게재되고 사용자가 클릭을 하게 되면 수익을 얻게 된다. 즉, 애드센스용 문맥광고라고 할 수 있다.

둘째, 검색을 위한 애드센스가 있다. 웹사이트 소유자는 자신의 웹사이트에 구글에서 제공하는 검색창을 게시하고, 사용자가 그 창에서 검색이 이루어지고 광고를 클릭하게 되면 수익을 얻는다.

셋째, 피드(Feed)를 위한 애드센스가 있다. RSS(Really Simple Syndication, Rich Site Summary)나 ATOM 같은 피드에 넣는 문맥광고로 현재 테스트 중이고, 100명 이상의 구독자를 갖고 블로거나 무버블타입을 이용한다면 베타테스터로 지원해 볼 수 있다.

넷째, 모바일 애드센스는 휴대전화 콘텐츠에 애드센스를 게재하여 광고하는 방식으로 전화번호가 광고에 나오기도 한다. 현재 미국, 영국, 프랑스, 이탈리아, 독일, 스페인, 러시아, 네덜란드, 오스트리아, 인도, 중국, 일본에서만 모바일 애드센스 지원된다.

스마트 롱테일 현상은 미디어 산업에서 두드러지고 있지만, 향후에는 패션, 교육, 정치 등의 틈새시장의 확장과 더불어 오프라인에서 존재할 가능성이 커지고 있으며, 스마트폰 보급과 더욱 증가추세에 있다.

13.3 뉴칼라의 등장

(1) 뉴칼라 계급

뉴칼라(New Collar)는 블루칼라도 화이트칼라도 아닌 새로운 계급을 의미하고, 학력과 상관없이 4차 산업혁명, 즉 디지털 혁명 시대에 적응하여 살아가는 계급이다. 이는 전 산업군에서 필요로 하는 인공지능, 클라우드 컴퓨팅 등의 전문가들로 전통 교육 방식이 아닌 새로운 방식으로 교육된다. 뉴칼라라는 용어는 IBM이 처음 사용하였지만, 특정 기업이나 국가에만 해당하는 단어가 아닌 보편적인 용어가 될 것이다.

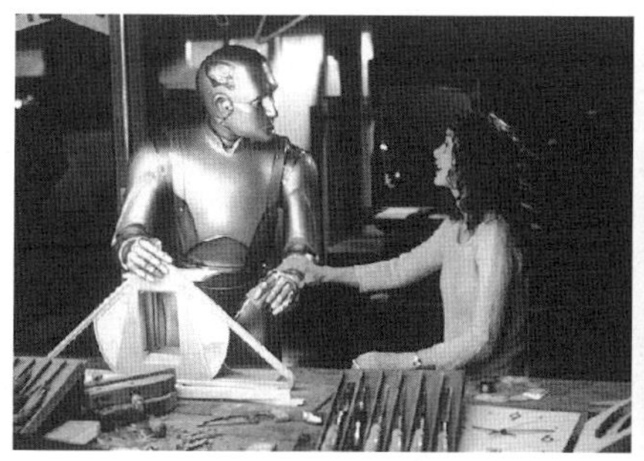

[그림 13-10] 인공지능과 사람의 협업

인공지능과 빅데이터가 모든 것을 지배하는 세상에서 블루칼라(생산직 등 노동자)와 화이트칼라(전문 사무직)의 역할은 갈수록 미미해진다 이어 뉴칼라는 새로운 것을 창조하고 연구 개발하는 능력이 뛰어난 계급인데 이들이 미래 세상을 이끌어 간다는 것이 IBM의 생각이다. 4차 산업혁명에서 대부분의 노동은 자동화되고 세상은 자동화로 필요 없어진 사람들에게 새로운 종류의 기술을 익히라고 요구하지만 학생들이 그런 기술을 가지고 있다고 확신할 수 없다. IBM이 가지고 있는 최신 기술과 전문성을 사회 문제에 적용하고 최대한 많은 사람이 IBM이 만든 기술 혜택을 누릴 수 있도록 다양한 교육 프로그램을 만들고 있다. 미국 IBM 본사에서 근무하는 임직원 3분의 1은 뉴칼라에 해당하고, 직원 중 3분의 1은 2년제 대학 학위를 가지고 있다. 세계 최고 IT 기업이지만 채용할 때 학력 자체가 중요한 기준이 아니다. 학위가 있는지 없는지, 학위가 없는 사람이 회사에서 몇 %를 차지하는지는 전혀 중요한 문제가 아니고, 얼마나 많은 직원이 STEM, 즉 과학, 기술, 엔지니어링, 수학 등 분야를 친숙하게 느끼며 일하는지, 그리고 세상의 변화에 적응하는지가 더 중요하다.

(2) IBM의 P테크 학교

IBM은 뉴칼라를 직접 길러 내기 위한 학교를 설립하였고, 뉴욕시 교육청과 뉴욕 시립대와 손잡고 2011년 브루클린에 P테크 학교를 처음 선보였다. P테크 학교에는 9학년부터 입학할 수 있고, 6년짜리 커리큘럼으로 구성되지만, 성적이 뛰어나면 더 빨리 졸업할 수 있다. 졸업생들은 2년제 대학 졸업자들에게 수여하는 준학사 학위를 받는데, 설립 6년에 40여 명의 조기 졸업생이 나왔고, 20대에 접어든 졸업생 8명은 현재 IBM에서 일하고 있다.

[그림 13-11] 오바마 대통령의 P테크 학교 방문

P테크 학교에는 기존 학교에서 배우던 교과서가 없고, P테크 기초이론부터 실무교육까지 모두 배운다. 여름방학 때는 인턴십 과정도 있으며, 학교는 학생과 파트너 회사의 직원을 연결해 주고 진로를 상담할 수 있게 해 준다. P테크 학교는 현재 미국 뉴욕, 일리노이, 코네티컷 등 전역에 55개로 늘어났고, IBM은 올해 연말까지 미국은 물론 호주, 모로코 등에도 P테크 학교를 설립할 계획이다.

IBM의 가장 중요한 철학은 회사와 직원이 그 사회에서 중요한 역할을 해야 한다는 것이다. 아예 학교를 새로 만들어 기술을 전수하고 인재를 배출하는 것이 근본적이고도 종합적인 대책이다. 이 같은 과제를 해결하는 과정에서 IBM의 기술과 인프라를 사용할 수 있기 때문에 타기업보다 유리하다.

현재 인공지능(AI)과 인지컴퓨팅과 공존하며 협력하고, 때로는 경쟁해야 하는 4차 산업혁명 시대를 맞고 있다. 알파고를 통해 인공지능의 활약이 현실로 나타났고, 암 진단율의 정확성을 96%까지 끌어올린 IBM의 왓슨을 비롯하여 금융, 소매, 의료 및 기타 전통 산업에서 인공지능은 더 이상 선택이 아니며, 경쟁우위의 필수과목이다.

1980년대는 유통기업의 물류 추적시스템이 경쟁우위의 원천이 될 수 있었으나 인공지능과 공존하는 세계에서 경쟁우위의 원천은 변화하고 있다. 기술적 진보가 경쟁우위의 원천을 재구성하고 있다. 인간의 본질이자 문제해결방식인 직관과 경험은 객관적인 데이터를 바탕으로 한 인공지능에 의해 무대에서 기계와 인간은 각자의 방식으로 문제를 해결하고 작업을 수행한다. 유기체로서의 인간은 인공지능시스템이 가지지 못한 지적 감수성과 사회적 기술 그리고 직관이라는 강점을 지니고 있다. 인공지능과 같은 기술의 진보가 오히려 인간 본연의 특징에 충실함으로써 더욱 경쟁력을 갖출 수 있다.

13.4 승자독식의 불평등

(1) 승자독식이란

자연은 평등하지 않고, 넓게 보면 불평등한 것이 아니라 균형을 이루고 있으며, 특정 시점에는 특정 종이 과도하게 번식하는 것 같다가도 결국은 균형점을 향해 간다. 자연이 균형과 불균형 사이를 왔다갔다 하게 만드는 근본 요인은 자원이고, 인간에게 있어 자원은 먹이와 같은 물질적인 자원뿐만 아니라 부라는 추상적인 자원도 관련된다. 현대 시장경제에는 불평등의 심화라는 현상 말고도, 소수의 개인들이 천문학적 수익을 올리는 전례 없는 현상이 점점 확산되고 있다.

승자 독식제도(Winner-take-all)는 미국 선거에서 득표한 대로 선거인단을 나누는 데 그대로 한 주에서 한 표라도 득표수가 많은 후보가 그 주의 선거인단을 독식한다는 것에서 나온 의미이다. 미국 플로리다 주는 선거인단 수가 25명인데 고어나 부시 중 단 한 표라도 많이 얻은 후보가 25명을 다 가져간다. 이는 미국 전체의 유권자 지지율은 높은데 몇몇 주에서 선거인단을 잃어 대통령이 되지 못하는 경우가 있었다. 승자독식 시장은 자본주의의 근본적인 문제점, 즉 부익부 빈익빈을 다른 말로 표현한 것이다.

(2) 승자독식 사회

승자독식 사회(The Winner-Take-All Society)는 로버트 프랭크((Robert Frank)와 필립 쿡((Philip J. Cook)의 책에서 유래한 용어로서 20, 80의 사회를 넘어 소수의 사람이나 소수의 회사가 사회의 거의 전부의 부를 차지하게 되는 사회로 나아가는 현상이다.

승자독식 시장의 출현에는 공급 측면의 메카니즘도 있고, 수요 측면의 메카니즘도 존재한다. 수요 측면의 메카니즘 중에는 승자독식 시장을 탄생시킨 가장 중요한 요인을 원거리 통신과 정보기술의 발달로 간주한다.

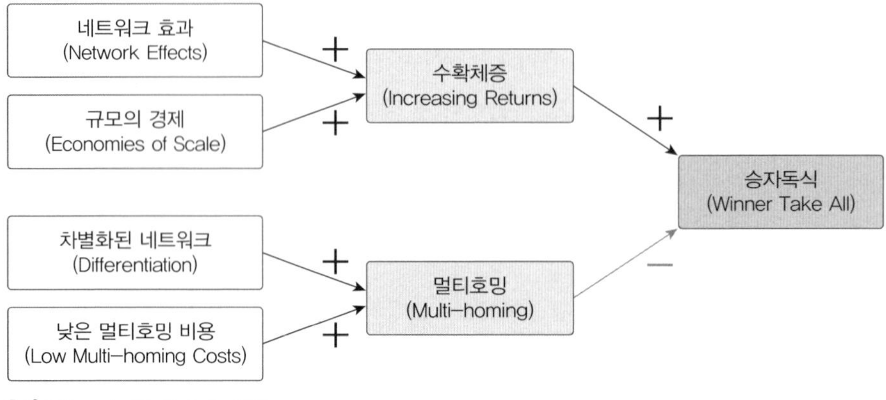

출처 : Organic Media Lab, 2015

[그림 13-12] 승자독식의 사회

수확체증이 일어나는 이유는 네트워크 효과(Network Effects)와 규모의 경제(Economies of Scale) 효과로 인한 양의 피드백(Positive Feedback) 메커니즘이 이중으로 작동하기 때문이다. 여기서 수확체증이 일어나는 네트워크 효과로 인해 네트워크가 크면 클수록 서비스나 제품의 가치가 높아지기 때문이다. 예를 들어, 페이스북과 똑같은 기능을 가진 신규 서비스의 가치와 페이스북의 가치를 비교할 수 없다. 네트워크 효과는 더 많은 사용자의 참여가 네트워크의 가치를 높이고, 더 높은 네트워크 가치는 더 많은 사용자의 참여를 이끌어내는 양의 피드백 메커니즘을 가지고 있다. 이는 서비스 가치의 측면에서 선순환 고리를 만든다. 규모의 경제 효과로 인해 네트워크가 크면 클수록 서비스나 제품의 원가가 낮아지기 때문에 대부분의 경우 한계 비용(Marginal Cost)이 0이고 수요만 있다면 무한 공급이 가능하다. 예를 들어, 페이스북과 같은 서비스의 고정비용은 사용자의 수와 직접적인 관계가 없다. 가입자가 1명이 추가된다고 즉각적으로 비용이 증가하지 않는다. 따라서 사용자 규모가 크면 클수록 원가가 낮아질 수밖에 없고 사용자 당 매출이 같다고 하더라도 네트워크의 규모가 커질수록 비용 측면에서 더욱 유리해진다. 이렇게 가치와 비용 측면에서 양의 피드백 메커니즘이 작동하기 때문에 수확체증이 일어나고 수확체증은 결국 승자독식에 이르게 한다.

하지만 이러한 선순환 구조에도 불구하고 네트워크 비즈니스에서 승자독식이 되지 않는 경우가 종종 발생하기도 한다. 우리나라의 경우 오픈 마켓 분야에서 각축전이 벌어지고 있다. 이런 경우는 많은 사용자들이 여러 서비스를 동시에 사용하기 때문이다. 이를 멀티호밍(Multi-homing)이라 하는데, 예를 들어 오픈마켓의 경우 많은 구매자들이 가장 저렴한 곳에서 제품을 구매한다. 판매자의 경우도 주요 오픈 마켓에는 모두 입점하는 경우가 대부분이다. 멀티호밍은 각 서비스가 차별화된 기능 네트워크를 제공하고 사용자 입장에서 여러 서비스에 참여하는 비용이 적은 경우에 발생한다. 사용자들이 두 개 이상의 서비스를 사용하는 이유는 각 서비스가 차별화된 기능 또는 네트워크를 제공하기 때문이다. 네이버와 구글은 같은 검색엔진이라고는 하지만 찾을 수 있는 정보가 다르다.

하지만 서비스가 차별화된 기능과 네트워크를 제공하여도 여러 서비스를 동시에 이용하는 비용이 높다면 사용자들이 여러 서비스를 사용하지 않는다. 예를 들어, 싸이월드와 페이스북을 동시에 사용하는 경우는 많지 않다. 여기서의 비용은 친구 네트워크를 관리하는 데 드는 시간과 노력이고, 두 개 이상의 서비스를 사용하는 데 드는 비용을 멀티호밍 비용(Multi-homing Cost)이라 한다. 위에서 언급한 검색엔진 서비스나 메신저 서비스의 경우 멀티호밍 비용이 높지 않다. 멀티호밍 현상이 발생할 가능성이 높다는 것은 승자독식이 일어나지 않을 가능성이 있다는 것이다. 이와 반대로 각 서비스가 전혀 차별화 되지 않고 여러 서비스에 참여하는 비용이 높으면 승자독식으로 진화할 가능성이 높다. 과거의 1등 기업은 쫓아오는 기업과 지속적으로 차별화를 시도하고, 쫓아가는 기업은 1등과 닮아가려고 노력했다. 그러나 네트워크 시장에서는 앞서가는 기업이 기능이나 네트워크 등에서 쫓아오는 기업들과 차이점을 줄이기 위해 노력한다. 페이스북은 친구 소식을 받아보는 서비스에서 일정 다이어리, 메신저, 광고 마케팅 플랫폼 등으로 지속적으로 확장되고 있다. 결과적으로 멀티호밍 비용을 높임으로써 멀티호밍의 가능성을 줄이고 모노호밍을 유지하는 것이다. 반대로 쫓아가는 기업은 차별화된 기능과 네트워크에서 새로운 시장을 찾아야만 한다.

승자독식은 주어지는 것이 아니라 만들어 가는 것이다. 네트워크 효과와 규모의 경제에 기반 한 선순환 구조를 만들고, 멀티호밍의 필요성을 낮춤으로서 승자독식으로 진화하는 것이다.

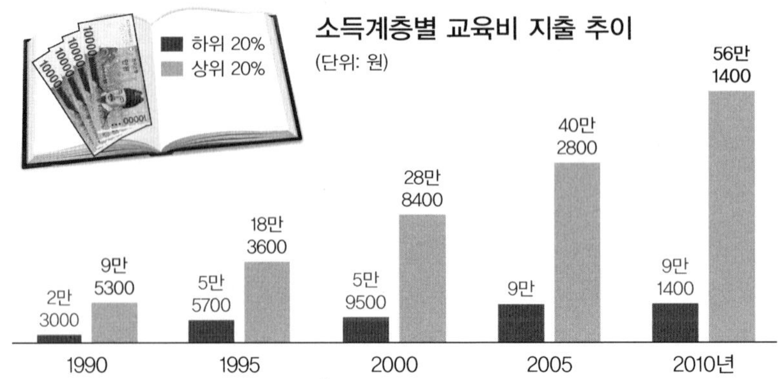

자료 : 통계청·국가통계포털

[그림 13-13] 소득별 교육비 지출

특히 극소수에 집중적으로 쏠려있는 부의 편중 현상의 원인 가운데 중요한 것으로 정보혁명에 따른 뛰어난 소수의 영향력 확대를 들고 있다. 과거에는 누구에게나 시간적 공간적으로 영향력을 미칠 수 있는 한계가 있어서 뛰어난 개인이라도 소득을 벌어들일 수 있는 범위에 한계가 있었다. 하지만 이제는 미디어와 인터넷의 발달로 누군가 특별한 아이디어나 상품성 있는 무언가를 갖출 수만 있다면 순식간에 세계를 장악할 수 있는 토대가 마련되었으며, 이는 특별한 소수에 더 많은 부가 편중되게 되었다.

(3) 수확체감과 수확체증

정보와 네트워크에 기반 한 수확체증 세상에서의 경쟁 규칙과 방법은 물리적 자원에 기반 한 수확체감 세상에서의 경쟁 규칙 및 방법과 다를 수밖에 없다. 수확체증 세상에서의 경쟁은 시장 또는 산업 내에서의 경쟁이 아니라 새로운 시장을 창출하는 것이기 때문이다. 하지만 여전히 많은 기업들은 수확체증 세상에서 수확체감 세상의 경쟁 전략을 펼치고 있다는 점에서 문제가 발생한다.

〈표 13-1〉 수확체감과 수확체증의 세상

	수확체감(Decreasing Returns)	수확체증(Increasing Returns)
제품 유형	물리적 자원 기반	정보/네트워크 기반
경쟁 구도	시장내 경쟁	시장 창출
경쟁 환경	예측가능/균형	불활실/불안정
경쟁 방법	벤치마킹/최적화	러닝/적응

출처 : Organic Media Lab, 2015

과거에는 산업의 구분이 명확하고, 기업은 이 안에서 경쟁사보다 더 나은 제품을 더 낮은 가격에 제공하면 되었다. 목표가 명확하기 때문에 경쟁사를 벤치마킹하고 최적화를 통해 효율성을 높이는 방법이 사용했다. 하지만 네트워크 비즈니스에서는 벤치마킹이라는 것이 의미가 없고, 기능은 모방할 수 있지만 경쟁사가 가진 네트워크 자산을 모방할 수 없다. 예를 들면 페이스북과 동일한 서비스를 만들려고 한다면, 결과는 당연한 것이지만, 많은 기업들, 네이버의 미투데이, 삼성의 챗온, 삼성의 바다, 구글의 구글플러스 등을 반복하고 있다. 네트워크 비즈니스에서는 경쟁을 새로운 시장(네트워크)을 발견해가는 과정으로 간주하고, 모든 비지니스가 자신만의 시장을 가지고 그 안에서 독점을 하는 구도를 가진다. 구글, 아마존, 페이스북 등은 자신만의 시장에서 독점이라고 생각할 수 있으나 실제로 구글, 아마존, 페이스북은 검색, 광고, 커머스, 소셜네트워크 등의 분야에서 경쟁하고 있다. 수확체증 세상에서는

수확체감 세상에서의 균형점(Euqilibrium)이 존재하지 않고, 항상 한쪽(0 또는 1)으로 쏠릴 가능성이 매우 높다. 또한 기술의 발전과 사용자의 참여로 시장이 시시각각 변하지만 미래가 어떻게 펼쳐질지 예측하는 것은 불가능하다.

수확체증의 법칙에 의해 움직이는 네트워크 비즈니스 시장에서는 예측이 불가능(Unpredictable)하고 불안정(Unstable)할 뿐 아니라 모방할 대상이 없기 때문에 고객과 시장에 대해 배우고 이에 적응하는 방법만이 통한다. 장기적인 계획을 세우고 이를 달성하기 위해 최선을 다하는 것이 아니라 작은 실행을 통해 고객을 배우고 적응하며 자신만의 네트워크를 성장시키고 진화시켜야 하는 것이다.

해결책은 경쟁의 완화인데, 최상위층이 거두는 경제적 보상의 크기를 제한함으로써 경쟁을 완화시킬 수 있다. 제일 돈을 잘 버는 사람도 너무 많이 벌지는 못하게 하자는 것이다. 부와 소득의 불평등에 대한 논의의 불씨를 지핀 프랑스의 경제학자 토마 피케티(Thomas Piketty)도 같은 주장을 하는데, 자신의 저서에서 부와 소득의 불평등을 국가정책의 개입으로 완화시켜 보자고 주장하고 있다. 경쟁을 완화시켜 부의 편중을 막고 사회 전체의 발전을 도모하자는 점에서 승자독식 사회가 말하는 것과 큰 틀에서 동일하다.

13.5 침묵의 나선이론

(1) 침묵의 나선이론이란

침묵의 나선 이론(Spiral of Silence Theory)은 1966년 독일의 사회과학자 엘리자베스 노엘레-노이만(Elisabeth Noelle-Neumann)이 발표한 정치학과 매스 커뮤니케이션에 관한 이론이다. 주로 언론 분야에서 많이 활용되며 매체가 여론에 미치는 영향을 설명할 때 자주 등장한다. 하나의 특정한 의견이 다수의 사람들에게 인정되고 있는 상황이라면, 반대되는 의견을 가진 소수의 사람들이 고립과 배척을 두려워해 침묵하는 경향을 보이게 된다. 따라서 다수에게 인정되는 의견은 더욱 영향력을 확장하게 되고, 어떤 의견이 다수의 지지를 얻어 영향력이 확대되는 것을 나선형으로 표현하는데, 나선형 모양으로 침묵이 퍼져나가는 과정으로 해석한다.

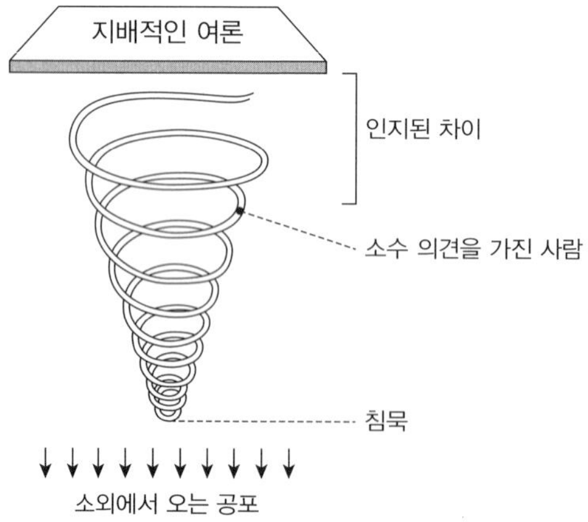

[그림 13-14] 침묵의 나선이론 개념

소셜미디어 공간에서도 침묵의 나선이론이 존재하는데, 사람들은 자기와 의견이 통하는 사람과 좀 더 의견을 많이 공유하는 경향이 있다. 특정한 의견이 다수 사람들에게 인정되고 있다고 믿을 경우 반대 의견을 가진 소수 사람들은 침묵하려는 경향이 강하다는 게 이 이론의 핵심이다.

(2) 침묵의 나선이론의 특징

노이만은 침묵의 나선이론이 네 가지 단계를 거치면서 증폭된다고 주장하는데, 우선, 권력자가 주목되지 않았던 화제를 꺼낸다. 이 화제에 대해서는 곧바로 반대 의견을 꺼내기 쉽지 않고, 일단은 옳은 것으로 받아들여진다. 이후 나오는 비판에 대해서는 옳지 않다는 비판이 가해지면서 배제되고, 소수파가 된 비판세력은 다수의 위세에 눌려 비판을 포기한다. 엘리사베스 노엘레 노이만(Elisabeth Neolle Neumann)이 설명하는 침묵의 이유는 고립의 두려움과 동조성(Conformity), 타인의 판단 능력에 대한 의심 등이 있다. 고립의 두려움은 침묵의 나선 효과를 가속화시키는 원심력이다.

침묵의 나선이론은 그 동안 오프라인 공간에서는 기본 진리로 널리 받아들여졌으나 대안으로 제시된 플랫폼으로 기대를 모았던 소셜미디어에서도 그대로 작동하였다. 이유는 소셜미디어에선 기록이 남는다는 점이 부담이기 때문이다. 침묵의 나선이론 의 사례로는 촛불집회 현상, 황우석 사건, 노무현 대통령 탄핵 및 제17대 총선 등이 있다.

연습문제 EXERCISE

※ 다음 빈칸에 알맞은 말을 넣으시오.

01 ( )은 최초의 블록체인(Blockchain) 기술 방식 가상 국가로, 4차 산업혁명 정신에 의한 통치 방식을 활용한다.

02 2000년대 중반 큰 인기를 끈 ( )를 온라인 게임처럼 3차원 가상공간에서 아바타(Avatar)를 만들어 제2의 인생을 살아보는 서비스이다.

03 ( )는 북유럽 신화에 등장하는 고대 신들의 아홉 개 세계 중 하나이다. 과학자들은 이 국가가 자체적인 법체계를 갖춰 언젠가 UN으로부터 국가로 승인받기를 희망했다.

04 ( )의 법칙은 4차 산업혁명을 설명하는데, 오프라인 경제에서 상위 20%가 80%의 매출을 담당한다는 파레토 법칙(Pareto's Law)에 반하는 것이다.

05 ( )는 공간 경제(Space Economy), 정보 경제(Information Economy), 네트워크 경제(Network Economy)의 3가지 관점이 있다.

06 ( )는 블루칼라도 화이트칼라도 아닌 새로운 계급을 의미하면, 학력과 상관없이 4차 산업혁명, 즉 디지털 혁명 시대에 적응하여 살아가는 계급이다.

07 ( )는 로버트 프랭크와 필립 쿡의 책 에서 유래한 용어로서 20, 80의 사회를 넘어 소수의 사람이나 소수의 회사가 사회의 거의 전부의 부를 차지하게 되는 사회로 나아가는 현상이다.

08 ( )은 특정한 의견이 다수의 사람들에게 인정되고 있는 상황이라면, 그와 반대되는 의견을 가진 소수의 사람들이 고립과 배척을 두려워해 침묵하는 경향을 보이게 되는 현상이다.

※ 다음 내용이 맞는지(T) 혹은 그렇지 않은지(F) 판별하시오.

01 기존 국가는 국민의 출생, 사망, 결혼, 부동산 등기, 법적 문서 등의 기록을 관리하고 통제할 중앙관료가 필요하지만 비트네이션은 블록체인 방식을 활용하기 때문에 중앙관료기구가 없어도 운영될 수 있다. ( )

02 세컨드 라이프는 현실세계와 가상세계의 경계가 없는 곳이고, 자본주의의 신천지(Frontier Capitalism)라고 지적하였다. ( )

03 아스가르디아의 본질은 누구든지 독립적이고 자유롭게 활동할 수 있는 철학적이면서 과학적인 틀을 마련하고, 지구의 분쟁이 우주로 옮겨 가도록 하는 것이다. ( )

04 롱테일 현상의 등장은 인터넷과 디지털의 발전에 의한 유통혁명과 소비자의 개성 추구로 인한 다양한 수요에서 비롯되었다. ( )

05 애드워즈는 광고주를 위한 애드센스와 대비되는 구글의 광고 프로그램으로 웹사이트 소유자는 애드센스에 가입함으로써 광고 수익을 구글과 나눌 수 있다. ( )

06 수확체감의 법칙에 의해 움직이는 네트워크 비즈니스 시장에서는 예측이 불가능(Unpredictable)하고 불안정(Unstable)할 뿐 아니라 모방할 대상이 없기 때문에 고객과 시장에 대해 배우고 이에 적응하는 방법만이 통한다. ( )

07 침묵의 나선이론은 그 동안 오프라인 공간에서는 기본 진리로 널리 받아들여졌으나 대안으로 제시된 플랫폼으로 기대를 모았던 소셜미디어에서도 그대로 작동하였다. ( )

※ 다음 내용에 대해서 간략히 서술하시오.

01 비트네에션의 특징에 대해서 설명하시오.

02 스마트 경제의 3가지 관점을 설명하시오.

03 아마존의 Open API 정책을 설명하시오.

※ 다음 주제에 대해서 토론하시오.

01 스마트 시대에서 연결 비용 감소로 인한 원가절감에 대해서 토의하시오.

02 스마트 기기의 발달로 개인의 역할이 사회적으로 영향을 미치는 부분에 대해서 토의하시오.

참고문헌 PREFERENCE

- 경종민(편저), *IT의 미래*, KAIST PRESS, 2004.2.
- 교육인적자원부·한국교육학술정보원, *2002교육정보화백서*.
- 국가사이버안전센터, 유비쿼터스 네트워크 구현에 필수적인 정보보호, http://www.ncsc.go.kr
- 김동환, *유비쿼터스 공간의 경제와 경영전략,* Telecommunications Review 제13권 1호, 2003.2.
- 김사혁, *2010년 정보통신 서비스의 미래*, KISDI 이슈리포 04-09, 2004.3.22.
- 김완석, *각국의 유비쿼터스 컴퓨팅 개념 비교*, TTA, IT Standard Weekly 2003-16호.
- 김완석, *유비쿼터스 IT시장과 산업의 국내외 동향분석 기반기술*, LG CNS, 고객을 위한 가치창조, 2003.6.
- 김완석, 박태웅, 이성국, *Ubiquitous Computing의 개념과 업계 동향*, 한국전자통신연구원, 제1035호, 2002.2.27.
- 김완석, 박태웅, 이성국, *유비쿼터스 컴퓨팅 개념과 사업전망*, KT, 통신시장, 2003.
- 김완석, 박태웅, 이성국, 김정국, 백민곤, *IT리더들의 유비쿼터스 컴퓨팅 전략과 핫이슈*, 한국통신학회, 정보통신 제20권 5호, 2003.6.
- 김완석, 백민곤, 박태웅, 이성국, *유비쿼터스 컴퓨팅과 이지리빙*, 한국전자통신연구원, 주간기술동향 1088호, 2003.3.26.
- 김우룡, *커뮤니케이션 기본 이론*, 나남, 2002, pp79~91.
- 김용수, *유비쿼터스(Ubiquitous) 기술의 확장과 서비스*, 삼성 SDS, IT REVIEW, 2003.4.
- 김재윤, *유비쿼터스 컴퓨팅 : 비즈니스 모델과 전망*, 삼성경제연구소, Issue Paper, 2003.12.16.
- 노동부, *기업 e-Learning 중기발전방안(안)* 2004~2008년 발표. 2003.
- 노무라연구소, *유비쿼터스 네트워크와 시장창조*, 전자신문사, 2002.
- 노무라연구소, *유비쿼터스 네트워크와 신사회 시스템*, 전자신문사, 2003.
- 도쿄 유비쿼터스 계획 및 일본의 2007년 문제, 지역정보화웹진, Vol.43, 2007.4.
- 류석상, *G7+3개국의 전자정부정책 비교 및 분석*, 정보화정책이슈 03정책-04, 한국전산원, 2003.
- 류영달, *u-Korea 추진의 필요성과 전략*, CIO Report 04-04, 한국전산원.
- *몰타(Malta) 'Intelligent Island'를 향한 ICT 비전 착수*, IT Issue Weekly, 한국전산원.

- http://www.eecs.harvard.edu/~mdw/proj/codeblue/
- 김명동, *민간자본 유치를 통한 u-City 구축방법에 관한 연구*, 2014.
- The Disappearing Computer–http://www.disappearing-computer.net
- 산업자원부, *2003년 e-러닝산업 활성화방안*, 2003.
- 산업자원부, *텔레매틱스 산업발전전략 추진계획(안)*, 2003.
- 산업자원부·한국사이버 교육학회, *2003 e-러닝백서*, 2003.
- 싱가포르, *2007년 전지역 무선인터넷화–Wireless @SG프로젝트*, 인터넷 이슈 리포트, 2006.
- 아시아의 첨단신도시, HN Focus, vol.06, 2006.
- John Chiu, *Hong Kong as a WiFi City–Are We The Pioneer?*, 2007.
- http://envisense.org/glacsweb
- 오재인, *서비스 유비쿼터스 스페이스*, 전자신문사, 2004.
- 최연석, 박병태, 최용주, *위치인식 기반 실버타운 u-서비스 제공시스템 설계 및 구현*, 2010.
- http://www.dustbot.org
- 유럽의 첨단 신도시, HNFocus, vol.07, 2006.
- 김장환, *유비쿼터스 IT 기술과 항공보안*, 2005.
- 김경규, 장항배, 김홍국, 권혁준, *유비쿼터스 비즈니스 서비스 설계 사례연구 : 대형 도서매장을 중심으로*, 2008.
- 연신화, 전달영, 권주형, *유비쿼터스 응용 서비스의 수용요인이 구매 의도에 미치는 영향*, 2008.
- 류성렬, 김경규, 장항배, 이창희, *유비쿼터스 컴퓨팅 서비스 모델 분석 : 전시장 폐기물 관리 서비스 사례*, 2009.
- 윤유식, 유예경, 김재경, *유비쿼터스 활용 전시개최 정보추구속성에 따른 u-전시 콘텐츠 개발 선호도 및 예상성과에 관한 연구*, 2010.
- 일본총무성, 유비쿼터스 네트워크 기술의 장래전망에 관한 조사연구회.
- 유비쿼터스 네트워크의 실현을 위하여 정책보고서, 한국전자통신연구원, 2002.
- 유비쿼터스 컴퓨팅 프론티어 사업단, 21세기 프론티어 사업개요, www.ubrain.net
- 이상학, 조위덕, 유비쿼터스 컴퓨팅 및 네트워크 기술개발 동향, 2003.
- 이성국, *21세기 아젠다 u코리아 비전 : 외국의 유비쿼터스 IT혁명전략*, 한국전자신문, 2002.
- 이성국, *미국·일본·유럽의 유비쿼터스 컴퓨팅 전략의 비교론적 고찰*, Telecommunications Review, SKTelecom, 제13권 1호, 2003.

- 이성국, 김완석(공저), *세계 각국의 유비쿼터스 컴퓨팅 전략*, 전자신문사, 2003.
- 이은경, 하원규, *유비쿼터스 컴퓨팅비전과 주요국 연구동향*, 전자통신동향분석 78호, 2002.
- 일본 IT 전략본부, *신IT전략 전문조사회 보고서(초안) : u-Japan 전략*, 한국전자통신연구원, 2004.
- 일본의 유비쿼터스 도시구축 현황과 시사점, 정보통신동향분석, 2006.
- 일본총무성, *u-Japan 정책간담회 중간보고*(자료: ユビキタスネット社の現に向けた政策懇談), 2004.
- http://www.soumu.go.jp/s-news/2004/pdf/040701_1_b1.pdf
- http://panasonic.co.jp/pss/rd/usn/
- 스마트 IT 기술전개(훤히 보이는 스마트 IT, 2012.2.28, 한국전자통신연구원(ETRI). 전자신문사)
- 장재수, *텔레메틱스의 국내외 산업화 동향*, 전파 제105호, 2002.
- 전자신문 2002.7.16., 21세기 아젠다 u코리아 비전 : 제4부 (3) U-교육.
- 정보통신부, *IT분야 신성장 동력 u-Korea 추진전략*, u-Korea 추진전략보고회(대통령보고), 2004.6.9.
- 정보통신부, *IT839 전략 기술개발 Master Plan*, 2004.6.
- 정보통신부, *IT 신성장 동력 발전전략*, 2003.
- 정보통신부, *광대역 통합망 구축 기본계획(안)*, 2004.2.
- 정보통신부·한국전산원·한국usn센터, *u-센서네트워크[USN] 구축 기본계획*, 2004.2.
- 문병주, Era of Ubiquitous : *유비쿼터스 IT인프라 구축*, ETRI 정보화기술연구소 산업전략연구부, 2002.12.
- 김정엽, 이용익, 박수홍, *지능형 공간정보 서비스 분류 매트릭스*, 2009.
- 롤랜드버거 저, 김정희, 조원영 역, *4차 산업혁명 이미 와 있는 미래*, 다산3.0, 2017.6.27.
- 최남희, *u-Korea 추진을 위한 정책 과제와 정부의 역할*, NCA정책포럼 : 유비쿼터스 코리아 추진의 방향 정립, 2004.4.28.
- 최남희, *유비쿼터스 정보기술을 활용한 물리공간과 전자공간 간의 연계 구도와 어플리케이션 체계에 대한 연구*, Telecommunications Review 제13권 1호, 2003.2.
- 클라우스 슈밥(국제기관단체인) 저, 송경진 역, *클라우스 슈밥의 제4차 산업혁명*, 새로운현재, 2016.4.20.
- 하원규, *u-Korea 구축 전략과 행동 계획 : 비전, 이슈, 과제, 체계*, Telecommunications Review 제13권 1호, 2003.2.
- 하원규, 김동환, 최남희, *유비쿼터스 IT혁명과 제3공간*, 전자신문사, 2002.

- 한국전산원, *유비쿼터스 IT와 한국의 미래*, 정보화백서2004.
- 한국전산원, *유비쿼터스 환경 구축에 대한 국내외 동향 분석*, 2004.6.
- 한국전산원, *Vision 2020 : IT를 통한 미래교육의 혁신과 평생학습*, 정보화정책자료2002-1, 2002.10.
- 한국전산원, *공공기관 지식관리 시스템의 성공적 투자전략과 구축지침*, 2002.12.
- 한국전산원, *교육정보화 현황 진단 및 평가*, 2003.
- 한국정보사회진흥원, u-City 및 USN 국내외 동향, 2008.6.
- 함일한, *RFID 기술 및 사업개요*, LG CNS, 2004.3.12.(한국전산원발표자료).
- 헬싱키시 홈페이지-http://www.hel.fi
- 김장섭, *4차 산업혁명 시대 투자의 미래(100년에 한번 오는 100배 기회!)*, 트러스트북스, 2017.8.5.
- Arabianranta-The leading innovation center of design, DMS 국제포럼발표 자료, 2004.
- http://www.helsinkivirtualvillage.fi
- Development Plan, The Digital Hub Development Agency,2003.
- Digital City-The M-Taipei Initiative, Yun-Tsai Chou, 2006.
- Peter Drucker, *Managing in the Next Society*, St.Martin's Press, 2002(이재규 역, 한국경제신문)
- EmersonPlant Web홈페이지-http://www.emersonprocess.com/home/
- Ericsson, Comprehensive Description of the Bluetooth System,1998.
- ETRI, *IT SoC 기술 및 시장동향*, 2005.4.
- e-Trikala, CISCO Expo 2005.
- e-Trikala 홈페이지-http://www.e-trikala.gr
- Richard Hunter, *World without Secrets : Business, Crime, and Privacy in the Age of Ubiquitous Computing*, Gartner,Inc., 2002(윤정로, 최장욱 역, 유비쿼터스, 21세기북스, 2003)
- IITA, *MEMS기술 및 시장동향*, 주간기술동향 통권1322호, 2007.11.
- IITA, *주요국 나노기술 개발동향*, 주간기술동향 통권1327호, 2007.12.
- IITA, *차세대 전지기술동향*, 주간기술동향 통권1328호, 2007.12.
- Intel&BP 홈페이지-http://www.intel.com/research/vert_manuf_p
- M.Satya, IEEE Pervasive Computing Magazine, http//www.computer.org
- MediaCity:UK 홈페이지-http://www.mediacityuk.co.uk
- Milla Digital 홈페이지-http://www.milladigital.es

- http://www.one-north.sg
- Osaka City's Commitment to Urban Revitalization, Osaka Its Technol, No.44, 2004.
- http://www.osakacity.or.jp/ubiquitous
- http://www.research.microsoft.com/easyliving
- http://www.smartcity.ae
- http://english.taipei.gov.tw/TCG/index.jsp?recordid=8587
- http://www.thedigitalhub.com
- http://www.pervasive2002.org
- http://www.personalubicomp.com
- http://www.itl.nist.gov/ iaui.
- http://www.sra.uni-hannover.de/forschung/allg_doku/ubicamp.pdf
- http://www.disappearing-computer.net/
- http://smart-its.teco.edu
- http://www.inf.ethz.ch/vs/publ/papers/smf.pdf
- http://sandbox.xerox.com/Weiser/10year/sld001.htm
- http://ww.ta.doc.gov/Report.htm
- http://www.ubiq.com
- http://www.ubicomp.org
- http://www.tokyo-ubinavi.jp
- http://en.wikipedia.org/wiki/Wireless@SG
- http://www.ida.gov.sg/ Programmes/20061027174147.aspx?getPagetype=36
- http://www.sporbiz.co.kr/news/articleView.html?idxno=39448
- http://blog.naver.com/appleconomy/220569571525
- http://buzzword.tistory.com/217
- http://www.dt.co.kr/contents.html?article_no=2016081102101531033002
- http://www.eecs.harvard.edu/~mdw/papers/volcano-ieeeic06.pdf
- http://blog.xbow.com/xblog/2007/09/researchers-cre.html
- http://www.sensicast.com
- http://fire.me.berkeley.edu
- http://www.kiet.re.kr/images/portal/data/02.pdf.
- https://dappradar.com/
- https://magazine.hankyung.com/business/article/201812114988b
- http://www.newsworker.co.kr/news/articleView.html?idxno=8953

- http://www.kisdi.re.kr/kisdi
- http://www.gkf.kr
- https://blog.naver.com/koreafintech

찾아보기 INDEX